矿井瓦斯治理实用技术

（第 3 版）

何国益　编著

煤炭工业出版社

·北　京·

内 容 提 要

本书介绍了矿井瓦斯的基础知识、瓦斯爆炸及其预防、矿井瓦斯管理、瓦斯基础参数测定、煤层瓦斯抽采、煤与瓦斯突出及其防治、石门揭煤技术管理、采掘工作面抽采达标评价以及工作面防突技术措施编制等内容。其中，煤层瓦斯抽采对煤矿瓦斯抽放的各种方法、设备选型、抽放管理、钻孔施工过程中的防突、防火、防瓦斯、煤尘超限都作了叙述，对提高抽采效果的关键技术，抽采的新技术、新工艺、新设备、抽采效果评价等作了详细介绍；瓦斯防突治理重点论述了煤与瓦斯突出的各种预测技术和防突技术措施。本书的最后论述了防突技术措施的编制方法，并附有实例。

本书内容符合《防治煤与瓦斯突出规定》等现行规章、规程和行业规范，通俗易懂，可供煤矿管理技术人员和工程技术人员参考。

前　　言

　　《矿井瓦斯治理实用技术》自出版以来，深受煤矿工程技术人员和管理工作者喜爱，发行数量近 20000 册。最近几年，煤矿瓦斯治理的新理念、新技术、新装备、新材料不断涌现，国家对瓦斯治理提出了更严格的要求。《煤矿安全规程》(2016) 和《煤矿安全生产标准化基本要求及评分方法（试行)》新标准已经实施，为适应这些新的变化，《矿井瓦斯治理实用技术》(第 3 版)在修订版的基础上，将国家对瓦斯治理的新要求，新的技术、装备、工艺、材料补充进去，并从现场工程师的角度出发，按设计、管理的逻辑顺序组织材料，对"瓦斯抽采"一章重新编写，使其更便于矿井工程技术人员在抽采设计时参考。书中对瓦斯治理提出了"参数清，钻到位，管到底，孔封严，水放空，计量准，零超限"的新要求，以解放和发展生产力，最终实现矿井安全生产。书中对提高瓦斯抽采效果的关键技术进行了补充，对掘进工作面钻孔施工后，应抽多长时间提出了实用估算法，并补充了瓦斯抽采管理技术创新内容。这些瓦斯治理的经验分别来自贵州、河南、安徽，对各高瓦斯、突出矿井都有借鉴作用。由于石门揭煤突出危险性很大，本书将"石门揭煤技术管理"单独写成一章，并增加"采掘工作面抽采达标评价"一章，以形成更加完整的瓦斯治理体系。

　　本书重点介绍瓦斯抽采技术和防治煤与瓦斯突出措施，并按照"瓦斯基础参数测定→钻孔设计→定位、放线→设备选型→施工安全→打钻记录→钻孔验收→封孔→管路连接→抽采计量→效果评价"顺序编写，以便于工程技术作抽采设计参考。

　　此书出版前，邀请贵州煤田地质局副局长赵霞、实验室主任陈致远对第四章"瓦斯基础参数测定"，河南省煤炭管理办公室主任李震寰对第六章"煤与瓦斯突出及其防治"及第七章"石门揭煤技术管理"进行了审稿，在此一并致谢。

何国益

2017 年 8 月

目　　次

第一章　矿　井　瓦　斯

第一节　瓦　斯　及　性　质

瓦斯，这一煤炭开采过程中的伴生物，是严重威胁煤矿安全生产的主要因素之一，是煤矿安全的第一大"杀手"。瓦斯灾害的发生不仅造成巨大经济损失，还造成大量人员伤亡，因此，在煤矿工作的全体人员必须了解和掌握矿井瓦斯的基本知识，才能在实践中采取各种可能的综合治理措施，防止重特大瓦斯事故发生，构建和谐矿区。

一、矿井瓦斯的概念

矿井瓦斯有广义和狭义之分，广义的矿井瓦斯是在煤矿生产过程中，从煤层、围岩，采空区及生产过程中产生的各种有毒有害气体的总称，但主要成分是甲烷。狭义的矿井瓦斯就是指甲烷。矿井瓦斯的来源主要有4类：第一类是煤层与围岩内赋存并能涌入到矿井的气体；第二类是矿井生产过程中生成的气体，如爆破时产生的炮烟、内燃机运行时排放的废气、充电过程中产生的氢气等；第三类是井下空气与煤、岩、矿物、支架和其他材料间的化学或生物化学反应生成的气体；第四类是放射性物质蜕变过程生成的或地下水放出的放射性惰性气体氡（Rn）及惰性气体氦（He）。在第一类来源中主要是有机质在煤化过程中生成的并赋存于煤岩中的气体，统称有机源气体；在有火成岩侵入或碳酸盐受热分解生成的二氧化碳经断层侵入的煤田，还有无机源气体。

不同成因的气体，具有不同成分和性质。但从安全角度看，具有可燃可爆性质的气体有甲烷及其同系物；有毒的气体有硫化氢（H_2S）、二氧化硫（SO_2）、一氧化碳（CO）、氨气（NH_3）、二氧化氮（NO_2）和一氧化氮（NO）等；属于窒息性气体的有氮气（N_2）、甲烷（CH_4）、二氧化碳（CO_2）和氢气（H_2）。

煤矿中的瓦斯大部分来自于煤层，是威胁矿井安全的主要危险源。矿井发生的重特大事故多是瓦斯事故，瓦斯管理是矿井安全生产的重中之重。

二、瓦斯的性质

因为瓦斯的主要成分是甲烷，所以瓦斯的性质主要表现为甲烷的性质。甲烷化学式为CH_4，是一种无色、无味、无嗅、可以燃烧或爆炸的气体。在通常情况下，甲烷对水的溶解度很低。在101.3 kPa的条件下，100 L水在20 ℃时可溶解3.31 L甲烷，0 ℃时可溶解5.56 L甲烷。在标准状态下，1 m^3甲烷的质量为0.7168 kg，而1 m^3空气的质量为1.293 kg，与空气比较，其相对密度为0.554。甲烷与氧气适当混合具有燃烧和爆炸性。

甲烷扩散性很强，扩散速率是空气的1.34倍，从煤岩中涌出的瓦斯会很快地扩散到巷道空间。但瓦斯涌出时，瓦斯在巷道中的分布是不均匀的，煤壁附近的瓦斯浓度高，巷道顶部、冒落区顶部往往积聚高浓度瓦斯。瓦斯在巷道空间内是否均匀分布，除了涌出本身的特性外，主要取决于风速。风速高时瓦斯呈紊流状态；风速低时瓦斯呈层流状态。为防止瓦斯局部积存，《煤矿安全规程》对不同用途的井巷最低风速作了规定（表1-1）。

表1-1 　井巷中的最低风速

井 巷 名 称	架线电机车巷道	运输机巷、采区进、回风巷	采煤工作面、掘进中的煤巷和半煤岩巷	掘进中的岩巷	其他通风行人巷道
允许最低风速/$(m \cdot s^{-1})$	1.0	0.25	0.25	0.15	0.15

三、瓦斯的危害

瓦斯中的主要成分甲烷无毒，但空气中甲烷浓度的增高会导致氧气浓度降低。当空气中甲烷浓度为43%时，氧气浓度将降到12%，人会感到呼吸困难；当空气中甲烷浓度达到57%时，氧气浓度将降至9%，人会处于昏迷状态。为了避免发生窒息事故，应禁止人员进入井下通风不好的区域。甲烷在空气中达到一定浓度后，遇到高温热源还能燃烧和爆炸。大量甲烷排出地面，还会污染环境。

四、瓦斯的利用

如果以甲烷计，瓦斯的发热量（温度288 K时）为33.38~37.11 MJ/m^3，是一种洁净能源，既可作民用燃料，又可发电，还可作化工原料。中国工程院院士徐大懋算过一笔账：1 m^3 瓦斯的热值相当于1.22 kg标准煤，可发电3.5 kW·h。我国每年采煤排放的瓦斯在 1.3×10^{10} m^3 以上，其中可利用量达到 8.0×10^9 m^3 左右，折合标煤近100 Mt，每年可发电 3.0×10^{10} kW·h。瓦斯经过提纯到要求的浓度后，既可用管道输送，又可制造化工产品。目前，有许多煤矿已经建立瓦斯发电站，用瓦斯发电。永贵能源公司、焦煤公司、鹤煤公司都建有大量瓦斯发电站，而且经济效益非常可观。

不仅抽采的瓦斯可以利用，就是主要通风机排出风流中的瓦斯也可以利用。煤矿乏风甲烷氧化技术可利用乏风中的低浓度瓦斯。胜利动力机械集团从2006年初开始进行乏风利用技术的探索性试验研究，利用煤矿瓦斯中的甲烷进行氧化反应产生热能，并将热能实施阶梯利用，实现热、电、冷联供。同时通过氧化装置制取过热高压蒸汽驱动蒸汽轮机发电，蒸汽余热可供煤矿职工洗澡、矿区冬季采暖、北方煤矿进风口空气预热、矿井采掘面制冷等。

煤层气开发利用项目的发展，除了矿难和能源紧缺因素的推动外，还有CDM（清洁发展机制）项目带来的机遇。CDM项目是源于《京都议定书》的清洁能源项目。该项目以购买二氧化碳温室气体减排额的形式，对中国部分煤层气开发项目提供资金。山西晋城煤业集团的煤层气发电项目就属此类。晋城煤业集团出售了该项目约 450×10^4 t 二氧化碳温室气体的减排额，收益近1900万美元，而这些减排额仅占整个项目减排额的20%左右。

第二节 瓦斯的生成

煤矿井下的瓦斯来自煤层和煤系地层，主要是由高等植物经煤化作用形成的。

有机物质沉淀以后，经历两个造气时期，即生物化学成气时期、煤化变质作用成气时期（但对于由于构造运动出现的部分抬起地段，也可能有次生物化学成气）。从植物遗体到形成泥炭属于生物化学成气时期；在地层的高温高压作用下，从褐煤到烟煤直到无烟煤属于煤化变质作用成气时期。瓦斯生成量的多少主要取决于原始母质的组成和煤化作用所处的阶段（煤的牌号）。瓦斯的生成和煤的形成是同时进行的，而且贯穿于整个成煤过程的始终。

一、生物化学成气时期

这是成煤作用的第一阶段，即泥炭化或腐泥化阶段。

从腐植型有机物沉积在沼泽相和三角洲相环境中开始，在不超过65 ℃的适当温度还原条件下，腐植型有机物经厌氧微生物（细菌）的化学降解作用生成甲烷、二氧化碳和水，如图1－1所示。

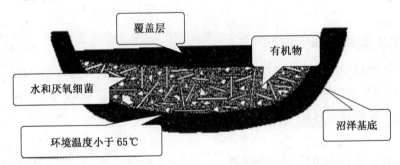

图1-1 生物化学成气示意图

在这个阶段，植物在泥炭沼泽、湖泊或浅海中不断繁殖，其遗体在微生物参加下不断分解、化合和聚积。在这个阶段中起主导作用的是生物化学作用，低等植物经生物化学作用形成腐泥，高等植物形成泥炭。在泥炭化过程中，有机组分的变化是十分复杂的。一般认为，泥炭化过程的生物化学作用大致分为两个阶段：第一阶段，植物遗体中的有机化合物经过氧化分解和水解作用，转化为简单的化学性质活泼的化合物；第二阶段，分解产物相互作用进一步合成新的较稳定的有机化合物，如腐殖酸、泥青质等。

植物各有机组分抵抗微生物分解的能力不同。以植物中主要组分之一的纤维素为例，当存在需氧性细菌时，可把纤维素分解成葡萄糖等单糖，单糖进一步分解为二氧化碳和水；当环境逐渐转化为缺氧时，纤维素、果胶质又可在厌氧菌作用下产生发酵作用，形成甲烷、水、丁酸（$C_4H_8O_2$）、醋酸（$C_2H_4O_2$）等。其化学反应式可描述如下：

$$(C_6H_{12}O_5)_n（纤维素）+nH_2O \xrightarrow{\text{细菌分解}} nC_6H_{12}O_6（单糖）$$
$$C_6H_{12}O_6 + O_2 \longrightarrow 6CO_2 + 6H_2O \qquad 放热$$
$$3C_6H_{12}O_6 \longrightarrow 2C_4H_8O_2 + 2C_2H_4O_2 + 2H_2O + 2CH_4$$

煤化过程初级阶段的造气规模取决于原始物质的组分、堆积的厚度、范围和层数。由于该时期埋藏深度不大且覆盖层胶结固化程度不够，所产生的气体绝大部分逸散入大气，一般不会保留在煤层内。随着泥炭层的下沉，上覆盖层越来越厚，压力和温度也随之增高，生物化学产气作用逐渐减弱直至结束，煤化产气作用越来越强。

二、煤化变质作用造气时期

这是成煤作用的第二阶段，即泥炭、腐泥在以温度和压力为主的作用下变化为煤的过程。在该阶段中，由于埋藏较深且覆盖层已固化，故在压力和温度影响下，泥炭进一步变化为褐煤，褐煤再变为烟煤和无烟煤。

煤的有机质基本结构单元是带侧键官能团并含有杂原子的缩合芳香核体系。在煤化作用过程中，侧键官能团因断裂、分解而减少，芳香核环数则不断增加，芳香核纵向堆积加厚，排列逐渐趋于有序化，从而造成有机质一系列物理和化学的变化。在芳香核缩合和侧键与官能团脱落分解过程中，伴随有大量烃类气体产生，其中主要是甲烷。

成煤作用各阶段形成甲烷的示意反应式可描述如下：

$$4C_{16}H_{18}O_5（泥炭）\longrightarrow C_{57}H_{56}O_{10}（褐煤）+4CO_2+3CH_4+2H_2O$$
$$C_{57}H_{56}O_{10}（褐煤）\longrightarrow C_{54}H_{42}O_5（沥青煤）+2CH_4+CO_2+3H_2O$$
$$C_{15}H_{14}O（烟煤）\longrightarrow C_{13}H_4（无烟煤）+2CH_4+H_2O$$

三、次生物化学成气时期

次生物化学成气指随着构造运动出现部分地段抬起现象，在这些抬起地段如果环境温度低于65℃且与地表水发生水力联系时，就可能再次创造生物成气的环境（图1-2）。次生物成气可以解释为何在一些构造带容易积聚大量瓦斯。

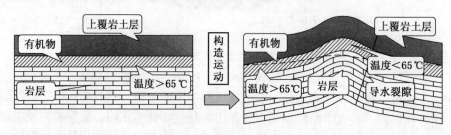

构造运动前后环境变化情况

图1-2　次生物化学成气示意图

一般认为，在埋深小于1000 m条件下，地温低于50℃时，泥炭变成褐煤。这一阶段，仍以生物化学为主，可以产生甲烷、乙烷和丙烷等。随着埋藏深度加大，地温进一步升高到50~160℃时，细菌的生化作用已不明显，由温度产生的热分解起决定作用，这时煤化作用处于长焰煤到瘦煤的阶段，以甲烷为主的烃类物质大量产生。热模拟煤化过程的试验表明，两次甲烷生气高峰都出现在该阶段内，甲烷产生量在焦煤时期达最高值。在焦煤和部分肥煤阶段是重烃产率最高的时期，也是液态烃主要的产出阶段。这个阶段产气的特点是甲烷和重烃兼生并成。当埋深达6000~7000 m时，地温超过160~200℃，贫煤转变为无烟煤。在该阶段，由于有机质芳香化程度和苯环缩聚大为增加，大部分富氢侧键脱落，以及先期生成的重烃在高温下裂解等，均可导致甲烷生成。在该阶段生成的气体组分中，甲烷占绝对优势。

成煤过程煤层瓦斯生成的规模可在实验室有机物质热解模拟试验，得出成煤有机质演化过程和一套物质平衡方程，并据此计算成煤过程的产气规模。苏联符·阿·乌斯别斯基根据地球化学与煤化作用过程反应物与生成物平衡原理，计算出各煤化阶段的煤所生成的甲烷量。核算了煤中碳、氧、氢、氮和硫的含量变化，提出了平衡方程法。用平衡方程法对顿巴斯各种变质程度煤产生的甲烷量进行计算的结果见表1－2。

表1－2　成煤过程甲烷生成量　　　　　　　　　　　　　　　　　　m³/t

成 煤 阶 段	褐煤	长焰煤	气煤	肥煤	焦煤	瘦煤	贫煤	无烟煤
累计产气量	68	168	212	229	270	287	333	419
阶段产气量		100	44	17	41	17	46	86

我国一些单位煤的热模拟试验得出的不同阶段产气量有明显差别，但成煤过程生成的瓦斯量是很大的，最高可达300～400 m³/t，而煤矿开采实践表明：煤层瓦斯一般不超过20～30 m³/t，这说明，成煤过程中生成的瓦斯绝大部分已逸散到大气中或转移到围岩内。

第三节　煤层瓦斯赋存与吸附性能

一、瓦斯在煤体内存在的状态

煤体是一种多孔性固体，既有成煤过程中产生的原生孔隙，也有成煤后的构造运动形成的大量孔隙和裂隙，形成了很大的自由空间和孔隙表面。煤炭科学研究总院重庆研究分院对四川、江西3个煤矿11个煤层煤的比表面进行了测定，结果表明最小为27.4 m²/g，最大为55.13 m²/g。因此，如此大的孔隙表面使成煤过程中生成的瓦斯能以游离和吸附两种状态存在于煤体内。

煤是天然吸附体，对瓦斯有很大的吸附能力。在一些高瓦斯矿井，煤中所含瓦斯的体积可以达到煤本身体积的30～40倍。

1. 游离状态

游离状态又称自由状态，这种状态的瓦斯以自由气体状态存在于煤层孔隙或围岩的孔洞之中，其分子可自由运动，呈现出压力并服从自由气体定律。游离瓦斯量的大小与贮存空间的容积和瓦斯压力成正比，与瓦斯温度成反比。

2. 吸附状态

吸附状态的瓦斯主要吸附在煤的微孔表面上和煤的微粒结构内部。吸附状态的瓦斯按照结合形式的不同，又分为吸着状态和吸收状态。吸着状态是指矿井瓦斯被吸着在煤体或岩体微孔表面，在表面形成瓦斯薄膜；吸收状态是指瓦斯分子更深入地进入煤的微孔中，进入煤分子晶格中与煤的分子相结合，形成固溶体状态。吸收与吸附的宏观差别仅在于前者的平衡时间长，吸收时吸附体的膨胀变形量较大。煤对瓦斯的吸附作用是物理作用，是瓦斯分子和碳分子相互吸引的结果。

煤体中瓦斯存在的状态不是固定不变的，而是处于不断交换的动平衡状态，当条件发生变化时，这一平衡就会被打破。由于压力增高或者温度降低，部分瓦斯就会由游离状态转化为吸附状态，称为瓦斯的吸附；当压力降低或温度升高时，或给予冲击和振荡时，影响了分子的能量，则能破坏其平衡，部分吸附瓦斯就会由吸附状态转化为游离状态，这一过程称为瓦斯解吸。

瓦斯在吸附状态时，不能形成瓦斯内能。只有通过解吸变为游离瓦斯，才能形成瓦斯内能。

当煤体中的瓦斯压力从高压平衡状态过渡到正常的标准大气压状态时，煤体释放的瓦斯量就是煤的解吸瓦斯量。

瓦斯在煤内的存在状态可用图 1-3 来表示。

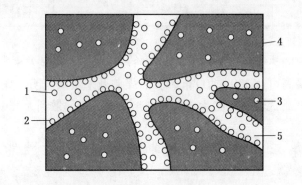

1—游离瓦斯；2—吸着瓦斯；3—吸收瓦斯；4—煤体；5—孔隙

图 1-3　瓦斯在煤内的存在状态示意图

3. 瓦斯固溶态（瓦斯水化物）

煤中瓦斯除吸附和游离态外，还有可能以瓦斯水化物晶体形式存在。瓦斯水化物是瓦斯和水所形成的类冰状固态化合物。

存在于海底或陆地冻土带内的瓦斯水化物，习惯被称为天然气水化物，白色，形似冰雪，可以像固体酒精一样直接被点燃。据新华社报道，2007 年 6 月 17 日，我国在南海北部成功钻获的天然气水合物实物样品"可燃冰"在广州亮相。

瓦斯水化物的结构为 $8M \cdot 46H_2O$，其中 M 代表烃，其密度为 $0.88 \sim 0.90 \, \text{g/cm}^3$，瓦斯水化物的骨架主要是水分子，而烃和惰性分子占据纯水骨架的空隙处，和水之间不形成任何强化学键。瓦斯水化物的组成及其分子直径见表 1-3，瓦斯水化物能以爆炸形式进行分解并吸收 $0.7 \, \text{kJ/mol}$ 的热。

表 1-3　瓦斯水化物的组成及其分子直径

瓦斯种类	CH_4	C_2H_6	C_3H_6	C_4H_{10}	CO_2
组成比 $M : H_2O$	8 : 46	3 : 23	1 : 17	1 : 17	8 : 46
分子直径/nm	0.41	0.55	0.65	0.65	0.47

瓦斯水化物生成的条件如图 1-4 所示。
从图 1-4 可见，温度在 0 ℃ 以上时，形成甲
烷水化物所需压力为 2.65 MPa，温度在 10 ℃
时则需 7.87 MPa 以上，我国一些煤田不具备
这样的条件。乙、丙烷水化物生成的压力条件
比甲烷低得多。当甲烷、丙烷同时存在时，生
成水化物的压力条件大为下降：曲线 1、2、3
分别是甲烷同含有 2.2%、5.0% 及 9.5% 乙烷
生成水化物的曲线，曲线 4、5 分别是甲烷同
含有 4.3% 及 28.8% 丙烷生成水化物的曲线，
因此，当煤层瓦斯中含有较高重烃时，在如图
1-4 所示的条件下可能存在这些水化物。在
低温下对含有乙烷、丙烷的瓦斯煤层注水时，
有可能生成固态瓦斯水化物，从而影响湿润效
果。

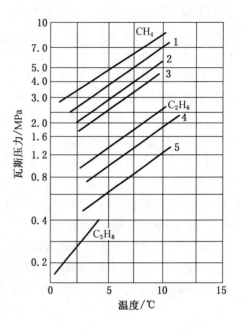

1—甲烷与 2.2% 乙烷；2—甲烷与 5.0% 乙烷；
3—甲烷与 9.5% 乙烷；4—甲烷与 4.3% 丙烷；
5—甲烷与 28.8% 丙烷
图 1-4　瓦斯水化物生成条件曲线

二、煤的吸附性能

1. 煤的等温吸附试验

煤的等温吸附试验是计算煤层瓦斯含量的
基础，常用的试验方法为容量法。等温吸附试
验就是在一定温度下找出瓦斯含量随瓦斯压力变化的规律。大量试验表明，吸附瓦斯量和
瓦斯压力的关系符合朗格缪尔方程：

$$X = \frac{abp}{1 + bp} \tag{1-1}$$

式中　X——在某一温度下，瓦斯压力为 p 时，单位质量纯煤吸附的瓦斯量，m^3/t；

　　　　p——瓦斯压力，MPa；

　　　　a——在某一温度下，瓦斯压力趋于无穷大时的最大吸附瓦斯量，m^3/t；

　　　　b——吸附常数，MPa^{-1}。

a、b 值由实验室吸附试验测得，不同矿区不同煤层测得的吸附常数变化范围较大，
根据中国矿业大学煤矿瓦斯治理国家工程研究中心对部分矿井煤层吸附常数测定值统计，
a 值在 13.3（魏家地矿西二采区 2102 开切眼）~ 49.01（卧龙湖南一采区 10 煤）间变化，
b 值的变化范围为 0.521（淮北袁店一矿）~ 1.6315（淮南张北矿）。而永贵能源所属矿井
a 的变化范围为 22.84 ~ 43.86，b 值变化范围为 0.073 ~ 2.001。

由于 b 值一般都较小，在瓦斯压力较低时（$p < 1$ MPa），式（1-1）的分母 bp 相对
于 1 可以忽略不计，此时 x 与 p 成正比；在瓦斯压力很高时（$p > 6$ MPa），分母中的 1 相
对于 bp 可以忽略不计，X 近似等于 a，吸附达到了饱和。

2. 影响吸附量的主要因素

气体在每克煤中的吸附量主要取决于气体的性质、表面性质（比表面积与化学组
成）、吸附平衡的温度及其瓦斯压力和煤中水分等。

（1）瓦斯压力的影响。在给定温度下，吸附瓦斯含量与瓦斯压力的关系成双曲线变化。

（2）温度的影响。在相同瓦斯压力下，温度越高，煤的吸附瓦斯量越小，从 26 ℃起，烟煤温度每升高 1 ℃，吸附瓦斯的能力降低约 0.8%，无烟煤温度每增高 1 ℃，其吸附量降低 0.6%。

（3）瓦斯性质的影响。对于给定的煤，在给定的温度和瓦斯压力下，二氧化碳的吸附量比瓦斯高，而瓦斯的吸附量又比氮气高。

（4）煤化变质程度的影响。随着吸附实验数据的大量积累，发现煤的吸附性与煤的变质程度之间有一个总的趋势，即在相同瓦斯压力下，煤的变质程度越高，煤吸附的瓦斯量越大。在挥发分相同时，吸附瓦斯量有较大差别，差值可达 20 m³/t 以上，这表明仅根据挥发分确定煤的吸附瓦斯量是困难的。

煤的煤化变质程度反映其比表面积大小与化学组成，一般地讲，从挥发分为 20% ~ 26% 之间的烟煤到无烟煤，相应的吸附量快速地增加。

（5）煤中水分的影响。煤中水分的增加使煤吸附瓦斯的能力降低，可用式（1-2）表示。

$$X_w = X_0 \frac{1}{1+0.31W} \qquad (1-2)$$

式中 X_w——含有水分 W 时的瓦斯吸附量，m³/t；

　　　X_0——不含量水分时煤（干煤）的瓦斯吸附量，m³/t。

实验室所得吸附试验曲线如图 1-5a 所示，永贵能源公司五凤煤矿 $6_{\text{中}}$ 煤的吸附试验曲线如图 1-5b 所示。从图中看出，随着瓦斯压力的升高，煤的吸附瓦斯含量增大，但增长率逐渐变小，当瓦斯压力无限增大时，煤的吸附瓦斯量趋于某一极限值。井下不同的煤种，吸附常数不同，就是同一煤矿同一层煤、同一煤种的煤在不同的地方取样，测出的吸附常数也不一样。表 1-4 是永煤集团部分矿井在不同地点取样测试的结果，表中除主焦矿为焦煤外，其他煤种均为无烟煤。

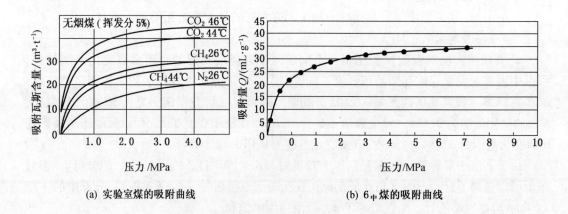

(a) 实验室煤的吸附曲线   (b) $6_{\text{中}}$ 煤的吸附曲线

图 1-5 煤的等温吸附曲线

表1-4 永煤集团部分矿井瓦斯吸附试验值

矿 名	取样地点	瓦斯吸附常数		瓦斯压力/MPa
		a	b	
枣园煤矿	23032 风巷	26.385	1.223	—
	-150 岩巷	26.81	0.897	0.5~0.6
车集煤矿	2610 工作面	36.2319	1.5682	—
	2614 工作面	37.7358	1.4021	—
	2707 工作面	37.4532	1.5614	—
大众矿		33.21	1.30	0.37~0.5
主焦煤矿		23.31	1.08	0.39
官寨煤矿	504 号孔 2 号煤	22.84	0.085	—
黔金煤矿	1907 下顺槽 9 号煤	35.71	2.010	
	1407 采面 4 号煤	38.10	1.660	
杨柳煤矿	402 钻孔 9 号煤	34.23	0.114	
	702 钻孔 9 号煤	33.73	0.073	
新田煤矿	J202 钻孔 4 号煤	35.42	0.153	
	J302 钻孔 4 号煤	36.36	0.159	
	702 钻孔 4 号煤	35.02	0.150	
	J202 钻孔 9 号煤	39.70	0.107	
	J301 钻孔 9 号煤	36.67	0.142	
	J302 钻孔 9 号煤	34.55	0.181	
五凤煤矿	JK2 $6_{中}$ 煤	36.47	1.794	
	JK1 19 煤	38.45	1.465	

三、煤层瓦斯沿深度的带状分带

煤化过程生成的瓦斯，经过漫长的地质年代，在压力与浓度差的驱动下进行运移，其中大部分脱离产气煤层排放到大气中；当在运移过程中遇到良好的封闭条件和贮存条件时，会聚集起来形成天然气藏。煤层保存瓦斯量的多少，主要取决于封闭条件（如煤层埋藏深度、煤层及围岩的透气性）、地质构造与贮存条件（如煤的吸附性能、孔隙率、含水程度、温度和压力等）。

当煤层具有露头或直接为透气性较好的第四系冲积层覆盖时，由于煤层中瓦斯不断由煤层深部向地表运移，而地面空气则向煤层中渗透和扩散，造成了煤层瓦斯组分沿赋存深度的带状分布。苏联矿业研究院格·德·李金通过对顿巴斯和库兹巴斯等煤田大量的煤层瓦斯组分和含量的测定，将煤层瓦斯组分按赋存深度自上而下分为4个瓦斯带：二氧化碳-氮气带、氮气带、氮气-甲烷带、甲烷带。各瓦斯带的气体成分组成及含量见表1-5。除甲烷带以外的3个带统称瓦斯风化带。

表 1-5　煤层垂向各瓦斯带的气体成分组成及含量

名　　称	气带成因	瓦斯成分/%		
		氮 气	二氧化碳	甲 烷
二氧化碳 - 氮气带	生物化学	20 ~ 80	20 ~ 80	< 10
氮气带	空气	> 80	< 10 ~ 20	< 20
氮气 - 甲烷带	空气、变质	20 ~ 80	< 10 ~ 20	20 ~ 80
甲烷带	变质	< 20	< 10	> 80

确定瓦斯风化带和甲烷带的深度是很重要的，在甲烷带内，煤层中瓦斯压力、瓦斯含量，以及在开采条件变化不大的前提下瓦斯涌出量都随深度的增加而有规律地增大。研究这些规律及影响因素，是防治矿井瓦斯灾害的基本工作之一。

瓦斯风化带上界深度可以根据下列指标中的任何一项确定。

(1) 煤层的相对瓦斯涌出量等于 $2 \sim 3 \ m^3/t$。

(2) 煤层内的瓦斯组分中甲烷及重烃浓度总和达到 80%（体积比）。

(3) 煤层内的瓦斯压力为 0.1 MPa（表压）。

(4) 煤的瓦斯含量达到下列数值处：长焰煤 $1.0 \sim 1.5 \ m^3/t(C.M.)$，气煤 $1.5 \sim 2.0 \ m^3/t(C.M.)$，肥煤与焦煤 $2.0 \sim 2.5 \ m^3/t(C.M.)$，瘦煤 $2.5 \sim 3.0 \ m^3/t(C.M.)$，贫煤 $3.0 \sim 4.0 \ m^3/t(C.M.)$，无烟煤 $5.0 \sim 7.0 \ m^3/t(C.M.)$（此处的 C.M. 是指煤中可燃物质即固定碳和挥发分）。

大方县五凤煤矿瓦斯风化带深度为 120 m，标高每降低 100 m，可燃气体含量增加 2.23 mL/g 可燃质（即瓦斯增长率）；瓦斯梯度为 22.40 m，即标高每降低 24.4 m，可燃气体增加 1 mL/g 可燃质。

第四节　煤的孔隙特征及比表面积

煤是一种多孔性固体物质，其内部分布着大量的孔隙系统。煤的孔隙性决定着煤吸附瓦斯的能力、煤的渗透性和强度性质。

按煤的组成及其结构性质，煤中孔隙主要有宏观孔隙、显微孔隙、分子孔隙 3 种。宏观孔隙是可用肉眼分辨的层理、节理、劈理及次生裂隙等形成的孔隙，一般属于毫米级（肉眼的最高分辨率大为 0.1 mm）。显微孔隙是指用光学显微镜和扫描电镜能分辨的孔隙。分子孔隙指煤的分子结构所构成的超微孔隙。

根据孔隙对瓦斯吸附、渗透和煤的强度性质的影响，按孔隙尺寸把孔隙分为以下几类：

微孔——孔径小于 10^{-5} mm，这些孔隙主要构成瓦斯吸附容积。

小孔——孔径 $10^{-5} \sim 10^{-4}$ mm，这些孔隙构成毛细管凝结作用和瓦斯扩散的空间。

中孔——孔径 $10^{-4} \sim 10^{-3}$ mm，这些孔隙构成强烈的层流渗透区间。

大孔——孔径 $10^{-3} \sim 10^{-1}$ mm，它构成强烈的层流渗透区间，并决定了具有强烈破坏结构煤的破坏面。

可见孔及裂隙——孔径大于 10^{-1} mm，这些孔隙构成层流及紊流混合渗透的区间，并决定了煤的宏观破坏面。

一般，把小孔至可见孔的孔隙体积之和称为渗透容积；把吸附容积与渗透容积之和称为总孔隙容积。微孔容积占总孔隙容积的比例越大，瓦斯越容易储存。

研究表明，煤对瓦斯的吸附作用，在一定瓦斯压力下是物理吸附。与煤层流动规律相同，煤吸附瓦斯气体的过程也是一个渗流—扩散过程。在大的孔隙系统中，由瓦斯压力梯度引起渗流；在微孔隙系统中，由瓦斯浓度梯度引起扩散；瓦斯气体分子向煤体深部进行渗流—扩散直到吸附平衡为止。

一、煤的孔隙率

孔隙总体积与煤的总体积的比称为煤的孔隙率，以%表示，其计算公式为

$$n = \frac{V - V_s}{V} \times 100\% \qquad (1-3)$$

式中　V——煤的总体积，包括孔隙体积；

　　　V_s——煤的体积，不包括孔隙体积。

孔隙率通过测定煤的真密度和视密度来确定，煤的孔隙率（通过单位体积或质量煤的孔隙来表征）与煤的真密度、视密度存在如下关系：

$$K = \frac{1}{ARD} - \frac{1}{TRD} \qquad (1-4)$$

$$K_1 = \frac{TRD - ARD}{TRD} \qquad (1-5)$$

$$K_1 = ARD \times K \qquad (1-6)$$

式中　K——单位体积的煤所具有的孔隙率，m^3/m^3；

　　　K_1——单位质量的煤所具有的孔隙率，m^3/t；

　　ARD——煤的视密度，即包括孔隙在内煤的密度，t/m^3；

　　TRD——煤的真密度，即扣除孔隙后煤骨架的密度，t/m^3。

【例1-1】从五凤煤矿风井 $6_{中}$ 煤2号钻孔取样测得的真密度为 1.69 t/m^3，视密度为 1.58 t/m^3，试计算其孔隙率。

解　由式（1-4）得：$6_{中}$ 煤单位体积所具有的孔隙率为

$$K = \frac{TRD - ARD}{ARD \times TRD} = \frac{1.69 - 1.58}{1.58 \times 1.69} = 0.041 \text{ m}^3/\text{m}^3$$

单位质量的煤所具有的孔隙率为

$$K_1 = ARD \times K = 1.58 \times 0.041 \text{ m}^3/\text{t} = 0.645 \text{ m}^3/\text{t}$$

煤的孔隙率是决定煤中瓦斯吸附、渗透和强度性能的重要因素，通过孔隙率和瓦斯压力的测定可以计算出煤层中的游离瓦斯量，因此，煤的孔隙率也是决定煤中游离瓦斯含量大小的主要因素之一。在相同瓦斯压力下，煤的孔隙率越大，则煤中所含游离瓦斯量也越大。煤中一般都含有水分，水占据了孔隙部分体积，因此，确定煤中游离瓦斯时，应用扣除水分后的孔隙来计算。永煤集团部分矿井孔隙率测定结果见表1-6。

表1-6　永煤集团部分矿井孔隙率测定结果

所在煤矿	取样地点	密度/(t·m⁻³)		孔 隙 率	
		TRD	ARD	m³/m³	m³/t
五凤煤矿	1603面回风巷	1.65	1.51	5.62	0.085
	回风石门6中煤2号钻孔	1.69	1.58	4.12	0.065
	二车场回联7煤1号钻孔	1.64	1.53	4.38	0.067
	行人巷7号煤1号钻孔	1.68	1.59	3.37	0.054
	二车场回联10号煤1号孔	1.75	1.66	3.10	0.051
	临时泵站10号煤2号钻孔	1.79	1.69	3.31	0.056
铜冶煤矿	-250皮带下山临时水仓	1.66	1.60	2.26	0.036

二、影响煤体孔隙率的主要因素

煤的孔隙特征与煤的变质程度、地质破坏程度和地应力及其大小等因素密切相关。

1. 煤化变质程度

孔隙率与煤化变质程度的关系见表1-7。从表中可以看出：从长焰煤开始，随着煤化程度的加深，煤的总孔隙体积逐渐减少，到焦煤、瘦煤时达最低值，而后又逐渐增加，至无烟煤时最大。然而，煤中微孔体积则是随着煤化变质程度的增加一直增长。

表1-7　不同煤种的孔隙率

煤牌号	挥发分/%	孔隙率/(m³·t⁻¹)					
		总 孔 隙		小孔至大孔		微 孔	
		区间值	平均	区间值	平均	区间值	平均
长焰煤	46~43	0.073~0.091	0.084	0.045~.070	0.061	0.021~0.028	0.023
气煤	40~35	0.028~0.080	0.053	>0.001~0.058	0.030	0.015~0.034	0.026
肥煤	34~28	0.026~0.078	0.051	>0.001~0.050	0.025	0.019~0.033	0.026
焦煤	27~22	0.021~0.068	0.045	>0.001~0.039	0.019	0.021~0.038	0.026
瘦煤	21~18	0.028~0.045	0.045	>0.001~0.036	0.016	0.22~0.033	0.029
贫煤	17~10	0.034~0.084	0.055	>0.001~0.052	0.022	0.027~0.052	0.033
半无烟煤	9~6	0.041~0.094	0.065	>0.001~0.054	0.023	0.033~0.056	0.044
无烟煤	5~2	0.055~0.136	0.088	>0.001~0.076	0.029	0.049~0.062	0.055

2. 煤的破坏程度

煤的破坏程度越高，煤的渗透容积就越大，即孔隙率越大，见表1-8。

3. 孔隙率与地应力的关系

压性地应力可使渗透容积缩小，压应力越高，渗透容积缩小越多，即孔隙率减小越多；张性地应力可使裂隙张开，使渗透容积增大，张应力越高，渗透容积增长越多，即孔隙率增加越多。卸压作用可使煤（岩）的渗透容积增大，即孔隙率增高；增压作用可使

表 1-8　煤的破坏程度与渗透容积的关系

参　数	煤 的 破 坏 程 度				
	I	II	III	IV	V
煤中渗透容积/$(cm^3 \cdot g^{-1})$	0.01206	0.01305	0.02155	0.03136	0.0825
煤的坚固系数 f	0.069～2.2	0.25～1.33	0.13～0.52	<0.1～0.33	<0.1
煤的黏结力 C/MPa	2.43	1.7	1.03	0.72	—
煤的内摩擦角/(°)	38.8	37.5	34.6	33.3	—
煤的瓦斯放散初速度 Δp/mm(Hg)	0.5～2.8	0.5～8	1～19.3	3.8～21.7	16.7～22.1

煤（岩）受到压缩，渗透容积减小，即孔隙率降低。试验表明，地应力并不减少煤的吸附体积，或减少不多，因此，地应力对煤的吸附性影响很小。

需要说明的是，煤的孔隙率是在实验室测定的，煤层中的煤实际上是处于各向承压状态，其孔隙率将有一定程度的减小。根据试验研究，孔隙率与煤所受压力的关系可用式（1-7）表示：

$$K = K_0 e^{-b\sigma} \tag{1-7}$$

式中　K——在压力为 σ 时煤的孔隙率，cm^3/cm^3；

　　　K_0——煤不承受压力时的孔隙率，cm^3/cm^3；

　　　σ——煤承受的压力，MPa；

　　　b——常数，MPa^{-1}。

三、煤的比表面积

通常将单位质量煤的表面积定义为比表面积。表面积既包括固体的外表面积，也包括固体的内表面积。煤的比表面积直接关系着煤与气体间的物理化学作用能力，对煤吸附瓦斯的能力有很大影响。

煤炭科学研究总院重庆研究分院用连续流动色谱法测定了韩城矿务局桑树坪煤矿 3 号煤 4 个煤样的比表面积。所用的测量仪器是北京分析仪器厂生产的 $ST-03$ 型表面孔径测定仪。煤样粒度为 0.10～0.20 mm。测定结果表明：4 个煤样的比表面积分布在 20.44～43.09 m^2/g 之间，并且与瓦斯解吸指标 K_1 和瓦斯放散初速度 Δp 之间有密切的关系。

解吸指标 K_1 的大小与煤样的可解吸瓦斯含量有关，而煤的可解吸瓦斯含量又与煤吸附表面积有直接关系。煤的比表面积大小直接影响到煤层吸附瓦斯的能力。试验结果表明，K_1 与比表面积 S 近似满足如下线性回归方程：

$$(K_1)_{p=1} = -0.0348 + 0.0147S$$

相关系数为 0.8524。显然，煤的比表面积越大，相应的 K_1 也越大。

煤的比表面积与瓦斯放散初速度 Δp 之间的关系为

$$S = 0.878 + 3.226\Delta p$$

相关系数为 0.9922。煤的瓦斯放散初速度既能反映煤中吸附容积的大小，又能反映渗透或扩散容积大小。而煤的比表面积主要反映的是煤中吸附容积的大小。

第五节　煤的瓦斯含量及影响因素

一、煤的瓦斯含量

煤的瓦斯含量是指单位体积或重量的煤在自然状态下所含有的瓦斯量（标准状态下的瓦斯体积），单位为 m^3/m^3 或 m^3/t。

煤的瓦斯含量包括游离瓦斯和吸附瓦斯含量两部分，其中游离瓦斯含量占 10% ～20%，吸附瓦斯占 80% ～90%。煤层中瓦斯含量可采用直接测定和间接测定两种方法测定。间接测定法又称计算法，采用气体状态方程计算游离瓦斯，用朗格缪尔方程计算吸附瓦斯含量。

采用直接法测量瓦斯含量时，煤层瓦斯含量包含煤样解吸瓦斯含量、损失瓦斯含量和残存量三部分。

1. 原始瓦斯含量

煤层未受采动影响而处于原始赋存状态时，单位质量煤中所含有的瓦斯体积（换算成标准状态下的体积）称为原始瓦斯含量，单位为 m^3/t。

2. 残余瓦斯含量

当煤体受到采动影响或瓦斯抽采后，煤层中剩余的瓦斯含量称为残余瓦斯含量，单位为 m^3/t。残余瓦斯含量通常用于预测掘进、回采时瓦斯涌出量，并用于防突措施的效果检验。当采用预抽煤层瓦斯区域防突措施时，采用预抽区域的煤层残余瓦斯压力或残余瓦斯含量进行措施效果检验，当煤层残余瓦斯压力小于 0.74 MPa 或残余瓦斯含量小于 8 m^3/t 的预抽区域为无突出危险区，否则即为突出危险区，预抽防突效果无效。

3. 可解吸瓦斯含量

可解吸瓦斯含量是原始煤体暴露后，煤样在标准状态下，自然解吸达到平衡后所脱附出的瓦斯量，单位为 m^3/t。可解吸瓦斯含量是煤层原始瓦斯含量与残存瓦斯含量的差值。

4. 残存瓦斯含量

残存瓦斯含量是指在标准状态下，煤样自然解吸平衡后，残存在煤样中的瓦斯含量，单位是 m^3/t。在煤层气开发领域《煤层气测定方法》（GB/T 19559—2008）直接法测试瓦斯含量时，采用连续 7 d 平均每天解吸量不大于 10 mL 作为解吸终止时限，然后仍残存在煤样中的瓦斯为残存瓦斯含量。我国煤炭行业在煤层瓦斯含量测定及矿井瓦斯涌出量预测时，残存瓦斯含量是指煤样在井下解吸 2 h 后仍然残存于煤中的瓦斯含量。其测定方法是：在爆破或采煤机刚截割过时开始记录时间，然后在距工作面进风巷 10 m 以上的位置采取一定数量的落煤，并按 0～6 mm、6～13 mm、13～25 mm、>25 mm 4 种粒度进行筛分装罐，每个煤样的重量大约 200 g，待暴露 2 h 后密封送实验室进行脱气。

5. 残存瓦斯含量的试验研究

煤炭科学研究总院抚顺分院的研究结果表明残存瓦斯含量有如下规律：残存瓦斯含量与煤在井下停留时间（暴露时间）有关，经 2 h 暴露后，其残存瓦斯含量基本上等于 1 个大气压条件下的吸附量；残存瓦斯含量与煤的破碎程度有关，在其他条件相同状态下，粒度越大，其残存瓦斯含量越大；残存瓦斯含量与煤的变质程度有关，其量随着煤的变质程度的增高而增大；残存瓦斯含量与原始瓦斯含量有关，残存瓦斯含量随着原始瓦斯含量的增大而增大，原始瓦斯含量增至一定数值后，残存瓦斯含量趋于稳定值。

6. 常压不可解吸瓦斯量

在煤层瓦斯抽采达标评判时，如果采用瓦斯含量直接测定法，会用到常压不可解吸瓦斯量的概念。煤样在实验室粉碎，经过自然解吸后仍保留在煤粉中的瓦斯含量称为常压不可解吸瓦斯量。常压不可解吸瓦斯量可以用真空泵抽出的办法测量，也可通过煤样吸附试验得到的吸附值 a、b，工业分析得到的灰分、水分、孔隙率、密度，用公式计算得到。

二、煤层瓦斯含量计算

1. 煤的游离瓦斯含量

根据气体状态方程（马略特定律），游离瓦斯含量为

$$X_y = \frac{VpT_0}{Tp_0\xi} \qquad (1-8)$$

式中　　　V——单位重量煤的孔隙容积，m^3/t；

p——瓦斯压力，MPa；

T_0、p_0——标准状态下的绝对温度（273 K）与压力（0.101325 MPa）；

ξ——瓦斯压缩系数，甲烷的压缩系数见表 1-9；

X_y——标准状态下每吨煤的游离瓦斯含量，m^3/t。

表 1-9　甲烷压缩系数 ξ 值表

瓦斯压力/MPa	煤层温度/℃					
	0	10	20	30	40	50
0.1	1.00	1.04	1.08	1.12	1.16	1.20
1.0	0.97	1.02	1.06	1.10	1.14	1.18
2.0	0.95	1.00	1.04	1.08	1.12	1.16
3.0	0.92	0.97	1.02	1.06	1.10	1.14
4.0	0.90	0.95	1.00	1.04	1.08	1.12
5.0	0.87	0.93	0.98	1.02	1.06	1.11
6.0	0.85	0.90	0.95	1.00	1.05	1.10
7.0	0.83	0.88	0.93	0.98	1.04	1.09

2. 煤的吸附瓦斯含量

考虑煤中水分、可燃物百分比、温度的影响系数后，煤的瓦斯吸附量为

$$X_x = \frac{abp}{1+bp} e^{n(t_0-t)} \frac{1}{1+0.31W} \frac{100-A-W}{100} \qquad (1-9)$$

式中　　　e——自然对数的底，$e=2.718$；

t_0——实验室测定煤的吸附常数时的试验温度，℃；

t——煤层温度，℃；

n——系数，按 $n = \dfrac{0.02}{0.993 + 0.07p}$ 计算；

p——煤层瓦斯压力，MPa；

a、b——煤的吸附常数；

A、W——煤中灰分与水分，%；

X_x——煤在标准状态下的吸附瓦斯含量，$\mathrm{m^3/t}$。

煤的瓦斯含量等于游离瓦斯含量与吸附瓦斯含量之和：

$$X = X_y + X_x = \frac{VpT_0}{Tp_0\xi} + \frac{abp}{1 + bp}e^{n(t_0 - t)}\frac{1}{1 + 0.31W} \times \frac{100 - A - W}{100} \qquad (1-10)$$

三、影响煤层瓦斯含量的因素

（一）煤的变质程度

煤的变质程度决定了成煤过程中伴生的气体量和煤含瓦斯的能力。煤的变质程度越高，生成的瓦斯量就越大；孔隙越多，总的表面积越大，煤吸附瓦斯的量就越大，含瓦斯的能力就越强。根据实验室测定，煤层含有瓦斯的最大能力一般不超过 60 $\mathrm{m^3/t}$。

另外，煤中的灰分和杂质也降低了煤层吸附瓦斯的能力。煤中的水分，不仅占据了孔隙空间，也占据了煤的孔隙表面，降低了煤的含瓦斯能力。

（二）煤系地层保存瓦斯的条件

煤层瓦斯含量大小，还取决于煤层保存瓦斯的地质条件。即煤层及围岩的透气性条件，地质构造的圈闭条件，煤层本身的存贮条件。

1. 煤层存贮条件

（1）煤的吸附特性。煤是天然的吸附体，煤的吸附性能决定于煤化程度。煤化程度越高，存贮瓦斯的能力越强。煤对瓦斯气体的吸附是物理吸附，其作用力是煤分子和瓦斯分子之间对瓦斯的作用力，由于这种作用力较弱，因此煤的吸附一般为单分子层吸附。在其他条件不变时，高变质煤比低变质煤瓦斯含量大。

（2）煤层有无露头。煤层如果有露头，因为煤层中存在大量的裂隙，瓦斯能沿煤层流动而逸散到大气中去，瓦斯含量就不会很大。如果煤层没有通达地表的露头，瓦斯难以逸散，它的含量就较大。

（3）煤层的埋藏深度。煤层的埋藏深度越深，煤层中的瓦斯向地表运移的距离越长，散失就越困难。同时，煤层埋藏深度增加也使煤层在瓦斯压力作用下降低了透气性，有利于保存瓦斯。随着煤层埋藏深度的增加，煤层瓦斯压力也随着增大，其统计规律为

$$p = m(H - H_0) + p_0 \qquad (1-11)$$

式中　　p——瓦斯带内深度为 H 处的瓦斯压力，MPa；

p_0——瓦斯带内深度为 H_0 处已知的瓦斯压力，MPa；

m——瓦斯压力梯度，MPa/m，各矿都不一样。

煤层瓦斯含量随着埋藏深度的增加基本上呈线性增加，但并不严格遵守线性关系，而是一种统计分析的结果。

对五凤煤矿中一采区 $6_{\text{中}}$ 煤层实测的瓦斯压力、瓦斯含量与埋藏标高的关系进行回归分析，可知瓦斯含量与埋藏标高的关系为

$$W = 0.0025516H^2 - 8.0666317H + 6378.7579066 \qquad (1-12)$$
$$R^2 = 0.806$$

式中　　W——煤层瓦斯含量，m^3/t；

　　　　R——相关系数；

　　　　H——埋藏标高，m。

　　瓦斯压力与埋藏标高的关系为

$$p = 0.0001361H^2 - 0.4316137H + 342.4440394 \qquad (1-13)$$
$$R = 0.861$$

式中　　p——煤层瓦斯压力，MPa。

　　煤层瓦斯压力、瓦斯含量与埋藏标高的关系如图1-6所示。

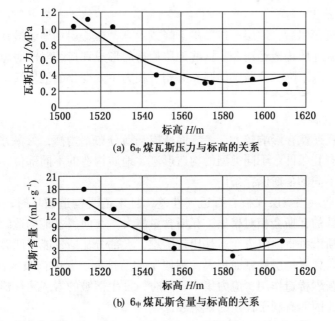

(a) $6_{中}$ 煤瓦斯压力与标高的关系

(b) $6_{中}$ 煤瓦斯含量与标高的关系

图1-6　五凤煤矿中一采区 $6_{中}$ 煤瓦斯压力、含量与标高的关系

　　根据黔西县高山煤矿采样测试结果，煤层瓦斯含量与埋深成正相关，随埋深的增加而增加，随标高的增加而减少。煤层瓦斯含量与埋深和标高的关系如图1-7所示。与埋深的线性关系为

$$W = 2.09 + 0.0264H \qquad (1-14)$$

高山煤矿瓦斯梯度为煤层埋深每增加37.8 m，瓦斯含量增高1 mL/（g·r）可燃值。

2. 围岩透气性

　　煤系岩性组合和煤层围岩性质对煤层瓦斯含量影响很大。如果围岩为致密完整的低透气性岩层，围岩的透气性差，所以煤层瓦斯含量高，瓦斯压力大；反之，围岩由厚层中粗砂岩、砾岩或裂隙溶洞发育的石灰岩组成，则煤层瓦斯含量小。

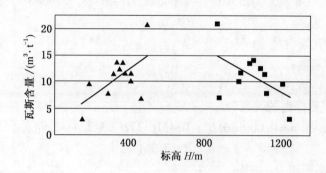

图 1 - 7　高山煤矿煤层瓦斯含量与埋深和标高的变化趋势

3. 煤层的地质史

成煤有机物沉积以后，地层经过多次下降或上升，覆盖层加厚或遭受剥蚀，海相与陆相交替变化并伴有地质构造运动等。这些地质构造的形成和持续时间对煤层瓦斯含量影响很大。一般来说，以下降、覆盖层加厚和海相沉积为主要变化的地质活动过程，会导致瓦斯含量增高；反之，瓦斯含量会降低。

4. 地质构造及其他条件

地质构造对瓦斯赋存影响较大，一方面造成瓦斯分布不均衡，另一方面形成了瓦斯储存或瓦斯排放的有利条件。不同类型的构造形迹，地质构造的不同部位、不同力学性质和封闭情况，形成不同的瓦斯储存条件。

（1）褶皱构造。当煤层顶板岩石透气性差，且未遭受构造破坏时，背斜有利于瓦斯的储存，背斜轴部的瓦斯会相对聚集，瓦斯含量增大。在向斜盆地构造的矿区，顶板封闭条件良好时，瓦斯沿垂直地层方向运移比较困难，大部分瓦斯仅能沿两翼流向地表，但盆地的边缘部分，若含煤地层暴露面积大，则便于瓦斯排放。紧闭褶皱区往往瓦斯含量高，因为这些地带受强烈构造作用，应力集中；同时，发生褶皱的岩层往往塑性较强，易褶不易断，封闭性好，因而有利于瓦斯的聚集和保存。

（2）断裂构造。断层破坏了煤层的连续完整性，使煤层瓦斯运移条件发生变化。

开放性断层有利于瓦斯排放，封闭型断层抑制瓦斯排放而成为逸散的屏障。断层的空间方位对瓦斯的保存或逸散也有影响，走向断层能够阻隔瓦斯沿煤层倾斜方向逸散。断层既会引起煤层厚度变化，又会造成煤层瓦斯积聚。五凤二矿 B203 钻孔位于 F_5 断层附近，该钻孔在孔深（10 号煤顶板）60 m 时，连续喷井 18 d，瓦斯喷离地面高度达 6 m。2006年 12 月 30 日，五凤煤矿回风石门施工到 239 m 时，也因为其附近断层原因，喷瓦斯半月之久，喷出瓦斯达 1×10^4 m^3 之多。

5. 煤层倾角

煤层倾角小，瓦斯沿煤层运移路线长，阻力大，煤层瓦斯不容易流失，导致煤层瓦斯含量增高；反之，煤层瓦斯含量低。

6. 水文地质条件

地下水对瓦斯含量的降低作用表现为 3 个方面：一是长期的地下水活动，带走了部分被溶解的瓦斯；二是地下水的渗透通道，同样也可成为瓦斯的渗透通道；三是地下水带走了溶解的矿物，使围岩及煤层卸压，透气性增加，造成了瓦斯的流失。地下水和瓦斯占有的空间是互补的，这种相逆的关系，常表现为水量大的地带，瓦斯量相对较小，反之亦然。

第六节 瓦斯的涌出

瓦斯涌出是威胁煤矿安全生产的最主要因素。瓦斯涌出量是指在矿井开发过程中从煤与岩石内涌出的瓦斯量，对应于整个矿井的叫矿井瓦斯涌出量，对应于翼、采区或工作面的叫翼、采区或工作面的瓦斯涌出量。

一、瓦斯涌出的形式

矿井瓦斯涌出主要有正常式涌出、喷出式涌出、突出式涌出 3 种形式。

1. 正常式涌出

从煤层、岩层以及采落的煤（矸石）中比较均匀的释放出瓦斯现象即为正常式涌出瓦斯，这是煤层瓦斯涌出的主要形式。

2. 喷出式涌出

大量瓦斯在压力状态下，从煤体或岩体裂隙、孔洞、钻孔或爆破孔中大量涌出瓦斯（二氧化碳）的异常涌出现象称为瓦斯喷出。《煤矿瓦斯等级鉴定暂行办法》对瓦斯喷出的定量标准界定为：在 20 m 巷道范围内，涌出瓦斯（二氧化碳）量大于或等于 $1.0\ m^3/min$ 且持续 8 h 以上时定为瓦斯（二氧化碳）喷出。瓦斯喷出一般都伴有声响效应，如"吱吱"声、哨声、水的沸腾声等。

喷出式瓦斯涌出必须有大量积聚游离瓦斯的瓦斯源，按不同生成类型，瓦斯喷出源有两种：地质生成瓦斯源和生产生成瓦斯源。

地质生成瓦斯源是指喷出的瓦斯来源于成煤地质过程中，大量瓦斯积聚在地层的裂隙和空洞内，当采矿工程揭露这些地层时，瓦斯就从裂隙及空洞中涌出，形成瓦斯喷出。如阳泉、中梁山等矿区石灰岩的溶洞裂隙中喷出大量瓦斯就是属于地质生成瓦斯源。阳泉一矿 12 号煤层（四尺煤）三下山底板，当钻孔穿过 K3 层石灰岩时，曾从裂隙中喷出了 $1132 \times 10^4\ m^3$ 瓦斯（在一年时间内）。

生产生成瓦斯源是指因开采松动卸压的影响，使开采层邻近的煤层卸压而形成大量解吸瓦斯，当游离瓦斯积聚达到一定能量时，冲破层间岩石而向回采巷道喷出。如南桐矿区开采近距离保护层后，从底板向回采工作面突然喷出大量瓦斯，就是属于生产生成瓦斯源的典型喷出事例。南桐鱼田堡矿在开采近距离上保护层后，因开采初期没有很好放顶，使其下部 6~8 m 处的被保护层卸压后积聚了大量解吸瓦斯，在瓦斯压力（高达 2.5 MPa）作用下，曾经多次发生保护层采空区的底板突然鼓起，并且喷出大量瓦斯的现象，最大一次瓦斯喷出，其初始瓦斯涌出量竟达 500 m^3/min，喷出时间长达几天。瓦斯喷出一般发生在上保护层开采过开切眼十多米处，喷出时在工作面中部突然鼓起，鼓起的高度可达 0.3~0.4 m，底板的铝土页岩形成大量鱼鳞状近于水平的裂隙，裂隙的宽度可达 10 cm，瓦斯就从这些裂隙中大量喷出。

喷出瓦斯的危险性在于其突然性。对地质生成的瓦斯喷出危险，应在有喷出危险的区域中加强地质工作，如采取打前探钻孔，打排瓦斯钻孔，加大危险区的风量，将喷出的瓦斯直接引入回风巷或抽瓦斯管路内，严禁工作面之间的串联通风。为防治生产生成瓦斯的喷出，在开采近距离保护层时，必须加强回采初期被保护层卸压瓦斯的抽放，如加密钻孔等；搞好管理工作，当悬顶过长时，采取人工强放顶。

3. 突出式涌出

煤与瓦斯突出是含瓦斯的煤、岩体，在压力作用下，破碎的煤和解吸的瓦斯从煤体内部突然向采掘空间大量喷出的一种动力现象。

上述 3 类瓦斯涌出形式的防治措施是各不相同的。正常式瓦斯涌出防治的措施是采用通风的方法稀释风流中的瓦斯浓度或用抽放方法减少瓦斯向巷道涌出。喷出式瓦斯涌出是一种局部性的异常瓦斯涌出，只要能及时、正确预见瓦斯积聚源，并把积聚的瓦斯控制引入回风系统或抽放瓦斯管路系统，就能消除瓦斯喷出的危害。突出式瓦斯涌出是一种极其复杂的瓦斯与煤一起突然喷出的现象，危害极大，要采取专门的防治措施。

二、矿井瓦斯涌出量的表示方法

矿井瓦斯涌出量表示方法有两种，即绝对瓦斯涌出量和相对瓦斯涌出量。

1. 绝对瓦斯涌出量

绝对瓦斯涌出量是指单位时间内涌出的瓦斯量，用 m^3/d 或 m^3/min 表示，可用下式计算：

$$Q_g = QC \tag{1-15}$$

式中　Q_g——绝对瓦斯涌出量，m^3/min；

　　　Q——矿井总回风量，m^3/min；

　　　C——风流中的平均瓦斯浓度，%。

2. 相对瓦斯涌出量

相对瓦斯涌出量是指矿井正常生产条件下，平均每产 1 t 煤所涌出的瓦斯量，单位是 m^3/t，可用下式计算：

$$q_g = Q_g/A \tag{1-16}$$

式中　q_g——相对瓦斯涌出量，m^3/t；

　　　Q_g——绝对瓦斯涌出量，m^3/d；

　　　A——日产煤量，t/d。

三、影响瓦斯涌出量的因素

矿井瓦斯涌出量的大小受多种因素影响，主要有以下几个方面：

1. 煤层和围岩的瓦斯含量

它是影响矿井瓦斯涌出量多少的决定因素。被开采煤层的原始瓦斯含量越高，其涌出量就越大。如果开采煤层附近有瓦斯含量大的煤层或围岩（也叫邻近层），由于采动影响，邻近层中的瓦斯就会沿采动裂隙涌入开采空间，导致实际瓦斯涌出量大于开采煤层的瓦斯含量。单一的薄煤层和中厚煤层开采时，瓦斯主要来自煤层暴露面和采落的煤炭，因此煤层的瓦斯含量越高，开采时的瓦斯涌出量也越大。

2. 地面大气压的变化

正常情况下，采空区及裂隙中的瓦斯与巷道风流处于相对平衡状态。当大气压力突然降低时，就会破坏原来的平衡状态，瓦斯涌出的数量就会增大；反之，瓦斯涌出量变小。因此，当地面大气压突然下降时，必须百倍警惕，加强对采空区和密闭等附近的瓦斯检查，否则，可能造成重大事故。

3. 开采规模

开采规模是指矿井的开采深度、开拓与开采的范围以及矿井产量。开采深度越大，煤层瓦斯含量越高，瓦斯涌出量就越大；开拓与开采范围越大，瓦斯涌出量越大；在其他条件相同时，采掘进度快、产量高的矿井瓦斯涌出量大。

4. 开采顺序与回采方法

厚煤层分层开采时，第一分层（上分层）的瓦斯涌出量最大，这是由于采动影响，其他分层的瓦斯会沿裂隙渗入所采工作面。

如果一个矿井有多层煤层，则首先开采的煤层（或分层）瓦斯涌出量大。原因是第一层煤开采时，邻近层的瓦斯会涌入开采层。采空区丢失煤炭多、回采率低的采煤方法，采空区瓦斯涌出量就大。

5. 生产工序

同一采煤工作面，爆破或割煤时的瓦斯涌出量最高。从煤层暴露面和钻孔内涌出的瓦斯量，一般都是随着时间的增长大致按指数函数的关系逐渐衰减，如图 1-11 所示。

6. 通风压力

采用负压通风的矿井，风压越高瓦斯涌出量越大；而采用正压通风的矿井，风压越高瓦斯涌出越小。

7. 采空区管理

采空区积存有大量瓦斯，如果封闭不好，就会造成采空区大量漏风，使矿井的瓦斯涌出增大。

四、矿井瓦斯涌出来源的分析与分源治理

查明矿井瓦斯来源及所占比重与数量，是风量分配和有效治理瓦斯的基础。按照瓦斯涌出地点和分布状况，瓦斯涌出来源可分为：

（1）掘进区瓦斯，即煤巷掘进时从煤壁和落煤中涌出的瓦斯。

（2）采煤区瓦斯，即工作面煤壁、巷壁和落煤中涌出的瓦斯。

（3）已采区瓦斯，即已采区的顶、底板和浮煤中涌出的瓦斯。

其测定方法是同时测定全矿井、各回采区和各掘进区的绝对瓦斯涌出量。然后分别计算出各回采区、掘进区和已采区三者各占的比例（测定回采区或掘进区的瓦斯涌出量时，要分别在各区进、回风流中测瓦斯浓度和通过的风量，回风和进风绝对瓦斯涌出量的差值，即为该区的绝对瓦斯涌出量）。

在弄清瓦斯来源及比例的基础上，有针对性地采取相应的治理措施进行重点控制与管理，尽量减少其涌出量。

五、瓦斯涌出不均系数

正常生产过程中，矿井绝对瓦斯涌出量受各种因素的影响其数值是经常变化的，但在

一段时间内只在一个平均值上下波动，峰值与平均值的比值称为瓦斯涌出不均系数。

矿井瓦斯涌出不均系数表示为

$$k_g = Q_{max} / Q_a \qquad (1-17)$$

式中　　k_g——给定时间内瓦斯涌出不均系数；

　　　　Q_{max}——该时间内的最大瓦斯涌出量，m^3/min；

　　　　Q_a——该时间内的平均瓦斯涌出量，m^3/min。

确定瓦斯涌出不均系数的方法是：根据需要，在待确定地区（工作面、采区、翼或全矿）的进、回风流中连续测定一段时间（一个生产循环、一个工作班、一天、一月或一年）的风量和瓦斯浓度，一般以测定结果中的最大一次瓦斯涌出量和各次测定的算术平均值代入式（1-17），即为该地区在该时间间隔内的瓦斯涌出不均系数。

通常，工作面的瓦斯涌出不均匀系数总是大于采区的，采区大于一翼的，一翼的大于全矿井的。进行风量计算时，应根据具体情况选用合适的瓦斯涌出不均匀系数。

总之，任何矿井的瓦斯涌出在时间上与空间上都是不均匀的。在生产过程中要根据不同煤层、不同区域采取不同的措施，使瓦斯涌出比较均匀和稳定。

六、矿井瓦斯等级划分

《煤矿安全规程》规定：一个矿井中只要有一个煤（岩）层发现瓦斯，该矿井即为瓦斯矿井。瓦斯矿井必须依照矿井瓦斯等级进行管理。

矿井瓦斯等级依据实际测定的瓦斯涌出量、瓦斯涌出形式以及实际发生的瓦斯动力现象、实测的突出危险性参数划分为煤（岩）与瓦斯（二氧化碳）突出矿井，高瓦斯矿井，低瓦斯矿井。

矿井瓦斯等级鉴定具体要求见第九节。

第七节　瓦斯喷出及防治

瓦斯喷出是指大量承压状态的瓦斯从煤、岩裂缝中快速喷出的现象。它是瓦斯特殊涌出的一种形式。其特点是瓦斯在短时间内从煤、岩的某一特定地点突然涌向采矿空间，而且涌出量可能很大，风流中的瓦斯突然增加。由于喷出瓦斯在时间上的突然性和空间上的集中性，可能导致喷出地点人员的窒息，高浓度瓦斯在流动过程中遇高温热源有可能发生爆炸，有时强大的喷出还可以产生动力效应并导致破坏作用。

一、瓦斯喷出的分类

产生喷出的原因是煤岩孔洞、裂隙内积存着大量高压游离瓦斯，当采掘工作面接近或沟通这样的区域时，高压瓦斯就能沿裂隙突然喷出，如同喷泉一样。瓦斯喷出按其成因分为地质来源的和采掘形成的两类。

地质来源的瓦斯喷出与地质构造有密切的关系。瓦斯喷出一般发生于能贮存瓦斯的地质构造破坏带，如断层、断裂、褶曲和石灰岩溶洞附近。采掘形成的主要发生于煤层顶（底）板、围岩分层断裂的回采工作面，如围岩内赋存含瓦斯的煤层或夹层的情况下，当煤层回采后，围岩形成空洞，邻近层的瓦斯有可能转移到这些空洞内，瓦斯量和瓦斯压力逐渐增加，能突破层间围岩喷向采空区，同时，工作面的瓦斯涌出量也随之增加。

瓦斯喷出前常有预兆，如风流中的瓦斯浓度增加或忽大忽小，以及有发凉的感觉或有"嘶嘶"的喷出声响，顶底板来压的煤炮声，煤层变湿、变软等现象。

瓦斯的喷出量和持续时间决定于积存的瓦斯量和瓦斯压力，并与溶洞和裂隙区大小和瓦斯来源的范围等有密切的联系。

二、瓦斯喷出的预防

预防瓦斯喷出，首先要加强地质工作，查清楚施工区的地质构造、断层、溶洞的位置、裂隙的位置和走向，以及瓦斯压力和储量等，采取相应的处理措施。根据一些矿井的经验总结为"探、排、引、堵"。

1. 探

"探"就是探明地质构造和瓦斯情况。在可能喷出瓦斯的地点附近打前探钻孔，查明瓦斯压力和积存范围。如果瓦斯压力不大，积存量不多，可以通过钻孔，让瓦斯自然排放到回风流中。五凤煤矿采取的办法是："逢掘必探，先探后掘，不探不掘"。2006 年 12 月 29 日该矿回风石门前进方向左帮打锚杆眼时喷瓦斯，喷出量 $2 \sim 3$ m^3/min，导致该巷道停掘，截断电源，用钢筋网栅栏封挡，并开启 2×15 kW 对旋局部通风机，加大通风量，让其自然排放。

施工前探钻孔的要求是：

（1）立井和石门掘进揭开有喷出危险的煤层时，在该煤层 10 m 以外开始向煤层打钻。钻孔直径不小于 75 mm，钻孔数不少于 3 个，并全部穿透煤层。

（2）在瓦斯喷出危险煤层中掘进巷道时，可沿煤层边掘进边打超前孔，钻孔超前工作面不得少于 5 m。孔数不得少于 3 个，钻孔控制范围要超出井巷侧壁 $2 \sim 3$ m。

（3）巷道掘进时，如果瓦斯由岩石裂隙、溶洞以及破坏带喷出，则前探钻孔直径不小于 75 mm，孔数不少于 3 个，超前距不小于 5 m。

在打前探钻孔的过程中及其以后的巷道施工中，发现瓦斯喷出量较大时，应打排放瓦斯钻孔。在钻孔施工过程中要采取防治瓦斯的安全措施。在有瓦斯喷出危险的地方进行采掘活动时，必须要有独立的通风系统，并要加大风量，以防止瓦斯超限和不影响其他区域。

2. 排

"排"就是排放或抽放瓦斯。如果自然排放量大，有可能造成风流中瓦斯超限时，应将钻孔或巷道封闭，通过瓦斯管把瓦斯排放到适宜的地点接入抽放瓦斯管路，将瓦斯抽到地面。

3. 引

"引"就是把瓦斯引至总回风流或工作面后 20 m 以外的区域。

4. 堵

"堵"就是将裂隙、裂缝等堵住，不让瓦斯喷出。当瓦斯喷出量和压力都不大时，用黄泥或水泥浆等充填材料堵塞喷出口。具体处理措施还应根据瓦斯喷出量和瓦斯压力大小等具体情况进行处理。

第八节　瓦斯在煤层中的流动

矿井瓦斯涌出、煤层瓦斯突出以及煤层瓦斯抽放都涉及瓦斯在煤层中的运移，因此，了解煤层中瓦斯的运移规律是必要的。瓦斯在煤层中的运移是一个相当复杂的过程，一是煤体结构复杂；二是瓦斯在煤层中赋存状态复杂多变。

瓦斯分子的直径大致是 0.414 nm，它可以在煤层孔隙中运移。根据目前的研究结果认为，裂隙宽度大于 0.1 μm 时，煤层瓦斯的运移主要为层流运动。当然，这种层流运动也是在变化的，因为瓦斯在煤体内运移的孔道本身就是弯曲而断面又是变化的，加之煤体内孔隙的大小、形状以及裂隙的张开程度等又受控于地应力的作用，这种状况导致了煤体中瓦斯的运移状态往往表现为时而层流状态、时而又是紊流状态。当裂隙宽度小于 0.1 μm 时，一般情况下，瓦斯分子不能自由运动，煤体中瓦斯的运移不取决于压力差，而决定于浓度差，呈现扩散运动。

一、风流的流动状态与雷诺数

1884 年英国学者雷诺通过实验发现，同一流体在同一管道中，因流速的不同，形成性质不同的流动状态。当流速很低时，在流动过程中，液体质点互不混杂，沿着与管轴平行的方向做直线运动，层次分明，称为层流或滞流。当流速较大时，液体质点的运动速度在大小和方向上都随时发生变化，并且互相混杂，这种流动状态称为紊流或湍流。用不同的管道直径和不同的流体进行大量实验后，发现决定流体状态的因素，除平均流速 u 外，还有管道直径 d，流体的运动黏性系数 v。用组合数 $\dfrac{ud}{v}$ 可作为判断流动状态的准则，这个无因次准数就叫雷诺数，用 Re 表示，即

$$Re = \frac{ud}{v} \tag{1-18}$$

二、瓦斯在煤层内流动的基本规律

煤层是由孔隙介质的煤块和裂隙系统所组成的孔隙—裂隙结构。一般认为，瓦斯在孔隙结构中的流动主要是扩散，符合菲克定律。在煤层裂隙系统的流动属于渗透，符合达西定律。

1. 菲克第一定律（扩散定律）

扩散是由于分子的自由运动使得物质由高浓度体系运移到低浓度体系的浓度平衡过程。而扩散规律正是研究扩散流体的速度和浓度梯度之间的联系。扩散过程可以分类为稳态和非稳态。

在稳态扩散中，单位时间内通过垂直于给定方向的单位面积的净原子数（称为通量）不随时间变化，即任一点的浓度不随时间变化。在非稳态扩散中，浓度随时间而变化。研究扩散时首先遇到的是扩散速率问题。

菲克（A. Fick）在 1855 年提出了菲克第一定律，将扩散通量和浓度梯度联系起来。菲克第一定律指出，在稳态扩散的条件下，单位时间内通过垂直于扩散方向的单位面积的

扩散物质量（通称扩散通量）与该截面处的浓度梯度成正比。为简便起见，仅考虑单向扩散问题。设扩散沿 x 轴方向进行（图 1-8），菲克第一定律的表达式为

$$J = -D\frac{\mathrm{d}C}{\mathrm{d}x} \tag{1-19}$$

式中　　J——扩散通量，$\mathrm{m^3/(m^2 \cdot d)}$；

　　　　D——扩散系数，$\mathrm{m^2/d}$，它相当于浓度梯度为 1 时的扩散通量，D 值越大则扩散越快；

　　　　$\dfrac{\mathrm{d}C}{\mathrm{d}x}$——浓度梯度，$\mathrm{m^3/(m^3 \cdot m)}$。

式（1-19）中的负号表示扩散方向为浓度梯度的反方向，即扩散由高浓度向低浓度区进行。式（1-19）又称为扩散第一方程。图 1-9 所示为浓度梯度示意图。

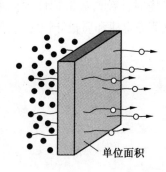

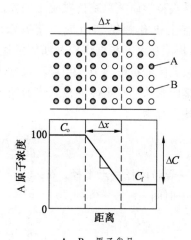

A、B—原子代号

图 1-8　扩散通过单位面积的情况　　　　图 1-9　浓度梯度示意图

2. 菲克第二定律

实际上，大多数重要的扩散是非稳态的，在扩散过程中扩散物质的浓度随时间而变化，即 $\mathrm{d}C/\mathrm{d}x \neq 0$。为了研究这种情况，根据扩散物质的质量平衡，在菲克第一定律的基础上推导出了菲克第二定律，用以分析非稳态扩散。菲克第二定律指出，在非稳态扩散过程中，在距离 x 处，浓度随时间的变化率 $\dfrac{\partial C}{\partial t}$ 等于该处的扩散通量随距离变化率 $\dfrac{\partial J}{\partial x}$ 的负值，即

$$\frac{\partial C}{\partial t} = -\frac{\partial J}{\partial x} \tag{1-20}$$

把 $J = -D\dfrac{\mathrm{d}C}{\mathrm{d}x}$ 代入式（1-20），得

$$\frac{\partial C}{\partial t} = \frac{\partial}{\partial x}\left(D\frac{\partial c}{\partial x}\right) \tag{1-21}$$

这就是菲克第二定律的表达式。如果扩散系数 D 与浓度无关，则式（1-17）可改写为

$$\frac{\partial C}{\partial t} = D\frac{\partial^2 C}{\partial^2 x} \tag{1-22}$$

式中　C——扩散物质的体积浓度，m^3/m^3 或 kg/m^3；

　　　t——扩散时间，d；

　　　x——扩散距离，m。

式（1-22）给出 $C = f(t, x)$ 函数关系，式（1-22）又称为扩散第二方程。

煤炭科学研究总院抚顺研究院在实验室中对煤粒的瓦斯放散速度的测定表明：当煤粒尺寸小于一定数值时（即主要为孔隙结构组成时），瓦斯流动遵循扩散定律。

一般情况下，在较小孔隙中的瓦斯扩散速度较在大孔和裂隙中的渗透速度小得多，但是，控制煤粒瓦斯放散速度的主要环节则是在较小孔隙中的瓦斯放散运动。构成瓦斯扩散运动的微小孔隙在煤体中所占的比例越大，则瓦斯扩散运动越符合扩散规律。

根据煤炭科学研究总院抚顺院王佑安、杨其銮的研究，当煤粒尺寸小于极限粒度时，煤粒则基本上由孔隙结构组成。其极限粒度随煤质而变化，大体在 0.5~10 mm，见表1-10。极限粒度是根据煤粒瓦斯放散速度测定出来的，由于大孔和裂隙对流动的阻力远小于细微孔隙的扩散阻力，当煤粒尺寸大于极限粒度时，瓦斯放散速度大体保持不变。假设煤层是由服从菲克定律的极限煤粒所组成，根据菲克定律和质量守恒定律，煤粒扩散运动的微分方程为

$$\frac{\partial x}{\partial t} = D\left(\frac{\partial^2 x}{\partial^2 r} + \frac{2}{r}\frac{\partial x}{\partial r}\right) \tag{1-23}$$

式中　r——煤粒内任一点半径，m；

　　　t——时间，s。

表1-10　煤的实测极限粒度

矿　井	煤　层	突出危险性	f 值	极限粒度/mm
抚顺龙凤矿	五分层	非突出层	1.05	2.3
阳泉一矿	七尺煤	非突出层	0.42	5.4
北票三室矿	九层	突出煤层	0.12	0.8
白沙里王庙矿	六层	突出煤层	0.20	0.9

实际上，在煤层的孔隙—裂隙结构系统中，孔隙单元的体积是很小的，煤层的裂隙系统非常发育，特别是受过强烈搓揉作用的突出危险煤层更是如此。因此，瓦斯在煤层中的流动主要是以层流运动为主。

3. 达西渗透试验与达西定律

瓦斯在中孔以上的孔隙或裂隙内的运移，可能有两种形式：层流和紊流；而层流通常又可分为线性渗透与非线性渗透。

地下水在土体孔隙中渗透时，由于渗透阻力的作用，沿程必然伴随着能量的损失。为了揭示水在土体中的渗透规律，法国工程师达西（H. darcy）经过大量的试验研究，1856年总结得出渗透能量损失与渗流速度之间的相互关系即为达西定律。

达西试验的装置如图 1 - 10 所示。装置中的 1 是横截面积为 A 的直立圆筒，其上端开口，在圆筒侧壁装有两支相距为 l 的侧压管。筒底以上一定距离处装一滤板 2，滤板上填放颗粒均匀的砂土。水由上端注入圆筒，多余的水从溢水管 3 溢出，使筒内的水位维持一个恒定值。渗透过砂层的水从短水管 4 流入量杯 5 中，并以此来计算渗流量 q。设 Δt 时间内流入量杯的水体体积为 ΔV，则渗流量为 $q = \Delta V/\Delta t$。同时读取断面 Ⅰ - Ⅰ 和段面 Ⅱ - Ⅱ 处的侧压管水头值 h_1、h_2，Δh 为两断面之间的水头损失。

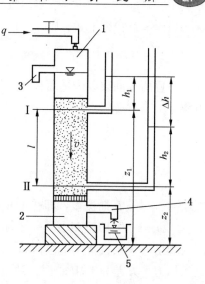

1—直立圆筒；2—滤板；
3—溢水管；4—短水管；5—量杯
图 1 - 10 达西渗透试验装置

达西分析了大量试验资料，发现土中渗透的渗流量 q 与圆筒断面积 A 及水头损失 Δh 成正比，与断面间距 l 成反比，即

$$q = kA\frac{\Delta h}{l} = kAi \qquad (1-24)$$

或

$$v = \frac{q}{A} = ki \qquad (1-25)$$

式中，$i = \Delta h/l$，称为水力梯度，也称水力坡降；k 为渗透系数，其值等于水力梯度为 1 时水的渗透速度，cm/s。式（1 - 24）和式（1 - 25）所表示的关系称为达西定律，它是渗透的基本定律。

根据研究，瓦斯在煤层中的流动为线性渗透时，符合达西定律，当引入瓦斯的绝对黏度时，达西定律的表达式为

$$v = \frac{k}{\mu}\frac{\mathrm{d}p}{\mathrm{d}l} \qquad (1-26)$$

式中　k——煤的渗透率，m^2；

　　v——瓦斯的流速，m/s；

　　$\mathrm{d}p$——瓦斯在 $\mathrm{d}l$ 长度内从煤层的一个截面流动到另一个截面时产生的压力差，Pa；

　　$\mathrm{d}l$——和瓦斯流动方向一致的某一极小长度，m；

　　$\dfrac{\mathrm{d}p}{\mathrm{d}l}$——瓦斯的压力梯度，Pa/m；

　　μ——瓦斯的绝对黏度，对于甲烷 $\mu = 1.08 \times 10^{-8}$ Pa·s。

由于瓦斯是可压缩流体，流速应换算成标准压力下的量，按等温过程 $pv = p_n v_n$，由式（1 - 26）可导出瓦斯流速方程为

$$v_n = \frac{pv}{p_n} = \frac{pk\mathrm{d}p}{p_n \mu \mathrm{d}l}$$

因为 $p\mathrm{d}p = \dfrac{\mathrm{d}p^2}{2}$，所以

$$v_n = \frac{k\mathrm{d}p^2}{2p_n \mu \mathrm{d}l}$$

以 $p^2 = P$ 代入上式，则

$$v_n = \frac{k\,\mathrm{d}P}{2\mu p_n\,\mathrm{d}l}$$

方程两端同乘以渗透面积 A，并引入煤层透气系数 λ 和瓦斯压力的平方则可得到流量方程：

$$q = A\lambda\,\frac{\mathrm{d}P}{\mathrm{d}l}$$

$$\lambda = \frac{k}{2\mu p_n}$$

式中　q——瓦斯流量，即在 $1\ \mathrm{m}^2$ 煤面上 $1\ \mathrm{d}$ 通过的瓦斯量，$\mathrm{m}^3/(\mathrm{m}^2\cdot\mathrm{d})$；

　　　p_n——$0.1013\ \mathrm{MPa}$（一个标准大气压）。

煤层透气系数常用单位为 $\mathrm{m}^2/(\mathrm{MPa}^2\cdot\mathrm{d})$，其物理意义是在截面为 $1\ \mathrm{m}^2$ 煤体的两侧，瓦斯压力平方差为 $1\ \mathrm{MPa}^2$ 时，通过 $1\ \mathrm{m}$ 长度的煤体，在 $1\ \mathrm{m}^2$ 煤层断面上每日流过的瓦斯量。所以当 $A = 1$ 时，

$$q = \lambda\,\frac{\mathrm{d}P}{\mathrm{d}l} \tag{1-27}$$

式中　q——瓦斯流量，$\mathrm{m}^3/(\mathrm{m}^2\cdot\mathrm{d})$；

　　　λ——煤层透气系数，$\mathrm{m}^2/(\mathrm{MPa}^2\cdot\mathrm{d})$；

　　　P——瓦斯压力的平方，$P = p^2$，MPa^2。

瓦斯渗透定律还可以这样表示：依据达西定律，瓦斯流过一截面积为 A、长度为 l 的煤柱体的体积流量 q 与柱体两端瓦斯气体压力差 $p_1 - p_2$ 成正比，与气体的绝对黏度系数成反比，得

$$q = \frac{kA(p_1 - p_2)}{\mu l} \tag{1-28}$$

式（1-28）是用煤层渗透系数表示的流量方程，如果要用煤层透气系数来表示瓦斯流量，可以根据理想气体状态方程 $pv = p_0 v_0$ 推导出计算公式。将 q 换算成标准大气压状态，得到 $v = \dfrac{pv}{p_0}$，取 $p = \dfrac{p_1 + p_2}{2}$，则有

$$v = \frac{pv}{p_0} = \frac{p_1 + p_2}{2}\,\frac{1}{p_0}k\,\frac{\mathrm{d}p}{\mu\,\mathrm{d}l} = \frac{k(p_1 + p_2)(p_1 - p_2)}{2p_0\mu\,\mathrm{d}l} = \frac{k\ (p_1^2 - p_2^2)}{2p_0\mu\,\mathrm{d}l}$$

方程两端同乘以 A，则得到用煤层透气系数表示的流量方程：

$$q = \frac{kA(p_1^2 - p_2^2)}{2\mu p_0\,\mathrm{d}l} = \frac{\lambda A(p_1^2 - p_2^2)}{\mathrm{d}l} \tag{1-29}$$

$$\lambda = \frac{k}{2\mu p_0}$$

式中　p_0——标准大气压，等于 $0.103\ \mathrm{MPa}$。

中国矿业大学罗新荣在实验室中对用煤粉压制的人工煤样的瓦斯渗透结果表明，瓦斯在孔隙直径较大的煤样中流动，完全遵循达西定律。

4. 达西定律的适用范围

多孔介质中的渗流运动可以分为 3 个区域：低雷诺数区，$Re < 1\sim 10$，符合达西定

律；中雷诺数区，Re 的上限为100，为非线性层流，服从非线性渗透定律；高雷诺数区：$Re > 100$，为紊流，流动阻力与流速平方成正比。

5. 非线性渗透定律

在非线性层流与紊流条件下，渗流速度与压力差可用指数关系表示：

$$u_m = \lambda \left(\frac{\mathrm{d}p}{\mathrm{d}l} \right)^m \tag{1-30}$$

式中　u_m——流速；

　　　λ——瓦斯透气系数；

　　　m——渗透指数，$m = 1$ 时，就是达西定律，试验证明 $m = 1 \sim 2$；

　　　$\dfrac{\mathrm{d}p}{\mathrm{d}l}$——瓦斯压力梯度。

三、瓦斯在煤层中的流动状态

瓦斯在煤层中的流动方向单向流动、径向流动和球向流动有3种类型。

（1）单向流动。在 xyz 三维空间内，只有一个方向有流速，其他两个方向流速为零。薄及中厚煤层赋存中的煤巷与回采工作面的煤壁内的瓦斯流动就属于单向流动，如图 1-11 所示。

（2）径向流动。在 xyz 三维空间内，在两个方向有分速度，第三个方向的分速度为零。石门、竖井、钻孔垂直穿透煤层时，在煤壁内的瓦斯流动就属于径向流动。

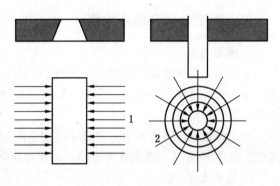

1—流动方向；2—瓦斯压力等值线

图 1-11　瓦斯在煤层内的流动

（3）球向流动。瓦斯在 xyz 3 个方向都有分速度的流动就属于球向流动。在厚煤层的煤巷掘进工作面内的煤壁内、钻孔内或石门进入煤层时以及采落的煤块从其中涌出的瓦斯的流动就属于这一类。

第九节　矿井瓦斯等级鉴定

矿井瓦斯等级鉴定是煤矿瓦斯防治的基础工作，目的就是按照矿井瓦斯涌出量的大小及危害程度，根据不同的瓦斯等级采取不同的针对性技术措施与装备，对矿井瓦斯进行有效管理与防治，以创造良好的作业环境和保障安全生产。矿井瓦斯等级鉴定的依据是《煤矿瓦斯等级鉴定暂行办法》。

低瓦斯矿井和高瓦斯矿井的鉴定一般按以下步骤进行。

一、鉴定前的准备

1. 组织准备

瓦斯等级鉴定前，矿上要成立以矿技术负责人为组长，通风、安监、救护等部门参加的瓦斯等级鉴定小组，在鉴定开始前编制鉴定方案，计划测定路线，组织鉴定人员，并按矿井范围进行分区、分工，编制瓦斯等级鉴定工作的注意事项和安全措施。在测定日的各测定地点要指定专人进行测定工作，准确计算和做好记录。

2. 物质准备

准备好鉴定工作所需的各种仪器、仪表和图表，包括瓦斯检定器、风表、秒表、皮尺等，以及有关记录表格、图、纸、笔等；对所用的瓦斯检定器、风表等仪器，预先进行检验和校正，以保证所测数据准确可靠；做好鉴定月内全矿井和区域的原煤产量、瓦斯抽放量的统计工作。

3. 鉴定时间安排

鉴定应根据当地气候条件选择在矿井绝对瓦斯涌出量最大的月份，且在矿井正常生产时进行，一般选择在7月、8月份或3月、4月份。

二、测定内容和测点选择

1. 测定内容

鉴定工作应当准确测定风量、风流中瓦斯、二氧化碳浓度及温度、气压等参数，统计井下瓦斯抽采量和月产煤量，全面收集煤层瓦斯压力、动力现象及预兆、瓦斯喷出、邻近矿井瓦斯等级资料。

当实测数据与最近6个月以来矿井安全监控系统的监测数据、通风报表和产量报表数据相差超过10%时，应当分析原因，必要时应重新测定。

2. 测点布置

测定点选择的原则是，能够真实反映该矿井、各煤层、各水平、各区域（各采区、各工作面）的回风量和瓦斯涌出状况。所以测点应布置在进、回风道测风站内（包括主要通风机风硐）。如无测风站，可选择断面规整并无杂物堆积的一段平直巷道做测点。每一测定班的测定时间应选在正常生产时刻，并尽可能在同一时刻进行测定工作。

如果进风流中含有瓦斯或二氧化碳时，还应在进风流中测风量、瓦斯（或二氧化碳）浓度。进、回风流的瓦斯（或二氧化碳）涌出量之差，就是鉴定地区的风排瓦斯量（或二氧化碳）。抽放瓦斯的矿井，测定风排瓦斯的同时，在相应地区还要测定瓦斯抽放量。瓦斯涌出量应包括风排瓦斯量。

确定矿井瓦斯等级时，按每一自然矿井、煤层、翼、水平和各采区分别计算相对瓦斯涌出量和绝对瓦斯涌出量。在测定工作开展前，应根据矿井范围和采掘工作面的分布情况，预先选择好测定站的位置，做好标志和测量好断面，并加以编号。

三、参数测定要求

在鉴定月份的月初、月中、月末各选择一天（如5、15、25）作为鉴定日，鉴定日原煤生产和通风状况必须保持正常。在鉴定日内，还要分早、中、晚三个班次分别进行测定工作。四班工作制的矿井，测定工作应在四个班次内进行，并且每次测定工作都应在生产进入正常后进行。

每次测定的主要内容包括各测点的风量、空气温度、瓦斯和二氧化碳浓度等。为确保测定资料准确，测定方法和测定次数要符合操作规程，每一个参数每个班次必须测定 3 次，取其平均值作为本班测定结果。每次测定结果都要记入记录表内，见表 1 - 11。

表 1 - 11 井 下 实 测 记 录

| 地点 | 班次 | 风量 | | | | | | 瓦斯浓度/% | 二氧化碳浓度/% | 备注 |
		次序	巷道断面/m²	表速/(r·min⁻¹)	风速/(m·min⁻¹)	温度/℃	风量/(m³·min⁻¹)			
	早	1								
		2								
		3								
		平均								
	中	1								
		2								
		3								
		平均								
	晚	1								
		2								
		3								
		平均								

四、测定资料的整理和记录

每一测点所测定的瓦斯和二氧化碳的基础数据都要填入表 1 - 12。表 1 - 12 中每个班次的瓦斯（或二氧化碳）涌出量，应按下式计算：

$$瓦斯涌出量 = 风量 × 瓦斯浓度$$

实行四班制工作面的矿井，表 1 - 12 应按四班制绘制，进风流有瓦斯时应增加进风巷的测点数据。计算煤层、一翼、水平或采区的瓦斯涌出量时，均应扣除进风流中的瓦斯含量；在计算各测点的二氧化碳绝对涌出量时，要从实测的二氧化碳浓度中减去地面空气中二氧化碳的含量；实施瓦斯抽放的矿井，在鉴定日内还要测定相关地区的瓦斯抽放量。矿井瓦斯等级的划分，也必须包括抽放量在内的相对和绝对瓦斯涌出量来确定。

整理完测定基础数据后，按矿井、煤层、翼、水平、煤层和采区，参照表 1 - 13 的格式，汇总成测定结果报告表。

矿　　　　井　　　　　　　　　　　　　　　年　　月

表 1-12　瓦斯和二氧化碳涌出量测定基础数据

测点名称	气体名称	旬别	日期	第一班			第二班			第三班			三班平均风排量/(m³·min⁻¹)	抽放瓦斯量/(m³·min⁻¹)	涌出总量/(m³·min⁻¹)	涌出量/(m³·min⁻¹)	月工作日	月产煤量/t	说明
				风量/(m³·min⁻¹)	浓度/%	涌出量/(m³·min⁻¹)	风量/(m³·min⁻¹)	浓度/%	涌出量/(m³·min⁻¹)	风量/(m³·min⁻¹)	浓度/%	涌出量/(m³·min⁻¹)							
	瓦斯	上																	
		中																	
		下																	
	二氧化碳	上																	
		中																	
		下																	

表 1-13 矿井瓦斯等级鉴定和二氧化碳测定结果报告表

气体名称	矿井、煤层、一翼、采区名称	三旬中最大一天的瓦斯涌出量风量/($m^3 \cdot min^{-1}$)			月实际工作日/d	月产煤量/t	月平均日产煤量/($t \cdot d^{-1}$)	日产吨煤相对涌出量/($m^3 \cdot t^{-1}$)	说明
		风排	抽放	总量					
		(1)	(2)	(3)	(4)	(5)	(6)	(7)	
瓦斯									
二氧化碳									

矿井瓦斯等级的确定，也必须包括抽放量在内的相对和绝对瓦斯涌出量来确定。

五、瓦斯涌出量计算

1. 绝对瓦斯涌出量计算

测定区域绝对瓦斯涌出量是指单位时间内该区域涌出的瓦斯总量，为井巷瓦斯涌出量与抽采瓦斯量之和（包括通风系统风排瓦斯量和各抽放系统的瓦斯抽放量）。绝对瓦斯涌出量取鉴定月 3 个测定日中最大的日平均值。抽采瓦斯量取当月抽采瓦斯量的平均值（不包括排放到测定区域回风巷的抽采量）。

2. 相对瓦斯涌出量计算

在鉴定月的上、中、下旬进行测定的 3 天中，以最大一天的绝对瓦斯涌出量来计算平均日产 1 t 煤的瓦斯涌出量（m^3/t）。

其计算公式为

$$q_{相} = 1440 \frac{q_{max}}{D}$$

式中　　$q_{相}$——相对瓦斯（或二氧化碳）涌出量，m^3/t；

q_{max}——最大一天的绝对瓦斯涌出量，m^3/min；

D——月平均日产煤量，t/d。

根据以上测定的绝对瓦斯涌出量和相对瓦斯涌出量确定瓦斯等级。

六、矿井瓦斯等级鉴定报告的内容

每年的矿井瓦斯等级鉴定工作结束后一月内，要将鉴定报告上报给上级直接管辖单位（矿务局、集团公司）。直接管辖单位应根据鉴定结果，结合该矿产量水平、生产区域和地质构造等因素，提出矿井瓦斯等级的鉴定意见，连同有关材料报省级煤炭行业管理部门审批，并报省级煤矿安全监察机构备案。

鉴定报告应包括以下主要内容：

(1) 矿井基本情况（表 1-14）。

(2) 瓦斯和二氧化碳涌出量测定基础数据表（表 1-12）。

(3) 矿井瓦斯等级鉴定和二氧化碳测定结果报告表（表 1-13）。

(4) 矿井通风系统图（绘制矿井通风系统图，并标注测定地点）。

(5) 瓦斯来源分析。

（6）矿井煤尘爆炸性鉴定情况（情况说明，附鉴定报告）。

（7）煤层自然发火倾向性鉴定（情况说明，附鉴定报告）、煤层最短自然发火期及内、外火灾情况。

（8）矿井煤与瓦斯（二氧化碳）突出情况，瓦斯（二氧化碳）喷出情况。

（9）鉴定月份生产状况及鉴定结果简要分析或说明，如鉴定期间生产是否正常和瓦斯来源及其影响因素分析等。

（10）鉴定单位和鉴定人员。

表 1-14　矿井基本情况

矿井名称			隶属关系		
详细地址			法人代表		
矿井职工数			下井职工数		
井田面积/km^2	生产		可采煤量/Mt		
	基建				
矿井现状			投产日期		
设计生产能力/(Mt·a^{-1})			核定生产能力/(Mt·a^{-1})		
上年度原煤产量/Mt			本年度计划产量/Mt		
可采煤层数			现开采煤层名称		
煤层开采顺序			地质构造复杂程度		
煤层倾角/(°)			主采煤层厚度/m		
开拓方式			井筒数		
水平数			现开采水平		
采区数			现开采采区名称		
采煤工作面数			煤巷掘进工作面数		
采煤方法			采煤工艺		
顶板管理方法			掘进方式		
通风方式、方法			主要通风机	型号、台数	
				电机功率/kW	
矿井总进风量/(m^3·min^{-1})			矿井总回风量/(m^3·min^{-1})		
矿井等级孔/m^2			突出煤层名称		
地面抽放泵型号及台数			抽放泵电机功率/kW		
井下移动泵站型号及台数			移动泵站电机功率/kW		
抽放管路直径及长度			抽放瓦斯方法		
瓦斯抽放泵站负压/kPa			瓦斯抽放浓度/%		
上年度抽放量/Mm^3			抽放瓦斯利用率/%		
安全监控系统型号			生产厂家		
监控系统安装时间			联网情况		
甲烷传感器安装数			瓦斯检查报警仪有效台数		
瓦检员数量	应配人数		自救器数量	实配台数	
	实配人数			应配台数	
其他需说明的情况					

七、新建矿井瓦斯等级鉴定

新建矿井在可行性研究阶段，应当依据地质勘探资料、同一矿区的地质资料和相邻矿井相关资料等，对矿井内采掘工程可能揭露的所有平均厚度在 0.3 m 以上的煤层进行突出危险性评估，经评估认为有突出危险性煤层的，建井期间应当对开采煤层及其他可能对采掘活动造成威胁的煤层进行突出危险性鉴定，未进行突出危险性鉴定前，按突出煤层管理。

非突出矿井或者突出矿井的非突出煤层出现下列情况之一的，该煤层应当立即按照突出煤层管理：

（1）采掘过程中出现瓦斯动力现象的。

（2）相邻矿井开采的同一煤层发生突出的。

（3）煤层瓦斯压力达到 0.74 MPa 以上的。

矿井有按照突出管理的煤层，可以直接申请省级煤炭行业管理部门批准认定为突出矿井，不直接申请认定的，应在确定煤层按突出危险管理之日起半年内完成该煤层的突出危险性鉴定。矿井发生生产安全事故，经事故调查组分析确定为突出事故的，直接认定该煤层为突出煤层，该矿井为突出矿井。

瓦斯矿井生产过程中出现高瓦斯矿井四项条件之一的立即认定为高瓦斯矿井，并报省级煤炭行业管理部门批准变更矿井瓦斯等级。

八、鉴定管理

突出矿井（或者突出煤层）的鉴定工作，由国家安全生产监督管理总局认定的鉴定机构承担。瓦斯矿井和高瓦斯矿井的鉴定工作，由具备矿井瓦斯等级鉴定能力的煤炭企业或者委托具备相应资质的鉴定机构承担。

将有按照突出管理煤层的矿井鉴定为非突出矿井的，省级煤炭行业管理部门应当组织专家对其鉴定程序、方法、报告等进行审查。

各级煤矿安全监管部门和煤矿安全监察机构在安全检查和监察活动中，发现矿井瓦斯的实际情况明显高出矿井瓦斯等级的，应当责令矿井立即重新进行瓦斯等级鉴定。

第二章 瓦斯爆炸及其预防

瓦斯爆炸是煤矿生产中最严重的灾害之一。我国最早关于煤矿瓦斯爆炸的文献记载见于山西省《高平县志》。1603 年，山西省高平县唐安镇一煤矿发生瓦斯爆炸事故，文中描述瓦斯爆炸时的情形："火光满井，极为熏蒸，人急上之，身已焦烂而死，须臾雷震井中，火光上腾，高两丈余"。

国外文献记载的最早瓦斯爆炸事故，是 1675 年发生于英国茅斯汀煤矿的瓦斯爆炸。

世界煤矿开采史上最大的伤亡事故，是 1942 年发生于辽宁本溪煤矿的瓦斯、煤尘爆炸事故，造成 1549 人死亡，146 人受伤。

1990—1999 年的 10 年间，我国煤矿一次死亡 3 人以上的事故 4002 次，共死亡 27495 人，其中瓦斯事故 2767 次，共死亡 20625 人，占死亡总数的 75.01%。

我国几次较大的瓦斯爆炸事故：1960 年 11 月 28 日平顶山五矿发生瓦斯爆炸，死亡 187 人；2000 年 9 月 27 日贵州木冲沟矿瓦斯煤尘爆炸，死亡 162 人；2004 年 10 月 20 日河南郑州大平煤矿"10·20"特大煤与瓦斯突出和瓦斯爆炸事故，148 人死亡；2004 年 11 月 28 日陕西铜川陈家山煤矿"11·28"特别重大瓦斯爆炸事故，死亡 166 人；2005 年 2 月 14 日辽宁省阜新矿业（集团）有限责任公司孙家湾煤矿海州立井"2·14"特别重大瓦斯爆炸事故死亡 214 人。

第一节 瓦斯爆炸过程及其危害

一、瓦斯爆炸

根据爆炸传播速度可将瓦斯爆炸分为以下 3 类：

爆燃——传播速度为每秒数十厘米至数米；

爆炸——传播速度为每秒数十米至数百米；

爆轰——传播速度超过声速，达每秒数千米。

除上述 3 种类型外，还有瓦斯燃烧，无明显的动力现象。

1. 瓦斯爆炸的化学反应过程

瓦斯和空气混合后，在一定条件下遇高温热源就会发生激烈的连锁反应，并伴有高温高压现象。在瓦斯爆炸过程中，火焰从火源占据的空间不断地传播到爆炸性混合气体所在的整个空间。

瓦斯爆炸最终的化学反应式为

$$CH_4 + 2O_2 = CO_2 + 2H_2O + Q \text{ (882.6 kJ/mol)}$$

如果 O_2 不足，反应的最终式为

$$CH_4 + O_2 = CO + H_2 + H_2O + Q \text{ (882.6 kJ/mol)}$$

由上式可知，一个体积的甲烷要同两个体积的氧气化合，当空气中的氧浓度为21%时，相当于 $2 \times (100/21) = 9.52$ 个体积的空气。所以，当空气中甲烷浓度为 $1/(1+9.52) \times 100\% = 9.5$ 时，从理论上讲，爆炸最为激烈。

上式说明：矿井瓦斯在高温火源作用下，与氧气发生化学反应，生成二氧化碳和水，并放出大量的热，这些热量能够使反应过程中生成的二氧化碳和水蒸气迅速膨胀，形成高温、高压并以极高的速度向外冲击而产生动力现象，这就是瓦斯爆炸。

矿井瓦斯爆炸是一种热-链式反应。当爆炸混合物吸收一定能量（通常是引火源给予的热能）后，反应分子的链即行断裂，离解成两个或两个以上的游离基（也叫自由基）。这类游离基具有很大的化学活性，成为反应连续进行的活化中心。在适合的条件下，每一个游离基又可以进一步分解，再产生两个或两个以上的游离基。这样循环不已，游离基越来越多，化学反应速度也越来越快，最后就可以发展为燃烧或爆炸式的氧化反应。所以，瓦斯爆炸就其本质来说，就是一定数量的瓦斯与空气中的氧气进行剧烈化学反应的结果。在这个过程中能产生高温、高压、高速冲击波、巨大的冲击力和响声，可使沿途巷道支架和设备受到损坏，人员伤亡。瓦斯爆炸有十分严重的危害性和破坏性，为煤矿各种灾害之首。

2. 瓦斯爆炸的产生与传播过程

爆炸性的混合气体与高温火源同时存在，就会发生瓦斯的初爆。初爆产生以一定速度移动的火焰锋面，火焰锋面后面是具有很高温度的混合气体，同时产生压力的冲击，它们相互叠加，形成压力很高的冲击波。当从障碍物返回冲击时，形成与正向冲击波传播方向相反的反向冲击波。冲击波与集中在巷道顶板附近的瓦斯相互作用，如果顶板附近或冒落空间内积存着瓦斯，或者巷道中有沉落的煤尘，在冲击波作用下，能使沉落的煤尘和冒落空间的瓦斯均匀分布在风流中，形成新的爆炸混合物，使爆炸过程得以继续下去。

爆炸时由于爆源附近气体高速向外冲击，在爆源附近形成气体稀薄的低压区，于是产生反向冲击波，使已遭受破坏的区域再一次受到破坏。如果反向冲击波的气体中含有足够的 CH_4 和 O_2，而火源又未熄灭，就可以发生第二次爆炸。此外，瓦斯涌出量较大的矿井，如果在火源熄灭前，瓦斯浓度又达到爆炸浓度，也能发生再次爆炸。如辽源太信一井1751准备区掘进巷道复工排放瓦斯时，因明火引燃瓦斯，导致大巷内瓦斯爆炸，在救护队处理事故过程中和采区封闭后，6天内连续发生爆炸32次。

二、瓦斯爆炸的危害

瓦斯爆炸的危害主要表现在以下3个方面：产生高温火焰锋面、冲击波和有害气体。

1. 产生高温火焰锋面

瓦斯爆炸时，最初着火产生的火焰锋面是沿巷道运动的化学反应带和烧热的气体，其速度大（传播速度一般为 500~700 m/s）、温度高。从正常的燃烧速度（1~2.5 m/s）到爆轰式传播速度（2500 m/s），焰面温度可高达 2150~2650 ℃。

遭遇火焰锋面的人会被烧伤，电气设备会烧坏，支架和煤尘还可能点燃，引起井下火灾和煤尘爆炸事故，扩大灾情。

瓦斯浓度在9.5%时，爆炸时产生的瞬时温度在自由空间内可达1850 ℃，在封闭的空间内可达2650 ℃。由于井下巷道是半封闭空间，其内的瓦斯爆炸温度在1850~2650 ℃之间。

2. 形成冲击波

瓦斯爆炸产生的高温气体迅速膨胀引起气体压力骤然增大，再加上爆炸波的叠加作用，爆炸产生的冲击压力越来越高。据测定，瓦斯爆炸后产生的冲击波锋面压力由几个大气压（理论压力 9 个大气压）到 20 个大气压，向前冲击波叠加和反射时可达 100 个大气压。其传播速度总是大于声速。爆炸处的气体以每秒几百米的速度向前冲击，所到之处造成人员伤亡，设备和通风设施损坏，巷道垮塌。冲击波还可形成反向冲击，导致连续爆炸。

3. 产生大量有害气体

瓦斯爆炸后生成大量有毒有害气体。据分析爆炸后的气体成分为：氧气 6% ~ 10%，氮气 82% ~ 88%，二氧化碳 4% ~ 8%，一氧化碳 2% ~ 4%。如此大量的一氧化碳是造成大量人员伤亡的主要原因。如果有煤尘参与爆炸，一氧化碳的生成量更大，危害性就更大。一氧化碳浓度达到 0.4% 时，时间持续 20 ~ 30 min 人就会中毒死亡；氧气减少到 10% ~ 12% 时，人就会失去知觉窒息死亡。统计资料表明，在发生瓦斯煤尘爆炸事故中，死于一氧化碳中毒的人数占总死亡人数的 70% 以上。因此《煤矿安全规程》规定，入井人员必须随身携带自救器。

为了防止瓦斯事故发生，首先应加强矿井通风，防止井下瓦斯积聚，按实际需要分配风量并及时调节风量，利用新鲜空气稀释并排出瓦斯。在巷道掘进期间要加强掘进巷道通风。局部通风机要设置在新鲜风流处，禁止产生循环风。风筒要悬挂在巷道一帮，保持完好。风筒口离工作面最大距离不超过 5 m。临时停工的地点不准停风。还要实行分区通风，让采掘工作面的污浊风流直接流入采区回风道或总回风道，而不串入别的采掘工作面。实行分区通风，不仅可以保证采掘面都有新鲜风流，而且在发生瓦斯爆炸或燃烧事故时，可以缩小灾害范围，减少灾害损失。

为保证矿井正常通风，应在井下适当位置设置控制风流的设施。如风门、风桥、挡风墙、调节风窗等。对这些设施要及时建筑，并保证质量，经常维修，保持完好。通过风门后，风门应随手关好，以保证风流不短路。现通风质量标准化标准已规定风门要连锁，当一道风门打开时，确保另一道风门处于关闭状态。每个矿工对任何通风构筑物都必须爱护，绝对不允许破坏。

加强通风、防止微风作业是处理瓦斯的主要手段，风流不畅就会导致瓦斯积聚，最终发生瓦斯事故。

第二节　瓦斯爆炸的基本条件及影响因素

一、瓦斯爆炸的基本条件

瓦斯爆炸必须同时具备 3 个基本条件，缺一不可：空气中瓦斯浓度达到一定范围，一般 5% ~ 16%；温度为 650 ~ 750 ℃ 的引爆火源，且存在的时间大于瓦斯的引火感应期；瓦斯与空气的混合气体中氧含量不低于 12%。

预防瓦斯爆炸就是要破坏其中的一个条件，使 3 个条件不能同时满足。

1. 瓦斯的爆炸浓度

在正常的大气环境中，瓦斯爆炸具有一定的浓度范围，只有在这个浓度范围内，瓦斯才能够爆炸，这个浓度范围称为瓦斯的爆炸界限。其最低浓度界限叫爆炸下限，最高浓度界限叫爆炸上限。瓦斯在空气中的爆炸下限为 5%～6%，上限为 14%～16%。

当瓦斯浓度低于 5% 时，遇火不爆炸，但能在火焰外围形成燃烧层；当瓦斯浓度达到 5% 时，瓦斯就能爆炸；当瓦斯浓度为 5%～9.5% 时，爆炸的威力逐渐增强；当瓦斯浓度为 9.5% 时，因为空气中的全部瓦斯和氧气都参与反应，所以这时的爆炸威力最强（这是在地面新鲜空气条件下的理论计算。在煤矿井下，根据实验和现场测定，爆炸威力最强烈的实际瓦斯浓度为 8.5% 左右。这是因为井下空气氧浓度减小、湿度较大，含有较多的水蒸气，氧化反应不可能进行得十分充分的缘故）。当瓦斯浓度为 9.5%～16% 时（上限），爆炸威力呈逐渐减弱的趋势。当瓦斯浓度高于 16% 时，由于空气中的氧气不足，满足不了氧化反应的全部需要，只能有部分的瓦斯与氧气发生反应，生成的热量被多余的瓦斯和周围的介质吸收而降温，失去爆炸性，但在空气中遇火仍会燃烧。

瓦斯爆炸界限并不是固定不变的，它还受到温度、压力以及煤尘、其他可燃气体、惰性气体的混入等因素的影响。

2. 一定的引火温度

瓦斯爆炸的第二个条件是高温火源的存在。点燃瓦斯所需要的最低温度称为引火温度。瓦斯的引火温度一般认为是 650～750℃。但因受瓦斯浓度、火源性质及混合气体的压力等因素影响而变化。当瓦斯含量 7%～8% 时，最易引燃；当混合气体的压力增高时，引燃温度即降低；在引火温度相同时，火源面积越大、点火时间越长，越易引燃瓦斯。

井下的一切高温热源都可以引起瓦斯燃烧或爆炸，但主要火源是爆破和电气火花。明火、煤炭自燃、吸烟、爆破、架线火花甚至撞击和摩擦产生的火花都足以引燃瓦斯。随着煤矿机械化程度的提高，摩擦火花引燃瓦斯的事故逐渐增多。因此，消灭井下一切火源是预防瓦斯爆炸的重要措施之一。

3. 充足的氧气含量

瓦斯爆炸界限随着混合气体中氧气浓度的降低而缩小，当氧气浓度减少到 12% 时，瓦斯混合气体即失去爆炸性。由于氧气含量低于 12% 时，短时间内就会导致人的窒息死亡，因此，采用降低氧气含量来防止瓦斯爆炸是没有实际意义的。但是，对于已封闭的火区，采取降低氧气含量的措施，却有着十分重要的意义。因为火区内往往积存有大量的瓦斯，且有火源存在，如果不按规定封闭火区或火区封闭不严造成大量漏风，一旦氧气浓度达到 12% 时，就有发生爆炸的可能。所以，对火区应严加管理，在启封火区时更应格外慎重，必须在火熄灭后才能启封。

二、瓦斯爆炸的影响因素

瓦斯爆炸的基本条件受很多因素的影响，但主要是爆炸界限和引火温度。

（一）影响爆炸界限的因素

影响爆炸界限的因素主要有可燃性气体、煤尘、惰性气体及混合气体的初始温度等。

1. 可燃气体的混入

瓦斯和空气的混合气体中，如果有一些可燃性气体（如硫化氢、乙烷等）混入，则由于这些气体本身具有爆炸性，不仅增加了爆炸气体的总浓度，而且会使瓦斯爆炸下限降低，从而扩大了瓦斯爆炸的界限。煤矿各种可燃气体的爆炸界限见表 2－1。

表 2－1　可燃气体爆炸上限和下限　　　　　　　　　　　　　　%

气 体 名 称	化 学 符 号	爆 炸 下 限	爆 炸 上 限
甲烷	CH_4	4.90	15.4
乙烷	C_2H_6	3.22	12.5
丙烷	C_3H_8	2.40	9.5
氢气	H_2	4.00	75.2
一氧化碳	CO	12.50	74.2
硫化氢	H_2S	4.30	45.5
乙烯	C_2H_4	2.75	28.6
戊烷	C_5H_{12}	1.45	7.8

注：表中爆炸界限是在温度为 20 ℃，$p = 101.3$ kPa 时瓦斯与空气混合物的爆炸界限。

当几种可燃气体同时存在时，混合气体的爆炸上限和下限可按下式计算：

$$V = 100 \left/ \left(\frac{P_1}{V_1} + \frac{P_2}{V_2} + \frac{P_3}{V_3} + \cdots + \frac{P_n}{V_n} \right) \% \right. \qquad (2-1)$$

$$L = 100 \left/ \left(\frac{P_1}{L_1} + \frac{P_2}{L_2} + \frac{P_3}{L_3} + \cdots + \frac{P_n}{L_n} \right) \% \right. \qquad (2-2)$$

式中　V_1、V_2、V_3、$\cdots$、V_n——各种可燃气体的爆炸上限，%；

　　　L_1、L_2、L_3、$\cdots$、L_n——各种可燃气体的爆炸下限，%；

　　　P_1、P_2、P_3、$\cdots$、P_n——各种可燃气体的体积百分比，%。

2. 爆炸性煤尘的混入

多数矿井的煤尘具有爆炸危险。当瓦斯和空气的混合气体中混入有爆炸危险的煤尘时，由于煤尘本身遇到 300～400 ℃ 的火源能够放出可燃性气体，因此能使瓦斯爆炸下限降低。

根据实验，空气中煤尘含量为 5 g/m³ 时，瓦斯的爆炸下限降低到 3%；煤尘含量为 8 g/m³ 时，瓦斯爆炸下限降低到 2.5%。在正常情况下，空气中煤尘含量不会这么高，但当沉积煤尘被爆风吹起时，达到这样高的煤尘含量却是十分容易的。因此，对于有煤尘爆炸危险的矿井，做好防尘工作，从防治瓦斯爆炸的角度来讲也是十分重要的。

3. 惰性气体的混入

混入惰性气体（N_2、CO_2）将使氧气含量降低，可以缩小瓦斯爆炸界限，降低瓦斯爆炸危险性。

如每加入 1% 的氮气，瓦斯爆炸下限就提高 0.017%、上限降低 0.54%；每加入 1% 的二氧化碳，瓦斯爆炸下限就提高 0.0033%、上限降低 0.26%。二氧化碳还能降低瓦斯爆炸压力，延迟爆炸时间。当二氧化碳增加到 25.5% 时，无论瓦斯浓度有多大，都不会发生爆炸。

4. 混合气体初始温度（即爆炸前混合气体温度）

试验表明，初始温度越高，瓦斯爆炸界限就越大。当初始温度为 20 ℃时，瓦斯爆炸界限为 6.0% ~13.4%；初始温度为 700 ℃时，爆炸界限为 3.25% ~18.75%。

因此，井下发生火灾或爆炸时，高温会使原来并未达到爆炸浓度的瓦斯发生爆炸，这一点在救灾时应特别注意。

（二）影响引火温度的因素

影响瓦斯爆炸引火温度的主要因素有瓦斯浓度、混合气体压力及火源性质等。

1. 瓦斯浓度

不同浓度的瓦斯，所需要的引火温度不同。瓦斯浓度在 7% ~8% 时，其引火温度最低。就是说，瓦斯最容易引爆的浓度是 7% ~8%；高于这个浓度，所需引火温度就增高，这是因为瓦斯的热容量较大、吸收的热量较多的缘故；当瓦斯浓度过低时，也不容易引燃，所需引火温度也比较高。

2. 混合气体压力

混合气体压力增大，引火温度就低。例如，当瓦斯与空气混合气体的压力为 9.8 kPa 时，引火温度为 700 ℃；压力为 274.4 kPa 时，引火温度为 460 ℃。当混合气体瞬间被压缩到原来体积的 1/20 时，混合气体由于被压缩而自身产生热量，就能使其自行爆炸。

引火温度随着混合气体压力的增高而降低，这对加强爆破管理很有指导意义。因为爆破时能造成很高的气体压力，大大降低了引火温度，因而就比较容易引起瓦斯爆炸事故。

瓦斯的最低点燃温度和最小点燃能量决定于空气中的瓦斯浓度，初压和火源的能量及其放出强度和作用时间。

瓦斯－空气混合气体的最低点燃温度，在绝热压缩为 565 ℃，其他情况时为 650 ℃。最低点燃能量为 0.28 mJ。煤矿井下的明火、煤炭自燃、电弧（平均 4000 ℃）、电火花、赤热的金属表面以及撞击和摩擦火花，都能点燃瓦斯。

3. 火源性质

火源有多种，不同的火源有不同的性质，它们的温度、存在时间及表面积等也都不同，而这些都能对瓦斯爆炸的引火温度产生很大影响。

（1）瓦斯爆炸的感应期。在一定温度条件下，火源的表面积越大，火源存在时间越长，就越容易引爆瓦斯；反之，即使火源的温度很高，若存在时间短，也不能使瓦斯爆炸。这是因为瓦斯的热容量比较大，即使达到爆炸浓度的瓦斯遇到高温火源，也并不能立即发生爆炸，而需要延长一个很短的时间，称为引火延迟现象。引火延迟的时间称为瓦斯爆炸的感应期。感应期的长短与瓦斯浓度、引火温度有密切的关系，瓦斯浓度越高，感应期越长；引火温度越高，感应期越短（表 2-2）。

（2）感应期的作用。瓦斯爆炸的感应期虽然非常短，但对指导煤矿安全生产具有十分重要的指导意义。

利用这一特性，通过缩短高温火源的存在时间，使其不超过瓦斯爆炸的感应期，可以减小或消除瓦斯爆炸的可能性。例如，使用毫秒雷管和安全炸药，虽然在爆炸时炸药的爆炸温度能达到 2000 ℃左右，但高温存在时间极短，小于瓦斯爆炸的感应期，所以不会引起瓦斯爆炸。如果炸药质量不合格，炮泥充填不紧或爆破操作不当，就会延长高温存在时间，一旦时间超过感应期，就能发生瓦斯燃烧或爆炸事故。

表2-2　瓦斯爆炸感应期

瓦斯浓度/%	火源温度/℃						
	775	825	875	925	975	1075	1175
	感应期/s						
6	1.08	0.58	0.35	0.20	0.12	0.039	—
7	1.15	0.60	0.36	0.21	0.13	0.041	0.010
8	1.25	0.62	0.37	0.22	0.14	0.042	0.012
9	1.30	0.65	0.39	0.23	0.14	0.044	0.015
10	1.40	0.68	0.41	0.24	0.15	0.049	0.018
12	1.64	0.74	0.44	0.25	0.16	0.055	0.020

三、煤矿井下发生瓦斯爆炸事故的原因

瓦斯爆炸事故的预防和控制，始终是煤矿安全生产中要认真解决的一个重大问题。从客观上讲，我国煤矿瓦斯灾害同世界各主要产煤国家比较，相对更为严重，高瓦斯矿井和有突出危险的矿井占矿井总数的44%左右，随着开采深度的增加，瓦斯灾害显得越来越突出。

矿井瓦斯爆炸发生的主要原因，一是因为通风不良造成瓦斯积聚，二是存在高温火源。瓦斯积聚是发生爆炸的物质基础，如果没有这个基础，就不会产生瓦斯爆炸；在瓦斯达到爆炸浓度后，再遇上火源，瓦斯爆炸就会生发生。

（一）瓦斯积聚

瓦斯积聚是指采掘工作面及其地点，体积超过 $0.5 \, m^3$ 的空间瓦斯浓度超过2%的现象。局部地点的瓦斯积聚是造成瓦斯爆炸的根源，对井下瓦斯状况不了解、通风系统布置不合理、通风设施损坏，都容易造成瓦斯积聚。造成瓦斯积聚的原因有以下3个方面。

1. 工作面风量不足、通风系统不合理

矿井通风能力不够、供风距离过长、通风线路不畅通、采掘工作面过于集中、工作面瓦斯涌出量过大而又没有采取抽放措施等，都容易造成工作面风量不足。工作面风流短路、多次串联、循环风；局部通风机停止运转、风筒断开或严重漏风；通风设施不可靠，风门、风障、风桥、密闭等设施不符合要求都可能导致用风地点风量不足，进而引起瓦斯积聚。

采掘工作面串联通风而没有监控措施，不稳定分支的风流无计划流动，角联分支受自然风压和其他风路风阻的影响，风流的不稳定，都会造成瓦斯积聚。为消除瓦斯积聚，每个矿井、采区和采掘工作面都必须具有独立、完整的通风系统，合理的通风方式，可靠的通风设施，足够的风量，高效的主要通风机以及相应的通风设施。

《煤矿重大生产安全事故隐患判定标准》所指的"通风系统不完善、不可靠"，是指有下列情形之一的情况：

矿井总风量不足的；没有备用主要通风机或者两台主要通风机工作能力不匹配的；违反规定串联通风的；没有按设计形成通风系统的，或者生产水平和采区未实现分区通风的；高瓦斯、煤与瓦斯突出矿井的任一采区，开采容易自燃煤层、低瓦斯矿井开采煤层群

和分层开采采用联合布置的采区，未设置专用回风巷的，或者突出煤层工作面没有独立的回风系统的；采掘工作面等主要用风地点风量不足的；采区进（回）风巷未贯穿整个采区，或者虽贯穿整个采区但一段进风、一段回风的；煤巷、半煤岩巷和有瓦斯涌出的岩巷的掘进工作面未装备甲烷电、风电闭锁装置或者不能正常使用的；高瓦斯、煤与瓦斯突出建设矿井局部通风不能实现双风机、双电源且自动切换的；高瓦斯、煤与瓦斯突出建设矿井进入二期工程前，其他建设矿井进入三期工程前，没有形成地面主要通风机供风的全风压通风系统的。

2. 煤层瓦斯含量高，瓦斯抽放效果不达标

采掘工作面没有实行瓦斯综合治理措施，或者综合治理措施不到位。虽然采取了瓦斯抽放的技术措施，但由于抽放钻孔布置不合理、存在抽放空白带，封孔质量达不到要求，封孔管的连接不规范，抽放时间短，造成抽放效果不达标。

3. 瓦斯涌出异常

断层、褶曲或地质破碎带是瓦斯的富集区，在接近或通过这些地带时，瓦斯涌出可能会突然增加，或忽大忽小变化无常，而且容易冒顶造成瓦斯积聚。在突出煤层中施工钻孔、水力冲孔、水力压裂、松动爆破，都会引起瓦斯涌出异常。

（二）引爆火源的存在

井下的一切高温热源如爆破火花、电气火花、摩擦撞击火花、静电火花、煤炭自燃等，都可引起瓦斯燃烧、爆炸。但爆破和电气设备产生的火花是瓦斯爆炸事故的主要火源。如2005年34起特大瓦斯爆炸事故中，有16起是由爆破产生的火花引爆的；有15起事故是由电气设备及电火花引爆的。

（三）监测监控系统运行不正常

矿井没有安装瓦斯监控系统或运行不正常，有的矿井虽安装有监控系统，但因传感器数量不足、安装位置不对、线路存在故障；监控系统没有按规定在井下作断电试验，在矿井瓦斯超限时不能做到断电可靠；有的监控系统显示器数据与现场实际不符。此外乡镇煤矿发生的特大瓦斯事故都没有装备瓦斯抽放系统或抽放系统不能有效运行，监控系统也不能有效发挥作用。

四、容易发生瓦斯积聚和瓦斯爆炸的地方

煤矿井下任何地点都有发生瓦斯爆炸的可能，但大部分发生在采掘工作面。据事故统计资料表明，发生在掘进工作面的瓦斯事故占80%～90%，发生在采煤工作面的瓦斯事故占10%～20%。

掘进面发生事故的原因：一方面是这些地点采用局部通风机通风，如果局部通风机停止运转、风筒末端距工作面较远、风筒漏风太大或局部通风机供风能力不够，以致风量不足或风速过低，瓦斯容易积聚；另一方面是爆破、掘进机械，局部通风机、电钻等的操作管理，如不符合规定，容易产生高温火源。

1. 采煤工作面上隅角

采煤工作面容易发生瓦斯爆炸的地点为工作面的上隅角。因为采空区内集存高浓度瓦斯，上隅角又往往是采空区漏风的出口，漏风将高浓度瓦斯带出；工作面出口风流直角转弯，上隅角形成涡流后，瓦斯不容易被风流带走，所以容易积聚瓦斯，达到爆炸浓度。上

隅角附近常设置回柱绞车等机电设备；工作面上出口附近的煤帮在集中应力作用下，变得比较疏松，自由面增多，爆破时容易发生虚炮，产生火源的机会多。

2. 采煤机工作时切割机构附近

采煤工作面另一容易发生爆炸事故的地点，是采煤机工作时切割机构附近。截槽内、截盘附近和机壳与工作面煤壁之间，瓦斯涌出量大，通风不好，容易积聚瓦斯。据英国一个综采工作面测定，截槽内瓦斯浓度有时高达75%，采煤机机械电气设备防爆性能不好，截齿与坚硬夹石（如黄铁矿）摩擦火花，是点燃瓦斯的火源。

煤矿井下造成瓦斯积聚的原因很多，但通风系统不合理和局部通风管理不善是瓦斯积聚的主要原因。如2005年34起特大瓦斯爆炸事故中，有22起主要是因通风系统不合理，存在风流短路、多次串联和循环风，造成供风地点风量不足，从而引起瓦斯积聚；有9起主要是因局部通风机安装位置不当、风筒未延伸到供风点或脱落引起供风点有效风量不足而造成瓦斯积聚；有2起事故主要是因停电停风而引起瓦斯积聚；有1起是盲巷积聚的瓦斯被引爆。

第三节　防止瓦斯爆炸的措施

防止瓦斯爆炸的措施主要是防止瓦斯积聚和杜绝高温热源的出现。尽管瓦斯事故发生的次数多，危害大，但只要做到"通风可靠、达标、监控有效、管理到位"，在现有技术条件下，瓦斯事故完全是可防可治的。要防止瓦斯爆炸事故发生应抓以下几方面的工作。

一、建立完善可靠的通风系统

通风系统的状况决定着整个矿井的安全程度，是矿井"一通三防"的基础工作。通风系统完善、独立、可靠，矿井通风安全才有基础。所谓完善、可靠的通风系统包括以下4个方面的内容，即系统合理、设施完好、风量充足、风流稳定。

1. 系统合理

矿井和采区必须具备独立完善的通风系统，是指矿井必须设有符合规定的主要通风机装置，并有自己独立的进风井筒和自己独立的回风井筒。新鲜风流由进风井筒流入井底，再分别流向采区的采掘工作面、硐室等用风地点；然后流入分区回风巷道；最后汇集到矿井总回风道，经回风井筒排出地面，从而形成一个完整的、独立的通风网络结构。

采区必须实行分区通风。准备采区，必须在采区构成通风系统后，方可开掘其他巷道。采煤工作面必须在采区构成完善的通风系统后，方可回采。

分区通风也叫独立通风或并联通风，是指采掘工作面、采区和生产水平以及其他用风地点，都有自己的进、回风巷道，其回风都各自排入采区回风巷或总回风巷而不进入其他用风地点的通风布置方式。分区通风的好处是：风路短，阻力小，漏风少，经济合理；各用风地点都保持新鲜风流，作业环境好；当一个采区、工作面或硐室发生灾变时，不致影响或波击其他地点，较为安全可靠。

高瓦斯矿井、有煤与瓦斯突出危险的矿井的每个采区和开采容易自燃煤层的采区，必须设置至少一条专用回风巷。低瓦斯矿井开采煤层群和分层开采采用联合布置的采区，必须设置一条专用回风巷。

新核准或批准的新建、改扩建、资源整合矿井中的高瓦斯和有煤与瓦斯突出危险的矿井必须布置专用回风井；采掘工作面必须实现专用回风巷。

2. 设施完好

矿井所有通风构筑物的质量必须符合要求，并能保障通风系统的稳定可靠；防突风门的砌筑要进行专门设计，其设置的位置、质量、强度必须满足防突的要求。

3. 风量充足

矿井、采区、采掘工作面、硐室等主要用风地点的配风量、风速符合要求。不存在无风、微风等风量不足而造成瓦斯超限的情况。

4. 风流稳定

要按《煤矿安全规程》规定及时测风、调风，保证采掘工作面及其他供风地点的风量。局部通风机安设位置符合《煤矿安全规程》要求，杜绝循环风及不符合规定的串联通风；临时停工的地点，不得停风；采用双风机双电源，能自动切换，保持连续均衡供风。

除以上 4 点外，通风系统的完善和可靠还应包括：采掘作业计划必须按核定的通风能力安排，严禁超通风能力组织生产。凡矿井通风系统不完善、不稳定、不可靠的矿井必须停止井下生产作业，进行整改。

二、防止瓦斯超限

所谓瓦斯超限，就是采掘作业地点的瓦斯浓度超过《煤矿安全规程》的规定。防止瓦斯超限和积聚可以从以下两个方面入手。

1. 加大瓦斯力度，实现达标

瓦斯抽放是减少矿井瓦斯涌出量、防止瓦斯爆炸和防治突出的治本措施，同时也是开发利用瓦斯能源、保护大气环境的重要手段。贵州盘江、水城和永贵能源公司所属矿井利用瓦斯发电取得了可观的经济效益和社会效益。

抽采瓦斯是治理瓦斯、防治瓦斯事故的核心。根据 2008 年国家在沈阳召开的瓦斯治理现场会的要求，矿井必须实现达标。具体有两个方面的要求：一是通过抽采抽放，降低煤层中的瓦斯含量，从根本上治理、防范瓦斯灾害。坚持"多措并举、应抽尽抽、抽采平衡、效果达标"的原则，把煤矿瓦斯先抽后采落到实处。二是实现"先抽后采、不抽不采"，做到抽、掘、采平衡。矿井瓦斯能力要与采掘布局相协调、相平衡，使采掘生产活动始终在达标的区域内进行。

突出煤层采掘工作面，采取瓦斯措施后，其吨煤瓦斯含量、煤层瓦斯压力、矿井和工作面瓦斯率要达到《煤矿瓦斯基本指标》的要求，即瓦斯含量降到煤层始突深度的瓦斯含量以下或瓦斯压力降到始突深度的煤层瓦斯压力以下。若没有始突深度的瓦斯含量或压力，则必须将煤层瓦斯含量降到 8 m^3/t，或将瓦斯压力降到 0.74 MPa 以下，从而达到"消突和治理瓦斯超限"的目的。

矿井瓦斯抽采要解决的主要问题是提高矿井瓦斯抽采率。为提高瓦斯抽采率，目前主要需要解决长钻孔定向钻进技术，包括测斜、纠偏技术；提高单一低透气煤层的透气性；研制钻进能力更强的钻机具；完善和提高扩孔技术、排渣技术、造穴技术和封孔技术；开发新的瓦斯抽采技术及设备。

瓦斯抽采采取地面抽采与井下抽采相结合，穿层钻孔抽采、本煤层抽采、邻近层抽采和采空区抽采等多种方式结合，以加强抽采效果。抽采工艺有顺层长钻孔、大直径钻孔、地面钻孔、顶板岩石和巷道钻孔等。

2. 防止掘进工作面瓦斯超限和积聚

对于掘进巷道，瓦斯爆炸的主要原因是瓦斯超限和积聚。在掘进巷道中最常遇到的瓦斯积聚形式有：巷道顶板附近和支架附近空洞中的积聚，在报废的风巷和采空区连接处积聚，钻孔中和打钻时的孔口附近积聚，刮板输送机下部的积聚。而瓦斯超限和积聚又是由于通风不良引起的。据统计，掘进巷道瓦斯超限有 35% 发生在停电时，局部通风机无计划停风占 13%，瓦斯积聚占 22%，风筒破坏占 9%。因此，保持掘进巷道的有效通风是防止瓦斯爆炸的重点，为此要做到以下 8 点：

（1）局部通风机和启动装置必须安设在新鲜风流中，距回风口不得小于 10 m。

（2）风筒要逢环必挂，吊挂平直，拐弯处设弯头，不拐死弯。破口及时缝补，严防漏风。

（3）风筒末端距煤巷掘进头的距离不超过 5 m，距岩巷掘进面不超过 10 m，风筒末端风量满足局部通风设计的规定，瓦斯浓度符合《煤矿安全规程》的规定。

（4）高瓦斯、煤与瓦斯突出矿井的局部通风机和掘进工作面的电气设备要实现"三专、两闭锁"。低瓦斯矿井的采掘工作面的供电要分开（目前，永煤集团所属的低瓦斯矿井也实现了"三专两闭锁"）。

（5）局部通风机不准任意开停。有计划停电停风要编制安全措施，经矿总工程师批准后严格实行，停风停电前，必须先撤出人员和切断电源，恢复通风前，必须检查瓦斯，符合规定后，方可人工开启局部通风机。

（6）局部通风机要安设双风机双电源和自动换机、自动分风装置，以保证掘进工作面不间断供风。

（7）停风的掘进工作面，在恢复通风前必须排放瓦斯，只有在瓦斯浓度符合规定的情况下，方可入内工作。

（8）临时停工的巷道不准停风，并设栅栏、切断电源、加强检查。长期停工的巷道必须在 24 h 内封闭完好，并定期检查。

三、防止瓦斯引燃

防止瓦斯引燃的措施是严禁和杜绝一切火源。生产中可能发生的热源，必须严加管理和控制，防止它的发生或限定其引燃瓦斯的能力。

《煤矿安全规程》规定：严禁携带烟草和点火物品下井；井下禁止使用电炉，禁止使用灯泡取暖；井口房、通风机房周围 20 m 以内不得有烟火或用火炉取暖；井下需要使用电焊、气焊和喷灯焊接时，每次必须制定安全措施，应严格遵守有关规定；对井下火区必须加强管理。

采用防爆的电气设备。目前广泛使用的是隔爆外壳。即将电动机、电器或变压器等能发生火花、电弧或赤热表面的部件或整体装在隔爆或耐爆的外壳里，即使壳内发生瓦斯的燃烧或爆炸，不致引起壳外瓦斯事故。对煤矿的弱电设施，根据安全火花原理，采用低电流、低电压，限制火花的能量，使之不能点燃瓦斯。

供电闭锁装置和超前切断电源的控制设施，对于防治瓦斯爆炸有重要的作用。因此，局部通风机和掘进工作面内的电气设备，必须有延时的风电闭锁装置。高瓦斯和煤与瓦斯突出矿井的掘进工作面，串联通风进入被串联工作面的风流中，综采工作面的回风道内，倾角大于12°并装有机电设备的采煤工作面下行风流的回风流中，以及回风流中的机电硐室内，都必须安装瓦斯自动检测报警断电装置。

在有瓦斯或煤尘爆炸危险的煤层中，采掘工作面只准使用煤矿安全炸药和瞬发雷管。如使用毫秒延期雷管，最后一段的延期时间不得超过130 ms。在开凿井巷时，打眼、爆破和封泥都必须符合有关规程的规定。禁止裸露爆破和一次装药分次爆破。

第四节 瓦斯超限的处理

一、采煤工作面上隅角瓦斯超限的处理

采煤工作面大多采用U形通风，进入工作面的风流分成两部分，一部分沿工作面流动，另一部分进入采空区，在采空区内部沿一定的流线和方向流动，在工作面的后半部分则返回工作面，最后汇集于采煤工作面的上隅角。采煤工作面上隅角靠近煤壁和采空区侧，风流速度很低，局部处于涡流状态。这种涡流使采空区涌出的瓦斯难以进入到主风流中，从而造成上隅角瓦斯超限。

处理采煤工作面上隅角瓦斯超限的方法大致有以下几种。

1. 设置挡风帘

此法多用于工作面瓦斯涌出不大（小于$2 \sim 3 \text{ m}^3/\text{min}$），上隅角瓦斯浓度超限不多时，具体做法是在工作面上隅角附近设置木板隔墙或帆布风障，如图2-1所示。

2. 全负压引排法

在瓦斯涌出量大，回风流瓦斯超限、煤炭无自然发火危险而且上区段采空区之间无煤柱的情况下，可控制上区段已采区密闭墙漏风，改变采空区漏风方向，将采空区的瓦斯直接排入回风道，如图2-2所示。有的高瓦斯矿井还在采煤工作面开切眼附近设有边界通风系统，采空区的瓦斯利用边界通风巷道排入回风巷道。

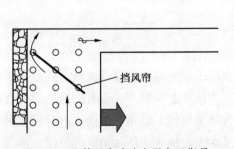

图2-1 设挡风帘冲淡上隅角瓦斯量

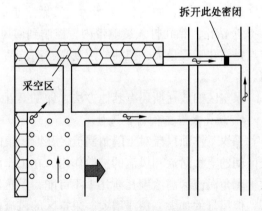

图2-2 全负压引排上隅角瓦斯

3. 抽放采空区瓦斯

在回采过程中瓦斯超限，说明煤层本身瓦斯含量高，或者开采过程中有邻近层瓦斯

涌入。瓦斯抽采是治理瓦斯的根本，如果用通风方法不能解决瓦斯超限，或者不合理时，就应采取其他方法抽采瓦斯。其方法有抽采邻近层瓦斯、抽采本煤层瓦斯、抽采采空区瓦斯等，做到先抽后采，把煤层原始瓦斯含量降到 8 m^3/t 以下，然后再开采。开采过程中还要采用综合抽放的办法将工作面瓦斯浓度控制在 1% 以下，以保证工作面安全开采。

采空区瓦斯抽放的基本方法有：埋管、插管抽放、高位钻孔抽放、高位巷抽放等。当采用挡风帘的方法不能解决上隅角瓦斯超限时，一般情况下再埋管抽放、插管抽放，或埋管和插管结合抽放。永贵公司所属矿井主要采用埋管和插管相结合的抽放方法。其具体做法是，在上隅角用编织带装入碎矸垒成矸石垛，将抽放管埋入和插入采空区。为提高抽放效果，再用黄泥浆把矸石墙抹平。

对于有底板瓦斯抽放系统的采煤工作面还可以采用尾巷抽放方法，从采空区后方抽放瓦斯，防止上隅角瓦斯超限。图 2-3 所示是松藻矿务局采用的尾巷瓦斯通风系统半封闭抽放上隅角瓦斯的方法。

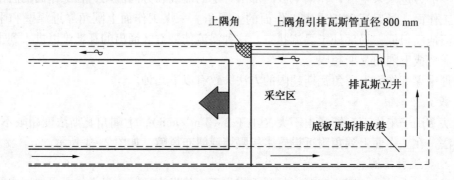

图 2-3　尾排瓦斯通风系统

如果在采用了上述方法后还不能有效解决上隅角瓦斯超限，还可采用高位钻孔抽放采空区裂隙带瓦斯，如图 2-4 所示。其做法是：靠近回风巷道下帮，向采煤工作面顶板打 3~5 个钻孔，钻孔打入裂隙带内，控制到回风巷道下方 10~15 m 范围。这种抽放方法的特点是钻孔工程量大，但抽放浓度高，高位钻孔还可拦截上邻近层瓦斯，目前各矿普遍使用。

采空区抽放瓦斯还有其他方法，详见第五章。

4. 加大采煤工作面供风量

采煤工作面风流对上隅角涡流区瓦斯积聚的驱散，主要靠工作面风流与上隅角瓦斯积聚区间的空气对流和风流的扩散作用。在工作面正常供风的条件下，靠有限风速的风流驱散上隅角涡流区高浓度瓦斯几乎不可能，虽然加大风量可使上隅角积聚区风流对流作用加强，但风量的加大，负压增大，采空区的风流速度加大，使采空区瓦斯流线延深，加强了风流与采空区瓦斯的交换，带出更多的瓦斯。过大的风量还会造成采煤工作面煤尘飞扬。2008 年 10 月永煤集团在贵州安顺煤矿 9102 采煤工作面做过试验，该工作面在不采煤时，将风量配到 2300 m^3/min，上隅角瓦斯浓度为 0.6% ~0.8%，当把风量调到 1300 m^3/min

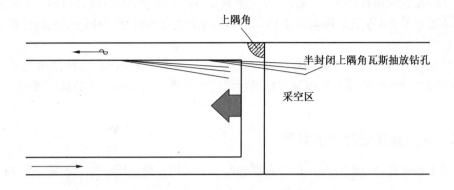

图 2-4　高位钻孔抽放上隅角瓦斯

时，上隅角瓦斯浓度降到 0.3% 以下。这充分说明，加大风量并不是解决上隅角瓦斯超限的最好办法。

5. 采用高位抽放巷

为根本解决长期困扰回采工作面瓦斯超限和上隅角瓦斯积聚问题，江西省丰城矿务局在建新矿 1010 工作面进行了高抽巷实验并获得成功。实验表明，高抽巷发挥作用后，每日抽放瓦斯量增加 $1.5 \sim 2 \times 10^4$ m^3，回风流瓦斯浓度下降到 0.6% ~ 0.8%，上隅角瓦斯浓度也降到了 1.0% 以下，从根本上找到了一条回采工作面瓦斯治理的有效途径。自 2004 年以来，该矿已累计施工顶板高位巷 8000 多米。该局尚庄煤业还在瓦斯涌出量小于 15 m^3/min 的 402 面薄煤层回采工作面，实施了高位走向钻孔抽放瓦斯技术，有效解决了回采工作面瓦斯超限和上隅角瓦斯积聚问题，为薄煤层回采工作面治理瓦斯找到了一条新措施。

6. 在煤层顶板布置高位排放巷道

韩城矿务局下峪口煤矿在 3 号煤开采过程中，采用在 3 号煤顶板上方 3 m 左右布置顶板岩石巷道排放采空区瓦斯。因为排放巷道位于煤层顶板，采煤工作面推进后，采空区顶板垮落带与高位巷道联通，采空区部分瓦斯由高位巷排出，解决了上隅角瓦斯超限。但增加了岩石巷道工程量，并且高位巷道每掘进 5 m 就要向下探 3 号煤，防止误揭煤层引发突出事故。

7. 聚氨酯注浆封堵

从工作面上隅角向回风巷 3 m 范围，向工作面方向 10 m 范围内，先用编制袋装入碎矸或煤粉，沿上隅角垒成隔离带，沿着隔离带每隔 1 m 埋入长度 1 m 的注浆管，然后注入聚氨酯材料，使碎矸胶结，利用聚氨酯的膨胀堵截采空区冒落矸石之间的裂隙，阻止采空区瓦斯外泄。如图 2-5 所示。

鹤煤八矿 1410 采煤工作面在上隅角注入西诺充填材料，堵塞采空区冒落矸石之间的空隙，防止上隅角瓦斯超限取得了好的效果。未注西诺充填材料

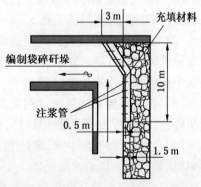

图 2-5　聚氨酯注浆防止上隅角瓦斯超限

之前，上隅角瓦斯浓度为 3% ~ 4%，在上隅角 10 m 范围内注入西诺材料后，上隅角高顶处瓦斯浓度在 0.6% 左右，垮落区 10 m 范围内的空隙全部封堵，杜绝了瓦斯外泄，消除了安全隐患。

聚氨酯材料可按适当比例混合，发泡倍数可控，固化物具有较大的韧性和变形性，不发脆和开裂，密封性能好，但因聚氨酯类材料价格昂贵，用这种办法处理上隅角瓦斯超限成本高。

二、综采面瓦斯超限的处理

综采工作面瓦斯超限分为工作面瓦斯超限、上隅角瓦斯超限、采煤机附近瓦斯超限 3 种。

1. 工作面瓦斯超限

综采工作面产量高，瓦斯涌出量大，加大工作面风量是解决瓦斯超限的基本方法，但过大的风量会导致流入采空区的风量增加，进而带出更多的采空区瓦斯。例如有些综采工作面风量高达 1500 ~ 2000 m³/min，对于松软干燥煤层，这样大的风量会造成煤尘飞扬。为此，应扩大风巷断面与采面控顶宽度及采高，以降低风速。

2. 上隅角瓦斯超限

增设顶板高位排放巷道，改变工作面的通风系统，是处理工作面瓦斯超限的有效方法。例如：韩城矿务局下峪口煤矿在布置工作面巷道时，在靠近回风巷侧约 5 m 布置高于煤层顶板 3 m 的顶板高位排放巷道排放采煤工作面采空区瓦斯，解决了工作面上隅角瓦斯超限问题。

3. 防止采煤机附近的瓦斯积聚

防止采煤机附近的瓦斯积聚，可采取下列措施：

（1）增加工作面风速或采煤机附近风速。只要采取有效的防尘措施（例如煤壁浅孔注水），工作面最大允许风速可提高到 6 m/s。工作面风速不能防止采煤机附近瓦斯积聚时，应采用小型局部通风机或风、水引射器加大机器附近的风速。

（2）采用下行风也是防止采煤机附近瓦斯积聚的有效办法。

三、顶板附近层状积聚处理

（1）加大巷道的平均风速，使瓦斯与空气充分地紊流混合。一般认为，防止瓦斯层状积聚的平均风速不得低于 0.5 ~ 1 m/s。

（2）加大顶板附近的风速。例如：在顶梁下面加导风板将风流引向顶板附近；或沿顶板铺设风筒，每隔一段距离接一短管；或铺设接有短管的压气管，将积聚的瓦斯吹散；在集中瓦斯源附近装设引射器。

（3）将瓦斯源封闭隔绝。如果集中瓦斯源的涌出量不大时，可采用木板和黏土将其填实隔绝，或注入砂浆等凝固材料，堵塞较大的裂隙。

（4）顶板冒落孔洞内积聚处理。用砂土将冒落空间填实，或用导风板或风筒接岔（俗称风袖）引入风流吹散瓦斯。

（5）恢复有大量瓦斯积存盲巷或打开封闭时的处理措施，要制定专门措施。

第五节 防止瓦斯爆炸事故扩大的措施

如果发生爆炸,应使灾害波及范围局限在尽可能小的区域内,以减少损失。常采取的防止瓦斯爆炸事故扩大的措施有:

(1) 编制周密的预防和处理瓦斯爆炸事故的计划,并向有关人员进行贯彻。

(2) 实行分区通风。各水平、各采区都必须布置单独的回风道,采掘工作面都应采用独立通风。这样一条通风系统破坏将不致影响其他区域。

(3) 通风系统力求简单,应保证发生瓦斯爆炸时进风流与回风流不会发生短路。

(4) 装有主要通风机的出风井口,应安装防爆门或防爆井盖,防止爆炸波冲毁通风机,影响救灾和恢复通风。

(5) 采取隔爆措施和设置隔爆装置。

隔爆措施和隔爆装置是最容易实施又成本低廉的防止瓦斯爆炸灾害事故扩大的措施,是指把已经发生的爆炸截住,不使其传播开来,以限制在最小的范围内,使爆炸不至于由局部扩大为全矿性的重大灾难而采取的措施。隔爆措施主要有巷道撒布岩粉、冲洗或清扫巷道积尘、设隔爆水袋棚、隔爆水幕、岩粉棚和隔爆装置等。

一、撒布岩粉

撒布岩粉的作用是覆盖沉积在巷道内的沉积煤尘,增加沉积煤尘的灰分,抑制煤尘爆炸发生和传播。处于煤尘面上的岩粉在巷道风速很低时,岩粉的黏滞性能阻碍沉积煤尘重新飞扬;当发生瓦斯或煤尘爆炸时,巨大的空气震荡风流把岩粉和沉积煤尘都吹起来形成岩粉——煤尘混合尘云。当爆炸火场进入混合尘云区域时,岩粉吸收火焰的热量使系统冷却,同时岩粉粒子还会起到屏蔽作用,阻止火焰或燃烧煤粒向未烧着的煤尘粒子传递热量,最终使链反应断裂。

二、隔爆水袋棚

我国煤矿井下广泛使用的是隔爆水袋棚,它是以水为消焰抑爆剂。当受爆炸爆风冲击时,迎风侧吊环从挂钩上脱落,水袋中的水顺势往脱钩侧瀑泄出来,被爆风扩散成水雾。形成的水雾可以扑灭后续而来的火焰。

隔爆试验结果表明:水袋棚设置在距爆源 $60 \sim 200$ m 范围内,可以有效地阻断不同强度的瓦斯煤尘爆炸。隔爆水袋棚的用水量按巷道断面积计算:主要隔爆水袋棚不得少于 400 L/m^2,辅助隔爆水袋棚不得少于 200 L/m^2,分散式隔爆水袋棚按棚区所占空间 1.2 L/m^3 计算。

由于水袋制作容易,成本低,在全国应用最广,已经成为防止瓦斯爆炸事故范围扩大的一种有效手段。掘进工作面隔爆水袋棚的布置如图 2 - 6 所示。

三、隔爆水幕

除了水袋棚以外,还有隔爆水幕。主要以自动隔爆水幕较为适用。简单的自动隔爆水幕由 $8 \sim 12$ 道梯形管架、$120 \sim 160$ 个喷嘴及利用冲击波打开水源的控制装置组成。

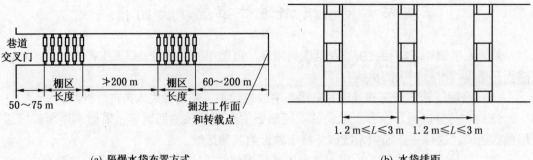

(a) 隔爆水袋布置方式　　　　　　　(b) 水袋排距

图 2-6　掘进工作面隔爆水袋棚布置

四、岩粉棚

岩粉棚也是一种隔爆装置，在缺水、湿度小的矿井可选用。对于一般的矿井，由于井下空气潮湿，岩粉会很快结块，所以使用较少。

五、自动隔爆装置

自动式抑爆装置是使用压力或温度传感器，在爆炸发生时探测爆炸波，及时将预先放置的水、岩粉、N_2、CO_2 等喷洒到巷道中，从而达到抑制爆炸火焰传播的目的。如 ZGB-Y 型自动隔爆装置采用高压氮气引射消焰剂，能将爆炸限制在距爆源 40~60 m；YBW-1 型无电源触发式抑爆装置，适合安装在距爆源 20~45 m 的巷道中；ZYB-S 型自动产气式抑爆装置采用实时产气原理，当传感器接收到燃烧或爆炸火焰时，触发气体发生器快速产生的高压气体喷洒消焰剂，抑制火焰的传播。

第三章　矿井瓦斯管理

矿井瓦斯管理的基本内容包括：建立瓦斯管理机构，明确各级领导和管理人员瓦斯管理责任，制定瓦斯治理技术方案，确定瓦斯治理目标，进行瓦斯治理目标考核，建立瓦斯管理制度，进行瓦斯事故隐患排查，瓦斯超限的追查和处理，其核心是对甲烷浓度的管理。

治理瓦斯最积极、有效的技术措施包含4个方面：一是通风系统合理、设施完好、风量充足、风流稳定；二是多措并举、应抽尽抽、抽采平衡、效果达标；三是监控设备齐全、数据准确、断电可靠、处置迅速；四是责任明确、制度完善、执行有力、监督严格。

第一节　概　　述

一、矿井瓦斯管理必须坚持的基本原则

1. 瓦斯分级管理原则

矿井瓦斯分级管理是瓦斯管理的首要原则，主要目的是做到区别对待，采取不同的针对性技术措施与装备，对矿井瓦斯进行有效管理与防治，为安全生产提供保障。

2. 防止瓦斯积聚、引燃和瓦斯灾害扩大的原则

采取必要的组织、技术和管理措施，防止瓦斯积聚，防止瓦斯引燃，防止瓦斯灾害扩大，防止煤与瓦斯突出，消除矿井瓦斯灾害发生的条件。

3. 矿井瓦斯综合治理原则

从通风管理、机电设备管理、炸药和爆破管理、火区管理、隔爆设施管理、瓦斯监测监控、瓦斯抽采及瓦斯排放管理等方面，对矿井瓦斯实行综合治理，有效防治瓦斯灾害。

4. 矿井瓦斯分源治理原则

根据各种瓦斯来源在矿井瓦斯涌出量中所占比重及其涌出规律而采取相应的技术管理措施。

依据不同的瓦斯等级，采取不同的管理制度、管理措施和管理手段是矿井瓦斯分级管理的基本方法。

矿井瓦斯分级管理的基本内容包括以下几项：矿井瓦斯检查制度及人员配备，矿井通风安全监测装置设置的要求，电气设备的选用要求，掘进工作面安全技术装备系列化标准，矿井安全炸药选用要求，矿井通风要求，巷道布置要求。

二、瓦斯治理的基本思想

《煤矿瓦斯治理经验五十条》中，瓦斯综合治理的基本思想是：贯彻"先抽后采、监测监控、以风定产"的瓦斯治理工作方针；树立"瓦斯事故是可以预防和避免的"意识，

实施"可保尽保、应抽尽抽"的瓦斯综合治理战略，坚持"高投入、高素质、严管理、强技术、重责任"，变"抽放"为"抽采"，以完善通风系统为前提，以瓦斯抽采和防突为重点，以监测监控为保障，区域治理与局部治理并重；以抽定产，以风定产；地质保障，掘进先行，技术突破，装备升级，管理创新，落实责任；实现煤与瓦斯共采，建设安全、高效、环保矿区。

贵州大部分煤田地质条件复杂，煤层赋存条件多变，煤与瓦斯突出严重。要防止瓦斯事故发生，必须降低煤层瓦斯含量，降低煤层瓦斯压力，消除煤层突出危险，坚持瓦斯抽采，把瓦斯抽采作为治理瓦斯的核心。要以瓦斯零超限为目标，建立严格的瓦斯超限追查制度。瓦斯超限就是事故，瓦斯突出就是事故。是事故就要追查，分析事故发生的原因，制定防范措施。永贵公司在贵州的所有煤矿都坚持做到"逢掘必探，先探后掘，不探不掘"，坚持"三不掘进"瓦斯治理理念，强调"三不掘进"，即工作面前方地质条件不清不掘进，瓦斯情况不清不掘进，水文情况不清不掘进。

三、瓦斯综合治理的基本要求

2008 年 7 月在沈阳召开的全国瓦斯治理现场会上，国家提出的瓦斯治理的基本要求是：以科学发展观为指导，以有效遏制重特大瓦斯事故、大幅度降低瓦斯事故总量为目标，继续发挥全国煤矿瓦斯防治协调小组的作用，紧紧依靠各地党委政府，依靠相关部门，依靠煤矿企业；坚持"安全第一、预防为主、综合治理"方针，紧紧抓住通风系统、抽采抽放、监测监控、现场管理 4 个环节，坚持标本兼治、重在治本，着力建立"通风可靠、抽采达标、监控有效、管理到位"的煤矿瓦斯治理工作体系，进一步加强领导，落实责任，严格管理、强化监察，把瓦斯治理攻坚战推向新的阶段。

为继续推进煤矿瓦斯综合治理体系建设，进一步落实瓦斯防治工作措施，切实提升煤矿瓦斯防治工作水平，2011 年 4 月 6 日国家安全生产监管总局、国家煤矿安全监察局印发的《"十二五"煤矿瓦斯综合治理工作体系建设实施方案》（安监总煤装〔2011〕42号），在原"十六字体系"基础上增加了"采掘布置合理、实现安全生产目标"。

"采掘布置合理、通风可靠、抽采达标、监控有效、管理到位、实现安全生产目标"，是煤矿瓦斯治理实践经验的概括总结，是治理防范瓦斯灾害的基本要求。

1. 采掘布局合理

采掘布局合理是防治瓦斯事故，实现安全生产的前提。采掘布局合理包括"优化生产布局，合理组织生产，坚持正规开采"3 个方面的内容。

（1）优化生产布局。矿井、采区和工作面设计要满足瓦斯治理的需要，优先开采保护层和实施区域预抽。优化巷道布置，简化生产系统，明确开采顺序，合理确定工作面参数，合理集中生产，实现安全高效。

（2）合理组织生产。进行矿井生产能力核定时，要把瓦斯抽采达标能力作为重要约束性指标。煤矿企业要严格按照批准的生产能力编制矿井年度和月度生产计划，合理组织生产。矿井主要通风系统、瓦斯治理技术、开采工艺等发生变化时，应立即进行生产能力复核，并依据复核结果组织生产，严禁超能力组织生产。矿井采掘工作面个数要符合《煤矿安全规程》规定。

（3）坚持正规开采。正规开采是实现安全生产的前提和保障，是指煤矿矿井、采区、采掘工作面布置符合煤矿相关法律法规、行业规范的要求；采掘工作面独立通风，风量稳定可靠；采、掘、技术工艺符合《煤矿安全规程》的要求。具体要求做到：矿井要加强生产准备，保持水平、采区和采掘工作面的正常接替与衔接；矿井开拓系统形成后，方可进行采区准备巷施工，准备采区必须在采区构成通风系统后，方可开掘其他巷道，采煤工作面必须在采区构成完整的通风、排水系统后，方可回采，严禁剃头开采。采煤工作面必须保持至少 2 个安全出口，形成全风压通风系统。开采三角煤、残留煤柱，不能保持 2 个安全出口时，必须制定安全措施，报企业主要负责人审批。煤与瓦斯突出矿井、高瓦斯矿井和低瓦斯矿井高瓦斯区域的采煤工作面，不得采用前进式采煤方法。要严格按规定淘汰落后和非正规采煤方法、工艺。

2. 通风可靠

通风是治理瓦斯的基础，矿井和采掘工作面必须建立可靠稳定的通风系统。瓦斯客观存在于煤炭采掘生产过程中，矿井通风系统可靠稳定，采掘工作面有足够的新鲜风流，瓦斯不聚积、不超限，就不会发生瓦斯事故。因此必须把矿井和采掘工作面通风作为重要的基础性工作来抓。

通风可靠的基本要求是"系统合理、设施完好、风量充足、风流稳定"。

"系统合理"包括 6 个方面的内容：

（1）矿井有完整独立的通风系统。改变全矿井通风系统时，要编制通风设计及安全措施，并履行报批手续。巷道贯通前，要按《煤矿安全规程》规定制定安全措施。

（2）采区实行分区通风。采、掘工作面应实行独立通风，突出煤层工作面必须有独立的回风系统，严禁突出煤层突出危险区域采掘工作面回风直接切断其他工作面唯一安全出口现象。通风系统中杜绝不符合《煤矿安全规程》规定的串联通风、扩散通风、采煤工作面利用局部通风机通风等现象。非突出煤层回采工作面通风方式的选择必须满足治理瓦斯的需要。井下爆炸材料库、井下充电硐室、采区变电所必须有独立的通风系统。

（3）设置专用回风巷。高瓦斯矿井、煤与瓦斯突出矿井的每个采区、低瓦斯矿井开采煤层群和分层开采采用联合布置的采区、开采容易自燃煤层的采区，必须设置专用回风巷，特别是严禁无风作业、微风作业和串联通风作业。采区进、回风巷应贯穿整个采区，严禁一段为进风、一段为回风。

（4）矿井通风阻力合理，各地点风速符合《煤矿安全规程》规定。矿井有效风量率不低于 87%。回风巷道失修率不高于 7%，严重失修率不高于 3%；主要进风巷道实际断面不小于设计断面的 2/3，保证风流畅通。

（5）采煤工作面采用"U"形、"H"形、"Y"形等正规通风方式，并确保风量充足。采用沿空留巷和"Y"形、"H"形通风的回采工作面，通风系统应安全、稳定、可靠，并制定后备通风预案。

（6）局部通风机安装、"三专两闭锁"和"双风机、双电源"、最低风速等符合《煤矿安全规程》规定，并实现运行风机和备用风机自动切换。

"设施完好"。风机、风门、风桥、风筒、密闭等井上下通风设施保持完好无损，防止风流短路、系统紊乱和有害气体涌出。采区应尽量减少通风构筑物，减少漏风，提高有效风量率；井下每组主要风门必须安设 2 道连锁的正向风门和 2 道反向风门并设置风门开关传感器，其他通风构筑物必须符合安全质量标准要求。通风巷道保证有足够的断面并保证不失修。

"风量充足"。就是矿井总风量、采掘工作面和各种供风场所的配风量，必须满足安全生产的要求；风速、有害气体浓度等，必须符合《煤矿安全规程》要求；矿井主要通风机应当双机同能力配备，实现双回路供电；矿井开拓、准备采区以及采掘作业前，要准确预测瓦斯涌出量，制定通风风量计算和配风标准，编制通风设计，保证采掘工作面配风充足。矿井风量应当在满足井下各工作地点、通风巷道和硐室等用风的前提下，具备充足、合理的富余系数，矿井总进风量必须大于实际需风量的15%，矿井有效风量率不低于85%，并控制内外部漏风（外部漏风率在无提升设备时不得超过5%，有提升设备时不得超过15%）。开采自燃、容易自燃煤层的矿井和采区，风量配备要在满足防治瓦斯的前提下进行有效控制，满足防范自然发火的要求。严禁超通风能力组织生产。

"风流稳定"。就是要严格按《煤矿安全规程》建立和执行测风制度，对井下用风地点和通风巷道定期测定风量，并根据生产变化及时对通风系统和供风量进行调整，保证采掘工作面及其他供风地点风流稳定可靠。废弃巷道、停采停掘的巷道和与采空区联通的巷道要及时进行封闭；要尽量减少角联通风，对无法避免的角联通风巷道要进行有效控制，确保风向、风速稳定，严禁在角联通风网络内布置采掘工作面。有瓦斯涌出的掘进工作面须实现"双风机、双电源"（低瓦斯矿井的低瓦斯区域除外）。局部通风机和启动装置必须安装在进风巷道中，距掘进巷道回风口不得小于10 m；全风压供给该处的风量必须大于局部通风机的吸入风量，防止产生循环风。局部通风机供电须实现"三专两闭锁"，主、备风机能自动切换，保持局部通风机连续运转、均衡供风、风流稳定。

3. 抽采达标

抽采是防范瓦斯事故的治本之策，必须努力实现抽采达标。瓦斯治理必须坚持标本兼治、重在治本。通过抽采抽放，降低煤层中的瓦斯含量，从根本上治理防范瓦斯灾害。因此要加大瓦斯抽采力度，提高抽采率和利用率。

"抽采达标"的基本要求是"多措并举、应抽尽抽、抽采平衡、效果达标"。"多措并举"，即地面抽采与地下抽采相结合，因地制宜、因矿制宜，把矿井（采区）投产前的预抽采、采动层抽采、边开采边抽采、老空区抽采等措施结合起来，全面加强瓦斯抽采抽放。"应抽尽抽"，即凡是应当抽采的煤层，都必须进行抽采，把煤层中的瓦斯最大限度地抽采出来，降低煤层的瓦斯含量。"抽采平衡"，就是要求矿井瓦斯抽采能力与采掘布局相协调、相平衡，使采掘生产活动始终在抽采达标的区域内进行。"效果达标"，就是通过抽采，使吨煤瓦斯含量、煤层的瓦斯压力、矿井和工作面瓦斯抽采率、采煤工作面回采前的瓦斯含量，达到《煤矿瓦斯抽采基本指标》规定的标准。

4. 监控有效

监测监控是防范瓦斯事故的有效手段，必须做到监控有效。监测监控就是利用先进的技术手段，及时掌握井下瓦斯含量和甲烷浓度，在瓦斯超限等异常情况发生时，及时采取措施、化解风险，杜绝事故。

"监控有效"的基本要求是：装备齐全、数据准确、断电可靠、处置迅速。"装备齐全"，就是监测监控系统的中心站、分站、传感器等设备要齐全，安装设置要符合规定要求，系统运作不间断、不漏报。"数据准确"，就是瓦斯传感器必须按期调校，其报警值、断电值、复电值要准确，监控中心能适时反映监控场所瓦斯的真实状态。"断电可靠"，就是当瓦斯超限时，能够及时切断工作场所的电源，迫使停止采掘等生产活动。"处置迅速"，就是要制定瓦斯事故应急预案，当瓦斯超限和各类异常现象出现时，能够迅速做出反应，采取正确的应对措施，使事故得到有效控制。

5. 管理到位

管理是瓦斯治理各项措施得到落实的保障，必须做到管理到位。管理是企业永恒的主题。管理不到位，再完善的系统、再先进的装备也难以发挥应有作用。

"管理到位"的基本要求是"责任明确、制度完善、执行有力、监督严格"。"责任明确"，就是要把瓦斯治理和安全生产的责任细化，分解落实到煤矿各个层级、各个环节和各个岗位，上至董事长、总经理和总工程师，下至作业现场的每个职工，都要明确自己的具体职责。"制度完善"，就是要建立健全瓦斯防治规章制度，把对各个环节、各个岗位的工作要求，全部纳入规范化、制度化轨道，做到有章可循，并根据井下条件的变化和随时出现的新情况、新问题，不断修改、充实、完善规章制度，不断改进和加强瓦斯治理的各项措施，使管理工作常抓常新，科学有效。"执行有力"，就是要加大贯彻执行力度，在抓落实上狠下功夫。坚持从严要求、一丝不苟，严格执行规章制度，严厉惩处违章指挥、违章作业、违反劳动纪律的行为。落实岗位责任，实现群防群治。"监督严格"，就是要建立强有力的监督机制，加强监督检查。煤矿各级干部必须切实履行安全生产职责。各级煤炭管理部门要加强行业管理和指导，安全监管监察机构要加大监管监察力度，确保国家安全生产法律法规、上级安全生产指示指令在各类煤矿得到切实认真的贯彻落实。

6. 实现安全生产目标

这是煤矿瓦斯综合治理工作体系建设的最终目标，具体有两个方面的内容。

（1）完成年度瓦斯治理利用工程量及抽采利用指标。

（2）严格目标管理考核。杜绝重特大瓦斯事故，瓦斯事故起数、伤亡人数控制在上级下达的安全生产控制指标以内。

上述6个环节相辅相成，共同构成煤矿瓦斯综合治理工作体系和基本要求。并重并举，共同抓好，瓦斯综合治理才能见到成效。

煤矿瓦斯治理是一项系统工程，涉及资金、人才、技术和管理多个方面，为突出瓦斯防治的关键节点，《强化煤矿瓦斯防治十条规定》要求：

（1）必须建立瓦斯零超限目标管理制度。瓦斯超限必须停电撤人、分析原因、停产整改、追究责任。

（2）必须完善瓦斯防治责任制。煤矿主要负责人负总责，确保瓦斯防治机构、人员、计划、措施、资金五落实。

（3）必须严格矿井瓦斯等级鉴定，煤矿对鉴定资料的真实性负责，鉴定单位对鉴定结果负责。突出矿井必须测定瓦斯含量、瓦斯压力和抽采半径等基础参数，试验考察确定突出敏感指标和临界值。

（4）必须制定瓦斯防治中长期规划和年度计划，实行"一矿一策""一面一策"，做到先抽后掘、先抽后采、抽采达标，确保抽掘采平衡。

（5）高瓦斯和突出矿井必须建立专业化瓦斯防治队伍。通风系统调整、突出煤层揭煤、火区密闭和启封时，矿领导必须现场指挥。

（6）必须建立通风瓦斯分析制度，发现风流和瓦斯异常变化，必须排查隐患、采取措施。

（7）突出矿井必须建立地面永久瓦斯抽采系统。新建突出矿井必须进行地面钻井预抽，做到先抽后建。必须落实以地面钻井预抽、保护层开采、岩巷穿层钻孔预抽为主的区域治理措施。

（8）必须确保安全监控系统运行可靠，其显示和控制终端必须设在矿调度室，并与上级公司或负责煤矿安全监管的部门联网。安全监控系统不能正常运行的必须停产整改。

（9）必须通风可靠、风量充足。通风或抽采能力不能满足要求的，必须降低产量、核减生产能力。

（10）必须严格执行爆破管理、电气设备管理和防灭火管理制度，防范爆破、电气失爆和煤层自燃等引发瓦斯煤尘爆炸。

这 10 条规定中实现瓦斯零超限目标是主线，完善瓦斯防治责任制、严格矿井瓦斯等级鉴定、制定瓦斯防治中长期计划、建立专业化瓦斯防治队伍、建立地面永久抽采系统作为实现目标管理的具体措施，是瓦斯管理的重点环节，必须严格落实方能杜绝瓦斯事故。

四、矿井甲烷浓度的有关规定

矿井瓦斯事故发生的首要条件是高浓度瓦斯的存在，为避免事故发生，矿井甲烷浓度就不能超过一定限值。《煤矿安全规程》对矿井甲烷浓度和处理措施作了以下规定：

（1）矿井总回风巷或者一翼回风巷中甲烷或二氧化碳浓度超过 0.75% 时，必须立即查明原因，进行处理。

（2）采区回风巷、采掘工作面回风巷风流中甲烷浓度超过 1% 或二氧化碳浓度超过 1.5% 时，必须停止工作，撤出人员，采取措施，进行处理。

（3）采掘工作面及其他作业地点风流中甲烷浓度达到 1% 时，必须停止用电钻打眼；爆破地点附近 20 m 以内风流中的甲烷浓度达到 1% 时，严禁爆破。

采掘工作面及其他作业地点风流中、电动机或者其开关安设地点附近 20 m 以内风流中甲烷浓度达到 1.5% 时，必须停止工作，切断电源，撤出人员，进行处理。

采掘工作面及其他巷道内，体积大于 0.5 m³ 的空间内积聚的甲烷浓度达到 2% 时，附近 20 m 内必须停止工作，撤出人员，切断电源，进行处理。

对因甲烷浓度超过规定被切断电源的电气设备，必须在甲烷浓度降到 1.0% 以下时，方可通电开动。

（4）采掘工作面风流中二氧化碳浓度达到 1.5% 时，必须停止工作，撤出人员，查明原因，制定措施，进行处理。

（5）修复旧井巷时，回风流中甲烷浓度不超过 1.0%，二氧化碳浓度不超过 1.5%。

根据《煤矿安全监控系统及检测仪器使用管理规范》（AQ 1029—2007）的规定，采煤机和掘进机必须设置机载式甲烷断电仪或便携式甲烷检测报警仪，当甲烷浓度达到 1.5% 时截断采煤机、掘进机和刮板输送机的电源。

五、矿井瓦斯管理的基本制度

瓦斯管理的基本制度包括：局部通风管理制度、瓦斯管理制度、巡回检查制度、瓦检员交接班制度、瓦斯报表管理制度、瓦斯排放管理制度、盲巷管理制度、防治煤与瓦斯突出管理制度、瓦斯抽采管理制度等。

第二节 局部通风管理

采用局部通风机作动力，通过风筒导风的通风方法，称为局部通风。它是掘进巷道常用的通风方法。

局部通风是煤矿通风管理中最重要的工作，采掘工作面生产中涌出的瓦斯，产生的粉尘，以及其他有毒有害气体靠局部通风机供给的新鲜风流冲淡到安全浓度以下，是矿井安全生产的基础工作，也是预防"一通三防"事故的重要措施。很多重大瓦斯事故都发生在局部通风巷道。通风系统不合理，通风设施不可靠，供风量不足，是造成巷道人员窒息和瓦斯事故的主要原因。

局部通风的主要任务有3条：一是将足够的新鲜空气送到掘进工作面，保证作业人员呼吸所需要的氧气；二是将含有有害气体和矿尘的空气排到掘进巷道以外的回风道，保证掘进工作面空气质量并使矿尘浓度限制在规定的安全范围内；三是调节掘进巷道和作业场所的气候条件，满足《煤矿安全规程》规定的风速、温度和湿度的要求，创造良好的作业环境。

局部通风机是保证掘进巷道供给新鲜空气以便人员呼吸和稀释、排除有害气体的主要设备。局部通风机安装位置不当，不能正常运转，无计划停电停风，风筒漏风过大，风筒口离掘进工作面迎头过远，都会造成瓦斯煤尘爆炸事故发生。所以局部通风机保持正常运转，供给掘进工作面足够的风量，保证巷道风流中的瓦斯控制在安全浓度以下，是防止瓦斯事故，确保矿井安全生产的必备条件。

一、局部通风设计

掘进作业规程中必须编写局部通风设计，内容包括：开工地点全风压通风条件，进回风路线，风筒直径、长度及吸风量计算，局部通风机的型号选择，技术参数；局部通风机的安设位置，并附局部通风系统图。

局部通风设计步骤：①确定局部通风系统，绘制掘进巷道局部通风系统布置图；②按通风方法和最大通风距离，选择风筒类型与直径；③计算风机风量和风筒出口风量；④按掘进巷道通风长度变化，分段计算局部通风系统的总阻力；⑤按计算所得局部通风机风量和风压，选择局部通风机；⑥按掘进工作面灾害特点，选择配套安全技术装备。

1. 掘进工作面需要风量计算

每个独立通风的掘进工作面实际需要的风量，应按瓦斯涌出量、二氧化碳涌出量、炸药量、工作人员、爆破后的有害气体产生量以及局部通风机的实际吸风量等规定分别计算，然后取其中最大值。

（1）按照瓦斯涌出量计算。

$$Q = 100qk \qquad (3-1)$$

式中　q——掘进工作面回风流中瓦斯的绝对涌出量，m^3/min；

　　　k——掘进工作面瓦斯涌出不均匀系数。

（2）按照二氧化碳涌出量计算。

$$Q = 67qk \qquad (3-2)$$

式中　67——掘进工作面回风流中平均绝对二氧化碳浓度不应超过 1.5% 的换算系数；

　　　q——掘进工作面回风流中二氧化碳绝对涌出量，m^3/min；

　　　k——二氧化碳涌出不均匀系数。正常生产条件下，连续观察 1 个月，二氧化碳日最大绝对涌出量与月平均日绝对涌出量的比值。

（3）按炸药量计算。

一级许用炸药：　　　　　$Q \geqslant 25A$

二、三级煤矿许用炸药：　$Q \geqslant 10A$ $\qquad (3-3)$

式中　A——掘进工作面一次爆破所用的最大炸药量，kg。

（4）按掘进工作面同时作业人数计算。

$$Q \geqslant 4N \qquad (3-4)$$

式中　4——每人需风量，m^3/min；

　　　N——掘进工作面同时工作的最多人数。

（5）按排除炮烟计算。

当风筒出口到掘进工作面的距离 $L_p \leqslant L_s = (4\sim 5)\sqrt{s}$ 时，风筒出口风量可按下式计算：

$$Q = \frac{0.465}{t}\left(\frac{AbS^2L^2}{\psi C}\right)^{1/3} \qquad (3-5)$$

式中　t——通风时间，s；

　　　A——一次爆破的炸药消耗量，kg；

　　　b——每千克炸药爆破产生的一氧化碳量，煤巷爆破取 100 L/kg，岩巷爆破取 40 L/kg；

　　　S——巷道断面积，m^2；

　　　L——巷道通风长度，m；

　　　ψ——风筒漏风备用系数；

　　　C——通风所要达到的一氧化碳允许浓度值，常取 0.02% 以计算风量，%。

若取 $b = 100 L/kg$，$\psi = 1$，$C = 0.02$，可得

$$Q = \frac{7.8}{t}\sqrt[3]{AS^2L^2} \qquad (3-6)$$

（6）按风速验算。

$$Sv \leqslant Q \leqslant 240S \qquad (3-7)$$

式中　S——掘进工作面断面积，m^2；

　　　v——掘进巷道的最低风速，煤巷 $v = 15\ m/min$；岩巷 $v = 9\ m/min$；

　　　240——掘进工作面允许的最高风速，240 m/min。

以上计算值中选取最大值作为工作面需要风量。

2. 局部通风机吸入风量

在实际应用中，由于风筒本身会漏风，风筒接头也会漏风，再加上风筒破口、吊挂质量等原因，会造成掘进头实际供风量小于局部通风机吸风量。为保证掘进工作面瓦斯浓度不超限，必须保证掘进工作面有效风量不小于上述计算值，局部通风机的吸入风量就必须大于掘进工作面需要风量。局部通风机吸入风量按下式计算：

$$Q_{吸} = k_j Q \qquad (3-8)$$

式中　$Q_{吸}$——局部通风机吸风量，m^3/min；

　　　K_j——风筒漏风系数（表3-1），根据通风距离、风筒直径、风筒质量和管理状况确定。

表3-1　风筒漏风系数

最大供风距离/m	<500	500~1000	1000~1500	>1500
风筒漏风系数	1.05	1.10	1.15	1.20

3. 风筒选型

煤矿井下常用胶布风筒，其规格参数见表3-2。巷道断面与风筒规格配套参考值见表3-3。

表3-2　胶布风筒规格表

风筒直径/mm	风筒节长/m	壁厚/mm	风筒质量/($\text{kg} \cdot \text{m}^{-1}$)	风筒断面/m^2
500	10	1.2	1.9	0.196
600	10	1.2	2.3	0.283
800	10	1.2	3.2	0.503
1000	10	1.2	4.0	0.785

表3-3　巷道断面与风筒规格配套参考

巷道断面 S/m^2	最小风筒直径/mm	备 注
$5 \leqslant S < 8$	500	
$8 \leqslant S < 12$	600	
$12 \leqslant S < 14$	700	
$S \geqslant 14$	800	

4. 局部通风机风压确定

局部通风机压入式通风时的工作全压为

$$h_f = RQ^2 + h_v \qquad (3-9)$$

$$Q = \sqrt{Q_f Q_a} \qquad (3-10)$$

$$h_v = \frac{1}{D} Q_a^2 \qquad (3-11)$$

$$R = \frac{\alpha LU}{S^3} \qquad (3-12)$$

式中　h_f——局部通风机工作全压，Pa；

R——风筒风阻，$(N \cdot s^2)/m^4$；

Q——风筒平均风量，m^3/min；

Q_f——局部通风机吸风量，m^3/min；

Q_a——风筒出口风量，m^3/min；

h_v——风筒出口动压；

D——风筒出口直径，m；

α——风筒的摩擦阻力系数，$N \cdot S^2 \cdot m^4$，见表 3-4；

L——最大通风距离，m；

U——风筒周长，m；

S——风筒断面，m^2。

表 3-4　胶布风筒摩擦阻力系数

风筒直径/mm	600	700	800	900	1000
摩擦阻力系数/$(N \cdot S^2 \cdot m^4)$	0.0041	0.0038	0.0032	0.0030	0.0029

5. 局部通风机型号选择

1）FBD 风机的性能

掘进工作面广泛使用 FBD 系列煤矿用防爆压入式对旋轴流局部通风机（图 3-1），这种通风机具有结构合理、规格齐全、效率高、节能效果明显、噪声低、送风距离远等特点。根据不同的通风阻力要求，既可整机使用又可分级使用，从而减少通风电耗、节约能源。巷道长度在 2000 m 以内可不移动风机，正常送风，减少了工人的劳动强度，节约通风时间，是煤矿井下局部通风的理想设备。

图 3-1　FBD 压入式对旋轴流局部通风机外形

FBD 系列煤矿用防爆压入式对旋轴流局部通风机既可平放在巷道底板使用，也可悬挂在巷道壁上使用，其使用环境的气体温度为 – 20～40 ℃，本产品通过气体的含尘量不得超过 200 mg/m³，应安装在煤矿井下甲烷浓度小于 1% 的进风流中，当甲烷浓度超过 1% 时，应立即切断电源。

2）结构特征

该系列通风机由进风筒、主风筒、隔爆型电动机、第一级叶轮、第二级叶轮、扩压器六部分组成。其结构如图 3 – 2 所示，外筒及结构件均用钢板焊接而成，内筒用多孔板焊接而成，内外筒之间充填消声材料，各段风筒由法兰盘螺栓连接，采用叶轮与电机直连方式。该机结构紧凑，坚固耐用，使用安全，维护方便。

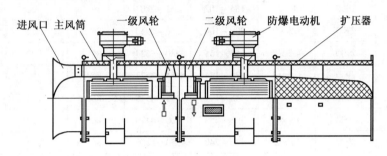

图 3 – 2　风机结构

通风叶轮采用了对旋结构，通风机叶轮与机壳之间的径向间隙应为叶轮直径的 1.5‰～3.5‰，两级叶轮等速对旋，互为反向，无定式导叶片，降低了风机内部阻力，提高了风机的效率。

该系列风机可一机多用，在巷道掘进过程中，根据通风机要求不同，第一级风机和第二级风机既可单独使用，也可两级同时运行。

扩散消声筒出风口的凸缘法兰钻有均匀分布的小孔，用于连接变径短节或直接连接风机与胶质风筒时，其变径短节的形式可制成收敛或扩散式。

两台电动机均可用于 380/660 V 电压等级，由叶轮所输送的气流进行冷却。电动机的接线盒位于风机壳体外侧，以便于接线。接线盒内有 6 个接线端子和 1 个接地端子，用户根据电源电压选择接线方法，当电源电压为 380 V 时，选用△接法；当电源电压为 660 V 时，选用 Y 接法。风机出厂时电动机按△接线。

该系列通风机的工作原理是：第一级叶轮与第二级叶轮相距很近，分别由容量及型号相同或不相同的隔爆专用电动机驱动，第一级叶轮与第二级叶轮，旋转方向相反，即第一级叶轮顺时针方向旋转，第二级叶轮则逆时针方向旋转，叶片采用扭曲叶片，当空气流入第一叶轮获得能量后并经第二级叶轮升压排出，两级叶轮互为导叶，从而达到普通轴流式风机不易达到的高风压。

3）风机型号选择

局部通风机型号的选择应根据以上风量、风压计算结果，在局部通风机性能参数表（表 3 – 5）中选取局部通风机，使其吸风量和风压都在表中范围内。

6. 局部通风机安装地点所需风量计算

表3-5　FBC压入式防爆对旋局部通风机技术参数表

序号	机号 No/N	转速/ (r·min⁻¹)	电机功率/ kW	风量/ (m³·min⁻¹)	全压/Pa	最高全压 效率/%	最高辐射噪声 （比A声级） LSA/dB	外形尺寸 (φ×L)/ (mm×mm)
1	3.5/4.4	2900	2.2×2	126~204	760~1140	86	22	445×1120
2	4/2.2	2900	1.1×2	92~47	152~1707	86	22	560×1500
3	4/3	2900	1.5×2	111~56	172~1933	86	22	560×1500
4	4/4.4	2900	2.2×2	136~72	251~2156	86	22	560×1500
5	4/6	2900	3×2	115~86	351~2301	86	22	560×1500
6	5/8	2900	4×2	184~102	231~2203	86	22	700×1820
7	5/11	2900	5.5×2	200~100	220~2950	86	22	700×1820
8	5/15	2900	7.5×2	255~155	380~3524	86	22	700×1820
9	5.6/15	2900	7.5×2	274~124	354~3573	86	22	730×1800
10	5.6/22	2900	11×2	345~191	495~4518	86	22	730×1800
11	5.6/30	2900	15×2	395~250	700~4470	86	22	730×1800
12	6.3/30	2900	15×2	420~240	350~5150	86	22	820×2240
13	6.3/37	2900	18.5×2	486~236	513~5330	86	22	820×2240
14	6.3/44	2900	22×2	525~310	615~5463	86	22	820×2240
15	6.3/60	2900	30×2	590~320	760~5900	86	22	820×3000
16	7.1/60	2900	30×2	620~370	603~6624	86	22	920×2500
17	7.1/30	2900	15×2	493~270	450~5950	86	22	920×2500
18	8.2/74	2900	37×2	560~330	420~7100	86	22	1020×2642
19	8.2/60	2900	30×2	519~265	400~6600	86	22	1020×2642
20	8.2/90	2900	45×2	680~380	600~7600	86	22	1020×2642
21	8.2/110	2900	55×2	820~480	700~8300	86	22	1020×2642
22	10/60	1450	30×2	828~450	360~3060	86	22	1250×2800
23	11.2/74	1450	37×2	1171~570	375~3911	86	22	1450×3900

为了保证局部通风机安设地点到回风口这段巷道内的风速达到或超过《煤矿安全规程》规定的最低风速，必须使局部通风机安设地点的供风量符合下列要求：

岩巷：
$$Q_{巷风} \geqslant (Q_{吸} + 9S) \times I_i$$

煤巷：
$$Q_{巷风} \geqslant (Q_{吸} + 15S) \times I_i$$

式中　　$Q_{巷风}$——局部通风机安设处巷道的供风量；

$\quad\quad Q_{吸}$——局部通风机的吸风量；

$\quad\quad S$——安设局部通风机巷道的断面积；

$\quad$9、15——《煤矿安全规程》规定的岩巷最低风速0.15 m/s、煤巷最低风速0.25 m/s换算成分钟风速9 m/min、15 m/min；

$\quad\quad I_i$——同时运转的局部通风机台数，台。

7. 风筒连接与吊挂

风筒与风机出风口的连接要紧密，不漏风。大众煤矿采用的连接方式是，采用3道8号铁线连接，且均匀绑扎，如图3-3所示。风筒转弯处，应设弯头，不拐死弯，以采用刚性风筒为宜，以减小通风阻力。风筒吊挂平直，逢环必挂，接头严密，不漏风，无破口。

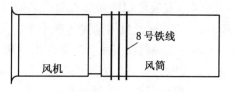

图3-3 风筒与风机的连接

二、局部通风机的安装和使用

1. 安装和使用局部通风机和风筒应遵守的规定

1）局部通风机由指定人员负责管理

指定人员负责管理可分为3种情况：一是由在该掘进工作面作业的班组长本人负责局部通风机的管理；二是指定本班组的其他人员负责管理；三是由专职人员负责局部通风机的管理。这种情况中无论采用何种管理方式都必须尽到以下职责：

（1）负责局部通风机的正常运转，禁止任何人随意停、开局部通风机。

（2）局部通风机因故障停止运转，负责撤出人员和尽快找电工维修；在局部通风机及其开关附近10 m内风流中的甲烷浓度不超过0.5%时，经瓦斯检查员同意后，方可亲自启动局部通风机，并做好故障原因和停风时间等有关情况的记录。

（3）参与和协助通风部门（人员）排放瓦斯、接设风筒等工作。

（4）负责将本班局部通风机的运转情况向下一班管理局部通风机的人员交接清楚。

局部通风机必须实行挂牌管理，牌板上应填明供风地点、局部通风机型号和功率、吸风量、出口风量、风筒长度、负责人等，并注明填写人姓名和时间。

2）压入式局部通风机和启动装置的安装

压入式局部通风机和启动装置安装在进风巷道中，距掘进巷道回风口不得小于10 m；全风压供给该处的风量必须大于局部通风机的吸入风量。局部通风机安装地点到回风口间的巷道中的最低风速符合《煤矿安全规程》第一百三十六条的规定。

这样规定是为了防止局部通风机发生循环风。循环风就是掘进巷道中的一部分风流回到局部通风机的吸入口，通过局部通风机及其风筒，重新供给掘进工作面用风。循环通风的风流称为循环风。

循环风的害处是：将掘进工作面的污风反复返回掘进工作面，有毒有害气体和粉尘浓度越来越大，使作业环境恶化；当掘进工作面风流中瓦斯或煤尘浓度达到爆炸界限，这些风流进入局部通风机时，可能因机械摩擦火花和电气失爆引发瓦斯和煤尘爆炸事故。防治循环风的主要方法有4条：

（1）局部通风机和启动装置，必须安装在进风巷道中，距掘进巷道回风口不得小于10 m。

（2）全风压供给该处的风量必须大于局部通风机吸风量的30%以上。

（3）局部通风机安装地点到回风口之间巷道中的风速必须符合下列规定；采煤工作面、掘进中的煤巷和半煤岩巷道最低允许风速0.25 m/s，掘进中的岩巷最低允许风速0.15 m/s。

（4）安装使用的局部通风机必须吊挂或垫高，离轨道距离大于 50 cm，离地高度大于 30 cm。局部通风机周围要清理干净，无杂物堆积。

局部通风机安装后，矿必须组织有关单位对"三专两闭锁"、通风系统及设施等进行验收，验收合格后，方可组织生产。

3）安装备用局部通风机

高瓦斯矿井、突出矿井的煤巷半煤岩巷和有瓦斯涌出的岩巷掘进工作面的局部通风机必须配备安装同等能力的备用局部通风机，并能自动切换。正常工作的局部通风机必须采用"三专"（专用开关、专用电缆、专用变压器）供电，专用变压器最多可向 4 套不同掘进工作面的局部通风机供电；备用局部通风机电源必须取自同时带电的另一电源，当正常工作的局部通风机故障时，备用局部通风机能自动启动，保持掘进工作面正常通风。

其他掘进工作面和通风地点正常工作的局部通风机可不配备备用局部通风机，但正常工作的局部通风机必须采用三专供电，或者正常工作的局部通风机和备用局部通风机的电源必须取自同时带电的不同母线段的相互独立的电源，保证正常工作。局部通风机故障时，备用局部通风机能投入正常工作。

4）风筒的规定要求

风筒是确保掘进工作面供给足够风量的关键装置，必须采用抗静电、阻燃风筒。内筒口到掘进工作面的距离应在局部通风机风流有效射程之内。采用局部通风时，风筒到掘进工作面的距离小于风流有效射程，炮烟、瓦斯等有害气体和粉尘与压入的新鲜风流强烈掺混，可使它们浓度降低，迅速排出工作面。如果风筒口到掘进工作面的距离大于有效射程，在风流有效射程外将出现循环涡流区，炮烟、瓦斯等有害气体和粉尘排出的速度较慢，排出的时间长。所以，风筒口到掘进工作面的距离不能太远。风筒口到掘进工作面的距离太近也会带来不利影响，矿尘影响现场人员的安全作业和身体健康，容易崩坏风筒。根据现场经验，采用压入式通风时，风筒口到掘进工作面的距离：煤及煤岩巷不大于 5 m，岩巷不大于 10 m。

尽量使用大直径、长节风筒。大直径风筒有利于减少风筒阻力，长节风筒可以减少风筒接头，既可减少接头造成的漏风量，又可降低风阻。

局部通风机自动切换的交叉风筒接头的规格和安设标准，应在作业规程中规定。

2. 局部通风机停止运转后不得自行启动

正常工作和备用局部通风机均失电停止运转后，当电源恢复时，正常工作的局部通风机和备用局部通风机均不得自行启动，必须人工开启局部通风机。

3. 风电闭锁

使用局部通风机供风的地点必须实行风电闭锁和甲烷电闭锁，保证正常工作的局部通风机停止运转或停风后能切断停风区内全部非本质安全型电气设备的电源。正常工作的局部通风机故障，切换到备用局部通风机时，该局部通风机通风范围内应当停止工作，排除故障；待故障排除，恢复到正常工作的局部通风后方可恢复工作。使用 2 台局部通风机同时供风的，2 台局部通风机都必须同时实现风电闭锁。

每 15 天至少进行一次风电闭锁和甲烷电闭锁试验，每天应当进行一次正常工作的局部通风机与备用局部通风机的自动切换试验，试验期间不得影响局部通风，试验记录要存档备查。

4. 供风

严禁使用 3 台及以上局部通风机同时向 1 个掘进工作面供风。不得使用 1 台局部通风机同时向 2 台及以上作业的掘进工作面供风。局部通风机的安装、拆除、迁移都必须经通风部门负责人和矿分管领导批准。

5. 局部通风机停风的规定

使用局部通风机通风的掘进工作面，不得停风。因检修、停电、故障等原因停风时，必须将人员全部撤至全风压进风流处，并切断电源，设置栅栏、警示标志，禁止人员入内。

停风巷道恢复通风前，必须由专职瓦斯检查员检查瓦斯。只有在局部通风机及其开关附近 10 m 以内风流中的甲烷浓度都不超过 0.5% 时，方可由指定人员开启局部通风机。

6. 检修

局部通风机入井前，必须经机电部门检查验收合格。局部通风机应定期检修和更换，凡在井下运行累计时间达半年以上的必须升井检修。

7. 检查

风筒工和瓦斯检查员每班必须对风筒是否脱节，风机、风筒是否损坏，风筒口到工作面的距离是否符合作业规程的规定等进行检查，发现问题及时反映、处理。

8. 风量不足的处理

工作面设计配风量和实测风量应在巷道所挂的通风牌板上写明，当风量不足或有害气体超限时，必须立即停电撤人。并及时向矿调度室报告，由矿总工程师组织通风部门采取措施处理。

【例 3 - 1】某矿 3310 风巷掘进通风设计

1. 局部通风系统

3310 采煤工作面巷道布置与局部通风系统图（略）。

2. 通风线路

新鲜风流：新鲜风流→三$_3$胶带下山→三$_3$底部联络巷→局部通风机→掘进工作面

污风风流：污风风流→掘进工作面→三$_3$轨道下山→三$_3$总回风巷→五$_2$总回风巷→回风立井→地面

3. 风量计算

（1）按照瓦斯涌出量计算：

$$Q = 125qK$$

式中　Q——掘进工作面需要风量，m^3/min；

　　　q——掘进工作面回风流中瓦斯的绝对涌出量，根据相邻巷道瓦斯涌出量统计，3310 掘进工作面预计瓦斯绝对涌出量为 0.3 m^3/min；

　　　K——瓦斯涌出不均衡系数，该掘进工作面日最大绝对瓦斯涌出量 504 m^3/d，月平均日瓦斯绝对涌出量 342 m^3/d。

$$K = 504/342 = 1.47$$

$$Q = 125qK = 125 \times 0.3 \times 1.47 = 55.125 \ m^3/min$$

（2）按二氧化碳的涌出量计算：

$$Q = 67qK$$

式中　　Q——掘进工作面需风量，m^3/min；

　　　　67——按掘进工作面回风流中二氧化碳的浓度不应超过1.5%的换算系数；

　　　　q——掘进工作面回风流中二氧化碳的绝对涌出量，取 0.14 m^3/min；

　　　　K——二氧化碳涌出不均衡系数，该掘进工作面日最大绝对二氧化碳涌出量

　　　　　　302.4 m^3/d，月平均日二氧化碳绝对涌出量201.6 m^3/d。

$$K = 302.4/201.6 = 1.5$$

$$Q = 67qK = 67 \times 0.14 \times 1.5 = 14.07 \ m^3/min$$

（3）按炸药量计算：

$$Q \geqslant 10A = 10 \times 34.76 = 347.6 \ m^3/min$$

式中　A——掘进工作面一次爆破所用的最大炸药量，34.76 kg。

（4）按工作人员数量计算：

$$Q \geqslant 4N = 4 \times 30 = 120 \ m^3/min$$

式中　N——掘进工作面同时工作的最多人数，30 人；

　　　　4——每人供风不小于 4 m^3/min。

以上计算风量最大值为 348 m^3/min，是掘进工作面需要风量。

（5）局部通风机需要吸入的风量：

3310 风巷长度为2525 m，所以百米漏风率需取最大值，局部通风机需要的吸入风量为

$$Q = \frac{100Q_{掘进}}{100 - 2525 \times 1.5\%} = \frac{100 \times 348}{100 - 2525 \times 1.5\%} = 560 \ m^3/min$$

式中　　　Q——局部通风机需要的吸入风量，m^3/min；

　　　$Q_{掘进}$——掘进工作面需风量（风筒末端出风量），348 m^3/min；

　　　1.5%——风筒的百米漏风率，按表3-6选取；

　　　2525——风筒全长（通风距离），m。

表3-6　柔性风筒百米漏风率

通风距离 L/m	<200	200~500	500~1000	1000~2000	>2000
漏风率/%	<10~15	<5~10	<3	<2	<1.5

4. 局部通风机选型

根据风量计算，局部通风机需要吸入风量为 560 m^3/min 时，才能保证掘进工作面出口风量348 m^3/min。参照局部通风机选型表3-7，可选用 FBD6.3/2×30 型风机，吸入风量在320~650 m^3/min 之间，最大吸入风量为650 m^3/min。

表3-7　部分局部通风机技术参数

型　号	功率/kW	级　数	吸入风量/($m^3 \cdot min^{-1}$)	风压/Pa
FBD6.0/2×15	2×15	2	240~460	1000~5300
FBD6.3/2×22	2×22	2	300~600	1000~6200
FBD6.3/2×30	2×30	2	320~650	1000~6400
FBD7.1/2×45	2×45	2	400~830	1500~7000

5. 局部通风机安装处巷道全风压供风量计算

$$Q_{掘全} = Q + 60VS = 650 + 60 \times 0.25 \times 12.5 = 837.5 \ m^3/min$$

式中　$Q_{掘全}$——局部通风机安装处巷道的全风压供风量，m^3/min；

　　　Q——所选局部通风机最大吸入风量，m^3/min；

　　　S——局部通风机吸入口至供风巷道回风口之间的巷道断面，m^2；

　　　V——局部通风机吸入口至供风巷道回风口之间的风速，m/s。安装局部通风机的巷道中的风量，除了满足局部通风机的吸风量外，还应保证局部通风机吸入口至供风巷道回风口之间的风速，以防止局部通风机吸入循环风和这段距离内风流停滞，造成瓦斯积聚。风速：岩巷取$\geq 0.15 \ m/s$，煤巷和半煤巷取$\geq 0.25 \ m/s$。

6. 风筒直径选择

风筒采用抗静电、阻燃风筒，直径为 1000 mm。风筒要吊挂平直，缓慢拐弯，保证风流畅通。

7. 局部通风机安设位置及要求

局部通风机安设在三₃输送带下山与三₃底部联络巷交叉点处靠上帮新鲜风流中。

(1) 局部通风机必须吊挂在顶板上或放在风机托架上，距底板不得小于 300 mm，距帮不小于 500 mm。

(2) 局部通风机必须挂牌管理，专人负责，实现"三专"（专用线路、专用开关、专用变压器）"两闭锁"（风电闭锁、瓦斯电闭锁）。

(3) 必须保证风机连续运转，不准无故停电、停风。

(4) 分风器采用 1000 mm 铁分风器，安装在离风机向后 10 m 处。

(5) 风机处必须有两趟双电源。

8. 风筒吊挂位置及出风口距工作面的距离

风筒吊挂在三₃底部联络巷上帮，距底板向上不小于 1800 mm，要求吊挂平直，逢环必挂，无反接头，接头必须反压边，无漏风现象，风筒出风口距工作面不超过 5.0 m。

9. 局部通风机供电系统、风电闭锁的安装

采用双风机、双电源，主副风机各一趟专用电缆、专用开关，生产电源两趟。在主副风机开关间设自动倒台装置，巷道动力电由风电闭锁开关控制，同时设置瓦斯电闭锁装置。

第三节　瓦　斯　检　查

所有采掘工作面、硐室、使用中的机电设备的设置地点都应检查瓦斯。矿井瓦斯检查有两个目的；一是掌握瓦斯涌出情况，以便进行风量计算和风量调节，达到合理通风的目的；二是为了及时发现瓦斯超限或积聚，以便采取有效措施，防止瓦斯事故发生。

一、基本要求

瓦斯检查的基本要求主要有 5 点：一是在指定地点交接班，杜绝空检、漏检和假检；二是检查次数符合规定；三是检查数值要准确；四是做到三对口；五是确保自身安全。

1. 在指定地点交接班

瓦斯检查工在井下指定地点交接班是瓦斯检查制度的一项重要内容。其目的是为了防止由于瓦斯检查工迟到、早退，使分工区域出现无人检查、监视的空岗状态，以致不能及时发现、处理瓦斯积聚等隐患而发生事故。另外，也是为了便于交班与接班人见面，交接清楚现场情况和责任。

交班时，交班人要交接清楚以下几个方面的工作情况：

（1）分工区域内的通风、瓦斯和生产情况有无异常。特别是在突出煤层中采掘时，要交代清楚防突指标的变化情况，允许的采掘进尺，炮后甲烷浓度的变化情况。对于采掘过程出现的异常是如何处理的，是否需要进一步处理和应采取何种措施。

（2）分工区域内各种设施（包括通风、防尘、防火、防突、局部通风以及瓦斯监测等有关设备和装置的状态）是否需要维修、增设或撤除。

（3）分工区域内存在何种隐患，下一班应该怎么处理。

（4）交清有关领导对某项工作指示的落实情况和需要请示的问题。

接班人对交接内容了解清楚后，交接班人都必须在交接手册上签字，做到有据可查。

2. 杜绝空检、漏检和假检

空班、漏检、假检，是指以下3种现象：一是瓦斯检查工没有上岗，空班、迟到或早退；二是没有按分工区域和规定次数进行巡回检查，未能及时发现瓦斯隐患；三是根本没有进行实地检查而填写假记录、汇报假情况，弄虚作假。井下不同地点的瓦斯每时每刻都在发生变化，空班、漏检、假检不可能及时发现瓦斯超限和瓦斯积聚，为瓦斯事故的发生创造了条件和机会，因此，必须坚决杜绝空班、漏检和假检。

为防止空班、漏检、假检现象发生，通风调度应及时要求瓦斯检查工汇报检查情况，接到瓦斯检查工电话汇报后，应要求瓦斯检查工在汇报地稍等，通风调度人员重新拨通汇报地的电话，若瓦斯检查工能接电话，说明没有空班；反之，瓦斯检查工未在汇报地汇报。

3. 瓦检检查次数

采掘工作面的甲烷浓度检查次数如下：

低瓦斯矿井，每班至少查2次；高瓦斯矿井，每班至少查3次；突出煤层、有瓦斯喷出危险或者瓦斯涌出量较大、变化异常的采掘工作面，必须有专人经常检查。

井下硐室每班检查1次；井下临时停风地点栅栏处每天检查1次；挡风墙（密闭墙）处每7天检查1次；矿井总回风巷、采区回风巷每班检查3次（低瓦斯矿井为2次）；井下其他有人员作业的地点每班检查1次。检查内容包括 CH_4、CO_2 浓度，温度。

任何地点每次检查瓦斯的结果，都必须记入瓦斯检查手册和检查地点的记录牌上，并通知现场的工作人员，还要向调度室汇报。

4. 检查数据要准确

检查出的甲烷浓度要与实际浓度相符，如果与实际不符，或没有测得最大浓度，就会引起错觉，产生麻痹思想而导致瓦斯事故发生。为防止检查数值与实际不符，对瓦斯检查仪器、仪表要定时校正，消除误差，对于光学瓦斯检查器，要及时更换电池，下井前要消除瓦斯检查器内的气体，在新鲜空气中定好零点。

5. 做到"三对口"

瓦斯检查工随身携带的瓦斯检查手册、设在检查地点的记录牌板和瓦斯检查班报（或地面调度台账）三者所填写的检查内容、数值必须齐全、一致。瓦斯检查日报及时上报矿长、总工程师签字，并有记录。

"三对口"的主要内容包括：检查地点、甲烷浓度、空气温度、二氧化碳浓度、检查时间和检查人等。必须做到检查一次立即填写一次，并及时向通风部门调度室汇报一次，不准将三次检查的结果一起填写，一起汇报，否则视为假检、漏检。

另外，每次检查的结果都必须通知现场作业人员。遇到瓦斯超限或积聚，或遇有其他隐患时，应立即通知现场作业人员停止作业，按照避灾路线撤到安全地点，并及时向矿调度室报告。

6. 确保自身安全

瓦斯检查工多为单独作业，而且越是瓦斯隐患多的区域或地点，越要加强检查，其接触各种危险、危害的机会多。因此，必须高度重视自身安全。如在盲巷、火区或临时停风的独头巷道检查时，要加倍警惕，由外向里逐渐深入检查，只有确认安全可靠后方可前进，决不可直接进入。另外，必须随身携带自救器，并注意冒顶、片帮以及撞击火花等现象发生。

二、巷道风流瓦斯检查

1. 巷道风流

所谓巷道风流是指距巷道顶、底板及两帮一定距离的巷道空间内的风流。巷道风流范围的划定：有支架的巷道，距支架和巷底各为 50 mm 的巷道空间内的风流；无支架或用锚喷、砌碹支护的巷道，距巷道顶、底、帮各为 200 mm 的巷道空间内的风流。

2. 检查方法

测定巷道风流中的甲烷浓度时，要在巷道风流的上部进行，将光学瓦斯检查器的吸收管进气口置于巷道风流上部进行抽气，连续测定 3 次，取其平均值；测定二氧化碳时应在巷道风流的下部进行抽气，首先测定该处甲烷浓度，然后去掉二氧化碳吸收管，测出该处瓦斯和二氧化碳混合气体浓度，后者减去前者再乘以校正系数即是二氧化碳的浓度，这样连续测定 3 次，取其平均值。

三、采煤工作面风流瓦斯检查

1. 采煤工作面风流的定义及瓦斯检查方法

采煤工作面风流，即为距煤壁、顶（岩石、煤或假顶）、底（煤、岩石或充填材料）各为 200 mm（小于 1 m 厚的薄煤层采煤工作面距顶、底各为 100 mm）和以采空区切顶线为界的采煤工作面空间内的风流。采用充填法控制顶板时，采空区一侧应以挡矸、砂帘为界。采煤工作面回风上隅角以及未放顶的一段巷道空间至煤壁线的范围空间中的风流，都按采煤工作面风流处理。

采煤工作面风流中的瓦斯和二氧化碳浓度检查方法与在巷道风流进行测定的方法相同。但需要注意以下几点：

（1）要正确选择测点（图 3-4 中①~⑩），不得遗漏，每个测点连续测定 3 次，并取其中最大值。

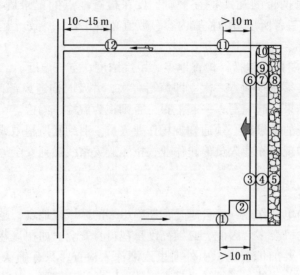

①—距采煤工作面大于 10 m 处进风流中测点；②—采煤工作面前切口测点；③、④、⑤—采煤工作面前半部煤壁侧、输送机槽（或机架前）和采空区侧（或后部输送机）测点；⑥、⑦、⑧—采煤工作面后半部煤壁侧、输送机槽或机架前）和采空区侧（或后部输送机）测点；⑨—输送机槽中央距回风口 15 m 处风流中测点（只测空气温度）；⑩—采煤工作面上隅角测点；⑪—距采煤工作面>10 m 处的回风流中测点；⑫—采煤工作面回风流进入采煤区回风巷前 10～15 m 的风流中测点

图 3 - 4　采煤工作面瓦斯测点位置示意图

（2）工作面由下端头至上端头、煤壁侧至采空区侧，风流甲烷浓度有很大变化，分布很不均匀，不得取其平均值而应取其最大值作为工作面风流甲烷浓度的测定结果和处理标准。

（3）在测定采煤工作面风流甲烷浓度时，要特别注意对上隅角进行认真测定。

2. 采煤工作面回风流的定义及瓦斯检查方法

采煤工作面回风流是指距支架和巷道底板各为 50 mm 的采面回风巷道空间内的风流。

采煤工作面回风流中的瓦斯和二氧化碳浓度，应在距采煤工作面煤壁线 10 m 以外的采煤工作面回风巷风流中测定（图 3 - 4 中⑪、⑫），并取其中最大值作为测定结果和处理标准。其测定部位和方法与在巷道风流中进行测定时相同。

四、掘进工作面风流瓦斯检查

掘进工作面风流是指掘进工作面到风筒出风口这一段巷道空间中的风流，如图 3 - 5 中的 A—B 段。掘进工作面回风流是指风筒出风口至局部通风机供风巷道的风流汇合处这段掘进巷道空间内的风流，如图 3 - 5 中的 B—C—D 段。

掘进工作面风流及其回风流的瓦斯和二氧化碳浓度的测定，应根据掘进巷道布置情况和通风方式确定。

单巷掘进压入式通风时，掘进工作面风流和其回风流的划分范围如图 3 - 5 所示。掘进工作面风流及其回风流中的瓦斯和二氧化碳浓度的测定，应分别在工作面风流中①及其回风流中②进行，并取其最大值作为测定结果和处理标准。

在检查掘进工作面瓦斯和二氧化碳浓度时，除了按规定进行正常检查之外，还要注意和做到以下几点：

（1）注意检查局部通风机安设位置是否符合规定，局部通风机是否发生循环风。

（2）注意检查局部通风机、掘进工作面内电动机及其开关附近规定范围内的甲烷浓度。

（3）检查掘进工作面上部的左、右角距顶、帮、煤壁各 200 mm 处的甲烷浓度和距工作面第一架棚左、右柱窝距帮、底各 200 m 处的二氧化碳浓度。

（4）在距工作面迎头 2 m 处测定空气温度，且在 8：00 ~ 16：00 进行。

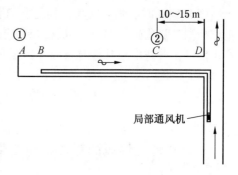

图 3 - 5　掘进工作面风流和回风流范围
　　　　　划分及瓦斯测点布置

（5）注意检查掘进工作面及其回风巷道内的冒顶、垮落处的局部甲烷浓度和体积。

（6）检查瓦斯传感器是否损坏、失灵及其吊挂位置是否符合规定。

（7）检查风筒接设、吊挂质量及状态。

（8）检查隔爆设施安设状态。

（9）检查打眼、装药、爆破工序中和爆破地点附近 20 m 风流中的甲烷浓度是否符合规定等。

五、盲巷内甲烷浓度检查

凡是不通风的（包括临时或长期停风的掘进工作面）独头巷道，统称为盲巷。

由于盲巷内不通风，时间稍长便会充满瓦斯，形成"瓦斯库"，不仅是一重大隐患，而且在进行检测和处理时，若检测方法与措施不当，极易发生窒息或中毒事故。所以，在检测盲巷内的瓦斯和其他有害气体时，要倍加谨慎，应遵循以下原则：

（1）检测工作应由专职瓦斯检查工负责进行。检查之前，首先要检查自己的矿灯、自救器、瓦斯检定器等有关仪器，确认完好、可靠后方可开始工作。在进行检测过程中，要精神集中，谨慎小心，不可造成撞击火花等隐患。

（2）由外向内逐步检测。盲巷入口处（栅栏外面）的瓦斯和二氧化碳浓度不超限（小于3%）时，方可步步深入检查，不可直接进入盲巷内检查，以免发生瓦斯窒息事故。在进入盲巷内检测时，最好是 2 人一起进行，前后拉开距离，边检查边前进，后者起监护作用。

（3）甲烷浓度较大时即刻停止检测。盲巷入口处或盲巷内一段距离处的甲烷浓度达到3%时，或其他有害气体超过《煤矿安全规程》规定时，必须立即停止前进，并通知有关部门采取封闭等措施进行处理。

（4）不同盲巷检测的气体与部位要有侧重。在水平盲巷内进行检测时，应在巷道的上部检查瓦斯，在巷道的下部检测二氧化碳；在上山盲巷内进行检测时应重点检测甲烷浓度，要由下而上直至顶板进行检查，当甲烷浓度达到3%时应立即停止前进。在下山盲巷内进行检查时应重点检测二氧化碳浓度，要由上而下直至顶板进行检测，当二氧化碳浓度达到 3% 时也必须立即停止前进。

（5）要同时检测氧气和其他有害气体。虽然在上山盲巷重点检测瓦斯、在下山盲巷重点检测二氧化碳，但对氧气含量和其他有害气体浓度也必须进行检测，不符合规定时应停止前进，严防由于其他有害气体浓度过高使氧气含量相对减少而发生中毒或窒息事故。

第四节　瓦　斯　管　理

一、对停工停风的管理和对携带便携式甲烷检测仪的规定

1. 对停工停风的规定

（1）临时停工的地点不得停风，否则，必须切断电源，设置栅栏，揭示警标，禁止人员进入，并向矿调度室报告。停工区内瓦斯或二氧化碳达到 3% 或其他有害气体浓度超过《煤矿安全规程》规定不能立即处理时，必须在 24 h 内封闭完毕。

（2）恢复已封闭的停工区或采掘工作接近这些地点时，必须事先排除其中积聚的瓦斯。排除瓦斯工作必须制定安全技术措施。

（3）严禁在停风或瓦斯超限的区域内作业。

2. 对携带便携式甲烷检测仪的规定

矿长、矿总工程师、爆破工、采掘区队长、通风区长、工程技术人员、班长、流动电钳工等下井时，必须携带便携式甲烷检测报警仪。瓦斯检测工必须携带便携式光学甲烷检测仪和便携式甲烷检测报警仪。安全监测工必须携带便携式甲烷检测报警仪。

二、巡回检查制度

（1）通风科（队）每月按检查瓦斯区域制定瓦斯巡回检查图表。图表必须规定瓦检员的检查路线、检查地点、检查次数、检查内容、检查时间、汇报时间、汇报次数、交接班地点等内容。

（2）瓦斯巡回检查图表由通风科（队）长、技术员、瓦检班（组）长共同协商编制，并随着井下生产情况变化及时修改。瓦斯巡回检查图表编制或修改后，必须经矿总工程师审阅。

（3）有煤与瓦斯突出和瓦斯变化异常的采掘工作面，必须设专职瓦检员。

（4）每次检查记录、台账、图、牌板等应与规定的内容相符。

（5）瓦检员除检查有害气体和空气温度外，每次巡回检查必须检查"一通三防"设施，发现问题，及时向通风调度或矿调度室汇报，由矿总工程师负责采取措施进行处理。

（6）严格瓦斯检查制度。严禁瓦斯检查中出现"空、漏、假"现象。做到井下记录、检查手册、瓦斯调度记录三对口。地面调度接到井下瓦检员汇报后，要进行反调度。

三、瓦斯报表管理制度

（1）通风科（队）应指定具有一定技术业务水平的人编制、上报通风、瓦斯日报表，回收通风调度报表，并永久保存。

（2）通风、瓦斯调度记录的各作业地点当天甲烷浓度、二氧化碳浓度、空气温度的

最大值；较为重大的"一通三防"问题应编入通风日报表及瓦斯日报表。对于瓦斯超限的采掘工作面应用红色圈出，以提醒矿通风科（队长），总工程师。

（3）每天的通风日报表、瓦斯日报表，首先由通风科（队）长审查数据是否正确，重点调度内容是否齐全，签字后，送矿长、矿总工程师审阅。对重大的通风、瓦斯问题，应制定措施，进行处理。通风科（队）对审签过的通风、瓦斯报表必须存档保存。

第五节 瓦斯超限的追查和处理

一、瓦斯超限的界定

《煤矿安全规程》对瓦斯超限的界定见表3－8。

表3-8 瓦斯超限及处理办法

超 限 的 界 定	处 理 办 法
矿井总回风巷或者一翼回风巷中甲烷或者二氧化碳浓度超过0.75%时	必须立即查明原因，进行处理
采区回风巷、采掘工作面回风巷回风流中甲烷浓度超过1.0%或者二氧化碳浓度超过1.5%时	必须停止工作，撤出人员，采取措施，进行处理
采掘工作面及其他作业地点甲烷浓度达到1.0%时	必须停止电钻打眼
爆破地点附近20 m以内风流中甲烷浓度达到1.0%时	严禁爆破
采掘工作面及其他作业地点风流中、电动机或者开关安设地点附近20 m内甲烷浓度达到1.5%时	必须停止工作，切断电源，撤出人员，进行处理
采掘工作面及其他巷道内，体积大于0.5 m^3 的空间内积聚的甲烷浓度达到2.0%时，附近20 m内	必须停止工作，撤出人员，切断电源，进行处理
采掘工作面风流中二氧化碳浓度达到1.5%时	必须停止工作，撤出人员，查明原因，制定措施，进行处理

采掘过程中的瓦斯超限最根本的原因是煤层瓦斯含量高，瓦斯抽采钻孔数量不足，抽采时间不够，抽采能力不足，抽采手段落后，综合治理能力差，没有做到抽、掘、采的平衡，没有实现抽采达标。由于超进度掘进、超规模出煤，使煤壁大面积暴露及大量落煤散发瓦斯。如果通风系统不独立，不可靠，风量不足，通风系统不顺，巷道断面不够，就很可能造成瓦斯超限。不管什么原因造成瓦斯超限，都是由于管理者日常管理不到位，没有超前防范意识，或超前治理措施不到位。为了有效防止瓦斯事故发生，必须在全体职工中牢固竖立"瓦斯超限就是事故"的理念，实现瓦斯零超限，只要瓦斯超限都必须追查、处理。

二、瓦斯超限的处理

为强化现场瓦斯管理，有效控制和减少瓦斯超限次数，永贵能源对瓦斯超限追查处理有如下规定：

（1）凡是瓦斯超限，必须按事故进行追查。分析超限原因，制定防范措施，并对责任单位和责任者进行处理。瓦斯超限追查处理报告由所在矿加盖公章后报送上一级公司安监部门和通防部门审查后提出最终处理意见。

（2）因管理不善，无计划停电、停风，设备故障等原因造成的瓦斯超限，且浓度达到1.5%以上（含1.5%）者，由矿长主持，生产系统矿领导和有关业务科室人员参加，进行追查处理。浓度在1.5%以下者，由矿总工程师（或安全矿长）主持，生产系统矿领导和有关业务科室人员参加，进行追查处理。

（3）生产过程中由于爆破、割煤造成瓦斯超限，且浓度达到1.5%以上（含1.5%）者，由矿长主持，矿总工程师及生产系统矿领导、有关科室人员参加追查处理。浓度在1.5%以下者由矿总工程师主持，安监（检）部门及有关业务科室人员参加追查处理。

（4）监测系统检测的瓦斯异常信息，不作为瓦斯超限事故处理。

施工防突钻孔和抽采钻孔，巷道风流甲烷浓度值超过1.0%，持续时间不超过3 min的也不做瓦斯超限处理。有计划的停电、停风工作必须提前制订安全措施和瓦斯排放措施。瓦斯排放结束后，分别向上级公司调度室、通防部门和安监部门汇报。

（5）凡发生瓦斯超限，超限时间不超过3 min的，每超限一次对责任单位罚款1000元，如果超过3 min，每超1 min加罚100元。对责任者按责任大小分别处以罚款和行政处分。

（6）为避免因风量不足导致的瓦斯超限，各单位必须严格执行以风定产原则。每个月必须对矿井通风能力进行一次核定，核算结果作为通风月报上报上级公司通防部。并根据核算的通风能力合理安排采、掘工作面个数和产量，确保采掘工作面所需风量，严禁超通风能力生产。

（7）加强瓦斯超限统计分析和重点瓦斯工作面的排查工作。各矿必须在每月28日前，把当月瓦斯超限月报和下月重点瓦斯管理工作面名称上报公司安监部和通防部。

（8）各矿瓦斯超限记录统一按表3-9填写。

表3-9　瓦斯超限追查处理记录表

日　期	超限地点	超限时间及浓度	恢复时间及浓度	最大值	超限累计时间
超限原因					
处理过程及结果					
防止再次超限的技术措施					
参会人员			记录员		

【例3-2】瓦斯超限未立即撤人的教训

2014年10月5日18时46分,永贵能源开发有限责任公司黔西县新田煤矿发生一起重大煤与瓦斯突出事故,突出煤岩量约2500 t,突出瓦斯量约$22 \times 10^4 \text{ m}^3$,造成10人死亡,4人受伤,直接经济损失1935万元。发生事故的1404回风顺槽掘进面,从17时17分起,瓦斯浓度在1.02%~1.21%之间,瓦斯超限时间达7 min27 s,至18时4分,该工作面又连续3次瓦斯报警,瓦斯浓度在0.8%~1.0%之间(瓦斯报警浓度为0.8%),但煤矿未停止作业并撤人,18时46分,1404回风顺槽发生突出。

第六节　瓦斯排放管理

瓦斯排放是指独头巷道停风后恢复通风或封闭巷道启封时巷道内的瓦斯排出。有密闭墙的瓦斯排放必须由救护队执行,只有隔离栅栏独头巷道的瓦斯排放可由通风队执行。

一、对排放瓦斯的基本要求

1. 严禁无措施排放瓦斯

凡是停风的采掘工作面,都必须按瓦斯排放措施进行瓦斯排放,严禁无措施排放瓦斯。进行瓦斯排放前必须查明瓦斯积聚的原因(停风、火灾、异常涌出)。估算积聚的瓦斯量,可用测量法(埋管测平均浓度,再乘以巷道体积)、计算法(绝对涌出量乘以停风密闭的时间)。

2. 制定瓦斯排放措施注意事项

瓦斯排放措施包括:明确恢复通风的巷道或区域,瓦斯积聚原因的叙述,瓦斯量的估算,排放的方法、路线图和排放影响的停电区域,瓦斯检测的地点和方法,防止无关人员进入排放区域的站岗人员及地点,主要仪器设备调配,排放工作步骤及排放的组织、指挥和各方面的责任人。关键岗位和负责人必须明确到人。排放瓦斯工作中必须做到"三个坚持"(坚持停电,坚持撤人,坚持限量)。

3. 排放瓦斯措施的主要内容

(1)安排排放瓦斯的具体地点与时间。

(2)计算排放瓦斯量、供风量和预计排放所需时间。

(3)制定控制瓦斯的方法:坚持低浓度排放的原则,采用控制风量等方法使排放出的风流同全风压风流混合后的甲烷和二氧化碳浓度不得超过1.5%,严禁"一风吹"。并要在排放瓦斯与全风压风流混合处安设声光瓦斯报警断电仪。

(4)明确排放瓦斯的流经路线和方向、风流控制设施的位置、各种电气设备的位置、通信电话位置、瓦斯探头的监测位置,并在排放瓦斯通风系统图中注明。

(5)明确断电撤人范围。凡是受排放瓦斯影响的硐室、巷道和被排放瓦斯风流切断安全出口的采掘工作面,必须撤人停止作业,指定警戒人员的位置,禁止其他人员进入。

(6)明确停电负责人和所需停电的开关。排放瓦斯所流经的巷道内的电气设备必须指定专人在采区变电所和配电点两处同时切断电源,并设警示牌和设专人看管,严禁无关人员进入排瓦斯回风流所经巷道。局部通风机开启前必须检查瓦斯,只有在局部通风机及其开关附近10 m以内风流中的甲烷浓度都不超过0.5%时,方可人工开启局部通风机。

（7）指定专人检查瓦斯。瓦斯排放后，要指定专人检查瓦斯，只有排放瓦斯巷道的甲烷浓度不超过1%，方可人工恢复局部通风机供风巷道内电气设备的供电和采区回风系统内的供电。

（8）落实每个参加排放人员的责任，明确排放瓦斯的指挥人和设警戒负责人。警戒人员接不到通知，不许撤离警戒位置，谁安排的警戒人员，谁下令撤出。每次排瓦斯都要检查，确定工作面瓦斯没有超限才算排完。

（9）排放瓦斯措施的贯彻执行。经过矿总工程师批准的瓦斯排放措施，由通风副总工程师或通风队长向参加瓦斯排放的人员贯彻并签字，责任落实到人。安监部门必须派安检人员现场监督排放措施的执行情况，措施未落实到位严禁排放瓦斯。

通风科（队）建立好排放瓦斯记录，保管备查。

4. 瓦斯的分级排放

停风区中甲烷浓度超过1%但不超过3%时，必须采取安全措施，由瓦斯检查工控制风流排放瓦斯，必须有安监员、电工等有关人员在场，并采取控制风流措施。停风区中甲烷浓度超过3%时，必须制定安全排放措施，并报矿总工程师批准后，由通风部门（或救护队）负责实施，安监部门现场监督，矿山救护队在现场值班。

排放瓦斯后，经检查证实，整个独头巷道内风流中的甲烷浓度不超过1%、二氧化碳浓度不超过1.5%，且稳定30 min后甲烷浓度没有变化时，才可以恢复局部通风机的正常通风。

5. 排放的次序

排放瓦斯工作要由外向里依次进行，1个采区内严禁2个瓦斯超限地点同时排放瓦斯。排除串联通风区域的瓦斯时，必须严格遵守排放次序，首先从进风方向第1台局部通风机处开始排放，只有第1台局部通风机送风的巷道内排放瓦斯结束后，且串联风流的甲烷浓度降到0.5%以下时，下1台局部通风机方可送电排放其送风巷道的瓦斯。

二、瓦斯排放方法

排放瓦斯有局部通风机排放瓦斯和全风压排瓦斯两大类，其中局部通风机排放瓦斯又分掘进工作面临时停风排瓦斯和已封闭巷道或长期不通风巷道的瓦斯排放。全风压排瓦斯包括尾排处理采面上隅角瓦斯。除掘进面排瓦斯外都有一个启封密闭排瓦斯问题。

排放瓦斯前，凡是排出瓦斯流经的巷道和被排放瓦斯风流切断安全出口的采掘工作面、硐室等地点必须切断电源，撤出人员，并设专人进行警戒。

（一）局部通风机排放瓦斯

掘进工作面临时停风的瓦斯排放方法主要有以下3种：

1. 扎风筒法

在启动局部通风机前先把局部通风机前的风筒用绳子扎到一定程度，以增加通风阻力，减少供入盲巷中的风量，使排出的瓦斯量在规定的范围内；排放瓦斯时，随着排放出来的甲烷浓度逐渐降低，再一点一点放松绳子，最后全部解开，使局部通风机全部风量进入盲巷。但不能将风筒捆死，否则会烧坏风机。

2. 挡局部通风机法

在启动局部通风机前用木板或皮带把局部通风机进风口挡上一部分，再启动局部通风机，以减少通风机的进风量；排瓦斯时，根据需要逐渐拉开木板或皮带，直至将瓦斯全部排出，保持正常通风。

3. 断开风筒法

在启动局部通风机前，将风筒接头断开，利用改变风筒接头对合空隙的大小来调节送入盲巷的风量，以控制盲巷的排出瓦斯量。

根据甲烷浓度将风筒半对接，一人在断开风筒后方 5～10 m 处检查瓦斯，浓度不准超过 1.5%，超过了就把风筒移开一些，多些新风，浓度降下来就把风筒多对上点儿，如此反复直到瓦斯不超就全部接上风筒。

对这 3 种排放瓦斯方法进行比较，前两种方法的优点是简单易行、省事。它的原理都是减少向工作面供风，瓦斯整体向外推移，瓦斯到全风压处得到稀释。缺点：一是供风少，瓦斯向外移动慢，如果一条巷道几百米或上千米排瓦斯时间过长；二是高浓度瓦斯什么时间到全风压处不易掌握，要经常检查瓦斯，人就容易接触高浓度瓦斯；三是开始排放瓦斯时，供风过大又是"一风吹"。第三种方法的优点是用全部局部通风机的风量稀释瓦斯，排放时间短，甲烷浓度易控制，人不接触高浓度瓦斯，高浓度瓦斯仅存于高瓦斯区域。缺点是需要断开风筒，然后到外边启动局部通风机。

前两种方法缺点较多，如果全风压回风道是陡立的上山或立眼，检查瓦斯非常困难。第三种方法适应性强，一般掘进巷道，如无特殊瓦斯涌出点，外边巷道瓦斯释放时间长，瓦斯涌出量下降，瓦斯都先从工作面逐渐向外不断延长超限区域。用断风筒法能迅速排出瓦斯，减少瓦斯积聚的时间，迅速恢复正常通风。

严禁采用断断续续停风机的方法排瓦斯，因风筒吊挂用铁丝，开风机导风筒抖动力量很大，风筒吊环同铁丝很容易撞击摩擦产生火花，引爆瓦斯。

（二）破密闭排瓦斯

破密闭工具必须是铜锤铜钎，一般由救护队施工，在破密闭前先检查密闭前瓦斯，如有观测孔可先打开观测孔，检查瓦斯，如果不超限可直接破密闭。在没有观测孔不掌握密闭内瓦斯的情况下，破密闭前必须设局部通风机和风筒，启动局部通风机，对着密闭吹，用铜钎破开不超直径 10 cm 的小孔，观测瓦斯情况（在破孔时如果瓦斯压力较大，不准扩孔，必须等到压力消失不再喷瓦斯再扩孔），同时检查回风甲烷浓度，超过 1.5% 停止扩孔，只有甲烷浓度降到 1% 以下后继续破密闭。然后用上述方法排瓦斯。

为安全起见，破密闭人员，条件允许时可把矿灯摘下，别人在全风压处给照明（一般情况密闭距全风压处不超过 5 m），防止甲烷浓度达到爆炸界限时矿灯失爆引爆瓦斯。

（三）全风压排瓦斯

全风压排瓦斯是指利用主要通风机全风压排瓦斯，对已经形成风路的封闭巷道，如备用采面或为通风系统合理闲置的巷道，在恢复正常通风前需要排出巷道中的瓦斯。

全风压排瓦斯要坚持先破回风侧密闭，后破入风侧密闭的原则，破密闭方法同上。为了准确控制瓦斯流量，在破回风侧密闭时，可以破开面积大些，再用木板、皮带或砖等先堵上，等到入风侧密闭破开后，根据瓦斯情况，在回风侧逐渐打开砖或木板，以进入回风道甲烷浓度不超限为准，直到全部排完瓦斯。

有时还采用缓慢排放法。时间允许在不需要立即恢复通风的巷道，提前打开密闭观测孔，使瓦斯长时间缓慢释放，只要在回风侧通全风压处设好栅栏，设好专人警戒，防止人员接触高浓度瓦斯就可以了。有的密闭内瓦斯较大，经几天的释放，再破密闭时瓦斯已经降到安全浓度以下。在实际生产过程中这种方法经常使用。

第七节 盲巷管理

一、严禁出现盲巷

矿总工程师要严把生产布局和设计审查关，从设计、采掘安排和管理上，严禁出现盲巷；井下所有已开工的掘进巷道，必须按设计要求竣工，不准中途停掘，避免形成盲巷；对确有特殊情况需要停止掘进的巷道，各矿生产部门必须编制停工报告，由矿长和矿总工程师批准。

二、停工巷道的管理

临时停工的巷道，不得停风。停风的要立即断电撤人，在距离巷道口不超过 2 m 的地方设置栅栏，揭示警标，禁止人员入内。栅栏网孔规格不得大于 200 mm × 200 mm，并封闭全断面，要订的牢固可靠。停风时间超过 24 h 的掘进工作面，必须进行临时密闭。长期停风停工的掘进工作面，必须构筑永久密闭（密闭距离巷道口不超过 5 m），并在密闭前做到电缆、管路、轨道"三断开"。

三、盲巷密闭的管理

对盲巷的密闭及栅栏要定期检查（每旬至少一次），发现问题及时上报、处理。任何人不得擅自拆除或破坏密闭、栅栏。

四、建立密闭台账

无论永久性或临时性密闭都必须建立台账，其内容包括：巷道名称、断面大小、盲巷形成时间、封闭时间、当月瓦斯浓度。

盲巷必须用红色上到通风交换图上。

五、停工巷道的恢复

临时停工而未停风的巷道，在复工前由通风队组织专门人员进行瓦斯检查，证明符合有关规定后，报矿总工程师同意，然后才能恢复工作；启封盲巷的密闭及瓦斯的检测工作，矿通风部门要编制专门措施，报矿总工程师批准后方可执行。

第八节 瓦斯抽采管理

为进一步推进煤矿瓦斯先抽后采、综合治理，强化和规范煤矿瓦斯抽采，实现煤矿瓦斯抽采达标，国家发展改革委、国家安全监管总局、国家能源局、国家煤矿安监局组织制定了《煤矿瓦斯抽采达标暂行规定》，要求应当进行瓦斯抽采的煤层必须先抽采瓦斯，抽采效果达到标准要求后方可按排采掘作业，煤矿瓦斯抽采坚持"应抽尽抽、多措并举、抽掘采平衡"的原则，瓦斯抽采系统应当确保工程超前、能力充足、设施完备、计量准确；瓦斯抽采管理应当确保机构健全、制度完善、执行到位、监督有效。《煤矿瓦斯抽采达标暂行规定》是瓦斯抽采管理的依据。

一、建立瓦斯抽采系统

有下列情况之一的矿井必须建立瓦斯抽采系统进行瓦斯抽采，并实现抽采达标：

（1）开采有煤与瓦斯突出危险煤层的矿井。

（2）任一个采煤工作面绝对瓦斯涌出量大于 $5~\mathrm{m^3/min}$ 或者任一个掘进工作面绝对瓦斯涌出量大于 $3~\mathrm{m^3/min}$，用通风方法解决瓦斯问题不合理的矿井。

（3）矿井绝对瓦斯涌出量大于或等于 $40~\mathrm{m^3/min}$ 的矿井。

（4）年产量为 $1.0\sim1.5~\mathrm{Mt}$，其绝对瓦斯涌出量大于 $30~\mathrm{m^3/min}$ 的矿井。

（5）年产量为 $0.6\sim1.0~\mathrm{Mt}$，其绝对瓦斯涌出量大于 $25~\mathrm{m^3/min}$ 的矿井。

（6）年产量为 $0.4\sim0.6~\mathrm{Mt}$，其绝对瓦斯涌出量大于 $20~\mathrm{m^3/min}$ 的矿井。

（7）年产量等于或小于 $0.4~\mathrm{Mt}$，其绝对瓦斯涌出量大于 $15~\mathrm{m^3/min}$ 的矿井。

煤与瓦斯突出矿井和高瓦斯矿井必须建立地面固定抽采瓦斯系统，其他应当抽采瓦斯的矿井可以建立井下临时抽采瓦斯系统；同时具有煤层瓦斯预抽和采空区瓦斯抽采方式的矿井，根据需要分别建立高、低负压抽采瓦斯系统。

二、瓦斯泵站的装机能力和管网能力

泵站的装机能力和管网能力应当满足瓦斯抽采达标的要求。备用泵能力不得小于运行泵中最大一台单泵的能力；运行泵的装机能力不得小于瓦斯抽采达标时应抽采瓦斯量对应工况流量的 2 倍，即

$$2\times\frac{100\times 抽采达标时抽采量\times 标准大气压力}{抽采瓦斯浓度\times（当地大气压力 - 泵运行负压）}$$

预抽瓦斯钻孔的孔口负压不得低于 $13~\mathrm{kPa}$，卸压瓦斯抽采钻孔的孔口负压不得低于 $5~\mathrm{kPa}$。

三、配备瓦斯抽采监控系统

瓦斯抽采矿井应当配备瓦斯抽采监控系统，实时监控管网甲烷浓度、压力或压差、流量、温度参数及设备的开停状态等。

抽采瓦斯计量仪器应当符合相关计量标准要求；计量测点布置应当满足瓦斯抽采达标评价的需要，在泵站、主管、干管、支管及需要单独评价的区域分支、钻场等布置测点。

四、放水器和观测孔的安装

瓦斯抽采管网中应当安装足够数量的放水器，确保及时排除管路中的积水，必要时应设置除渣装置，防止煤泥堵塞管路断面。每个抽采钻孔的接抽管上应留设钻孔抽采负压和甲烷浓度（必要时还应观测一氧化碳浓度）的观测孔。

煤矿应当加强瓦斯抽采现场管理，确保瓦斯抽采系统的正常运转和瓦斯抽采钻孔的效用，钻孔抽采效果不好或者有发火迹象的，应当及时处理。

五、抽采方法的选择

煤矿企业应当根据矿井井上（下）条件、煤层赋存、地质构造、开拓开采部署、瓦斯来源和涌出特点等情况选择先进、适用的瓦斯抽采方法和工艺，设计瓦斯抽采达标的工艺方案，实现瓦斯抽采达标。

煤与瓦斯突出矿井应该根据《防治煤与瓦斯突出规定》推荐的预抽瓦斯技术方案，结合本矿实际，选用多种抽采方式组合，并结合采空区密闭抽采、插管抽采和裂隙带抽采等综合抽采措施，实现抽采效果达标，"不采突出面，不掘突出头"。所有采掘工作面必须满足下列瓦斯抽采指标：

（1）突出煤层采掘作业前必须将采掘区域煤层的残余瓦斯含量降到 8 m^3/t 以下或将煤层残余瓦斯压力降到 0.74 MPa 以下。

（2）瓦斯抽采指标计算方法应符合《煤矿瓦斯抽采基本指标》（AQ 1026—2006）的要求。

（3）石门揭煤应达到的指标。经采取区域治理措施后，瓦斯压力小于 0.74 MPa 以下，或煤层残存瓦斯含量低于 8 m^3/t，再利用钻屑瓦斯解析指标法效果检验，指标降到临界值以下，方可采用远距离爆破揭煤。

（4）有突出危险的回采工作面、掘进工作面（包括石门揭煤），在进行区域治理后，开采（掘进）前必须对工作面突出危险性进行评价。

六、抽采瓦斯方案设计

预抽煤层瓦斯的方案应当在测定煤层瓦斯压力、瓦斯含量等参数的基础上进行，抽采钻孔控制范围应当满足《煤矿瓦斯抽采基本指标》和《防治煤与瓦斯突出规定》的要求。

卸压瓦斯抽采的工艺方案应当根据邻近煤层瓦斯含量、层间距离与岩性、工作面瓦斯涌出来源分析等进行，采用多种方式实施综合抽采。

抽采设计内容应当包括：

（1）工作面概况。包括工作面（或抽采地点）煤层赋存条件、抽采区域划定、抽采区域煤炭储量、生产能力、巷道布置、采煤方法及通风状况等内容。

（2）瓦斯基础数据。包括邻近区域瓦斯涌出量、抽采区域瓦斯压力、瓦斯含量、瓦斯储量及可抽量、煤层透气性系数、抽采影响半径、钻孔瓦斯流量及其衰减系数等内容。

（3）抽采方法。钻孔布置数量、位置、角度、长度及到达层位，封孔方法、封孔材料及配比，封孔管路连接，放水排渣装置的安装等内容。

（4）抽采设备。包括钻机选择、抽采管路直径、管材及连接、流量监测装置等内容。

（5）钻孔施工的安全措施，主要是防止着火、防止突出、防止喷孔引起瓦斯超限，防止钻杆伤人。

（6）抽采期和效果预计。包括每台钻机日进尺定量标准，抽采钻孔总量，抽采时间、抽采量、抽采率等内容。

七、抽采系统的检查

井上下敷设的瓦斯管路，不得与带电物体接触并应当有防止砸坏管路的措施。每 10

天至少检查 1 次抽采管路系统，并有记录。抽采管路无破损、无漏气、无积水；抽采管路离地面高度不小于 0.3 m（采空区留管除外）。

抽采钻场及钻孔设置管理牌板，数据填写及时、准确，有记录和台账。

八、抽采计量系统

瓦斯抽采系统的在线监测装置必须齐全有效，定期鉴定、调校，并有记录；人工计量装置必须完善可靠正常使用。对瓦斯抽采系统的瓦斯浓度、压力、流量等参数实时监测，定期人工检测比对，泵站每 2 h 至少 1 次，主干、支管及抽采钻场每周至少 1 次。

九、抽采工作的平衡

各矿总工程师应组织有关技术人员检查、平衡抽采瓦斯工作，负责组织编制、审批、实施、检查抽采瓦斯工作长远规划，年度、季、月瓦斯抽采工程和抽采量计划，保证抽采瓦斯工作的正常衔接。高瓦斯、突出矿井计划开采的煤量不超出瓦斯抽采的达标煤量，生产准备及回采煤量和抽采达标煤量保持平衡。

高瓦斯及突出矿井的采区设计必须有专门的瓦斯抽采设计，明确抽采量，抽采量达不到要求的采掘工作面不得投产。

十、严格工程质量验收标准

瓦斯抽采工程必须严格按设计施工，管路必须按规定安装，做到平、稳、直、密。抽采工程竣工后由矿技术负责人组织有关部门按质量标准进行全面验收，对钻孔平面位置、剖面位置、方位、深度全面验收，并做好记录。未经验收或验收不合格的不准投入使用。

十一、钻孔施工的技术要求

（1）所有进行抽采的地点必须有抽采工程设计和专项措施，钻孔必须按设计要求的方向、角度、孔径、深度等施工。

（2）采用风力排粉工艺的地点，供水管路必须安装到位，为钻机供水的水辨与高压供水软管连接备用，并配备不少于 3 台的灭火器和一定数量的备用黄土（防止打钻失火）。

（3）打钻过程中，发现卡钻、打不进等异常情况时，应立即停止打钻查明原因，制定专项措施后，才能继续施工。

（4）采用风力排粉时必须使用打钻除尘雾化装置，降低温度，消除煤尘。

（5）钻孔施工过程中发现瓦斯超限、突出预兆时应立即停机，撤出人员，查明原因，进行处理。

十二、钻孔施工记录和竣工图

所有抽采钻孔必须有打钻记录，表述清楚施工过程中的动力现象和见煤（岩）深度，并根据钻孔施工记录绘制钻孔竣工图。

十三、瓦斯抽采计量要求

1. 参数测定应符合下列规定

（1）采用监控计量装置的泵站必须连续监测浓度、流量、压力、温度等参数，并能随时查看、打印报表。

（2）井下采掘工作面干支管路、抽采钻场及单孔每周至少测定一次抽采浓度、负压、压差、流量、温度等参数。

每个钻孔孔口必须吊挂牌板，单孔牌板填写内容包括孔号、孔长、抽采浓度、成孔时间、始抽时间、抽采负压、测定日期、测定人等。

（3）抽采孔施工完毕后，应及时封孔连抽，并及时进行参数测定。

2. 抽采计量规定

（1）瓦斯抽采量的计算器具必须采用国家标准的计量器具，并按规定进行调校。

（2）安装抽采计量监控装置的泵站，以计算机自动显示的数据为计量依据。

（3）井下安装计量装置的规定。回采工作面上、下顺槽抽采管路上应安装在线计量装置，并串联标准孔板以校正。掘进工作面可安装在线计量装置或标准孔板，但所掘巷道开口处抽采管上应安装在线计量装置并串联标准孔板校正，以统计巷道瓦斯抽采总量。

十四、预抽时间和抽采率的规定

采煤工作面瓦斯预抽时间应达到 6 个月以上，确因接替紧张的工作面必须采取缩小钻孔间距、增加钻孔密度、加大钻孔直径等有效措施，以缩短抽采达标期。

瓦斯突出矿井首先要实现预抽瓦斯防突效果达标，使瓦斯压力低于 0.74 MPa 或瓦斯含量低于 $8 \, m^3/t$。必须同时实现工作面抽采达标和矿井抽采达，并且采掘工作面同时满足风速不超过 4 m/s、回风流中甲烷浓度低于 1% 时，可判断采掘工作面瓦斯抽采达标。

十五、钻孔封孔质量检查标准

预抽瓦斯钻孔抽采过程中孔口甲烷浓度不应小于 40%；邻近层瓦斯抽采钻孔抽采过程中孔口甲烷浓度不应小于 30%；钻孔孔口负压不得小于 13 kPa。预抽瓦斯钻孔封堵必须严密，穿层钻孔的封孔长度不得小于 5 m，顺层钻孔的封孔段长度不得小于 8 m。当钻孔封孔质量达不到上述标准时，应加大封孔长度。

十六、管理制度

（1）进行瓦斯抽采的公司和矿井必须制定本公司或矿井的瓦斯抽采年度计划和月份瓦斯抽采计划，并制定考核办法，保证瓦斯抽采、利用各项指标按计划完成。

（2）瓦斯抽采矿井必须按时向公司上报瓦斯抽采、利用月报；公司每季度对各矿井的瓦斯抽采、利用进行一次考核。

（3）进行瓦斯抽采的矿井必须建立防突队（或抽采队），人员配备必须满足抽采瓦斯需要，负责泵站、打钻、管路安装等工程的施工和瓦斯参数的测定等。

（4）抽采矿井必须建立健全各种管理制度，如抽采各工种岗位责任制、钻孔验收制度、抽采工程质量验收制度、回采工作面抽采孔甩孔制度、打钻封孔监督机制等。

（5）实行瓦斯治理工程备案制和责任追究制。对于瓦斯抽采工程中的钻孔与封孔、管路连接、设备安装，都要有记录，详细记录施工日期、施工情况、施工人员及验收人员，以便发生问题时查找相应人员。

严格抽采计量考核，瓦斯抽采系统浓度低于10%的抽采量不计入矿井抽采完成指标，严肃处理假钻孔、假抽采、假计量。

（6）各公司要制定瓦斯抽采工程的施工及验收标准，所有的抽采工程施工必须制定作业规程或相应的安全技术措施。

十七、抽采系统巡检

投入运转的抽采系统必须实行系统巡检制度。由抽采专业队伍配备一定人员，定期巡查、维护抽采设备和管路系统，保证系统负压和抽采甲烷浓度，并定期测定系统参数（泵站大气压力、系统抽采负压、抽采流量、抽采甲烷浓度、抽采瓦斯温度）。各个工作面或采空区的抽采支管必须配备抽采计量装置，定期测定瓦斯抽采参数，计算瓦斯抽采率和抽采瓦斯量。

十八、抽采钻场管理

钻场应有钻孔统计牌板，内容包括每个钻孔的编号、长度，钻场内钻孔总长度，混合流量、瓦斯浓度、纯流量，百米钻孔流量。

每个钻场必须安装计量装置，测定钻场瓦斯流量、浓度、温度、负压，并及时调整抽采负压，及时处理钻孔封闭及管路连接中的问题，保证抽采效果。

在瓦斯管路的低洼处要安装放水装置，并定期放水，防止管道堵塞。

十九、瓦斯的利用

矿井应加强瓦斯利用工作，变害为利，变废为宝。通过"以用促抽，以抽保安全"，提高经济效益，促进煤矿实现"安全发展、清洁发展、可持续发展"。

凡设计生产能力在0.3 Mt/a及以上规模的高瓦斯、煤与瓦斯突出矿井，其瓦斯综合利用要与安全设施同时设计、同时施工、同时验收。竣工验收时，必须实现瓦斯综合利用。

瓦斯综合利用包括：瓦斯发电、瓦斯民用和液化技术。

矿井瓦斯综合利用设计必须由具有相关资质的专业机构进行。

二十、瓦斯治理考核办法

（1）永贵公司每年下达瓦斯抽采利用量计划，各矿将永贵公司分配的年度计划分解到每月，永贵公司每季度考核，根据考核结果进行奖罚。

（2）积极开展瓦斯区域治理，做到"不掘突出头、不采突出面"，严格按照《防治煤与瓦斯突出规定》第五十一条～第五十六条规定进行区域措施效果检验和验证，凡是效果检验不符合要求的，视为措施无效，不得进行采掘作业。

（3）工作面进行采掘活动前必须进行抽采效果评价，评价报告和测定报告（瓦斯含量或瓦斯压力）报公司备案。抽采指标达不到要求的一律不准投产或施工，私自组织生产的对矿长、生产矿长各罚款10000元，对总工、安全矿长各罚款8000元，并进行行政处分。

（4）各种计量装置安装不到位，传感器校检不及时的不予考核。

（5）严格瓦斯抽采量考核，低负压瓦斯抽采系统浓度低于10%、高负压抽放系统浓度低于20%的抽采量不予考核。

（6）对有假钻孔、假抽采、假计量的，经查出后取消考核，并对总工或矿长进行2000～5000元处罚。

二十一、瓦斯抽采利用奖罚标准

为达到鼓励先进，推动瓦斯抽采、利用的目的，公司对完成瓦斯抽采任务的矿井进行奖励。

（1）对完成季度抽采量计划的矿井，每抽出 1 m^3 瓦斯奖励0.05元，超出计划部分每 1 m^3 奖励0.1元，奖励计算公式：

$$奖金额 = 计划抽采量(\text{m}^3) \times 0.05(元) + 超过计划量(\text{m}^3) \times 0.1(元)$$

（2）对完成瓦斯利用量的矿井，每利用 1 m^3 瓦斯奖励0.05元，超出计划部分每 1 m^3 奖励0.1元，奖励计算公式：

$$奖金额 = 计划利用量(\text{m}^3) \times 0.05(元) + 超过计划量(\text{m}^3) \times 0.1(元)$$

（3）对没完成季度抽采量计划的矿井每欠 1 m^3 罚0.1元，罚款计算公式：

$$罚款额 = (计划抽采量 - 实际抽采量)(\text{m}^3) \times 0.1(元)$$

（4）对没完成季度利用量计划的矿井每少利用 1 m^3 罚0.1元，罚款计算公式：

$$罚款额 = (计划抽采量 - 实际抽采量)(\text{m}^3) \times 0.1(元)$$

（5）瓦斯抽采利用奖金的分配：对瓦斯抽采利用有贡献的人，其中奖金总额的40%用于中层以上瓦斯抽放相关人员奖励，60%用于基层瓦斯抽放相关人员奖励，对班子成员奖金总额由永贵公司领导审批后下发。

第九节　防治煤与瓦斯突出管理

煤矿企业必须建立健全防治煤与瓦斯突出的领导责任制、职能部门责任制和岗位人员责任制，定期检查责任制的落实情况，保证"四位一体"的防突措施落到实处。

一、建立专门机构

突出矿井必须在通风部门内设置防突专门机构，配足防突管理人员，明确防突技术负责人，并配备瓦斯地质技术人员，由总工程师直接领导。

防突机构的任务是：对职工进行防突知识培训；掌握突出动态及规律，填写突出卡片、积累资料、总结经验教训，制定并落实"四位一体"的综合防突措施；负责对防突设备、仪器、仪表的管理、维修；对突出进行预测、预报；进行防突钻孔及预测孔的验收。

二、防突计划的编制

有突出煤层的矿井在编制年度、季度、月度生产计划的同时，必须编制年度、季度、月度的防治煤与瓦斯突出措施计划。内容包括：

（1）开采保护层计划；

（2）抽采煤层瓦斯计划；

（3）石门揭穿突出煤层计划，包括揭煤时间、地点和防治突出措施、所需材料、设备、仪器、仪表、资金、劳动力等；

（4）采掘工作面局部防治突出措施计划。

总工程师（技术负责人）依据《煤矿安全规程》、相关法规所制定的技术方案或措施，除企业负责人外其他人员严禁修改。企业负责人的修改意见应以书面资料备存。

三、防治煤与瓦斯突出的目标和措施的编制

防治突出的目标，一是避免突出的发生，二是避免突出造成人员伤亡。

防突措施的编制、审批、贯彻、执行、监督检查，必须遵守下列规定：

（1）编制防治突出措施时必须征求有关施工区（队）干部、工人的意见。防突措施编制后由矿总工程师负责组织生产、地测、机电、调度、通风、供应、安监等部门会审，总工程师批准。但区域防突措施、石门揭煤措施必须报上一级总工程师批准。

（2）防治煤与瓦斯突出措施的内容，必须有地质资料，突出危险性预测方法，预测所用仪器、仪表，防治突出的具体措施及其效果检验方法、安全防护措施，以及贯彻执行防治突出措施的责任制，并附有图表。

（3）防治煤与瓦斯突出措施的贯彻。执行防治煤与瓦斯突出措施的施工区（队），在施工前负责向本区（队）干部、工人贯彻已批准的防治突出措施，参加学习的人员必须签字，并经考试合格后方可上岗作业。

（4）采掘工作中，必须严格执行防治突出措施的规定，并有准确的记录。如果由于地质条件或其他原因不能执行所规定的防突措施时，施工区（队）必须立即停止作业并报矿调度室，由矿总工程师组织有关部门到现场调查，然后由原措施编制单位提出修改或补充措施，经矿总工程师批准后方可继续施工。其他部门或个人不得改变已批准的防治突出措施。

（5）防治煤与瓦斯突出措施的监督、检查。上级公司总经理、总工程师每季度至少检查一次，矿长和矿总工程师要经常检查防治突出措施的实施情况，并协调解决存在的问题。

（6）矿防治突出专门机构要经常检查防治突出措施的实施情况，并将检查结果向矿长和矿总工程师汇报，发现问题立即解决。

（7）公司（矿）在进行安全大检查时，必须检查防治突出措施的编制、审批和贯彻执行情况，发现问题及时解决。

（8）有突出危险的采掘工作面严禁使用风镐落煤。

四、突出矿井的巷道布置

（1）主要巷道应布置在岩层或非突出煤层中，应尽可能减少突出煤层中的掘进工作量。开采保护层的采区，应充分利用保护层的保护范围。

（2）应尽可能减少石门揭穿突出煤层的次数，揭穿突出煤层的地点应避开地质构造带。如果条件许可，应尽量将石门布置在被保护区，或先掘出揭煤地点的煤层巷道，然后

再与石门贯通。石门与突出煤层中已掘巷道贯通时，被贯通巷道应超过石门贯通位置 5 m 以上，并保持正常通风。

（3）在同一煤层中的同一区段的集中应力影响范围内，不得布置 2 个工作面相向回采或掘进。突出煤层的掘进工作面，应避开本煤层或邻近煤层采煤工作面的应力集中范围。

（4）在突出煤层中，严禁任何两个采掘工作面之间串联通风。

（5）严禁将石门、开切眼或巷道贯通点布置在地质构造带或应力集中地点。

（6）突出煤层的进、回风巷道之间不得布置联络巷，如因接续或施工的原因必须布置时，待全风压通风系统形成后要及时封闭或设两道连锁的正向风门和反向风门，以防止风流短路和漏风。

五、瓦斯地质图的编制

突出矿井必须编制矿井瓦斯地质图，图中应标明采掘进度、被保护范围、煤层赋存条件、地质构造、突出点的位置、突出强度、瓦斯基本参数（煤层瓦斯压力、煤层透气系数、瓦斯含量）等地质资料，并根据实际揭露资料每月修改、填绘。

六、监察部门的责任

公司、矿安全监察机构对防治煤与瓦斯突出的各项规定的执行情况行使监察权，负责监督执行防突管理的各项规定；参加防治突出专门设计及其措施的审查；监督防治突出设计和措施实施；监督防治突出措施费用的使用；制止违章指挥、违章作业，并行使违章罚款或提出其他处理意见；对突出隐患，要求在限期内予以解决；对威胁安全生产可能造成突出事故的作业场所，令其停止作业，撤出人员。

七、突出后的记录

矿井发生突出后，矿防治突出专门机构必须指定专人进行现场调查，做好详细记录，收集资料，并填写突出记录卡片。记录卡片数据应准确，附图应清晰，并注明主要尺寸。

八、加强机电设备管理

设备下井前机电部门必须对设备进行防爆检查。井下机电设备要经常进行防爆检查，杜绝失爆。

九、施工钻孔时的防突管理

钻孔施工过程中，钻机附近要安装瓦斯自动监测报警断电装置，控制回风流甲烷浓度在 1% 以下；出现喷孔、喷瓦斯、夹钻、顶钻等异常情况，必须停电撤人，并制定安全措施，待恢复正常后，方可继续作业。

首次进入突出煤层中施工防突钻孔，应坚持"先浅孔后深孔，先小孔后大孔"的原则。先施工深度不超过 6 m 的直径 42 mm 的排放孔，浅孔排放瓦斯，形成 5 m 安全屏障后方可进行正常的防突措施施工。如在施工防突钻孔过程中出现喷孔、指标超限，必须立即停钻、撤人，待瓦斯释放到指标不超限后方可继续施工。

在突出煤层中，施工防突钻孔的作业人数不得超过 3 人。

十、掘进爆破时的防突管理

掘进工作面严格执行一次装药一次爆破制度，禁止一次装药分次起爆。爆破时必须做到"一炮三检"。炮眼不掏尽煤粉，不清理浮煤不准装药；不用水炮泥，水管无水不装药；支护质量不好，不准装药。

突出煤层的掘进工作面或按突出煤层管理的掘进工作面严格执行爆破停电制度。爆破前要切断回风流所经过地方的一切电源。独巷掘进时的工作面，爆破前要切断巷内全部电源，人员撤至防突反向风门以外的进风流中，并安排专人在反向风门外警戒。可能受突出影响的采掘工作面也要停电撤人。突出时，回风流所经过的地方不得有任何人。

爆破后，有关人员进入检查时，防突反向风门必须打开，并固定牢固。

十一、安全防护措施

突出煤层的任何区域的任何工作面进行揭煤和采掘作业前，必须采取安全防护措施，入井人员必须随身携带隔离式自救器。

十二、防逆流装置

通过反向风门墙垛的风筒、水沟、刮板输送机道等，必须设有逆向隔断装置。

十三、防突风门的管理

人员进入工作面时必须把反向风门打开、顶牢。工作面爆破和无人时，反向风门必须关闭。防突反向风门应在揭煤前一个月建好，并通过质量验收。

十四、先探后掘的要求

在突出煤层外掘进巷道（包括钻场），当距离突出煤层的最小距离小于 10 m 时（在地质构造破坏带小于 20 m 时），必须边探边掘，确保最小法向距离不小于 5 m。

每个掘进工作面至少配备一台钻机，巷道每掘进 50 m 至少打一次钻。必须坚持"逢掘必钻，先钻后掘"，前方地质构造和煤层赋存状况不清不掘进，瓦斯情况不清不掘进，水文情况不清不掘进。

十五、突出煤层煤巷掘进的规定

对于无保护层可采的严重突出煤层的煤巷掘进工作面，在掘进前必须用底板（或顶板）穿层钻孔或顺层钻孔预抽区段煤层瓦斯，或顺层钻孔预抽煤巷条带瓦斯。执行"多钻孔、严封闭、综合抽"的瓦斯抽采方针，坚持先抽采后掘进，只有当各项防突指标降到突出临界值以下时，方可继续掘进。

十六、石门揭煤时的防突规定

不管煤层厚度多少，也不管是否有突出危险，揭煤前都必须预测突出危险指标。当采用松动爆破防突技术措施时，只准松动煤体，不准抛碴爆破。当发现瓦斯、煤层赋存条件及地质构造等情况发生变化时，应立即停止该措施的使用。

石门揭煤时必须分成4个阶段：

第一阶段为打前探钻孔。自石门距煤层最小法向距离 10 m 前打钻孔探明煤层位置、产状。前探钻孔和测压（预测）孔的设计由矿总工程师审批，钻孔施工完后由地质人员验孔，并根据验孔记录绘制实测地质剖面图，作为防突措施编写的依据。

第二阶段编制石门揭煤专项防突措施并报批。在距离煤层的最小法向距离 7 m 之前实施预抽煤层瓦斯区域防突措施，并进行效果检验，直到有效。

第三阶段为突出危险性预测。在揭煤工作面距煤层最小法向距离 5 m 前用工作面预测的方法进行区域验证，如果有突出危险，则补充区域防突措施，直到措施有效时，如果有突出危险则采用边探边掘，直到远距离爆破揭穿煤层前的工作面位置。

第四阶段为揭煤阶段。用工作面预测的方法进行最后验证无突出危险时，在采取安全防护措施的条件下采用远距离爆破揭穿煤层直到进入煤层顶板或底板 2 m 以上。

防治煤与瓦斯突出的预测方法不能少于两种，只要有 1 种方法所测指标超限就认为该工作面具有突出危险，就必须采取防突措施。

石门揭煤前要对突出强度进行预计，并根据预计的突出强度决定爆破和撤人的地点和位置，但最小爆破距离不小于 300 m。基建矿井在全负压通风系统未形成之前，每次爆破前，凡受回风流影响的巷道，必须全部停电，所有人员都必须撤到地面距离进口 50 m 的范围外。

十七、突出矿井通风系统的规定

（1）井巷揭穿突出煤层前，必须具有独立的、可靠的通风系统。

（2）突出矿井、有突出煤层的采区、突出煤层工作面都有独立的回风系统。采区回风巷是专用回风巷。

（3）在突出煤层中，严禁任何 2 个采掘工作面之间串联通风。

（4）采区回风巷及总回风巷安设高低浓度甲烷传感器。

（5）采掘工作面回风侧严禁设置调节风量的设施。易自燃煤层的采掘工作面确需设置调节设施的，须经煤矿企业技术负责人批准。

第十节　井下爆破管理

加强对爆炸材料的日常管理是保证矿井安全生产和社会安全的一项重要措施。井下爆破管理是矿井"一通三防"管理的重要内容，爆破管理不好除了导致爆破事故发生外，还可能因此引发瓦斯爆炸，造成矿井重大灾害事故，因此，国家煤矿安全监察局把井下爆破管理纳入《煤矿安全生产标准化基本要求及评分方法（试行）》通风部分中，由通风管理部门来管理。矿井必须建立健全以下几项管理制度。

一、建立爆破管理制度

煤矿企业必须建立爆炸材料领退制度、电雷管编号制度、爆炸材料丢失处理办法、爆炸材料销毁制度。

煤矿企业必须建立爆破器材安全管理制度和安全技术操作规程及爆破器材安全岗位责任制。通风区（队）应建立严格的爆破管理制度。指定一名领导干部负责爆破器材的现场管理。

凡购买、储存、运输、使用爆破器材的人员，必须熟悉产品性能和操作规程，经技术培训和安全教育、考核合格后持证上岗。爆破工必须严格遵守以下规定和要求：

1. 爆炸材料领退制度

根据本班爆破工作量和消耗定额提出爆炸材料的品种、规格和数量，填写三联单，经班组长审批盖章后到爆炸材料库领取爆炸材料。领取爆炸材料后，必须当时检查品种、规格、数量是否符合，从外观上检查质量和电雷管的编号是否相符。

每次爆破后，爆破工应将使用爆破材料的品种、数量、爆破工作情况和爆破事故处理情况，填报爆破记录。

爆破工作完成后，爆破工必须将剩余的炸药、雷管全部退回炸药库，严禁乱扔乱放。

爆炸材料的使用数量要经跟班管理人员签字，缴回数量由发放人员签章。爆破材料三联单由爆破工、班组长及发放人员各保留一份备查。

2. 电雷管编号制度

雷管编号就是由爆炸材料库负责在管壳上刻上爆破工的联号，专人专号，发放时登记造册保存备查，以便查找丢失雷管的责任人，也有利于增强其责任心。

3. 爆炸材料丢失管理办法

爆破工领取的爆炸材料，不得遗失，不得乱扔乱放；不得转交他人，不得私自销毁、扔弃和挪作他用。发现爆炸材料丢失、被盗，爆破工应立即报告班组长或向主管部门及公安机关报告。

电雷管在发给爆破工前，井下爆炸材料库必须用电雷管检测仪逐个做全电阻检查，并将脚线扭结成短路。严禁发放电阻不合格的电雷管。

电雷管在出厂包装前已经作了导通检查，由于雷管经过多次搬运装卸，受多次颠簸，有可能使电雷管点火元件的桥丝脱焊，或把脚线折断了；或是电雷管超过有效期，或是雷管受潮。这些都有可能引起拒爆。

二、爆炸材料的运输

爆破工负责从炸药库领取炸药、雷管，并办理三联单手续。

电雷管必须由爆破工亲自运送，炸药应由爆破工或在爆破工监护下运送。爆炸物品必须装在耐压和抗冲撞、防震、防静电的非金属容器内，不得将电雷管和炸药混装。严禁将爆炸物品装在衣袋内。领到爆炸物品后，应当直接送到工作地点，严禁中途逗留。

三、井下爆破管理

为加强煤矿井下爆破作业安全管理，必须坚持以下管理制度。

1. "一炮三检"和"三人连锁爆破"制度

爆破人员必须熟悉爆炸材料性能和爆破规定。

爆破工作必须由专职爆破工担任。在煤与瓦斯突出煤层中，专职爆破工必须固定在同一工作面工作。爆破工必须经过专门培训并持有"爆破作业证"。

爆破工作必须执行"一炮三检"和"三人连锁爆破"制度，并在起爆前检查起爆地点的甲烷浓度，必须将每次瓦斯检查结果填写在"一炮三检"记录手册上。"一炮三检"就是在装药前、爆破前和爆破后，由瓦斯检查员检查瓦斯。爆破地点附近20 m以内的风流中甲烷浓度达到1%时，不准装药、爆破。爆破后甲烷浓度达到1%时，必须立即处理，没有处理前不准继续爆破，也不准进行电钻打眼工作。

严格执行"三人连锁爆破"制度。具体内容：爆破前，爆破员将警戒牌交给班组长，由班组长派人警戒，并检查顶板与支架情况，将自己携带的爆破命令牌交给瓦斯检查员，瓦斯检查员经检查瓦斯煤尘合格后，将自己携带的爆破牌交给爆破员，爆破员发出爆破口哨进行爆破，爆破后三牌各归原主。

2. 爆破说明书的编写内容及要求

炮眼布置图：必须标明采煤工作面的高度和打眼范围或掘进工作面的巷道断面尺寸，炮眼的位置、个数、深度、角度及炮眼编号，并用正面图、平面图和剖面图表示。

炮眼说明表：必须说明炮眼的名称、深度、角度，以及使用炸药、雷管的品种、装药量、封泥长度、连线方法和起爆顺序。

爆破作业说明书必须编入采掘作业规程，并根据不同的地质条件和技术条件及时修改补充。

3. 采掘工作面起爆方式和爆破方式的规定

《煤矿安全规程》第三百五十一条规定：在有瓦斯或煤尘爆炸危险的采掘工作面，应采用毫秒爆破。在掘进工作面应全断面一次起爆，不能全断面一次起爆的，必须采取安全措施；在采煤工作面，可分组装药，但一组装药必须一次起爆。

严禁在1个采煤工作面使用2台发爆器同时进行爆破。

4. 爆炸材料存放的规定

井下爆炸物品库的炸药和电雷管必须分开贮存。井下爆炸物品库的最大贮存量不得超过矿井3天的炸药需要量和10天的雷管需要量。井下爆炸物品库必须实行专人管理，严格出入登记，工作人员要严格执行交接班制度，当班的发放、结存数量要交接清楚，并做到班清、日结，账、卡、物、票"四对口"，发现问题及时处理或汇报。

采掘工作面所用的炸药、雷管必须分开存放在专用的爆炸材料箱内并加锁；严禁乱扔、乱放，也不准将雷管藏在身上。爆炸材料箱必须放在顶板完好，支架完整，避开机械、电气设备的地点。爆破时必须把爆炸材料箱放到警戒线以外的安全地点。

5. 使用发爆器的规定

井下爆破必须使用发爆器。发爆器的把手、钥匙必须由爆破工随身携带，严禁转借他人。不到爆破通电时，不得将把手或钥匙插入发爆器内。爆破后，必须立即将把手或钥匙拔出，摘掉母线并扭结成短路。爆破母线必须采用铜芯绝缘双线，严禁使用裸线与铝芯线，且不允许有破口或明接头。

6. 对起爆工作的有关规定

爆破前，脚线的连接工作可由经过专门训练的班组长协助爆破工进行。爆破母线连接脚线、检查线路和通电工作，只准爆破工一人操作。

爆破前班组长必须清点人数，确认无误后，方准下达起爆命令。

爆破工接到起爆命令后，必须先发出爆破警号（吹哨），至少再等 5 s，方可起爆，使在爆破地点附近、避炮安全距离以内的人员，听到警号后能尽快脱离。

装药的炮眼应当班爆破完毕。特殊情况下，当班留有尚未爆破的炮眼时，当班爆破工必须在现场向下一班爆破工交接清楚。

7. 对爆破地点巡视检查的规定

爆破后，待炮烟被吹散，爆破工、瓦斯检查工和班组长必须首先巡视爆破地点，检查通风、瓦斯、煤尘、顶板、支架、拒爆、残爆等情况。如有危险情况，必须立即处理。

8. 关于装药的规定

装药前和爆破前有下列情况之一的，严禁装药、爆破：

（1）采掘工作面的控顶距离不符合作业规程的规定，或者支架有损坏，或者伞檐超过规定。

（2）爆破地点附近 20 m 以内风流中瓦斯浓度达到 1%。

（3）在爆破地点 20 m 以内，矿车，未清除的煤、矸或者其他物体堵塞巷道断面 1/3 以上。

（4）炮眼内发现异状、温度骤高骤低、有显著瓦斯涌出、煤岩松散、透老空等情况。

（5）采掘工作面风量不足。

9. 对爆破员和起爆地点的规定

爆破员必须最后离开爆破地点，并必须在安全地点起爆。起爆地点到爆破地点的距离必须在作业规程中规定。

爆破必须严格执行"三保险"（人、牌、哨），爆破前，班组长必须亲自布置专人在警戒线和可能进入爆破地点的所有通路上担任警戒工作。警戒人员必须在安全地点警戒。警戒线处应设置警戒牌、栏杆或拉绳。要严格执行三遍哨制度（一响准备爆破、二响爆破、三响排除），在爆破前观看爆破地点情况，站岗人员找不到信号或听不到、听不清信号不准私自撤岗。在采煤工作面爆破时，警戒人离炮下口不得少于 35 m，爆破距离不小于 30 m，爆破工必须在确定爆破地点附近无人后方可最后一个离开爆破地点。

10. 有关爆破的其他规定

爆破前，必须加强对机器、液压支架和电缆的保护。

装药时，首先必须用掏勺或用压缩空气清除炮眼内的煤粉或岩粉，再用木质或竹质炮棍将药卷轻轻推入，不得冲撞或捣实。炮眼内的药卷必须彼此密接。潮湿或有水的炮眼，应用抗水炸药。装药后，必须把电雷管脚线悬空，严禁电雷管脚线、爆破母线同运输设备、电气设备以及采掘机械等导电体相接触。

炮眼封泥应用水炮泥，水炮泥外剩余的炮眼部分用黏土炮泥封实。严禁用煤粉、块状材料或其他可燃性材料作炮眼封泥。对无封泥、封泥不足或不实的炮眼，严禁爆破。

炮眼深度和炮眼的封泥长度，水炮泥用量，必须符合下列要求：①炮眼深度小于 0.6 m 时，不得装药、爆破，在特殊条件下，如挖底、刷帮、挑顶确需浅眼爆破，必须制定安全措施，炮眼深度可以小于 0.6 m，但必须封满炮泥；②炮眼深度为 0.6~1 m 时，封泥长度不得小于炮眼深度的 1/2；③炮眼深度超过 1 m 时，封泥长度不得小于 0.5 m；④炮眼深度超过 2.5 m 时，封泥长度不得小于 1 m；⑤光面爆破时，周边光爆炮眼应用炮泥封实，且封泥长度不得小于 0.3 m；⑥工作面有两个或两个以上自由面时，在煤层中最小抵抗线不得小于 0.5 m，在岩层中最小抵抗线不得小于 0.3 m，浅眼装药爆破大岩块时，最小抵抗线和封泥长度都不得小于 0.3 m。

采掘工作面必须有防尘洒水设施，并严格执行爆破前后 20 m 范围内洒水降尘制度，无水时，不准装药爆破。

对于有煤与瓦斯突出危险的采掘工作面，爆破管理必须按矿所编《防突措施》执行。

处理瞎炮时，必须遵守下列规定：①由于连线不良造成的瞎炮，可重新连线起爆；②在距瞎炮至少 0.3 m 处另打同瞎炮平行的新炮眼，重新装药起爆；③严禁用镐刨或从炮眼中取出原放置的引药或从引药中拉出电雷管；严禁将炮眼残底（无论有无残余炸药）继续加深；严禁用打眼的方法往外掏药；严禁用压风吹这些炮眼；④处理瞎炮的炮眼爆炸后，爆破工必须详细检查炸落的煤、矸，收集未爆的电雷管；⑤在瞎炮处理完毕以前，严禁在该地点进行同处理瞎炮无关的工作。

【例 3-3】车集煤矿 2703 掘进工作面爆破设计

该巷净断面 7.6 m²，掘进断面 8.4 m²，采用工字钢棚支护。爆破掘进时掏槽方式为楔式掏槽法。爆破器材采用 FMB-150 电容式发爆器起爆，炸药采用煤矿炸药，雷管采用毫秒延期电雷管；装药结构，全部炮眼统一采用正向连续柱状装药，装药时要小心将药卷用炮棍送到眼底，不得装错雷管段号，不得弄断雷管脚线，以免受潮拒爆，起爆方式、爆破网络采用大串联全断面一次起爆。

爆破说明书见表 3-10 和表 3-11。

表 3-10 锚网索支护爆破说明书

炮眼名称	炮眼编号	眼数	眼深/m	装药量/kg		角度/(°)		封泥长度/m	连线方式	起爆顺序
				每眼装药量	总装药量	水平	垂直			
掏槽眼	1~4	4	1.8	0.5	2.0	77	90	0.6	串联	Ⅰ
周边眼	5~13	9	1.6	0.25	2.25	90	90	0.5		Ⅱ
底眼	14~18	5	1.6	0.5	2.5	90	76	0.5		Ⅲ
合计		18			6.75					

表 3-11 架棚支护爆破说明书

炮眼名称	炮眼编号	眼数	眼深/m	装药量/kg		角度/(°)		封泥长度/m	连线方式	起爆顺序
				每眼装药量	总装药量	水平	垂直			
掏槽眼	1~4	4	1.8	0.5	2.0	77	90	0.6	串联	Ⅰ
辅助眼	5~6	2	1.6	0.25	0.5	90	90	0.5		Ⅱ
周边眼	7~15	9	1.6	0.25	2.25	90	90	0.5		Ⅲ
底眼	16~19	4	1.6	0.5	2.0	90	76	0.5		Ⅳ
合计		19			6.75					

（1）爆破工必须是经过专门培训，并持有合格证的专职人员担任，严格依照爆破说明书和有关爆破规定执行。

（2）装药前，要把炮眼内的岩煤粉吹洗干净，装药时班长和爆破工要根据爆破说明书的要求及岩石情况进行装药、连线。

（3）开门时，都必须采用多打眼，少装药，放小炮的方法进行，每眼装药量不大于150 g，炮泥必须封满。开门时，开门位置前后10 m范围内所有设备、电缆都必须撤走，不能撤走的设备、电缆都必须用旧皮带面覆盖加以保护，防止爆破崩坏。

（4）掘进工作面使用的各种工具、设备和电缆等在爆破前都必须加以保护或撤至安全地点。

（5）装药前，必须停止向迎头所有用电设备供电。

（6）爆破前，将全断面水幕开启。

（7）爆破母线要挂在没有电缆的巷道一侧，且各种设备要维护好，以防崩坏，并切断电源，关闭压风。

（8）爆破前，班组长要派责任心强的人员站岗警戒，凡是通向爆破地点附近的所有通道口必须有专人站岗，站岗地点与迎头距离直巷岩巷不少于120 m，煤巷直巷不少于100 m，曲巷不少于80 m，拐弯后不低于10 m，且支护完好，有掩体的安全地点。警戒要采用"去二回一"的方法，不经过班组长同意不得撤岗，不得将人放入警戒线内。

（9）爆破作业过程中要严格执行"一炮三检制"和"三人联锁制"，装药连线不能和其他工作平行作业。

（10）掘进工作面中一次装药必须全部一次起爆。

（11）爆破前，班组长必须清点人数，确认无误后方可下达爆破命令，爆破工接到爆破命令后，必须先发出爆破警号至少再等5 s后方可爆破。

（12）严禁放糊炮，严禁利用动力电缆爆破。

（13）爆破工必须最后离开爆破地点，并必须在警戒线外的安全地点进行爆破。

（14）爆破至少15 min炮烟被吹散后，爆破工和班组长必须巡视爆破地点，检查瓦斯、通风、顶板、拒爆、残爆等，如有险情，必须立即处理。

（15）处理拒爆、残爆必须在班组长的指挥下当班处理完毕，当班未能处理完毕，爆破工必须同下一班爆破工现场交代清楚。属于连线不良造成的残爆可重新连线爆破，属其他情况的，要在距拒爆炮眼至少0.3 m处另打同该炮眼平行的新炮眼，重新装药爆破，严禁用镐刨或从炮眼中取出原放置的炸药或从引药拉出雷管，严禁用打眼的方法往外掏药，严禁用压风吹这些炮眼。

（16）处理瞎炮时严禁其他人在工作面做其他工作。

（17）挑顶、挖底等局部破岩浅眼爆破时，执行如下措施：①挑顶时循环进度不超过1.6 m，挑顶后巷道基本保持顶板平整；②巷道挑顶每循环不超过6个炮眼，每眼装药量不超过一卷炸药；③局部拉底爆破时，一次爆破距离不超过6 m；④局部拉底爆破时，每米炮眼数2~4个。每眼装药量不超过1卷；⑤炮眼深度为0.6~1 m时，封泥长度不得小于炮眼深度的1/2；⑥炮眼深度超过1 m时，封泥长度不得小于0.5 m。

第十一节　瓦斯爆炸事故的处理

瓦斯爆炸是煤矿中最严重的灾害，具有较强的破坏性、突发性，往往造成大量的人员伤亡和财产损失。在处理瓦斯爆炸事故的过程中，如果处理方法不当，要点把握不准，还可能发生多次瓦斯爆炸，造成事故扩大。因此，了解并掌握瓦斯爆炸事故处理的方法，把握其技术要点、难点，科学决策，果断指挥，对于争取救灾时机、控制事故范围、减少人员伤亡和财产损失，具有十分重要的作用。

一、瓦斯爆炸事故处理的一般程序和原则

矿井一旦发生瓦斯爆炸事故，井下人员及财产处于极度危险境地，必须尽快组织抢救，刻不容缓。抢险救灾的重点是：抢救遇险遇难人员，防止发生次生事故和爆炸。

救灾的基本原则是："沉着指挥，科学决策，协调行动，安全快速"。具体的处理程序是：

（1）首先启动应急预案，迅速撤离灾区人员，抢救遇难人员。

（2）视情况切断灾区电源。

（3）通知救护队。

（4）迅速成立救灾指挥部，严格按照（灾害预防处理计划）的要求，设立若干抢救组各行其责。

（5）尽快恢复通风系统，排除爆炸产生的有毒有害气体，寻找遇难人员。

二、瓦斯爆炸的处理要点

瓦斯爆炸后，矿长（或矿领导）应利用一切可能的手段了解灾情，然后判断灾情发展趋势，及时果断地作出决定，下达救灾命令。

1. 必须了解（询问）的内容

（1）爆炸地点及其事故波及范围。

（2）人员分布及其伤亡情况。

（3）通风情况（风量大小、风流方向、风门等通风构筑物的损坏情况）。

（4）灾区瓦斯情况（瓦斯浓度、烟雾大小、CO 浓度及它们的流向）。

（5）是否发生了火灾。

（6）主要通风机工作情况（是否正常运转、防爆门是否被吹开？风机房水柱计读数是否有变化？）。

2. 必须分析判断的内容

（1）通风系统破坏程度。可根据灾区通风情况和风机房水柱计读值 h_s 变化情况做出判断。h_s 比正常通风时数值增大，说明灾区内巷道冒顶垮落，通风系统被堵塞。h_s 比正常通风时数值减少，说明灾区风流短路。其产生原因可能是：①风门被摧毁；②人员撤退时未关闭风门；③回风井口防爆门（盖）被冲击波冲开；④反风进风闸门被冲击波冲击落下堵塞了风硐，风流从反风进风口进入风硐，然后由风机排出。也可能是爆炸后引起明火火灾，高温烟气在上行风流中产生火风压，使主要通风机风压降低。

（2）是否会产生连续爆炸。若爆炸后产生冒顶，风道被堵塞，风量减少，继续有瓦斯涌出，并存在高温热源，则可能产生连续爆炸。

（3）能否诱发火灾。

（4）可能的影响范围。

3. 必须做出决定并下达的命令

（1）切断灾区电源。要根据瓦斯爆炸所影响的范围和井下供电系统的实际情况，确定断电方案。

（2）撤出灾区和可能影响区的人员。

（3）向集团公司汇报并召请救护队。

（4）成立抢救指挥部，制定救灾方案。

（5）保证主要通风机和空气压缩机正常运转。

（6）保证升降人员的井筒正常提升。

（7）查清井下人员，控制入井人员。

（8）矿山救护队到矿后，按照救灾方案部署救护队抢救遇险人员、侦察灾情、扑灭火灾、恢复通风系统、防止再次爆炸。

（9）命令有关单位准备救灾物资，医院准备抢救伤员。

4. 处理事故的具体措施

（1）选择最短的路线，以最快的速度到达遇险人员最多的地点进行侦察、抢救。其方法是：一是沿回风方向进入灾区；二是沿进风方向进入灾区。选择哪条路线进入灾区，要根据实际情况判断确定。一般来说，救护力量小时，要沿进风方向进入灾区，因为在新鲜空气中行进，对于保持救护队员战斗力，减少队员体力消耗有利。如果爆炸后，进风巷道垮塌、冒顶和堵塞，一时难以维修，也可沿回风方向进入灾区。但在回风中行进，有烟雾和有毒气体的威胁，救护队员的行进速度较慢。可是，这一带也是遇险人员较集中的地点。救护力量多时，可以同时从进、回风两侧派人进入。

（2）迅速恢复灾区通风。采取一切可能的措施，迅速恢复灾区通风，排除爆炸产生的烟雾和有毒气体，让新鲜空气不断供给灾区，是抢救遇险人员最有效的方法。但在恢复通风前，必须查明有无火源的存在，否则会再次引起爆炸。

（3）反风。在紧急抢救遇险人员的特殊情况下，爆炸产生的有毒气体严重威胁回风方向的工作人员时，在确认进风方向的人员已安全撤退的情况下，可考虑采用反风。但必须根据瓦斯爆炸的影响范围慎重考虑是采用矿井反风或局部反风，如果不经周密分析，盲目行动，往往会造成事故扩大。

（4）清除灾区巷道的堵塞物。瓦斯爆炸后发生冒顶，造成巷道堵塞，影响救护队员进行侦察时，应考虑其他能尽快恢复通风救人的可行办法，同时要恢复堵塞区外的通风，让不佩戴呼吸器的人员能够参加此项工作。在此情况下，救护队员应在旁进行监护并要做好准备，一旦通路打开，立即进入灾区抢救遇险人员。

（5）扑灭爆炸引起的火灾。为了抢救遇险人员，防止事故扩大，在灾区内发现火灾或残留火源，应立即扑灭。火势很大，一时难以扑灭时，应制止火焰向遇险人员所在地点蔓延，特别是在火源地点附近有瓦斯聚积的盲硐，尤应千方百计防止火焰蔓延到附近盲硐引起瓦斯爆炸；待遇险人员全部救出后，再进行灭火工作。火区内有遇险人员时，应全力灭火。火势特大，并有引起瓦斯爆炸危险，用直接灭火法不能扑灭，并确认火区内遇险人员均已死亡时，可考虑先对火区进行封闭，控制火势，用综合灭火法灭火，待火灾熄灭后，再寻找遇难人员的尸体。

（6）发生连续爆炸时，为了抢救遇险人员或封闭灾区，救护队指战员在紧急情况下，也可利用两次爆炸的间隔时间进行。但应严密监视通风和瓦斯情况并认真掌握连续爆炸中时间间隔的规律，考虑在灾区往返时间。当时间不允许时，不能进入灾区，否则，难以保证救护人员的自身安全。在抢救事故中，要防止扩大事故，增加伤亡，决不允许用活人换死人。

（7）最先到达事故矿井的小队，担负抢救遇险人员和灾区的侦察任务。在煤尘大、烟雾浓有情况下进行侦察时，救护队员应沿巷道排成斜线分段式前进。发现还有可能救活的遇险人员，应迅速救出灾区。发现确已死亡的遇难人员，应标明位置，继续向前侦察。侦察时，除抢救遇险人员外，还应特别侦察火源、瓦斯以及爆炸点的情况，顶板冒落范围，支架、风管、水管、电气设备、局部通风机、通风构筑物的位置、倒向，爆炸生成物的流动方向以及其蔓延情况，灾区风量分布、风流方向、气体成分等，并做好记录，供救灾指挥部制定全面抢救方案。

（8）第二个到达事故矿井的小队应配合第一小队完成抢救人员和侦察灾区的任务，或是根据指挥部的命令担负待机任务。待机地点应选在距灾区最近、有新鲜空气的地点，待机任务主要是紧急救人的准备工作。

（9）恢复通风设施时，首先恢复主要的最容易恢复的通风设施。首先恢复主要的容易恢复的通风设施。损坏严重，一时难以恢复的通风设施可用临时设施代替。恢复独头通风时，除将局部通风机安在新鲜空气处外，应按排瓦斯的要求进行。

三、低浓度爆炸事故的抢救

所谓低浓度瓦斯爆炸是指在正常涌出瓦斯情况下，因微风或无风造成瓦斯积聚到爆炸下限以上、遇火源引起的瓦斯爆炸。其特点是，瓦斯有一个积聚过程。当发生第一次瓦斯爆炸后，需一定时间积聚，才可能发生第二次爆炸。爆炸间隔时间的长短取决于绝对瓦斯涌出量和风量。此类瓦斯爆炸的处理，为避免连续爆炸，应尽快恢复灾区通风，利用风流带走涌出的瓦斯，不让甲烷浓度达到爆炸区间内。若通风系统破坏严重（如多处风门被摧毁、冒顶堵塞严重），一时无法恢复时，应千方百计查明灾区内是否存在火源。无火源存在时应集中力量抢救人员，然后，严密监视瓦斯情况下，逐段恢复通风。若有火源存在，则应根据火源位置、火势大小、灾区通风情况和瓦斯情况，慎重决定灭火方案。

对瓦斯爆炸引起的采煤工作面火源，如果行动迅速、灭火器材充足，火势不大时，可利用灭火器材或水进行直接灭火。当火源为工作面上隅角的瓦斯燃烧，灭火时要注意严防把火赶到采空区内，以免发生瓦斯爆炸。上隅角瓦斯燃烧的扑灭，危险性较大，因为瓦斯燃烧时的火源可能在巷道的上部到处乱窜，甚至进入采空区内，引起采空区瓦斯燃烧或爆炸。在灭火器材和水量不足、瓦斯涌出量较大的情况下，要在短时间内扑灭上隅角的瓦斯燃烧是相当不容易和危险的，最安全有效的方法是果断封闭采煤工作面。如果火源在采煤回风巷，灭火时要防止工作面和采空区大量瓦斯涌出和流向火源，引起二次爆炸。对于供氧充足的火源又是低浓度的瓦斯爆炸，唯一有效的措施就是果断封闭灾区，断绝供氧，避免引起再次爆炸，扩大灾情。

掘进巷道发生爆炸后，除造成人员伤亡外，还会造成灾区影响范围内巷道垮落，通风设施和通风设备的破坏，引燃全风压通风的巷道风不阻燃皮带、电缆等。在掘进供风停止的情况下，一般而言，瓦斯爆炸只发生一次，即使掘进巷道内有火源出现，其存在的时间也是短暂的，这是因为供风停止，巷道中氧浓度很低之故。同理，即使巷道中瓦斯再次积聚，也不具备爆炸的条件。如果掘进巷道与老巷或采空区之间存在漏风通道，或局部通风机仍在供风，同时存在阴燃火源或者爆炸火源为巷道中高冒处的火点，就存在二次爆炸的可能。

处理掘进巷道的瓦斯爆炸时，在专人严密监测（视）瓦斯的情况下，全力以赴抢救遇险遇难人员，扑灭或杜绝火源，防止再次爆炸，清理堵塞物，处理冒顶区，在确定灾区无火源时，及时恢复灾区通风（启动局部通风机）；如不能确认灾区有无火源，应慎重考虑是否启动局部通风机，以免再次爆炸。

掘进巷道瓦斯爆炸后，若出现火源，如果易于直接灭火，可以利用灭火器材和灭火设备，及时扑灭；但要时刻注视瓦斯情况，并防止水煤气爆炸伤人。灭火后，还需要清查有无阴燃火点。若火势很大，或火源在高冒处，尤其是该巷道与老巷、采空区沟通，短时间内不能扑灭火源，或灭火时存在二次爆炸危险，应指派救护队集中力量迅速救出人员，再按独头巷道火灾事故处理方法采取相应措施（如封闭爆炸巷道）。对爆炸后产生的外围明火（全风压通风中皮带、电缆等的燃烧），应首先防止火势蔓延，然后扑灭。若爆炸后，引燃了距爆源较近的盲巷中瓦斯，要采取慎之又慎的方法处理（如及时封闭巷道），避免盲巷中瓦斯爆炸。

四、高浓度瓦斯突出爆炸的处理

所谓高浓度瓦斯爆炸是指瓦斯喷出或煤与瓦斯突出后，高浓度瓦斯被风流稀释到爆炸界限以内引起的瓦斯爆炸。其特点是在第一次瓦斯爆炸后，灾区内仍存在大量高浓度瓦斯，这些瓦斯被风流冲淡后遇火源即可再次爆炸。处理这类瓦斯爆炸，应首先查明灾区内有无火源。若有火源存在，严禁启动局部通风机供风；否则，风流既冲淡了高浓度瓦斯，又提供了瓦斯爆炸所需的氧气。此时应在不供风的条件下集中力量救人和灭火，无法灭火或灭火无效时，及时予以封闭。若无火源，则在集中力量救人后，按排瓦斯的要求处理积存的瓦斯。

第四章 瓦斯基础参数测定

瓦斯基础参数包括煤层瓦斯压力、煤层瓦斯含量、煤层透气性系数、煤的坚固系数、瓦斯放散指数 Δp、钻屑及瓦斯解吸指标、瓦斯吸附常数等，它们是通风瓦斯管理的基础，也是开展瓦斯抽放所必不可少的重要参数，因此各煤矿应开展瓦斯基础参数测试，为通风瓦斯管理提供依据。

第一节 煤层瓦斯压力测定

煤层瓦斯压力是指未暴露煤体孔隙中所含游离瓦斯的气体压力，即气体作用于孔隙壁的压力。它是煤层孔隙内气体分子自由热运动撞击所产生的作用力，在某一点上各方向大小相等，力的方向垂直于煤层孔隙壁，其单位是 MPa。

煤层瓦斯压力大小不仅决定着煤层瓦斯含量与涌出量的大小，还是反映煤层突出危险性大小的重要指标之一，对于煤与瓦斯突出危险性预测和矿井瓦斯防治等均起着重要的指导作用。因为瓦斯压力大小表示煤体内瓦斯压缩能的大小，是煤与瓦斯突出的动力来源。

瓦斯压力测定方法有直接测定法和间接测定法。

一、直接测定法

直接测定法是通过钻孔揭露煤层，安设测定仪表并密封钻孔，利用煤层中瓦斯的自然渗透原理测定在钻孔揭露处达到平衡的瓦斯压力。

（一）测定地点选择

同一地点应打 2 个测压钻孔，钻孔孔口距离应在其相互影响范围外，其见煤点的距离除石门测压外应不小于 20 m。除在煤巷中测定本煤层瓦斯压力外，测定地点应选择在石门或岩巷中；钻孔应避开地质构造裂隙带、巷道的卸压圈和采动影响范围；测定煤层原始瓦斯压力的见煤点应避开地质构造带、巷道、采动及抽放等的影响范围；选择的瓦斯压力测定地点应保证有足够的封孔深度；瓦斯压力测定地点宜选择在进风系统、行人少且便于安设保护栅栏的地方。

（二）测压方法的选择

测压方法有主动测压法和被动测压法。

（1）主动测压法。钻孔封完孔后，通过钻孔向被测煤层充入补偿气体达到瓦斯压力平衡而测定煤层瓦斯压力的测压方法。补偿气体可选用高压氮气，高压二氧化碳气体或其他惰性气体。补偿气体的充气压力应略高于预计煤层瓦斯压力。

（2）被动测压法。钻孔封完孔后，通过被测煤层瓦斯的自然渗透，达到瓦斯压力平衡而测定其瓦斯压力的测压方法。

测压时间充足时，宜采用被动测压法，测压时间较短时，应采用主动测压法。

（三）钻孔、封孔工序

（1）钻孔施工。钻孔的开孔位置应选在岩石（煤壁）完整的位置，并保证钻孔平直、孔形完整，穿层测压钻孔宜穿透煤层全厚，钻孔施工好后，应立即清洗钻孔，保证钻孔畅通，在钻孔施工中应准确记录钻孔方位、倾角、长度、钻孔开始见煤长度及钻孔在煤层中长度，钻孔开钻时间、见煤时间及钻毕时间。

（2）封孔。钻孔施工完后应在 24 h 内完成封孔工作。封孔前要先做好准备工作，按选用的封孔方法准备好封孔材料、仪表、工具等，检查测压管是否通畅及其与压力表连接的气密性，钻孔为下向孔时应将钻孔水排除。

封孔深度取决于封孔段岩性及其裂隙性，岩石硬而无裂隙时，可以缩短，但应超过钻孔施工地点巷道的影响范围，采用囊袋 + 速凝膨胀材料封孔时，封孔深度不小于 12 m，封孔段长度不小于 8 m，煤层群分层测压时则应封堵至被测煤层在钻孔侧的顶板或底板，应尽可能加长测压钻孔的封孔深度。

本煤层测压孔封孔应保证封孔深度超过巷道卸压范围 10 m 以上，其测压气室长不小于 1.5 m，穿层测压孔的封孔不宜超过被测煤层在钻孔侧的顶板或底板。

（四）囊袋封孔测压技术

1. 材料、工具及设备

煤层瓦斯压力测定套件一套、专用矿用封孔器一套，封孔器专用剪刀一把，注浆头一个，快插 2 个、风动注浆泵一台、速凝膨胀封孔剂若干袋、扳手及管钳各一把，透明胶带 2 卷。

2. 下行孔封孔测压

（1）封孔测压前，先观察钻孔是否积水，若有大量积水，先用压风排出积水。

（2）敷设测压、排水管。将排水管与测压管（端部设有筛孔的 4 分钢管）端头平齐并用透明胶带固定，随后将双囊式矿用封孔器用铁丝紧固在测压管的筛孔与实管交接处，一并送入钻孔直至预定深度（一般设定为囊袋位于见煤点位置），且确保测压管外露孔口 20 ~ 30 cm。

（3）封堵钻孔孔口。在孔口处下入一根 1 m 长的回气管，随后可用封孔剂封堵孔口，注意孔口封堵长度不得低于 40 cm，且各管路间的缝隙要密封严实。

（4）带压注浆。连接注浆泵及注浆管路，并用清水试泵，确认正常后将封孔剂与水按照质量比 1∶1 比例混合均匀，启动注浆泵向孔内注浆。浆液首先注入孔底 2 个囊袋内，待囊袋完全鼓起滤水凝固后，注浆压力达到 0.6 MPa 左右，此时爆破阀爆破，浆液自行注入钻孔中间密封腔，待浆液从回气管持续返出时，关闭回气管阀门，并继续向孔内加压注浆，直至注浆压力达到 1.5 ~ 2 MPa 时，停止注浆，拆卸注浆管路，并用清水清洗注浆泵及管路；将井下压风管路与测压钢管连接，向其缓慢注入压缩气体，此时孔底大部分积水可通过专用排水管路排出孔口；待注浆 4 ~ 8 h 后，将压力表组件与测压钢管连接，施工结束。

下行钻孔油压瓦斯压力测定如图 4 - 1 所示。

3. 上行钻孔封孔测压

（1）观察孔内出水情况，若有出水量较少，则可进行封孔测压。

（2）敷设管路，将 4 分钢管与专用三不通连接，在三不通处连接 $\phi 8$ mm 高压测压管，随后将专用双囊式矿用封孔器用铁丝紧固在测压管与 4 分钢管连接处，一并送入钻孔，依次连接测压管，直至送入预定深度（一般设定为囊袋位于见煤点位置）。

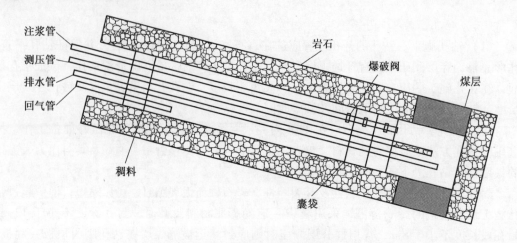

图 4-1 下行钻孔油压瓦斯压力测定

（3）用清水检验泵及管路是否正常，确认正常后将封孔剂与水按照质量比 1.5：1 比例混合均匀，启动注浆泵向孔内注浆，待孔内 2 个囊袋充分鼓起，前端爆破阀爆破，孔口有封孔剂浆液流出时停止注浆，此时测压室形成。用清水清洗注浆泵和管路并将囊袋注浆管折弯用铁丝扎死。

（4）全程封孔。待测压室形成 30 min 左右，将专用双囊式矿用封孔器送入孔中带压注浆，将封孔剂与水按照质量比 1：1 比例混合均匀，启动注浆泵向孔内注浆，注浆压力达到 0.6 MPa 左右，此时爆破阀爆破，浆液自行注入钻孔中间密封腔，直至注浆压力达到 1.5～2 MPa 时，停止注浆并将封孔器注浆泵折弯扎死。

（5）拆卸注浆管路，并用清水清洗注浆泵及管路。

（6）待注浆 4～8 h 后，安装压力表组件，施工结束。

上行钻孔瓦斯压力测定如图 4-2 所示。孔内各管连接详图如图 4-3 所示。

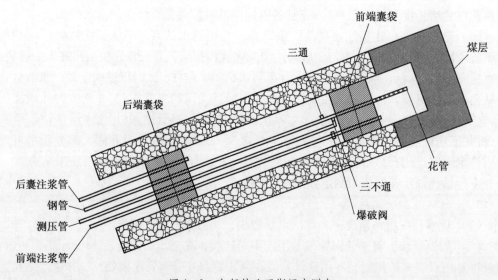

图 4-2 上行钻孔瓦斯压力测定

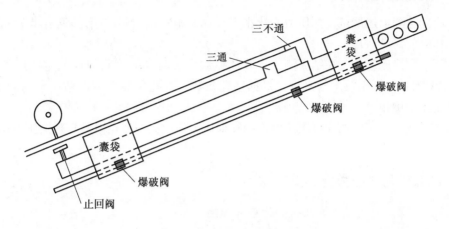

图 4-3　孔内各管连接详图

（五）瓦斯压力观测与确定

必须设专人负责瓦斯压力的测定工作，在瓦斯压力测定过程中，应做好各种参数及施工情况的记录。

主动测压法应每天观测一次，被动测压法应至少每 3 d 观测一次。观测中发现瓦斯压力值变化较大，则应增加观测次数。瓦斯压力测定记录表的格式见表 4-1。

表 4-1　瓦斯压力测定记录表

矿井			测压地点			煤层名称		煤层厚度	
煤层倾角			见煤标高			见煤埋深		开钻时间	
见煤时间			钻毕时间			封孔时间		封孔深度	
孔号	钻孔参数			岩孔长/ m	煤孔长/ m	封孔长/ m	备　注		
	方位/(°)	倾角/(°)	长度/m						
时间	压力/MPa			时间		压力/MPa			

测定人员：　　　　　　　　　　　　　　　　　　　　　　　　审核：

1. 瓦斯压力观测时间

采用主动测压法时，当煤层的瓦斯压力小于 4 MPa 时需 5~10 d；当煤层的瓦斯压力大于 4 MPa 时，则需 10~20 d。

采用被动测压法时，则视煤层的瓦斯压力及透气性大小的不同，需 30 d 以上。

2. 瓦斯压力的确定

将观测结果绘制在以时间（d）为横坐标，瓦斯压力（MPa）为纵坐标的坐标图上，当测压时间达到上述规定，如压力变化小于 0.015 MPa/d，测压工作即可结束；否则，应延长测压时间。

对于上向测压钻孔，在结束测压工作、撤卸表头时（撤表头时应制定相应的安全措施），应测量从钻孔中放出的水量，根据钻孔参数、封孔参数计算出钻孔水的静水压力，并从测定压力中扣除。

对水平及下向测压孔则以测定值作为瓦斯压力值。同一地点以最高瓦斯压力作为测定结果。

二、煤层瓦斯压力间接测定法

（一）间接测定煤层瓦斯压力的原理和方法

煤屑解吸指标 Δh_2 的大小反映了煤样所处地点的瓦斯压力、煤的变质程度和煤的强度。将其典型煤样在实验室进行解吸规律研究，可以反求出所测地点煤层瓦斯压力大小的方法，是间接测定煤层瓦斯压力的基本原理。

（二）间接测定的基本方法

选择新暴露的煤壁或煤巷，沿煤层倾向进行打钻，钻孔深度一般超过巷道瓦斯排放带的深度，钻孔直径取 42 ~ 89 mm。在打钻过程中进行定点采样，利用煤屑瓦斯解吸仪（MD－2）每米测定一次钻屑解吸指标，记录和观测瓦斯指标 Δh_2 的变化规律。取其解吸指标最大值附近的煤样 2 ~ 4 份送实验室进行脱气 48 h（在不同瓦斯压力条件下，充瓦斯浓度为 99.99% 的甲烷进行吸附 48 h），测定煤屑解吸指标 Δh_2 值，可以得到不同瓦斯压力下的解吸指标值。比较井下煤屑实测瓦斯解吸指标和实验室解吸指标值相对应的瓦斯压力值，就可以确定出煤层瓦斯压力。

【例 4－1】铜冶煤矿瓦斯压力间接测定

测定地点位于 －250 皮带下山临时水仓，距离 －250 皮带下山 15 m 处，该地点暴露时间为 20 d。在该处进行了煤屑解吸指标的测定。向煤壁打钻孔进行钻屑指标测定，测定要求按照《防治煤与瓦斯突出规定》进行，测定过程中井下温度保持在 24 ℃ 左右。钻孔参数见表 4－2。

表 4-2　钻孔参数一览表

开孔位置	开孔时间	终孔时间	钻孔直径/mm	钻孔深度/m	钻孔角度/(°)	开孔高度/m	Δh_2 深度/m
－250 带式输送机下山临时水仓，距离 －250 带式输送机下山 15 m 处	2004 年 8 月 13 日 9 时 30 分	2004 年 8 月 13 日 12 时 10 分	75	15	－10	1.0	14

从测定结果看出，处在新暴露煤壁的钻孔，由于采取了定点取样技术，因而测定的解吸指标值符合煤壁瓦斯赋存规律，测定的钻屑解吸指标最大值为 52 mmH$_2$O，钻屑指标沿钻孔的变化规律如图 4－4 所示。

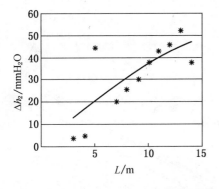

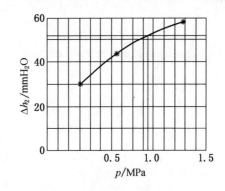

图 4-4 钻屑解吸指标沿钻孔的变化　　　　图 4-5 解吸指标同吸附瓦斯压力关系

上述测定的解吸指标变化规律符合煤层瓦斯压力曲线的变化趋势，可以认为井下实际测定结果可信。

（三）实验室钻孔钻屑解吸指标测试结果

将打钻期间收集的煤样共 3 份进行充分混合后，送实验室做解吸指标和瓦斯压力的测定，钻孔钻屑解吸指标值见表 4-3，其解吸指标同吸附瓦斯压力关系如图 4-5 所示。

从图 4-5 可以看出，实验室测定典型煤屑解吸指标时，温度和压力基本保持井下测试条件。从测试结果可以看出，随着煤层瓦斯压力增加，钻屑解吸指标增加。根据实验室测定的数据可以得出，钻屑解吸指标为 52 mmH$_2$O 时，煤屑充瓦斯后的相对瓦斯压力为 0.95 MPa，因而可以得出测定地点的煤层绝对瓦斯压力为 1.05 MPa。

表 4-3 钻屑解吸指标测定值

钻孔深度/m	3	4	5	6	7	8	9	10	11	12	13	14
Δh_2/mm（H$_2$O）	4	5	44	24	20	26	30	38	43	46	52	38

备注：5 m 处测定时，由于煤屑粒度没有按要求，测定值偏大；14 m 处钻孔钻进到顶板

【例 4-2】黔金煤矿瓦斯压力直接测量

采用注浆封孔、被动测压方式。封孔材料采用水泥砂浆及膨胀剂。测压装置包括测压管、注浆管、管道附件及闸阀、压力表等，注浆设备为煤炭科学研究总院重庆分院生产的 KFB 矿用封孔泵。黔金煤矿测压钻孔分布及封孔示意图如图 4-6 所示，测压孔参数见表 4-4。

1. 测压钻孔的布置

按照煤炭行业标准《煤矿井下煤层瓦斯压力的直接测定方法》（AQ 1047—2007）中有关测压钻孔的要求，在具体选择测压孔位置时，应避开地质构造断裂带、采动等影响范围，测压孔见煤点与地质构造断裂带、采动影响范围至少要大于 40 m；同一地点设 2 个测压孔时，2 个测压孔的见煤点的距离应大于 20 m。

根据以上要求并结合现有的巷道条件，确定在以下地点布置测压钻孔：

（1）1902 采面下顺槽布置 4 个测压钻孔，其中 2 个孔为穿层上向孔，测定 4 号煤层瓦斯压力，2 个孔为顺层下向孔，测定 9 号煤层瓦斯压力。

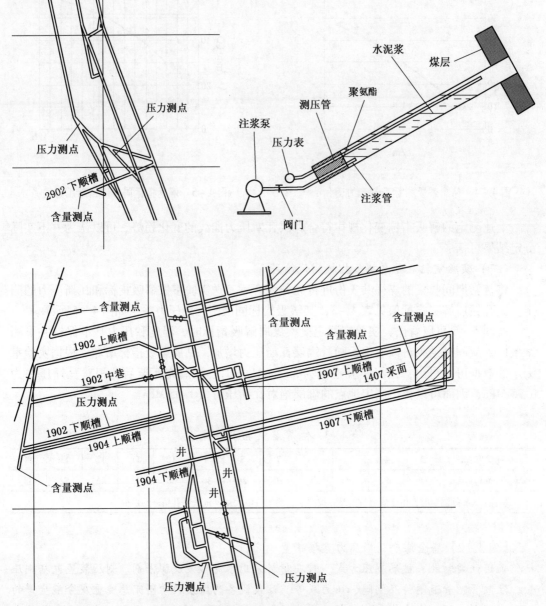

图4-6 黔金煤矿测压钻孔分布及封孔示意图

（2）在三联巷布置2个测压钻孔测定9号煤层瓦斯压力。

（3）在西二车场布置4个测压钻孔，其中2个测定4号煤层瓦斯压力，2个钻孔测定9号煤层瓦斯压力。

（4）在井底水仓布置2个测压钻孔测定9号煤层瓦斯压力。

（5）在西二车场绕道布置1个测压钻孔测定9号煤层瓦斯压力。

2. 瓦斯压力测定结果

煤层瓦斯压力直接测定法在各钻孔封孔后，定期进行瓦斯压力观测，直到压力稳定为止。压力稳定后，卸掉压力表，如果钻孔内有水，则收集钻孔内涌出的水量，计算出水量产生的压力，压力表表压与水压之差即为钻孔所测定的瓦斯压力。黔西金坡煤业有限责任公司所测定的瓦斯压力（相对压力）结果见表4-5。

表4-4 测压钻孔参数

钻 场 编 号	钻孔编号	孔径/mm	倾角/(°)	夹角/(°)	孔深/m	备 注
1号钻场（1902下顺槽）	1	75	-10	90	50	测9号煤层
	2	75	-10	90	50	测9号煤层
	3	75	80	43	31	测4号煤层
	4	75	80	43	31	测4号煤层
2号钻场（三联巷）	5	75	80	62	40	测9号煤层
	6	75	80	8	40	测9号煤层
3号钻场（井底车场）	7	75	80	3	50	测4号煤层
	8	75	80	50	50	测4号煤层
	9	75	80	35	25	测9号煤层
	10	75	80	92	25	测9号煤层
4号钻场（水仓）	11	75	80	82	37	测9号煤层
	12	75	80	10	37	测9号煤层
5号钻场（车场绕道）	13	75	80	90	20	测9号煤层

表4-5 黔西金坡煤业有限责任公司瓦斯压力测定结果

地 点	煤 层	孔 号	封孔长度/m	压力/MPa	埋深/m	备 注
1902下顺槽	4号煤层	3	28	0.3	117	直接测压力
		4	28	0.2	117	直接测压力
1407采面	4号煤层			0.51	150	直接含量法
西二车场	4号煤层	7	38	0.65	254	直接测压力
		8	38	0.56	254	直接测压力
1900上顺槽	9号煤层			0.32	112	直接含量法
1903采面	9号煤层			0.40	137	直接含量法
1904开切眼	9号煤层			0.45	167	直接含量法
1907上顺槽	9号煤层			0.75	268	直接含量法
三联巷	9号煤层	5	32	0.45	178	直接测压力
		6	32	0.38	178	直接测压力
井底水仓	9号煤层	11	32	0.50	224	直接测压力
		12	32	0.4	224	直接测压力
西二车场	9号煤层	9	22	0.6	257	直接测压力
		10	22	0.48	257	直接测压力
西二车场绕道	9号煤层	13	18	0.65	272	直接测压力
2902下顺槽	9号煤层			0.98	309	直接含量法

第二节　煤层瓦斯含量测定

煤层瓦斯含量是计算瓦斯储量与瓦斯涌出量的基础参数，瓦斯含量的测定方法有直接法测定和间接法测定两种：直接法测定是在井下采用仪器直接测定煤层的解吸瓦斯量，再通过实验室测定煤层的残余瓦斯量来得到煤层的原始瓦斯含量；间接法测定即在现场测定煤层瓦斯压力的基础上，取煤样在实验室作吸附实验，应用朗格缪尔公式计算含量。生产矿井普遍采用直接法和间接法测定，而在地质勘探期间主要采用地勘解吸法测定。

一、地勘解吸法

为了准确测定煤层原始瓦斯含量，必须使用专门的仪器在地质勘探钻孔中采样，以保证采样过程中损失的瓦斯量最小，或者采用某种方法对损失的瓦斯量加以补偿。当前我国地质勘探时期广泛使用解吸法测定煤层原始瓦斯含量。该法是以测量煤中解吸的瓦斯数量和解吸强度为基础的一种测定方法，其测定煤层原始瓦斯含量有如下具体步骤。

（一）煤样采取和瓦斯解吸速度的测定

1. 仪器和器具

所需仪器为瓦斯解吸速度测定仪，如图 4-7 所示。量管体积为 800 mL，最小分度值为 4 mL；温度计测量范围为 0~50℃，最小分度值为 1℃；空盒式气压计（根据钻孔地面标高选择高原型或平原型）；密封罐（图 4-8），其内径大于煤芯直径 10 mm，容积可装

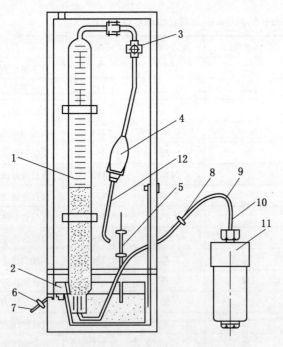

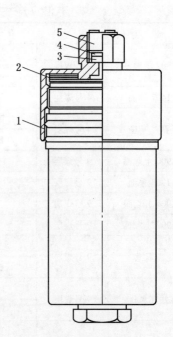

1—量管；2—水槽；3—螺旋夹；4—吸气球；5—温度计；
6—弹簧夹；7—排水管；8—弹簧夹；9—排气管；
10—穿刺针头；11—密封罐；12—取气导管

图 4-7　瓦斯解吸速度测定仪与密封罐示意图

1—罐盖；2—密封皮垫圈；
3—密封垫；4—压垫；
5—压紧螺丝

图 4-8　密封罐

煤样400 g以上，在1.5 MPa气压下应保持气密性。使用前密封罐应保持清洁干燥，胶垫与密封圈完好不漏气。密封罐应使用钢印打号；胸骨穿刺针头，16号。

2. 采取煤样前的准备

密封罐使用前应洗净、干燥；检查压垫和密封垫是否可用，必要时予以更换；检查密封罐的气密性，在300～400 kPa下应没有漏气现象。严禁使用润滑油。解吸仪使用前，应用吸气球提升量管内的水面至零点，关闭螺旋夹放置10 min后，量管内的水面应不下降。

3. 煤样的采取

（1）使用煤芯采取器（简称煤芯管）提取煤芯，一次取芯长度应不小于0.4 m。在钻具提升过程中，应向钻孔中灌注泥浆，保持充满状态，并应尽量连续进行。如果因故中途停机，孔深不大于200 m时，停顿时间不得超过5 min；孔深超过200 m时，停顿时间不得超过10 min。

（2）煤芯提出孔口后，应尽快拆开煤芯管，把采取的煤样装进密封罐。煤芯在空气中的暴露时间不得超过10 min。

（3）取出煤芯后，对于柱状煤芯，应采取中间含矸少的完整部分；对于粉状和块状煤芯，应剔除矸石、泥皮和研磨烧焦部分。不得用水清洗煤样，保持自然状态将其装入密封罐内，装入时不得压实，煤样距罐口约10 mm。

（4）先将穿刺针头插入罐盖上部的压垫，拧紧罐盖的同时记录煤样装罐的时间。再将解吸仪排气管与穿刺针头连接，立即打开弹簧夹同时记录开始解吸时间。从拧紧罐盖到打开弹簧夹的时间间隔不得超过2 min。

4. 野外煤层气解吸速度的测定

密封罐通过排气管与解吸仪相连接后，立即打开弹簧夹，随即有从煤样中泄出的气体进入量管，打开水槽的排水管，用排水集气法将气体收集在量管内。随后，每间隔一定时间记录量管读数和测定时间，连续观测2 h。读数间隔时间规定如下：第一点间隔2 min，以后每隔3～5 min读数1次，1 h后，每隔10～20 min读数1次。煤层气含量低的煤层带，有的气体一次性泄出，无法测定解吸速度，记下量管读数即测定完毕，此种情况可不取样。测定时，时间虽不到2 h，但已无气体泄出（水面保持不变或两个测点量管读数不变），即测定完毕。取气样、编号，送化验室。若解吸气体量不足400 mL，可不取样。如果量管容积不足以容纳2 h内从煤样泄出的全部气体，可以中途用弹簧夹夹紧排气管，然后，重新将液面提升到量管零点（同时进行取样），并向水槽补足清水，继续进行观测、取样（量管内瓦斯不足400 mL，可不取样）。

上述测定应选择在气温比较稳定的地方进行，密封罐要防冻。

解吸测定时，如开始就没有气体泄出，首先应检查穿刺针头、排气管和密封罐上部排气孔是否堵塞。如无堵塞，则是气体含量过小所致。此时，即可终止测定。

上述测定结束后，抽出穿刺针头，将压紧螺丝稍加拧紧（用力适度，以免压垫失去弹性）。

解吸过程中的取气方法如图4-9所示。首先用吸气球

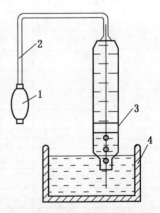

1—吸气球；2—取气导管；
3—集气瓶；4—水槽

图4-9　解吸取样装置

排气、吸气两次，将吸气球和取气导管内的空气排除。然后用手捏紧取气导管下端，放入已罐满水并放在水中的集气瓶口内，排水取样。

5. 瓦斯损失量推算

将瓦斯解吸观测中得出的每次量管内气体体积读数按下式换算为标准状态下体积：

$$V_0 = \frac{273.2}{101.33 \times (273.2 + t_1)} (p_1 - 0.00981h - p_2) V \qquad (4-1)$$

式中　V_0——换算到标准状态下的气体体积，mL；

V——量管内气体体积，mL；

p_1——大气压力，kPa；

t_1——量管内的水温，℃；

h——量管内水柱高度，mm；

p_2——t_1 时水的饱和水蒸气压（表4-6），kPa。

表4-6　不同温度下的饱和水蒸气压

温度/℃	饱和水蒸气压/kPa	温度/℃	饱和水蒸气压/kPa
0	0.6105	26	3.3609
1	0.6567	27	3.5648
2	0.7057	28	3.7795
3	0.7579	29	4.0053
4	0.8134	30	4.2428
5	0.8723	31	4.4922
6	0.9350	32	4.7546
7	1.0016	33	5.030
8	1.0726	34	5.3192
9	1.1478	35	5.6228
10	1.2277	36	5.9411
11	1.3124	37	6.2750
12	1.4023	38	6.6248
13	1.4973	39	6.9916
14	1.5981	40	7.3758
15	1.7049	41	7.7779
16	1.8177	42	8.1992
17	1.9371	43	8.6391
18	2.0634	44	9.1004
19	2.1967	45	9.5830
20	2.3378	46	10.0857
21	2.4864	47	10.6123
22	2.6433	48	11.1602
23	2.8088	49	11.7348
24	2.9833	50	12.3334
25	3.1683		

将每次量管内瓦斯体积读数逐点换算为标准状态,求出各观测时间的累计解吸气体量(V_1)。

1）煤样气体解吸时间的计算

煤样装罐前的暴露时间（t_0）是孔内暴露时间（t_1）与地表暴露时间（t_2）之和，即为损失量时间。当钻井介质为清水和泥浆时，取芯管提至钻孔一半的时间作为零时间。

$$t_0 = t_1/2 + t_2$$

煤样总的解吸瓦斯时间（T_0）是封罐前的暴露时间（t_0）与封罐后解吸观测时间（t）之和，即$T_0 = t_0 + t$，解吸观测时间从T_3算起。

求出每个观测点的$\sqrt{t_0 + t}$，逐个填入记录表4 – 7中。

表4 – 7　煤样瓦斯解吸速度测定记录表

煤样编号		采样日期				年　　月　　日		
采样地点				煤田　　区域　　钻孔　　煤层				
采样罐号		仪器号				煤样暴露时间 $t_0 =$　　min		
测　定　结　果								
测定时间	观测时间 t/min	量管读数 V/mL	水柱高 h/mm		校正体积		$T = \sqrt{t_0 + t}$	备注

2）瓦斯损失量计算

图解法：如图4 – 10所示，以V_0为纵坐标，以$T = \sqrt{t_0 + t}$为横坐标，将全部测点标绘在坐标纸上。将开始解吸一段时间内呈直线的各点（含$\sqrt{t_0}$）连线，并延长与纵坐标轴相交；直线在纵轴上的截距即为所求的瓦斯损失量。

解析法：煤样开始解吸一段时间内V_0与T成直线关系，即

$$V_0 = a + bT \qquad (4 – 2)$$

式中，a、b为待定常数，当$T = 0$时，$V_0 = a$，a值就是所求的瓦斯损失量。计算a值前，先按图解法作图，由图大致判定呈直线关系的各测点，根据各点的坐标值按最小二乘法求出a值。

（二）瓦斯残存量实验室测定

测定残存瓦斯含量需用真空脱气装置，如图4 – 11所示。容积为900 mL的大量管2支，最小分度值4 mL；小量管容积300 mL，最小分度值2 mL。球磨机的转速（135 ± 5）r/min，其中球磨罐如图4 – 12所示。恒温器，工作温度95 ~ 100 ℃。真空泵的极限真空度为76 MPa；干燥塔内装有氯化钙干燥剂。

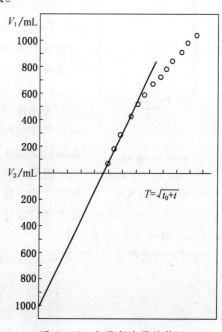

图4 – 10　气体损失量计算图

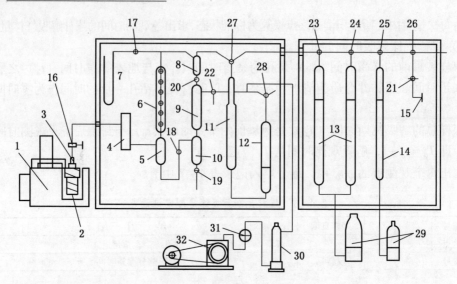

1—超级恒温器；2—密封罐；3—穿刺针头；4—滤尘管；5—集水瓶；6—冷却管；7—水银 U 形管；
8—隔水瓶；9—吸水管；10—排水瓶；11—吸气瓶；12—真空瓶；13—大量管；14—小量管；
15—取气支管；16—螺旋夹；17~21—单向活塞；22~26—T 形三通活塞；27、28—120°三通活塞；
29—水准瓶；30—干燥塔；31—分隔球；32—真空泵

图 4-11　真空脱气装置

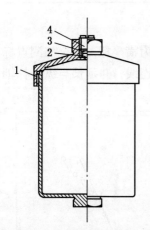

1—罐盖；2—密封垫；
3—压垫；4—压紧螺丝

图 4-12　球磨罐

1. 粉碎前的真空脱气

经过解吸测定的煤样，在密封状态下尽快送到实验室，若试漏检查合格，在关闭脱气仪真空计后，通过穿刺针头及真空胶管将密封罐与脱气仪连接。

先在 30 ℃常温下脱气，直至真空计液面开始下降为止。然后，再将煤样加热至 95~100 ℃恒温。每隔一段时间重新抽气，一直进行到 30 min 内泻出瓦斯量小于 10 mL 为止。将前后两次脱气量相加，得到煤样粉碎前的脱出的瓦斯气量 V_3。

2. 粉碎后脱气

关闭真空计，取下密封罐，迅速取出煤样装入球磨罐中密封并粉碎到粒度小于 0.25 mm 后再进行脱气，一直到真空计水银柱稳定为止，此脱气量为 V_4。

脱气、粉碎和气体分析均为残存瓦斯含量测定步骤之一，得出实验室煤样粉碎前后脱出的瓦斯量 V_3、V_4，最后将煤样称重并进行煤样工业分析。

（三）煤层瓦斯含量计算

煤层瓦斯含量是上述各阶段排出的瓦斯总体积与损失瓦斯量之和同煤样重量的比值，即

$$X_0 = \frac{V_1 + V_2 + V_3 + V_4}{G} \tag{4-3}$$

式中　X_0——煤层原始瓦斯含量，mL/g 或 mL/gr（可燃基）；

V_1——煤样解吸测定中累计解吸的瓦斯体积，mL；

V_2——推算出的瓦斯损失量，mL；

V_3——实验室煤样粉碎前脱出的瓦斯量，mL；

V_4——实验室煤样粉碎后脱出的瓦斯量，mL；

G——煤样质量，g 或煤的可燃基 gr。

应当说明的是，各阶段放出的瓦斯体积都应换算为标准状态下的体积进行计算。

二、石门钻孔解吸速度法测定瓦斯含量

1. 测定原理

石门钻孔煤屑解吸法适用于石门见煤、煤巷掘进和回采工作面现场测定煤层瓦斯含量。其原理与勘探钻孔测定煤芯瓦斯含量的解吸法相似，即认为钻孔煤屑解吸瓦斯速率与解吸时间之间为负指数函数关系。利用石门钻孔取钻屑，用解吸速度法测定煤层瓦斯含量。这种测定方法的优点是：煤样暴露时间短（一般为 3~5 min），且煤样瓦斯解吸起始时间能准确测定；煤样在钻孔内的瓦斯解吸条件与空气中基本相同。煤解吸瓦斯速度随时间的变化规律符合下式：

$$q = q_1 t^{-k} \tag{4-4}$$

式中　q——解吸时间为 t 时煤样的瓦斯解吸速度，mL/(g·min)；

q_1——解吸时间开始时（$t=1$ min）煤样瓦斯解吸速度，mL/(g·min)；

t——煤样瓦斯解吸时间，min；

k——煤样瓦斯解吸速度随时间的衰减系数。

在解吸时间为 t 时的累计解吸瓦斯量为

$$Q = \int_0^t q_1 t^{-k} \mathrm{d}t = \frac{q_1}{1-k} t^{1-k} \tag{4-5}$$

用该法测定时，从石门钻孔见煤开始计时，直至开始进行煤样瓦斯解吸测定这段时间即为 t_0。煤样瓦斯解吸前损失的瓦斯量为

$$Q_1 = \frac{q}{1-k} t_0^{1-k} \tag{4-6}$$

式中　Q_1——煤样损失瓦斯量，mL/g；

t_0——解吸测定前煤样暴露时间，min。

通过煤样瓦斯解吸速度随时间变化的测定，确定 k 值后，即可按式（4-6）确定瓦斯损失量。其他各部分瓦斯量的测定与地勘法相同。

该法的适用条件是衰减系数 k 必须小于 1。现场应用时，采用孔径 1 mm 的筛子采样，煤样粒度都小于 1 mm，实测衰减系数 k 的变化范围为 0.59~0.93。

2. 测定方法

使用煤电钻在预定位置钻取煤屑，用孔径 1~3 mm 的筛子筛分，将粒度 1~3 mm 的煤样装满密封罐。记录取样深度，自钻孔揭开采样段 3 min 时启动解吸仪（图 4-13），打开密封罐

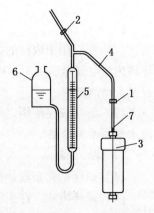

1、2—弹簧夹；3—密封罐；
4—胶管；5—量管；6—水准瓶；7—针头

图 4-13　解吸仪

与量管之间胶管的弹簧夹，记下量管读数。读值时要使水准瓶与量管的液面对齐。瓦斯解吸速率测定共进行 2 h，在第 1 h 内第一次测定间隔 2 min，以后每隔 2～5 min 读一次数；在第 2 h 内每隔 10～20 min 内读一次数。如果量管体积不足以容纳解吸瓦斯，可以中途关闭弹簧夹记下量管读数，打开通大气的弹簧夹，举高水准瓶排出部分解吸瓦斯后，关闭通大气的弹簧，记下量管读数，以此作为新的起点。重新打开密封罐解吸瓦斯弹簧夹，继续进行测定，同时要记录测定地点的气温与气压。

解吸瓦斯量按式（4 - 1）换算成标准条件下的体积。

$$V_0 = \frac{273.2}{101.325(273.2 + t)}(p_1 - 0.00981h - p_2)V \qquad (4-7)$$

式中　V_0——标准状态下解吸瓦斯体积，mL；

　　　V——量管内瓦斯解吸体积，mL；

　　　p_1——测定地点大气压力，kPa；

　　　t——量管内的水温，℃；

　　　h——量管内的水柱高，mm；

　　　p_2——t_1 时的饱和水蒸气压力，kPa，见表 4 - 6。

解吸测定后的煤样送实验室进行真空脱气与粉碎后再脱气测定。最后按勘探钻孔煤芯解吸法进行测定结果计算。

三、煤层瓦斯含量井下直接测定方法

该方法适用于煤矿井下利用解吸法直接测定煤层瓦斯含量，不适用于严重漏水钻孔、瓦斯喷出钻孔及岩芯瓦斯含量测定。

（一）测定所需仪器设备及采样

1. 仪器设备

主要设备为瓦斯解吸速度测定仪，如图 4 - 14 所示。量管有效体积不小于 800 cm^3，最小刻度 2 cm^3。

2. 采样

1）采样前准备

（1）所有用于取样的煤样罐在使用前必须进行气密性检测。气密性检测可通过向煤样罐内注空气至表压 1.5 MPa 以上，关闭后搁置 12 h，压力不降方可使用。禁止在丝扣及胶垫上涂润滑油。

（2）解吸仪在使用之前，将量管内灌满水，关闭底塞并倒置过来，放置 10 min 量管内水面不动为合格。

2）煤样采集

（1）采样钻孔布置。同一地点至少应布置两个取样钻孔，间距不小于 5 m。

（2）采样方式。在未经过瓦斯抽采的石门、岩石巷道或新暴露的采掘工作面向煤层打钻，用煤芯采取器（简称煤芯管）采集煤芯或定点取样采集煤屑，采集煤芯时一次取芯长度应不小于 0.4 m。

3）采样深度

采样深度应超过钻孔施工地点巷道的影响范围，并满足以下要求：在采掘工作面取样

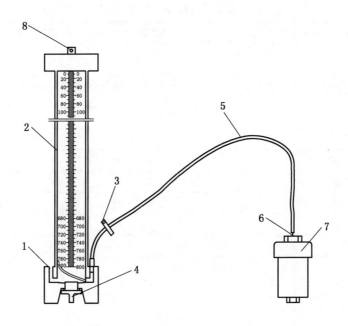

1—排水口；2—量管；3—弹簧夹；4—底塞；5—排气管；
6—穿刺针头或阀门；7—煤样罐；8—吊环
图4-14　瓦斯解吸速度测定仪与煤样罐连接示意图

时，采样深度应根据采掘工作面的暴露时间来确定，但不得小于 12 m；在石门或岩石巷道采样时，距煤层的垂直距离应视岩性而定，但不得小于 5 m。测定残余瓦斯含量时，取样不受此限制。

　　4）采样时间

　　采样时间是指用于瓦斯含量测定的煤样从割芯（或钻屑）到被装入煤样罐密封所用的实际时间。采样时间越短越好，并且不得超过 30 min。

　　5）取样

　　取出煤芯后，对于柱状煤芯，采取中间含矸石少的完整的部分；对于粉状及块状煤芯，要剔除矸石、泥石及研磨烧焦部分。不得用水清洗煤样，保持自然状态装入密封罐中，不可压实，罐口保留约 10 mm 空隙。

　　6）煤样罐密封

　　煤样罐密封前，先将穿刺针头插入罐盖上部的密封胶垫，以避免造成煤样罐憋气现象，然后再用扳手拧紧罐盖，再将排气管与穿刺针头连接来测定瓦斯解吸速度。

　　7）参数记录

　　采样时，应同时收集以下有关参数并记录在表4-8中。

　　（二）井下自然解吸瓦斯量测定

　　（1）井下自然解吸瓦斯量采用解吸仪测定。如图4-14所示，煤样罐通过排气管 5 与解吸仪连接后，打开弹簧夹 3，随即有从煤样泄出的瓦斯进入量管，用排水集气法将瓦斯收集在量管内。

表4-8 采 样 记 录 表

煤样编号			采样日期		年　月　日	
采样地点		矿井	采区		工作面	煤层
采样点坐标	$X=$	$Y=$	地面标高	$Z=$	井下标高	$Z=$
采样方式			采样罐号			
钻孔遇煤深度/m			采样深度/m			
工作过程						
钻孔遇煤时间（石门或岩巷）				日　时　分　秒		
煤样装罐时间				日　时　分　秒		
煤样装罐结束时间				日　时　分　秒		
开始解吸时间				日　时　分		
煤样暴露时间/min						
试验地点地质概括						
煤质描述						

送样时间：　　年　月　日　　　　　　　　　　　　　　工作人员：

（2）每间隔一定时间记录量管读数 V_t 及测定时间 T，连续观测 60 min 或解吸量小于 2 cm³/min 为止。开始观测前 30 min 内，间隔 1 min，以后每隔 2~5 min 读数一次；将观测结果填写到表4-9中，同时记录气温、水温及大气压力。

表4-9 井下自然解吸瓦斯量测定记录表

煤样编号		采样日期			年　月　日				
采样地点		矿井	采区	工作面	煤层				
采样罐号		仪器号			煤样暴露时间 $T_0=$　　min				
测 定 结 果									
测定时间	观测时间 T/min	量管读数 V_t/cm³	水柱高 h_ω/mm	校正体积 V_{t0}/cm³		瓦斯解吸速度 q_t/(cm³·min⁻¹)	$\sqrt{t}=\sqrt{T_0+T}$	$t'=\dfrac{t_i+t_{i-1}}{2}$	备注
				体积	累计				

大气压力 $p=$　　kPa；气温 $t_n=$　　（℃）；水温 $t_w=$　　（℃）

审核：　　　　　　　　　　　　　　　　　　　　　　工作人员：

（3）如果量管体积不足以容纳60 min内从煤样泄出的全部瓦斯，可以中途用弹簧夹3

夹住排气管与解吸仪断开，重新迅速给解吸仪补足清水，然后打开弹簧夹 3 连通解吸仪继续观测。

（4）如果在解吸仪观测中没有瓦斯泄出，应当检查穿刺针头、排气管及煤样罐上部排气孔是否堵塞。如果没有堵塞，则是瓦斯含量过小所致，此时，即可终止观测，送实验室测定。

（5）观测结束后，抽出穿刺针头，将压紧螺丝稍加拧紧（用力适度，不可过紧，以免胶垫失去弹性）。

（6）煤样罐密封运到井上后要进行试漏，将煤样罐沉入清水中，仔细观察 5 min，检查有无气泡冒出。如果发现有气泡渗出，则要更换煤样罐或胶垫重新取样。如不漏气，可以送实验室继续进行实验。

（三）残存瓦斯含量测定

残存含量测定有脱气法、常压自然解吸法两种方法。

煤样送到实验室后，要进行试漏；如发现漏气即为废品，将检查结果在报告中注明。检查瓦斯煤样送验单与罐号是否符合，试验资料是否齐全；经检查无误后，统一登记编号，然后尽快进行下一步测定工作。

1. 脱气法

1）脱气前的准备工作

（1）真空脱气装置各玻璃部件组装前要清洗、烘干。组装后，在吸气瓶 11、真空瓶 12 及大量管 13（图 4 - 11）里充以适量的酸性饱和食盐水做限定液。真空系统各连接部分用真空封胶密封。真空活塞洗净后涂以真空封脂。在擦洗活塞时，要防止有机溶剂对仪器的污染。

（2）真空脱气装置使用前要严格进行气密性检查，要求真空系统在仪器最大真空度下放置 240 min，真空计水银液面上升不超过 5 mm。各量管在水准瓶放低情况下液面保持不动。

（3）仪器检修后要重新进行气密性检查。

2）煤样粉碎前脱气

（1）预抽真空。煤样与脱气仪连接前，对仪器左侧真空系统抽气，达到最大真空度时停泵，观察真空计水银液面，在 10 min 内保持不动为合格。

（2）煤样罐与脱气仪连接。关闭脱气仪的真空计，通过穿刺针头及真空胶管将煤样罐与脱气仪连接。

（3）煤样脱气。①粉碎前常温脱气：煤样首先在 30 ℃恒温下脱气，直至真空计水银液面不动为止，每隔 30 min 重新抽气，一直进行到每 30 min 内泄出瓦斯量小于 10 cm^3；②粉碎前加热脱气：常温脱气后，再将煤样加热至 95 ~ 100 ℃恒温，重复脱气，脱气终了后，关闭真空计，取下煤样罐，迅速地取出煤样立即装入球磨罐中密封。

脱气过程中如集水瓶积水过多妨碍气流通过时，应及时将积水排出。排水时要防止将真空系统中瓦斯抽出。

3）煤样粉碎后脱气和称重。

（1）煤样粉碎。球磨罐使用前进行气密性检查。

煤样装罐时，如果块度较大，应事先将煤样在罐内捣碎至粒度 25 mm 以下，然后拧紧罐盖密封。

煤样粉碎到粒度小于 0.25 mm 的重量超过 80% 为合格。

（2）脱气和称重。

煤样粉碎后进行脱气，本阶段脱气要一直进行到真空计水银柱稳定为止；然后关闭真空计，取下球磨罐，待罐体冷却至常温后，打开罐体，称量煤样重量（称准到 1 g），制成分析煤样，按《煤的工业分析方法》分析 M_{ad}、A_{ad} 及 V_{daf}；剩余煤样保留 1 个月后处理。

4）气体体积的计量

读取量管读数时应提高水准瓶，使量管内外液面齐平；同时并记录大气压力、气压表温度及室温，将观测结果填写到表 4-10 中。

表 4-10 煤样脱气记录表

煤样编号						
采样地点		矿井	采区		工作面	煤层
采样工具			采样深度		m	
测 定 结 果						
脱气阶段		粉 碎 前			粉 碎 后	
脱气时间/min	起		止	起		止
量管读数/cm³		起	止		起	止
累计气体体积/cm³						
大气压力/kPa						
气压计温度/℃						
室温/℃						
校正后体积/cm³						

煤样粉碎时间：　　　　　　　　　　起

　　　　　　　月　日　时　计：

　　　　　　　　　　　　　　　止

煤样重量：　　　g

煤质分析：M_{ad} =　　　% ；A_{ad} =　　　% ；V_{daf} =　　　%

干燥无灰基质量：　　　g

备 注	

工作人员：　　　　　　　　　　　　　　　　审核：

提交报告时间：　　年　月　日

如果 3 支量管不足以容纳全部脱出的气体时，可以将气体混合均匀后，将 2 支大量管的气体排出，保留小量管内的气体，同时记录排出的气体体积及相应的参数。脱气完了后，将气样大致按前后脱出气体体积比例混合；然后，取混合气样进行分析，也可对前后两次脱出气体分别取样分析计算。

2. 常压自然解吸法

1）解吸系统密封性检查

将量管充水至一定高度后隔绝量管与外界连通，待液面稳定后，若量管内液面在 5 min 内下降刻度小于 2 cm³ 则气路密封性合格。

2）煤样罐与地面解吸装置连接

通过胶管将煤样筒与地面解吸装置连接，如图 4 – 15 所示。

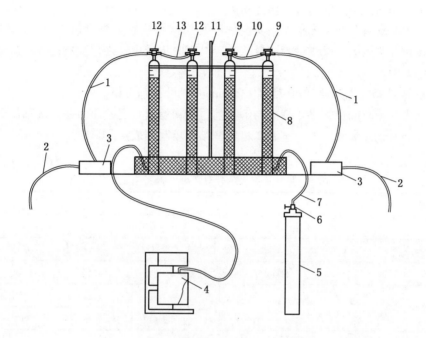

1—抽气管；2—排气管；3—微型真空泵；4—粉碎机料钵；5—煤样罐；6—阀门；7—进气管；
8—量管；9—大量管阀门；10、13—连接胶管；11—试验架；12—小量管阀门

图 4 – 15　常压自然解吸测定装置

3）粉碎前自然解吸瓦斯量测定及煤样称重

（1）读取并记录量管液面初始读数，缓慢打开煤样筒阀门，隔一定时间间隔读取一次瓦斯的解吸量，时间间隔的长短取决于解吸速度；并注意观察解吸累计量的变化规律，发现异常及时处理或报废。

（2）当实测解吸瓦斯体积达到单根测量管最大量程 85% 时，打开转换手柄用第二根测量管测量。

（3）当解吸一段时间后，玻璃管内不再有气泡冒出时解吸完毕，读取并记录解吸玻璃管液面终止读数。

（4）将煤样罐内煤样倒入煤样盆中，进一步去除矸石等非煤物质，然后放置在天平上进行煤样总重称量。

（5）记录解吸周围环境的温度、大气压力、煤样重量、测试人员以及煤样送达实验室和开始地面解吸的时间，将实验测定数据填入表 4 – 11 中。

4）粉碎后自然解吸瓦斯量测定

从煤样盆中取两份相等量的二次煤样，记录二次煤样重量，煤样的质量一般是 100 ~ 300 g，选择整芯或较大块的煤样，确保二次煤样和全煤样有相同的特性。如果两份二次煤样测试结果有较大的差别，应该再取第三份二次煤样。若待粉碎煤样块度较大，应事先将煤样捣碎至粒度 25 mm 以下。

将称量好的二次煤样逐份放入粉碎机料钵内，盖好带有密封圈的盖子，并压紧密封严实。

记录量管初始读数，然后进行煤样粉碎。

运行时观测解吸瓦斯量体积，当实测解吸瓦斯体积达到单根测量管最大量程的 85% 时，打开转换开关用第二根测量管测量，粉碎结束时记录量管终止读数；将实验测定数据填入表 4 – 11 中。

煤样粉碎到 95% 煤样通过 60 目（0.25 mm）的分样筛合格。

解吸结束后读取的量管终止读数与解吸前量管初始读数之差即为在本次条件下的解吸瓦斯体积，同时记录大气压力、室温，将观测结果填写到表 4 – 11 中。

表 4 – 11　实验室煤样自然解吸测定记录表

煤样编号							
采样地点		矿井		采区	工作面		煤层
大气压力（p_1）			kPa	水温（t_1）			℃
粉碎前自然解吸瓦斯量测定记录							
煤样质量/g				量管读数/cm^3		起	止
粉碎后自然解吸瓦斯量测定记录							
煤 样		第一份煤样			第二份煤样		
粉碎时间/min		起	止	起	止		测定备注：
量管读数/cm^3		起	止	起	止		
煤样质量/g							
常压不可解吸瓦斯量参数记录							
a		b		A_d	π		γ
常压吸附量				常压游离瓦斯量			
备注							

测试人员：　　　　　　　　　　　　　　　　　　　　　　　审核：

提交报告时间：　　　年　　月　　日

3. 数据处理

1）气体体积校正

（1）自然解吸瓦斯量体积（井下、粉碎前及粉碎后）的换算。

按式（4-8）将瓦斯解吸过程中得到的每次量管读数换算为标准状态下体积：

$$V_{t0} = \frac{273.2}{101.33 \times (273.2 + t_w)} \times (p_1 - 0.00981 h_w - p_2) \times V_t \qquad (4-8)$$

式中　V_{t0}——换算到标准状态下的气体体积，cm^3；

　　　V_t——T 时刻量管内气体体积读数，cm^3；

　　　p_1——大气压力，kPa；

　　　t_w——量管内水温，℃；

　　　h_w——量管内水柱高度，mm；

　　　p_2——t_w 时水的饱和蒸汽压，kPa。

将每次量管读数逐个换算填入表4-11中，求出各观测时间的瓦斯解吸速度 q_t。

（2）两次脱气气体体积的换算。

按式（4-9）将两次脱气的气体体积换算到标准状态下的体积：

$$V_{tn0} = \frac{273.2}{101.33 \times (273.2 + t_n)} (p_1 - 0.0167 C_0 - p_2) \times V_{tn} \qquad (4-9)$$

式中　V_{tn0}——换算到标准状态下的气体体积，cm^3；

　　　t_n——实验室温度，℃；

　　　p_1——大气压力，kPa；

　　　C_0——气压计温度，℃；

　　　p_2——在室温 t_n 下饱和食盐水的饱和蒸汽压（表4-6），kPa；

　　　V_{tn}——在实验室温度 t_n（℃）、大气压力 p（kPa）条件下量管内气体体积，cm^3。

2）损失瓦斯量计算

（1）煤样解吸瓦斯时间的计算。

规定在指定取样位置割煤（钻屑）到一半的时间为零时间，暴露时间（T_0）为从零时间到装罐结束（开始解吸测定）的时间，其计算公式为

$$T_0 = \frac{1}{2}(T_2 - T_1) + (T_3 - T_2) \qquad (4-10)$$

式中　T_0——暴露时间，min；

　　　T_1——取煤芯（屑）开始时刻，时：分：秒；

　　　T_2——取煤芯（屑）结束（开始退钻）时刻，时：分：秒；

　　　T_3——装罐结束（开始解吸测定）时刻，时：分：秒。

煤样的解吸瓦斯时间 t 是暴露时间（T_0）与装罐后解吸观测时间（T）之和，即 $t = T_0 + T$。

（2）损失瓦斯量的计算。损失瓦斯量可采用 $\sqrt{t}$ 法和幂函数法计算。

① $\sqrt{t}$ 法。根据煤样开始暴露一段时间内 V_{t0} 和 $\sqrt{t}$ 呈直线关系来进行确定，即

$$V_{t0} = a + b\sqrt{t} \qquad (4-11)$$

式中，a、b 为待定常数，当 $\sqrt{t} = 0$ 时，$V_{t0} = a$，a 值即为所求的损失瓦斯量。

计算 a 值前首先以 $\sqrt{t}$ 为横坐标，以 V_{t0} 为纵坐标作图，由图大致判定呈线性关系的各测

点，然后根据这些点的坐标值，按最小二乘法求出 a 值，即为所求的损失瓦斯量。

② 幂函数法。将测得的 (t, V_t) 数据转化为解吸速度数据 $\left(\dfrac{t_i + t_{i-1}}{2}, q_t\right)$，并填在表 4-9 中，然后对 $\left(\dfrac{t_i + t_{i-1}}{2}, q_t\right)$ 按式 (4-12) 拟合求出 q_0 和 n。

$$q_t = q_0 (1 + t)^{-n} \tag{4-12}$$

式中　q_t——时间 t 对应的瓦斯解吸速度，cm^3/min；

　　　q_0——$t = 0$ 时对应的瓦斯解吸速度，cm^3/min；

　　　t——包括取样时间 T_0 在内的瓦斯解吸时间，min；

　　　n——瓦斯解吸速度衰减系数，$0 < n < 1$。

煤样的损失瓦斯量按式 (4-13) 计算：

$$V_s = q_0 \left[\frac{(1 + T_0)^{1-n} - 1}{1 - n} \right] \tag{4-13}$$

式中　V_s——煤样损失瓦斯量，cm^3；

　　　T_0——煤样暴露时间，min。

4. 煤层瓦斯含量计算

采用脱气法测定时，煤层瓦斯含量包括井下解吸瓦斯量、损失瓦斯量、粉碎前瓦斯量、粉碎后瓦斯量 4 部分；采用常压自然解吸法测定时，煤层瓦斯含量包括井下解吸瓦斯量、损失瓦斯量、粉碎前自然瓦斯解吸量、粉碎后自然瓦斯解吸量与常压不可解吸瓦斯量 5 部分。

1) 各阶段的煤样瓦斯含量计算

(1) 采用脱气法测定时，井下解吸瓦斯量、损失瓦斯量、粉碎前瓦斯量、粉碎后瓦斯量按式 (4-14) 计算：

$$X_i = \frac{\sum V_i}{m} \tag{4-14}$$

式中　X_i——各阶段煤样瓦斯含量，cm^3/g；

　　　m——煤样质量（分为空气干燥基和干燥无灰基），g；

　　　V_i——各阶段某种气体体积，cm^3。

(2) 采用常压自然解吸法测定时，井下解吸瓦斯量、损失瓦斯量、粉碎前自然瓦斯解吸量、粉碎后自然瓦斯解吸量按式 (4-14) 计算。常压不可解吸瓦斯量可按式 (4-15) 计算或采用《煤的甲烷吸附量测定方法》(MT/T 752—1997) 标准测定的常压吸附量，常压吸附量与标准大气压状态下的游离瓦斯含量之和即为常压不可解吸瓦斯量。

$$X_b = \frac{0.1ab}{1 + 0.1b} \times \frac{100 - A_{ad} - M_{ad}}{100} \times \frac{1}{1 + 0.31 M_{ad}} + \frac{\pi}{\gamma} \tag{4-15}$$

式中　X_b——煤在标准大气压力下的不可解吸瓦斯量，cm^3/g；

　　　a——煤的瓦斯吸附常数，试验温度下煤的极限吸附量，cm^3/g；

　　　b——煤的瓦斯吸附常数，MPa^{-1}；

　　　A_{ad}——煤的灰分，%；

　　　M_{ad}——煤的水分，%；

　　　π——煤的孔隙率，cm^3/cm^3；

γ——煤的容重（假比重），g/cm^3。

2）煤层瓦斯含量计算

（1）采用脱气法测定时，按式（4-16）计算：

$$X = X_1 + X_2 + X_3 + X_4 \qquad (4-16)$$

式中　X_1——煤样的解吸瓦斯量，cm^3/g；

X_2——煤样的损失瓦斯量，cm^3/g；

X_3——煤样粉碎前脱气瓦斯量，cm^3/g；

X_4——煤样粉碎后脱气瓦斯量，cm^3/g。

（2）采用常压自然解吸法测定时，按式（4-17）计算：

$$X = X_1 + X_2 + X_3 + X_4 + X_b \qquad (4-17)$$

式中　X_1——煤样的井下解吸瓦斯量，cm^3/g；

X_2——煤样的损失瓦斯量，cm^3/g；

X_3——煤样粉碎前解吸瓦斯量，cm^3/g；

X_4——煤样粉碎后解吸瓦斯量，cm^3/g；

X_b——不可解吸瓦斯量，cm^3/g。

四、间接测定法

煤层瓦斯含量由吸附瓦斯量和游离瓦斯量两部分组成。间接法测定煤层瓦斯含量就是根据已知的煤层瓦斯压力和实验室测出的煤的吸附常数值计算煤层的瓦斯含量。因此它包括三项内容：一是在实验室测定煤层的吸附常数 a、b 值；二是测定煤的工业分析和孔隙体积；三是在井下现场实测煤层瓦斯压力。根据测定的煤层瓦斯压力，利用郎格缪尔方程计算出煤层瓦斯含量。即

$$X = \frac{abp}{1+bp} \cdot \frac{100 - A_{ad} - M_{ad}}{100} \cdot \frac{1}{1 + 0.31 M_{ad}} + \frac{10 Kp}{\gamma} \qquad (4-18)$$

式中　X——煤层瓦斯含量，m^3/t；

a——吸附常数，试验温度下纯煤的极限吸附量，m^3/t；

b——吸附常数，MPa^{-1}；

p——煤层瓦斯绝对压力，MPa；

A_{ad}——煤的灰分,%；

M_{ad}——煤的水分,%；

K——煤的孔隙体积，m^3/m^3；

γ——煤的视密度，t/m^3。

式（4-18）右边第一部分为煤的吸附瓦斯量，第二部分为游离瓦斯量。

【例4-3】铜冶煤矿-250皮带下山煤样瓦斯含量测定

（1）煤的工业分析及瓦斯吸附常数的实验室测定。将-250带式输送机下山临时水仓采集的煤样封装好，在较短时间内送实验室进行测定，测定结果见表4-12。

（2）瓦斯含量计算结果。将实测得到的瓦斯压力 $p = 1.05 MPa$ 及表中数据代入式（4-18）计算得瓦斯含量为 8.54 m^3/t。

表 4 - 12　煤的工业分析及吸附常数测定

取 样 地 点	工　业　分　析					吸附常数	
	$M_{ad}/$ %	$A_{ad}/$ %	真比重	假比重	孔隙率/ %	$a/$ $(m^3 \cdot t^{-1})$	$b/$ MPa^{-1}
-250 皮带下山临时水仓	2.08	24.56	1.66	1.0	3.61	31.25	0.0723

五、瓦斯含量系数法

以上两种方法的优点是测定结果比较准确,用于计算瓦斯储量、预算瓦斯涌出量较好,而用于分析瓦斯流动规律或要求不甚精确的场合则感到比较繁杂,测定工作量较大。因此应用瓦斯含量系数法来测量瓦斯含量比较简便。

1. 测定原理

瓦斯含量测试表明,煤层瓦斯含量和瓦斯压力之间大致存在着抛物线关系:

$$X = a\sqrt{p} \tag{4-19}$$

式中　a——瓦斯含量系数,$m^3/(m^3 \cdot MPa^{1/2})$;

　　　X——煤层瓦斯含量,m^3/m^3;

　　　P——瓦斯压力,MPa。

计算的误差一般小于10%,但瓦斯压力小于0.2 MPa 时误差较大。

2. 瓦斯含量系数的测定方法

(1) 在工作面煤壁上,用电钻钻取深 1 m 处的煤屑,选取粒径 0.18 ~ 0.20 mm 煤样,装满测定罐(罐体积 130 ~ 140 mL,可装煤屑 60 ~ 80 g),并密封。

(2) 将有充足瓦斯源的钻孔与打气筒吸气管相通,用打气筒把煤层瓦斯注入装满煤样的测定罐内,注入压力可达 2 MPa 以上。

(3) 在恒温箱内保持测定罐处于煤层温度,恒温 8 h 后,记录罐内瓦斯压力 p_1。

(4) 用水准瓶和集气瓶测定测定罐一次放出的瓦斯量 Q_{1-2}。

(5) 放气后将测定罐再放入恒温箱内 8 h,然后记录稳定瓦斯压力 p_2。

按式 (4-20) 计算瓦斯含量系数:

$$a = \frac{p_a Q_{1-2} - \left(V - \dfrac{G}{\gamma}\right)(p_1 - p_2)}{(\sqrt{p_1} - \sqrt{p_2})G} \times \gamma \tag{4-20}$$

式中　　　a——瓦斯含量系数,$m^3/(m^3 \cdot MPa^{1/2})$;

　　　　　G——测定罐内煤样重,g;

　　　　　γ——煤的容重,g/mL;

　　p_1、p_2——测定罐排放瓦斯前、后稳定的瓦斯压力,MPa;

　　　Q_{1-2}——瓦斯压力由 p_1 降至 p_2 排放出的瓦斯量,mL;

　　　　　V——测定罐的容积,mL;

　　　　　p_a——大气压力,MPa。

该方法的优点是直接就地测量,煤样水分、测定瓦斯成分与煤层相同,操作简单,两日内可得成果;缺点是粗糙、近似。

六、高压吸附法

高压吸附法是常用的实验室测定方法之一。它是把从井下采的新鲜煤样进行粉碎，取粒度 0.2 ~ 0.25 mm、重 300 ~ 400 g 煤样装入测定罐。先在恒温 60 ℃高真空条件下进行两天脱气，然后在 0.1 ~ 5.0 MPa 压力与 30 ℃恒温条件下吸附甲烷、测量吸附或解吸的瓦斯量，最后换算成标准状态下每克可燃物吸附的瓦斯量以及吸附常数 a、b，并绘制 30 ℃下等温吸附曲线。测定瓦斯量可采用图 4 – 17 所示的装置。

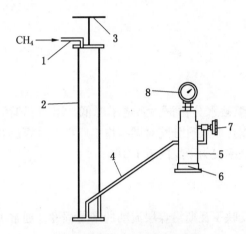

1—吸气筒；2—打气管；3—手把；
4—注气管；5—测定罐；6—测定罐底盖；
7—阀门；8—压力表

图 4 – 16　向测定罐注入瓦斯

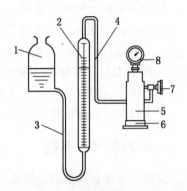

1—水准瓶；2—量管；3—胶管；
4—排气胶管；5—测定罐；6—测定罐底盖；
7—阀门；8—压力表

图 4 – 17　测定罐排放瓦斯

七、瓦斯残存含量智能测定

中国煤炭科工集团沈阳研究院研制的 CCL – 1 型瓦斯残存含量智能测定仪，用于煤层瓦斯残存量、可解吸瓦斯量的精确测量。其在井下取煤样密封装罐并测定解吸量后，在实验室测定残存瓦斯含量。其是老式脱气仪的替代产品，实现了计算机智能化全程控制与监测，测量精确，相对误差 1%。残存瓦斯含量测定时间由原来玻璃管仪器的每样 48 h 缩短到每样 8 h，煤样罐与仪器连接后，计算机全程操作进行脱气测定，自动数据处理、打印。

第三节　煤层透气性系数测定与计算

一、煤的渗透性及其影响因素

煤是一种孔隙 – 裂隙结构体，不同的煤其孔隙和裂隙尺寸、结构形式以及发育程度均有很大的差别。气体和液体在一定的压力梯度下能在煤体内流动，说明煤具有渗透性能。影响煤的渗透性的因素有：

（1）煤的孔隙结构。瓦斯在煤中的流动状态取决于煤的孔隙直径，直径 0.01 cm 至更大的肉眼可见的孔隙和裂隙在煤的总孔隙中占的比重越大，煤的渗透性越好。

（2）煤的裂隙。煤的裂隙越发育，煤的渗透性越大。

（3）地应力。煤承受荷载时使煤的裂隙和孔隙缩小和闭合，导致煤的渗透性能降低；卸除荷载时则相反。煤层采掘时，由于集中应力的作用，煤体压缩变形，孔隙率降低，影响瓦斯渗透；反之因卸压作用，孔隙和裂隙张开扩大，煤体伸张变形，同时还将产生新的裂隙，渗透率就会扩大，利于瓦斯渗透。

煤的渗透率与其承受压力的关系可用下面的经验式表示：

$$K = K_0 e^{-bp} \tag{4-21}$$

式中　　K——承压煤样的渗透率，cm^2；

　　　　K_0——未承压煤的渗透率，cm^2；

　　　　b——经验常数（由试验确定），MPa^{-1}；

　　　　p——煤样承受的压力，MPa。

（4）煤的水分。煤被水湿润后，煤中的孔隙被水分占据，渗透率降低，阻碍瓦斯流动，渗透率降低的程度与煤的水分大小有关。据抚顺煤科分院对湖南里王庙矿 6 号煤层和阳泉一矿 3 号煤层的煤样测定结果，湿煤的渗透率仅为干煤的近 1/10。

二、煤层透气性系数

煤层透气性表征煤层对瓦斯流动的阻力，反映了瓦斯沿煤层流动的难易程度，通常用煤层透气系数表示。

原始煤层的透气性是很低的，瓦斯在煤层中每昼夜流动仅几厘米到几米，为层流运动，一般符合达西定律，即瓦斯流动速度与压力成正比：

$$v = -\frac{K\mathrm{d}p}{\mu\mathrm{d}x} \tag{4-22}$$

式中　　v——瓦斯流动速度，cm/s；

　　　　K——煤的渗透率，cm^2；

　　　　μ——瓦斯的绝对黏度，1.08×10^{-8} $Pa \cdot s$；

　　　　$\mathrm{d}p$——在 $\mathrm{d}x$ 长度内的压差，MPa；

　　　　$\mathrm{d}x$——与瓦斯流动方向一致的某一极小长度，cm。

当煤柱体两端瓦斯气体的压力差为 $p_1 - p_2$ 时，流过截面积 A 的煤柱体的瓦斯体积流量可用下式表示：

$$Q = \frac{KA(p_1 - p_2)}{\mu L} \tag{4-23}$$

式中　　L——煤柱体两端的距离，m。

将 Q 换算成标准大气状态，根据理想气体状态方程，$pQ = p_0 Q_0$，取 $p = \dfrac{p_1 + p_2}{2}$，则有

$$Q = \frac{pQ}{p_0} = \frac{(p_1 + p_2)}{2}\frac{Q}{p_0} = \frac{(p_1 + p_2)}{2p_0}\frac{KA(p_1 - p_2)}{\mu L}$$

$$= \frac{KA(p_1^2 - p_2^2)}{2p_0 \mu L}$$

令 $\dfrac{K}{2\mu p_0} = \lambda$，$\lambda$ 是煤层的透气性系数。则有

$$Q_0 = \frac{\lambda A (p_1^2 - p_2^2)}{L} \tag{4-24}$$

煤层透气性系数的物理意义是在 1 m 长的煤体上，当压力平方差为 1 MPa² 时，通过 1 m² 煤体的断面，1 昼夜流过的瓦斯量（m³）。1 m²/（MPa²·d）相当于 0.025 mD。

三、煤层透气系数测定

煤层透气系数的测定方法很多，但用于井下的测定方法主要有径向稳定流测定法和径向不稳定流测定法。

1. 径向稳定流测定法

1）测定方法

在石门揭煤前，先打两个测压钻孔（1 号、2 号）测定瓦斯压力，待压力平衡后，在两个测压孔之间再打一个排瓦斯钻孔（3 号），排瓦斯钻孔与两个测压孔之间的距离分别为 r_1、r_2。因排瓦斯钻孔（3 号）涌出瓦斯，则使排瓦斯钻孔（3 号）与两测压钻孔之间造成瓦斯压力变化，并可测得排瓦斯钻孔（3 号）的瓦斯流量 Q_0，将测得数据代入计算公式就可以求得透气性系数 λ。

这种测定方法简便，但只能在煤层透气性大、打完钻孔后即可明显看出钻孔间瓦斯压力变化时才能应用，所以不适用于透气性较小的煤层。

2）计算公式

$$\lambda = \frac{C Q_0 \ln \dfrac{r_1}{r_0}}{m (p_1^2 - p_2^2)} \tag{4-25}$$

式中　λ——透气性系数，m²/（MPa·d）；

　　　Q_0——在大气压力为 0.101325 MPa（标准大气压）时的钻孔瓦斯流量，m³/d；

　　　r_1——排放瓦斯钻孔（3 号）距测压钻孔的距离，m；

　　　r_0——排放半径，m；

　　　m——煤层厚度，m；

　　　p_1——1 号钻孔测得的绝对瓦斯压力，MPa；

　　　p_2——3 号排放钻孔中的瓦斯压力，一般为 0.101325 MPa；

　　　C——系数，$C = 1.634 \times 10^{-3}$。

2. 径向不稳定流测定法

1）测定方法

从岩巷向煤层打钻孔测定煤层瓦斯压力。要求钻孔与煤层尽量垂直，孔径不限；记录钻孔方位角、仰角和钻孔在煤层中的长度，记录见煤和打完煤层的时间，取平均值作为钻孔开始排放瓦斯时间的起点；打完钻孔后要清除孔内煤屑，封孔测定瓦斯压力，封孔要严密不漏气，封孔深度不少于 3 m，测压管常用 $\phi 8 \sim 10$ mm 紫铜管，瓦斯涌出量大时可用 $\phi 15$ mm 的钢管；上压力表前要测定瓦斯流量，并记录流量和测定时间（年、月、日、时、分）。

卸下压力表排放瓦斯，测定钻孔瓦斯流量，在测定时要记录时间。为了安全，卸表与

排气可使用带有排气孔的压力表接头，使测压导气管与排气孔沟通而控制排气量。对于风量不大的测压巷道，卸表时有大量瓦斯放出，会造成巷道瓦斯浓度超限，为了安全起见在压力表接头的排气孔上焊一段小管，用胶管将排出的瓦斯引入瓦斯管路或回风巷中。

透气性的测定方法如图 4 – 18 所示。

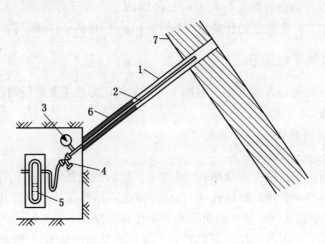

1—钻孔；2—测压管；3—压力表；4—阀门；5—流量计；6—钻孔密封段；7—煤层

图 4 – 18　煤层透气性测定示意图

测量流量的仪表，当流量大时可用小型孔板流量计；而流量小时可用煤气表，也可用排水集气法测气体的流量。

封孔后上表前测定的流量也可用来计算透气性系数。

2）计算方法

煤的透气性系数在井下测定，并以表 4 – 13 计算。

表 4 – 13　径向不稳定流动参数计算公式

流量准数 Y	时间准数 $F_0 = B\lambda$	系数 a	指数 b	煤层透气系数 λ	常数 A	常数 B
$Y = aF_0^b = \dfrac{A}{\lambda}$	$10^{-2} \sim 1$	1	-0.38	$\lambda = A^{1.61} B^{\frac{1}{1.64}}$	$A = \dfrac{qr_1}{p_0^2 - p_1^2}$	$B = \dfrac{4tp_0^{1.5}}{ar_1^2}$
	$1 \sim 10$	1	-0.28	$\lambda = A^{1.39} B^{\frac{1}{2.56}}$		
	$10 \sim 10^2$	0.93	-0.20	$\lambda = 1.1 A^{1.25} B^{\frac{1}{4}}$		
	$10^2 \sim 10^3$	0.588	-0.12	$\lambda = 1.83 A^{1.14} B^{\frac{1}{7.3}}$		
	$10^3 \sim 10^5$	0.512	-0.10	$\lambda = 2.1 A^{1.11} B^{\frac{1}{9}}$		
	$10^5 \sim 10^7$	0.344	-0.065	$\lambda = 3.14 A^{1.07} B^{\frac{1}{14.4}}$		

表中　　Y——流量准数，无因次；

　　　　F_0——时间准数，无因次；

　a、b——系数与指数，无因次；

　　　　p_0——原始煤层绝对瓦斯压力，MPa；

p_1——钻孔排瓦斯时的压力，一般为 0.1 MPa；

r——钻孔半径，m；

λ——煤层透气系数，$m^2/(MPa^2 \cdot d)$；

q——在排瓦斯为 t 时钻孔煤壁单位面积瓦斯流量，$m^3/(m^2 \cdot d)$；

$$q = \frac{Q}{2\pi rL} \qquad\qquad (4-26)$$

Q——在时间为 t 时的钻孔流量，m^3/d；

L——煤孔长度，一般等于煤层厚度，m；

t——从开始排放瓦斯到测量瓦斯比流量 q 的时间间隔，d；

a——煤层瓦斯系数，$m^3/(m^3 \cdot MPa^{1/2})$；

$$a = \frac{X}{\sqrt{p}} \qquad\qquad (4-27)$$

X——煤层瓦斯含量，m^3/m^3；

p——煤层瓦斯压力，MPa。

3）计算步骤

因为计算公式较多，一般是先用其中任一公式进行试算，计算出 λ 值，再将其代入 $F_0 = B\lambda$ 式中校验，如 F_0 值在原选用的公式范围内，则说明计算结果正确；若不在所选公式范围内，尚需根据算出的 F_0 值选用所在范围的公式再计算，直至 F_0 值在所选公式范围为止。

一般 $t < 1$ d 时，先用 $F_0 = 1 \sim 10$ 范围的公式计算；$t > 1$ d 时，先用 $F_0 = 10^2 \sim 10^3$ 范围的公式计算。

【例4-4】某煤层实测瓦斯压力 $p_0 = 4$ MPa，瓦斯含量系数 $a = 13.27$ $m^3/(m^3 \cdot MPa^{1/2})$，煤层厚度（钻孔见煤长度）$L = 3.5$ m，钻孔半径 $r = 0.05$ m，卸压至测定钻孔瓦斯流量的时间 $t = 44$ d，钻孔瓦斯流量 $Q = 1.77$ m^3/d，卸压后钻孔瓦斯压力 $p_1 = 0.1$ MPa，试求该煤层透气性系数 λ。

解 （1）求 q：

$$q = \frac{Q}{2\pi L} = \frac{1.77}{2 \times 3.14 \times 0.05 \times 3.5} = 1.61 \ m^3/(m^2 \cdot d)$$

（2）求 A 和 B：

$$A = \frac{qr}{p_0^2 - p_1^2} = 5.03 \times 10^{-3}$$

$$B = \frac{4tp_0^{1.5}}{ar^2} = 42441.6$$

（3）求 λ：

由于排放时间较长，选用 $F_0 = 10^2 \sim 10^3$ 范围的公式计算，即

$$\lambda = 1.83A^{1.14}B^{\frac{1}{7.3}} = 1.83 \times (5.03 \times 10^{-3}) \times 42441.6^{\frac{1}{7.3}}$$
$$= 0.019 \ m^2/(MPa^2 \cdot d)$$

（4）校验：

$$F_0 = B\lambda = 42441.6 \times 0.019 = 802$$

F_0 在 $10^2 \sim 10^3$ 范围内，公式选用合适，计算结果正确。

四、煤层透气系数测定实例

煤层透气性代表煤层瓦斯流动的难易程度，是衡量煤层瓦斯预抽难易程度的重要标志。黔金煤矿采用井下直接测定煤层透气性系数的中国矿院法，其计算基础为径向不稳定流动理论。在测压钻孔压力稳定后，卸掉压力表，利用煤气表测定煤层钻孔在不同时间间隔的流量，根据钻孔瓦斯不稳定径向流动理论，采用下述公式进行试算和验算：

$$A = \frac{qr_1}{p_0^2 - p_1^2}$$

$$B = \frac{4tp_0^{1.5}}{ar_1^2}$$

$$a = \frac{X}{\sqrt{p_0 + 0.1}}$$

经试算得出各煤层透气性系数见表4-14。

表4-14 黔西金坡煤业有限责任公司透气性系数及衰减系数

地 点	测定煤层	透气性系数/[m²·(MPa⁻²·d⁻¹)]	衰减系数/d⁻¹
1902下顺槽	4号煤层	0.1293	0.1375
西二车场	4号煤层	0.5251	0.6931
三联巷	9号煤层	0.1421	1.0244
井底车场	9号煤层	0.1066	1.1384
西二车场	9号煤层	0.0416	0.3655
西二车场绕道	9号煤层	0.0924	0.7668

从表4-14中可得出，4号煤层的透气性系数在0.1293~0.5251 m²/(MPa²·d)之间，属于可以抽放煤层；9号煤层透气性系数在0.0416~0.1421 m²/(MPa²·d)范围内，介于可以抽放与较难抽放之间。

钻孔瓦斯流量衰减系数可以作为评估开采煤层瓦斯预抽的难易程度的一个标志。钻孔瓦斯流量衰减系数的具体测定方法是：选择具有代表性的地点打钻孔，在测压结束后卸下压力表，用流量计测定钻孔的自然初始瓦斯流量 q_0，经时间 t 后，再测其瓦斯流量 q_t，然后用下式回归计算衰减系数 β：

$$q_t = q_0 e^{-\beta t} \tag{4-28}$$

根据不同时间测定的瓦斯流量数据回归计算得出各煤层钻孔瓦斯流量衰减系数见表4-12。

第四节　瓦斯放散指数 Δp 测定

一、测定仪器

瓦斯放散指数 Δp 测定仪器的构造如图4-19所示。仪器两侧有两个筒形玻璃杯1，其内径18 mm，高60 mm，上端内部磨口，杯1内煤3.5 g；2是水银压力计，高度220~

250 mm，从标尺 3 测得读数；管口 4、5 分别与真空泵和瓦斯罐相接，管口的直径 6 mm；玻璃管 7 是盛煤样杯子与真空泵相通的管路，内径为 5 mm；6 是玻璃球形腔，内径为 30 mm；在杯子 1 的上部和套管 9 的内部安有磨口玻璃塞 8，塞内有弯曲通道，顶部有把手，可以左右转动来变换煤样与真空泵或与瓦斯罐相通。

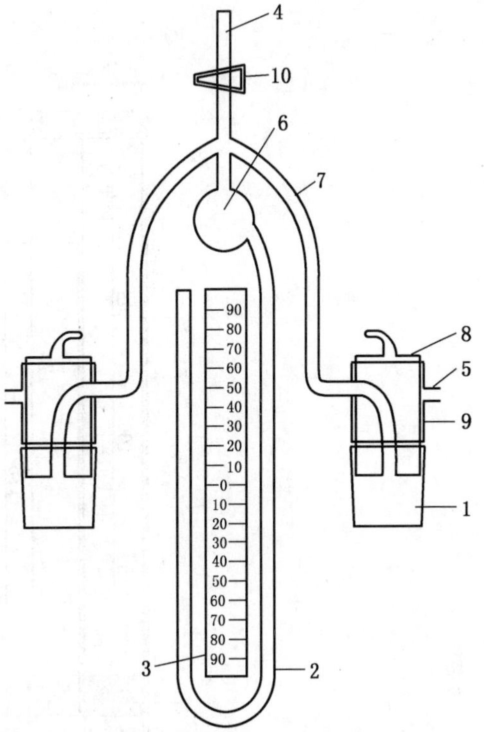

二、实验方法和步骤

（1）煤样脱气。打开开关 10，扭转测杯的玻璃塞，使内部通路与套筒上玻璃管 4 的孔口相通，开动真空泵，抽吸煤样中的气体 1.5 h。

（2）煤样充气。扭转测杯玻璃塞，使内部通路与管口 5 相通，甲烷从瓦斯罐经气表流入测杯内，使煤样在 0.1 MPa 条件下充甲烷 1.5 h。

（3）测定瓦斯放散指数。测定前检查水银压力计的两个水银柱面是否在同一水平上，若不在同一水平上，应把开关 10 打开数秒钟，把自由空间和水银压力计空间抽真空后再关上。

（4）依次测定两个测杯煤样。扭转玻璃塞 8 使测杯内煤样与水银压力计相通。当水银柱面开始变化时立刻开动秒表，10 s 时把玻璃塞扭至中立位置（即切断测杯与水银压力计的通路），但不停秒表，记录水银压力计两汞面之差 p_1（mmHg），玻璃塞保持中立位置 35 s，即第 45 s 时再把玻璃塞扭转到使测杯与水银压力计相通位置 15 s；在第 60 s 时停止秒表，把玻璃塞拧到中立位置，再次读出水银压力计两汞面之差 p_2（mmHg），这样该煤样的瓦斯放散指数为

$$\Delta p = p_2 - p_1 \tag{4-29}$$

煤样一般要求 1.5～2.0 kg，其中一部分做工业分析、坚固性系数以及煤的孔隙率测定用。欲做 Δp 的煤样在过筛取得合乎要求的粒度后，应蜡封保存、备用，以防煤样氧化改变 Δp 的性能。试验温度要求 20 ℃。

1—筒形玻璃杯；2—水银压力计；3—标尺；4、5—管口；
6—玻璃球形腔；7—玻璃管；8—磨口玻璃塞；
9—套管；10—开关
图 4-19　瓦斯放散指数 Δp
测定仪器的构造

第五节　煤的坚固性系数测定

一、实验仪器

捣碎筒，计量筒，分样筛（孔径 20 mm、30 mm 和 0.5 mm 各一个），天平（最大称量 1000 g，感量 0.5 g），小锤，漏斗，容器。实验仪器如图 4-20 所示。

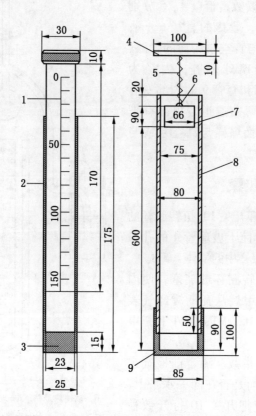

1—量柱（硬铝，加工精度▽▽）；2—量筒（硬铝，与滑动配合）；3—底塞（硬铝，加工精度▽▽）；
4—手柄（木）；5—绳索；6—销（45 号钢）；7—落锤（钢重 2.4 kg）；8—筒（45 号钢）；9—白（45 号钢）
（量柱刻度为 mm，零点位置，当量柱接触底塞时量筒上边缘对齐量柱零点）

图 4 – 20　煤的坚固性系数测定装置

二、采样与制样

（1）沿新暴露的煤层厚度的上、中、下部各采取块度为 10 cm 左右的煤样两块，在地面打钻取样时应沿煤层厚度的上、中、下部各采取块度为 10 cm 左右的煤芯两块。煤样采出后应及时用纸包上并浸蜡封固（或用塑料袋包严），以免风化。

（2）煤样要附有标签，注明采样地点、层位、时间等。

（3）在煤样携带、运送过程中应注意不得摔碰。

（4）把煤样用小锤碎制成 20 ~ 30 mm 的小块，用孔径为 20 mm 或 30 mm 的筛子筛选。

（5）称取制备好的试样 50 g 为一份，每 5 份为一组，共称取 3 组。

三、测定步骤

（1）将捣碎筒放置在水泥地板或 2 cm 厚的铁板上，放入试样一份，将 2.4 kg 重锤提高到 600 mm 高度，使其自由落下冲击试样，每份冲击 3 次，把 5 份捣碎后的试样装在同一容器中。

（2）把每组（5份）捣碎后的试样一起倒入孔径0.5 mm分样筛中筛分，筛至不再漏下煤粉为止。

（3）把筛下的粉末用漏斗装入计量筒内，轻轻敲打使之密实，然后轻轻插入具有刻度的活塞尺与筒内粉末面接触。在计量筒内相平处读取数h（即粉末在计量筒内实际测量高度，读至毫米）。

当$h \geqslant 30$ mm时，冲击次数n，即可定为3次，按以上步骤继续进行其他各组的测定。

当$h < 30$ mm时，第一组试样作废，每份试样冲击次数n改为5次，按以上步骤进行冲击、筛分和测量，仍以每5份作一组，测定每份高度h。

四、坚固性系数计算

坚固性系数按下式计算：

$$f = \frac{20n}{h} \tag{4-30}$$

式中　　f——坚固性系数；

　　　　n——每份试样冲击次数，次；

　　　　h——每组试样筛下粉煤的计量高度，mm。

测定平行样3组（每组5份），取算术平均值，计算结果取一位小数。

五、软煤坚固性系数的确定

如果取得的煤样粒度达不到测定f值所要求的粒度（20~30 mm），可采取粒度为1~3 mm的煤样按上述要求进行测定，并按下式换算：

$$f = 1.57f_{1\sim3} - 0.14 \quad (f_{1\sim3} > 0.25)$$
$$f = f_{1\sim3} \quad (f_{1\sim3} \leqslant 0.25)$$

式中　　$f_{1\sim3}$——粒度为1~3 mm时煤样的坚固性系数。

第五章 煤层瓦斯抽采

随着矿井开采深度和开采强度的加大，矿井瓦斯涌出量日益增大，瓦斯已经成为威胁矿井安全的主要危险源。为了减少瓦斯涌出，减小风流瓦斯浓度，消除工作面瓦斯超限，防止瓦斯爆炸，降低煤层中存储的瓦斯能量，防止煤与瓦斯突出等灾害，确保矿井安全生产，变害为利，开发利用瓦斯资源，需要抽采煤层瓦斯。

1. 瓦斯抽采的概念

采用专用设备和管路把煤层、岩层和采空区中的瓦斯抽采出来或排出的措施叫作瓦斯抽采。瓦斯抽采是防治煤与瓦斯突出，降低煤层瓦斯压力和含量，减少采区瓦斯涌出量，防治采掘过程中瓦斯超限的有效方法，是治理瓦斯的核心，是消灭瓦斯事故，确保煤矿安全生产的根本措施。抽采瓦斯的根本目的是防止瓦斯突出和瓦斯超限，解放煤层生产力，提高矿井生产力。

2. 建立瓦斯抽采系统的条件

《煤矿瓦斯抽采达标暂行规定》规定：有下列情况之一的矿井必须进行瓦斯抽采，并实现抽采达标：

（1）开采有煤与瓦斯突出危险煤层的。

（2）一个采煤工作面绝对瓦斯涌出量大于 5 m³/min 或者一个掘进工作面绝对瓦斯涌出量大于 3 m³/min 的。

（3）矿井绝对瓦斯涌出量大于或等于 40 m³/min 的。

（4）矿井年产量为 1.0～1.5 Mt，其绝对瓦斯涌出量大于 30 m³/min 的。

（5）矿井年产量为 0.6～1.0 Mt，其绝对瓦斯涌出量大于 25 m³/min 的。

（6）矿井年产量为 0.4～0.6 Mt，其绝对瓦斯涌出量大于 20 m³/min 的。

（7）矿井年产量等于或小于 0.4 Mt，其绝对瓦斯涌出量大于 15 m³/min 的。

《防治煤与瓦斯突出规定》第十四条要求："突出矿井必须建立满足防突工作要求的地面永久瓦斯抽采系统"。

煤矿瓦斯抽采应当坚持"应抽尽抽、多措并举、抽掘采平衡"的原则。

瓦斯抽采系统应当确保工程超前、能力充足、设施完备、计量准确；瓦斯抽采管理应当确保机构健全、制度完善、执行到位、监督有效。

煤矿应当加强抽采瓦斯的利用，有效控制向大气排放瓦斯。

3. 煤层瓦斯抽采的难易程度分类

传统的瓦斯抽采需要进行可行性论证，主要从瓦斯抽采的必要性和可能性两个方面论证。采掘工作面的绝对瓦斯涌出量大于通风允许的瓦斯涌出量时，即能够向采掘工作面供给的风量小于稀释瓦斯所需风量时，抽采瓦斯是必要的。瓦斯抽采的可能性，主要由瓦斯抽采难易程度衡量，论证指标有 3 项，分别是煤层的透气性系数 λ、钻孔瓦斯流量衰减系数 α、百米钻孔瓦斯极限抽采量 Q_j，根据这 3 项指标把煤层瓦斯抽采划分为容易抽采、可以抽采、较难抽采 3 类（表 5 - 1）。

表 5 - 1 开采层瓦斯抽采难易程度分类

抽采难易程度指标	钻孔瓦斯流量衰减系数 α/d^{-1}	煤层透气性系数 $\lambda/[\mathrm{m}^2 \cdot (\mathrm{MPa}^{-2} \cdot \mathrm{d}^{-1})]$
容易	<0.003	<10
可以	0.003 ~ 0.05	10 ~ 0.1
较难	>0.05	<0.1

较难抽采并不代表不能抽采。抽采实践证明，对于难以抽采的煤层在采取开采保护层、密集钻孔、松动爆破和深孔控制卸压爆破、水力冲孔、水力压裂等技术措施后，是能够取得良好抽采效果的，是可以消除突出危险和预防采掘过程中瓦斯超限的，不存在可行与不可行。根据我国各矿区的一般经验，矿井设置高、低负压双系统进行瓦斯抽采，高负压系统用于煤层预抽和解突，低负压系统用于采空区卸压抽采，是完全可行的。"大钻机、密钻孔、高负压、严封孔、综合抽"是加强抽采工作的方向。

第一节 瓦斯基础参数

一、瓦斯基础参数

矿井瓦斯抽采设计之前，必须测定瓦斯抽采需要的基本参数，作为设计依据。这些参数主要有瓦斯压力、原煤瓦斯含量、煤层透气系数、百米钻孔瓦斯流量衰减系数、煤层瓦斯吸附常数（a、b）、孔隙率、视密度、钻孔抽（排）放瓦斯有效半径、瓦斯储量、可抽瓦斯量、抽采率等。为了选择瓦斯抽采泵和采掘工作面抽采管路，需要对矿井瓦斯涌出量进行预测，这就需要测定煤的残存瓦斯含量、煤的可解吸瓦斯量。以上参数是瓦斯抽采设计的基础资料。

煤层瓦斯含量是指单位重量的煤所含有的瓦斯量，以 m^3/t 表示。在采掘过程中，新暴露的煤壁由于压力被释放，除原先储存在煤体内部的游离瓦斯即刻放散外，还要解吸部分瓦斯，采落的煤运到地面后仍然保留在煤内部的瓦斯量必然小于原煤瓦斯含量，这部分瓦斯叫做残存瓦斯。实验室测定的煤层瓦斯含量是纯煤瓦斯含量。地质报告提供的瓦斯资料一般是每克可燃物（即纯煤）的瓦斯含量，原煤是含有水分和灰分的，所以原煤的瓦斯含量是低于纯煤瓦斯含量的，应根据地质资料，以各煤层钻孔煤样的可燃基瓦斯含量值为基础数据，按公式（5 - 1）换算为原煤瓦斯含量，作为瓦斯涌出量预计的基础参数。

$$X = X_0 \frac{100 - A_d - M_{ad}}{100} \qquad (5 - 1)$$

式中　　X_0——地质报告提供的纯煤瓦斯含量，m^3/t；

$\quad\quad A_d$——灰分，%；

$\quad\quad M_{ad}$——水分，%。

为确定瓦斯抽采方法，还必须对瓦斯来源进行分析，必须测定出掘进、采煤工作面与采空区的瓦斯涌出量分别占全矿井瓦斯涌出量的比例。必须准确判定出采区工作面的瓦斯主要是来自本煤层还是邻近层。一般把回采工作面基本顶初次垮落前的平均瓦斯涌出量视为本煤层的瓦斯涌出量,而将基本顶初次垮落后的平均瓦斯涌出增加量认为是邻近层的瓦斯涌出量。

二、瓦斯抽采设计参数

1. 矿井瓦斯储量

矿井瓦斯储量是指矿井开采过程中能够向矿井排放瓦斯的煤层(包括可采、不可采煤层)与岩层储存的瓦斯总量。矿井瓦斯储量按下列公式计算:

$$W = W_1 + W_2 + W_3 \tag{5-2}$$

$$W_1 = \sum_{i=1}^{n} A_{1i} X_{1i} \tag{5-3}$$

$$W_2 = \sum_{i=1}^{n} A_{2i} X_{2i} \tag{5-4}$$

$$W_3 = K(W_1 + W_2) \tag{5-5}$$

式中　W——矿井瓦斯储量,Mm^3;

　　　W_1——可采煤层的瓦斯储量,Mm^3;

　　　W_2——不可采煤层的瓦斯储量,Mm^3;

　　　W_3——受采动影响后能够向开采空间排放的围岩瓦斯储量,Mm^3;可以通过实测或者按式(5-5)计算;

　　　A_{1i}——矿井可采煤层 i 的资源量,t;

　　　X_{1i}——矿井可采煤层 i 的瓦斯含量,m^3/t;

　　　A_{2i}——可采煤层采动影响范围内每一个不可采煤层的煤炭储量,t,采动影响范围:上邻近层取 $50 \sim 60$ m,下邻近层取 $20 \sim 30$ m;

　　　X_{2i}——受采动影响后能够向开采空间排放的不可采煤层 i 的瓦斯含量,m^3/t;

　　　K——围岩瓦斯储量系数,可取 $0.05 \sim 0.20$;当围岩瓦斯很小时,可取 $W_3 = 0$;若瓦斯含量较多时,可按经验取值或实测确定。

2. 可抽瓦斯量

可抽瓦斯量是指瓦斯储量中可以被抽采出来的瓦斯量。可按下式计算:

$$W_c = WK \tag{5-6}$$

$$K = K_1 K_2 K_3 \tag{5-7}$$

$$K_1 = \frac{K_4(M_y - M_c)}{M_y} \tag{5-8}$$

式中　W_c——可抽瓦斯量,m^3;

　　　K——可抽系数;

　　　K_1——瓦斯涌出程度系数;

　　　K_2——负压抽采时的抽采作用系数,可取 1.2;

　　　K_3——矿井瓦斯抽采率,预抽煤层瓦斯时,可取 $25\% \sim 35\%$;抽采上下邻近层时,可取 $35\% \sim 45\%$;

　　　K_4——煤层瓦斯排放率,%;可以根据《矿井瓦斯涌出量预测方法》(AQ 1018—

2006）中的规定选取；

　　M_y——煤层原始瓦斯含量，m^3/t；

　　M_c——煤运到地面后的残存瓦斯含量，m^3/t。

3. 抽采率

矿井（采区）抽采率是指矿井（采区）抽出的瓦斯量占风排瓦斯量与抽采瓦斯量之和的百分比。矿井瓦斯抽采量的测定方法是在瓦斯抽采站的抽采主管上安装瓦斯计量装置，测定矿井每天的瓦斯抽采量。矿井瓦斯抽采量包括井田范围内地面钻井抽采、井下抽采（含移动抽采）的瓦斯量。每月底按式（5-9）计算矿井月平均瓦斯抽采率，即

$$\eta_k = \frac{Q_{kc}}{Q_{kc} + Q_{kf}} \tag{5-9}$$

式中　　η_k——矿井月平均瓦斯抽采率，%；

　　Q_{kc}——矿井月平均瓦斯抽采量，m^3/min；

　　Q_{kf}——矿井月平均风排瓦斯量，m^3/min。

工作面瓦斯抽采率的测定和计算方法是，工作面回采期间，在工作面瓦斯抽采干管上安装瓦斯计量装置，每周测定瓦斯抽采量（含移动抽采）。每月底按式（5-10）计算工作面月平均瓦斯抽采率。

$$\eta_m = \frac{Q_{mc}}{Q_{mc} + Q_{mf}} \tag{5-10}$$

式中　　η_m——工作面月平均瓦斯抽采率，%；

　　Q_{mc}——回采期间，工作面月平均瓦斯抽采量，m^3/min；

　　Q_{mf}——工作面月平均风排瓦斯量，m^3/min。

4. 抽采量标准换算

标准状态下的抽采量按式（5-11）换算：

$$Q_{标} = \frac{pT_{标}}{Tp_{标}}Q_{测} \tag{5-11}$$

$$T = (273 + t)$$

式中　　$Q_{标}$——标准状态下的抽采瓦斯量，m^3/min；

　　$Q_{测}$——测定的抽采瓦斯量，m^3/min；

　　p——测定时管道内气体压力，MPa；

　　T——测定时管道内气体绝对温度，K；

　　t——测定时管道内气体摄氏温度，℃；

　　$p_{标}$——标准状态下的绝对压力，0.101326 MPa；

　　$T_{标}$——标准状态下的绝对温度，$T_{标} = (273 + 20)$K。

5. 钻孔瓦斯流量衰减系数

在不受采动影响条件下，煤层内钻孔的瓦斯流量随时间衰减变化的特性称钻孔瓦斯流量衰减系数。它是反映煤层预抽瓦斯难易程度的一个指标，其计算公式为

$$\beta = \frac{\ln q_0 - \ln q_t}{t} \tag{5-12}$$

式中　　q_t——钻孔经 t 日排放时的瓦斯流量，m^3/min；

q_0——钻孔初始瓦斯流量，m^3/min；

β——钻孔瓦斯流量衰减系数，d^{-1}；

t——时间，d。

6. 煤层透气系数

煤层透气系数是衡量瓦斯在煤层内流动难易程度的参数，也是衡量煤层瓦斯预抽难易程度的重要指标。其意义是：在 1 m^3 煤体的两侧作用的瓦斯压力平方差为 1 MPa^2 时，每日流过该煤体的瓦斯量。未卸压煤层的抽采效果主要取决于其透气性系数，为了增加煤层透气性，可采用以下方法：

（1）设法从煤层内取出一部分物质形成空间，造成孔隙的再分布，张开并形成新的裂隙。

（2）注入高压水或压气，将煤体压裂，然后注入支撑剂，将裂隙支撑起来，以改变透气性，如水力致裂。

（3）对煤体进行爆破或水力破裂。

第二节　瓦斯抽采的基本方法

一、选择瓦斯抽采方法的原则

1. 瓦斯抽采方法分类

我国煤矿的瓦斯抽采方法按瓦斯来源大致可以分为 5 类：开采层瓦斯抽采、邻近层瓦斯抽采、采空区瓦斯抽采、围岩瓦斯抽采、综合抽采。其中综合抽采方法是前 4 类方法中两种或两种以上方法的结合使用。

2. 选择瓦斯抽采方法的原则

选择抽采瓦斯方法时应遵循如下的原则：

（1）适合煤层赋存状况、开采巷道布置、地质条件和开采技术条件，能确保钻孔施工安全。

（2）以瓦斯来源及涌出构成为依据，尽可能采用综合抽采瓦斯方法，以提高抽采瓦斯效果。

（3）有利于减少井巷工程量，实现抽采巷道与开采巷道的结合。

（4）有利于抽采巷道的布置与维护。

（5）有利于提高瓦斯抽采效果，降低抽采成本。

（6）有利于钻场、钻孔的施工，有利于抽采系统管网敷设，有利于增加抽采钻孔的瓦斯抽采时间。

对于具有煤与瓦斯突出危险的煤层或是地质构造复杂的煤层，无论是开采层或是邻近层，优先选用顶（底）板岩巷穿层钻孔抽采。

3. 瓦斯抽采的基本要求

瓦斯基础参数是抽采设计的依据，为参数测定的需要，高瓦斯、煤与瓦斯突出矿井应当建立瓦斯实验室，科学测定瓦斯含量、瓦斯压力和抽采半径等基础参数，在瓦斯基础参数清楚的条件下，利用一切可能的空间和条件充分抽采煤层瓦斯，确保采掘活动始终在瓦斯抽采达标的区域内进行。突出煤层的瓦斯抽采方法要符合《防治煤与瓦斯突出规定》。

二、瓦斯抽采方法

对有多种瓦斯涌出源的矿井宜采用开采层抽采、邻近层抽采、采空区抽采并行的综合抽采方法，以及钻孔抽、巷道抽的多种抽采方式。无采动卸压影响且较难抽采的煤层，宜选用巷道抽采、顺层钻孔、穿层钻孔、交叉钻孔、密集钻孔等抽采方法，或采用增大孔径、增加孔长、割缝、压裂等强制性卸压手段，减少抽采困难，提高抽采效率；采空区可采用工作面后方埋管抽采、高位钻孔抽采、密闭老空区抽采、地面钻孔抽采等方法。在有自然发火危险煤层的采空区抽采时，必须控制抽采负压，减少漏风，并经常检测抽出气体中一氧化碳的浓度和温度的变化。抽出瓦斯的浓度应不低于25%。

（一）石门揭煤瓦斯抽采

对于具有突出危险的煤层，在石门揭煤前，应通过区域瓦斯抽采，将预抽区域煤层瓦斯压力降到0.74 MPa以下，煤层瓦斯含量降到了8 m^3/t 以下，或者钻屑瓦斯解吸指标降到突出临界值以下方可开展石门揭煤。

1. 区域防突预抽煤层瓦斯的钻孔布置

石门揭煤区域瓦斯抽采应当在揭煤工作面距煤层最小法线距离7 m以前实施。钻孔的最小控制范围是：在揭煤处巷道轮廓线外沿煤层面不少于12 m（急倾斜煤层底部或下帮6 m），同时还应保证控制范围的外边缘到巷道轮廓线（包括预计前方揭煤段巷道的轮廓线）的最小距离不小于5 m，且当钻孔不能一次穿透煤层全厚时，应当保持最小超前距离15 m。石门揭煤穿层钻孔预抽煤层瓦斯钻孔布置如图5-1所示。

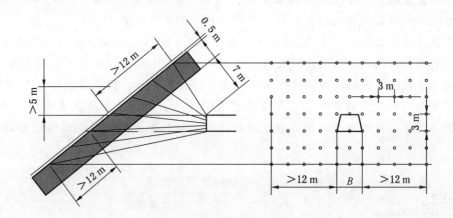

图5-1 石门揭煤区域预抽钻孔布置

2. 石门揭煤前工作面预抽瓦斯钻孔布置

经区域预抽达标后的煤层，在揭开煤层前，还需要进行工作面突出危险性预测，若有突出危险，这只是工作面附近煤体小范围有突出可能，但已不是严重突出，只要消除这部分突出危险，工作面的掘进就是安全的，所以，对于倾角小于45°的煤层，揭煤工作面采用预抽瓦斯、排放钻孔防突措施时，钻孔的控制范围是：石门的两侧和上部轮廓线外至少

5 m，下部至少 3 m。钻孔的孔底间距应根据实际考察确定，若没有实际考察数据，可以控制到 3 m。如图 5 - 2 所示。

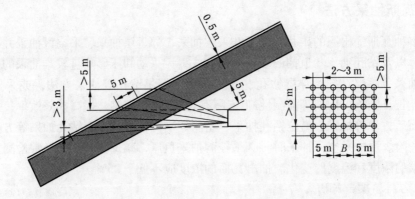

图 5 - 2　石门揭煤工作面钻孔布置

【例 5 - 1】　石门网格式钻孔集中预抽方法

中梁山煤电气有限公司在距 K_{10} 煤层 10 ~ 25 m 的底板灰岩中布置一条专用瓦斯抽采巷（东西翼各一条），在抽采巷中每隔 300 m 布置一个石门，当抽采巷掘至石门位置时，立即进行石门网格式预抽钻孔的施工，即抽采钻孔必须随着抽采巷的掘进而施工。施工完毕，立即封孔进行瓦斯集中抽采。抽采至少 120 天，并符合其他相关规定后，才进行石门揭煤的掘进工作。

当石门掘至距离突出煤层 15 m 以外时，对石门上部及两侧 9 m、下部 2 m 范围内布置穿透煤层群的网格式抽采钻孔，终孔间距 3 m，抽采钻孔数 33 ~ 70 个。这样，在石门周边形成走向长 21 m、倾斜长 15 m 的瓦斯抽采区，抽采孔控制范围为石门断面的 40 余倍。通过对石门及周边煤层瓦斯采用网格式钻孔的集中抽采，使煤体瓦斯得到释放，降低了瓦斯潜能；瓦斯抽采后煤体产生收缩变形，造成卸压，使弹性能和地应力降低；煤体收缩变形与地应力的降低又引起煤层透气性增加，降低了瓦斯压力梯度，释放瓦斯后的煤体力学强度增加，从而消除了突出危险。钻孔布置剖面图、层面图如图 5 - 3 所示。

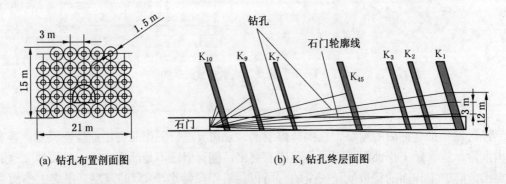

(a) 钻孔布置剖面图　　　　　　(b) K_1 钻孔终层面图

图 5 - 3　石门揭煤钻孔布置图

（二）煤层巷道掘进前预抽

对于突出严重的单一煤层，为消除煤层巷道掘进的突出危险，并加快掘进速度，可以采用大面积瓦斯预抽。其基本模式有：穿层网格预抽（图5-4）、穿层条带+平行钻孔预抽（图5-5）、顺层长钻孔预抽（图5-6），还可布置专用瓦斯抽采底板或顶板巷道，通过岩石巷道向煤层打抽采钻孔，钻孔控制到煤层巷道两侧各10～15 m，然后封闭钻孔进行瓦斯抽采，消除突出危险后再掘进煤层巷道。

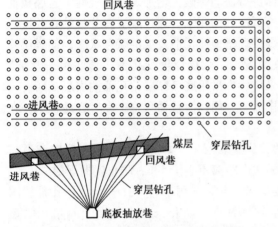

图5-4 穿层网格预抽钻孔布置

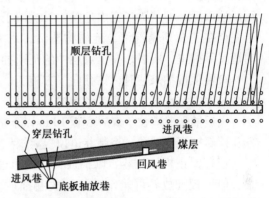

图5-5 穿层条带+平行钻孔预抽钻孔布置

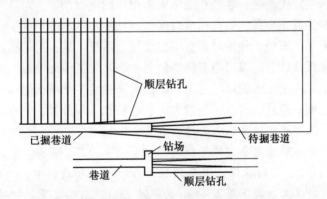

图5-6 顺层长钻孔预抽钻孔布置

顶、底板穿层钻孔及顶板穿层钻孔布置如图5-7所示。

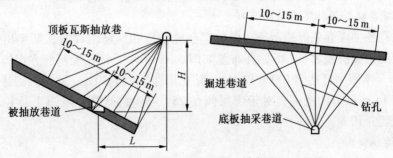

图5-7 顶、底板穿层钻孔及顶板穿层钻孔布置

判断是布置底板抽采巷还是顶板抽采巷，要根据煤层赋存条件、地质构造复杂程度、瓦斯参数，经过比较、分析后决定。

布置底板抽采巷时，抽采钻孔向上施工，煤粉容易排除，钻孔打成后孔内积水容易排放。对于透气性差的松软煤层，可以通过上向抽采钻孔进行水力冲孔，冲出一定量的煤粉，使孔洞周围煤体向孔洞膨胀变形，引起煤体开裂，降低地应力和瓦斯压力，增加煤层透气性，在此基础上封孔抽采瓦斯，提高抽采效果；对于较硬的煤层也可通过抽采钻孔进行水力扩孔、水力割缝，还可通过钻孔对煤体进行松动爆破，增加煤层透气性。若底板抽采巷与煤层顺槽重叠布置，还可排放煤层顺槽低洼处的积水。通过底板岩巷打钻孔并进行瓦斯抽采后，即消除了突出危险，又探清了煤层顺槽地质构造及煤层赋存状况，使煤层巷道完全在"瓦斯情况清，地质构造清，水文情况清，煤层厚度变化清、顶底板岩性清"的情况下掘进。所以，突出煤层中的瓦斯抽采应优先采用底板穿层钻孔预抽煤层瓦斯。

布置顶板抽采巷时，钻孔向下方施工，排渣不方便，而且钻孔施工完后容易积水，在抽采过程中钻孔容易堵塞，影响抽采效果。

底板抽采巷应位于煤层底板10 m以下的较完整岩层中，每施工一定距离应向巷道前方及顶部打探测钻孔，控制巷道顶板离煤层的法向距离不小于5 m，防止误揭煤层。

若布置顶板抽放巷，则抽放钻孔内可能积水，并且采用水力冲孔、水力扩孔都较困难。但顶板抽放巷可兼作高位抽放巷抽放采空区瓦斯，防止采煤工作面上隅角瓦斯超限。

底板抽放巷的主要优点是：能在巷道未揭露煤层前进行预抽，对防止掘进突出有重要作用；施工条件好，成孔率高，钻孔抽放时间长，抽放与生产的干扰少；钻孔在有岩巷安全屏障的条件下施工，避免了预抽时揭穿突出煤层，系统可靠；对于推进长度大的采煤工作面，可以通过底板抽放巷向煤层施工联络斜巷，当采煤工作面推过一定距离后，可以通过此联络斜巷施工下一工作面的煤层巷道，以缓解采掘接替矛盾，还可利用此联络斜巷抽放采空区瓦斯。主要缺点是：岩巷工程量大，岩巷钻孔工程量大，钻孔利用率低。

【例5-2】永华二矿底板抽采巷及钻孔布置

永华二矿是河南永城煤电集团的子公司，该矿主采为二₁煤层，煤层平均厚度6 m左右，硬度系数不到0.2，为粉状煤，煤层顶板为6 m厚的砂质泥岩，质地松软极易垮落，底板有0.3 m的胶质泥岩，其下是2~4 m的泥质页岩，层理发育、破碎。煤层相对瓦斯涌出量17~23 m³/t，2006年先后发生过2次动力现象，煤巷掘进过程中常伴有"煤炮"声，瓦斯频繁超限。矿上采取在煤层下部灰岩内施工瓦斯抽采巷，通过钻孔水力冲孔后再抽采瓦斯，取得了很好的效果。其巷道及钻孔布置如图5-8所示。

（三）顺层钻孔预抽煤巷条带瓦斯

顺层钻孔预抽煤巷条带瓦斯是《煤矿安全规程》和《防治煤与瓦斯突出规定》中推荐的区域性的防突措施之一，其钻孔布置如图5-9所示。钻孔控制前方煤体的投影长度不小于60 m（实践中已达到100 m以上），钻孔压茬不小于20 m，并控制到巷道上帮15 m以上，下帮15 m以上的范围；对于煤层倾角25°~90°的煤层，巷道上帮轮廓线外至少20 m，下帮至少10 m。

（四）边掘边抽

对瓦斯含量高，但没有突出危险、钻孔施工过程中没有发生过喷瓦斯等动力现象的煤

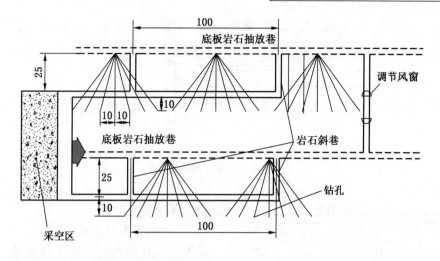

图5-8 永华二矿底板抽采巷及钻孔布置平面图

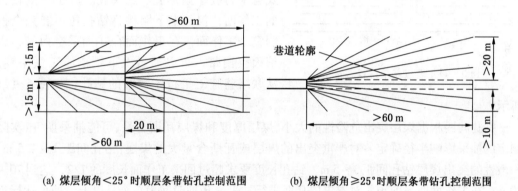

(a) 煤层倾角<25°时顺层条带钻孔控制范围　　　(b) 煤层倾角≥25°时顺层条带钻孔控制范围

图5-9 煤巷掘进预抽钻孔布置

层；或者突出煤层经区域预抽后，整个区域消除了突出危险，但在煤巷掘进过程中仍可能有局部范围存在突出危险，这时可采用边掘边抽的方式抽采煤层瓦斯，进一步降低煤层瓦斯含量，消除突出危险，实现工作面掘进期间瓦斯零超限、零突出。

具体做法是：巷道掘进前，在工作面向前方施工若干个直径为75～90 mm、长度不小于60 m的抽采钻孔对掘进巷道前方煤体中的瓦斯进行抽采；也可以在掘进工作面巷道两帮布置钻场向掘进前方煤体施工钻孔，钻场间距30 m，在钻场内向工作面掘进方向施工钻孔对掘进工作面前方煤体的瓦斯进行抽采，抽采时间取决于煤层瓦斯含量和煤层厚度，也取决于钻孔密度。以瓦斯含量和压力都降到《防治煤与瓦斯突出规定》的临界值以下，并且钻孔施工和检验过程中无喷孔、顶钻现象，掘进过程无瓦斯超限为准。钻孔布置如图5-10所示。

采用这种抽采方式时，巷道两侧轮廓线外钻孔最小控制范围为8 m以上（煤层倾角大于8°时，底部或下帮为5 m）。

钻孔在控制范围内均匀布置，孔数或孔底间距根据钻孔的有效抽采半径确定。地质构造破坏带或煤层赋存条件变化剧烈地带，要减小钻孔直径，调整钻孔长度，减小钻进速

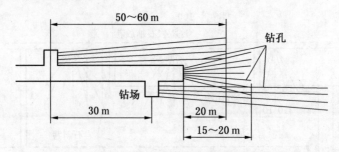

图 5 – 10　边掘边抽钻孔布置

图 5 – 11　通过联络巷施工钻孔

度，以实现抽采效果达标。

（五）开采前本煤层抽采

采煤工作面生产前，在工作面进、回风巷分别向本煤层施工顺层抽采钻孔。钻孔布置方式有平行孔、扇形孔、交叉孔。对于长度较大的工作面，仅从上下顺槽打钻孔还不能完全控制整个工作面，在工作面存在抽采空白带，为消灭空白带，可以通过上下顺槽施工联络巷，从联络巷施工平行于顺槽的钻孔，如图 5 – 11 所示。

钻孔间距根据煤层突出危险性的大小、煤层厚度和煤层瓦斯含量、可能抽采期，由实际测定的抽采影响半径确定。对严重突出的煤层或瓦斯含量大的煤层，钻孔间距 1 ~ 1.5 m，一般性的突出煤层钻孔间距 3 ~ 5 m，钻孔长度要求超过回采工作面长度的 1/2，达到 70 ~ 80 m。在工作面回采前预先对本煤层瓦斯进行抽采，预抽时间为 6 个月以上，抽采达标后方可开采。并且在回采过程中继续对未回采煤体瓦斯进行抽采。

各种钻孔布置方式比较如下：

1. 扇形钻孔

在工作面进风巷和回风巷均布置钻场，同一巷道每隔 60 m 施工一个钻场，钻场深 5 m，宽 4 m，高 3 m。设计每个钻场布置若干个钻孔，每个钻孔与煤巷方向都有一定夹角，钻孔平面投影长度可超过 100 m。对于钻孔的角度，应根据煤层倾角变化及厚度情况进行调整，一般来讲以钻孔的末端落在距离煤层底板以下 1 m 左右，即靠近煤层底板为宜。生产过程中需考察钻孔有效抽采半径，依据钻孔有效抽采半径调整钻孔间距。钻场及钻孔布置如图 5 – 12 所示。

钻孔密封是瓦斯抽采工艺的重要环节，密封质量的好坏，直接关系到瓦斯抽采效果。封孔深度要超过孔口的裂隙带深度（或巷道松动圈范围），并进入完整致密段。封孔段的长度不小于 8 m。

由于每个钻孔的方位不同，给钻孔施工前的放线、成孔后的验收带来困难。由于同一钻场施工若干个钻孔，孔口间距小，密度大，对于较松软的煤层造成钻孔口垮塌，增大封孔难度。但是，钻机移动量少。

扇形钻孔在两钻场之间存在空白带，对于空白带可以采用风煤钻补孔。

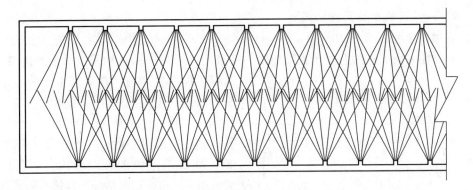

图 5 - 12　扇形钻孔布置

2. 平行钻孔

平行钻孔布孔均匀，但每打完一个钻孔再打另一个孔时，必须移动钻机，钻机移动量大。瓦斯钻孔流量变化的规律是，当工作面接近钻孔 8 ~ 10 m 时，钻孔瓦斯量显著增加，当工作面至钻孔 1.5 m 左右时，瓦斯流量明显下降，抽采浓度下降，钻孔接近报废，下一个钻孔接着起作用。所以，平行布孔时，钻孔有效服务时间短。平行钻孔布置如图 5 - 13a 所示。

3. 交叉钻孔

交叉布孔是在煤层巷道打垂直于走向的平行孔与斜向钻孔组合的布孔方式，斜向钻孔与平行孔呈 15° ~ 20° 夹角，向工作面方向布置，形成互相连通的钻孔网。交叉钻孔在与平行孔交叉范围内相互作用，使得钻孔周围的塑性应力圈半径加大，相当于加大了抽采钻孔直径；由于交叉布孔，增加了煤体卸压范围，除提高透气性外，还由于钻孔相互交叉影响，可以避免因某一钻孔坍塌堵塞而影响正常抽放。在工作面推进过程中一定数量的斜向钻孔始终位于工作面前方的卸压带内进行卸压瓦斯抽采，并且作用时间比平行钻孔要长，进而提高煤层瓦斯抽采效果。经河南焦作九里山矿试验，交叉布孔初始瓦斯自然涌出量是平行布孔的 2.67 倍，且随时间的衰减速度也较平行布孔缓慢。交叉布孔的初始瓦斯抽出量为平行布孔的 2.53 倍。交叉钻孔布置如图 5 - 13b 所示。

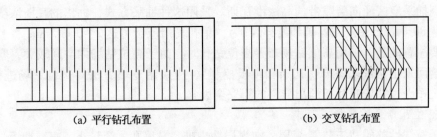

(a) 平行钻孔布置　　　　　　　(b) 交叉钻孔布置

图 5 - 13　平行钻孔及交叉钻孔布置

以上 3 种钻孔都是在煤层中的顺层钻孔，当施工下向钻孔时，排水、排渣效果不好，所以，条件适合的煤矿，可采用区段内自下而上接替开采方式，保证钻孔仰孔施工。如果钻孔为俯孔，可采用钻孔压风吹水排渣工艺，保证钻孔施工到设计范围。

（六）开采过程中的瓦斯抽采

1. 高位钻孔抽采瓦斯

为解决在采煤工作面上隅角瓦斯超限，可采用顶板高位钻孔抽采空区的裂隙带瓦斯。

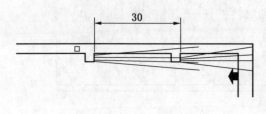

图5-14 高位钻孔抽采瓦斯

采煤工作面生产前，在采煤工作面的回风巷道内每隔一定距离施工一个高位钻场，通过钻场向工作面上方施工一组8～10个高位钻孔，钻孔呈扇形布置，钻孔位于工作面上方20～30 m 范围内的裂隙带内，钻孔长度为60～80 m。也可不做钻场，直接在回风巷向采空区上方裂隙带打数个钻孔，抽采空区瓦斯。回采工作面高位钻孔布置如图5-14所示。

需要注意的是，采用图5-14所示的高位钻孔抽采瓦斯时，在采煤工作面过高位钻孔之前，应用充填材料充满高位钻场，以消除瓦斯聚集，防止事故发生。采用这种钻孔布置还存在工程量大，管理复杂等问题，不如直接在煤层巷道内打高位钻孔方便。安阳大众煤矿因为工作面两煤层巷道断面小，回采过程中瓦斯时常处于临界状态，经采用回风顺槽直接向煤层顶板打高位钻孔（采空区上向钻孔）抽采后，工作面上隅角瓦斯再也不超限。采空区上向钻孔抽采瓦斯如图5-15所示。

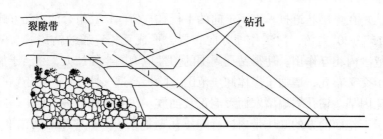

图5-15 采空区上向钻孔抽采瓦斯

这种方法要求钻孔孔底处于裂隙带中，以收集上邻近层涌向采空区的瓦斯，没有上邻近层时则抽采空区涌向裂隙带的高浓度瓦斯。采用这种抽采方式，抽出的瓦斯浓度普遍较高，可达80%以上（安顺煤矿和发祥煤矿），单孔瓦斯流量可达2～3 m^3/min。

需要注意的是，采用高位钻场布置高位钻孔时，由于高位钻场内空间较大，容易积聚瓦斯，给回采工作带来困难（瓦斯和顶板控制），应采用充填方法对高位钻场进行充填，以消除工作面过钻场时瓦斯涌出异常的不安全因素。

2. 高位瓦斯专用巷抽采瓦斯

对于透气性差的"三软"煤层，在煤层钻进难，易塌孔，流量小，衰减期短，在采煤工作面煤层顶板上方平行于回风巷道施工一条高位瓦斯巷，通过高位瓦斯巷抽采冒落带、裂隙带、采空区及邻近煤层瓦斯（图5-16），解决回风流及上隅角瓦斯超限。高位瓦斯巷布置在工作面垮落后形成的裂隙区内，一般位于煤层顶板上方15～20 m，距工作面回风巷内侧约10 m处。此方法能将上邻近煤层涌出瓦斯的60%以上抽出，抽采的瓦斯量较大。

3. 高位巷抽采

在采煤工作面回风巷每隔一段距离（30～50 m）作一个高位钻场，在钻场内作钻机平台，在平台上向采空区方向打3～5个带有仰角的抽采钻孔，抽采空区瓦斯，如图5-17所示。

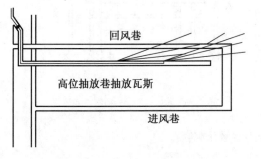

图5-16 高位瓦斯专用抽采巷抽采瓦斯

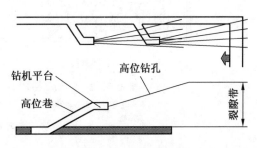

图5-17 高位巷抽采

这种抽采方法与高位钻孔抽采相比，钻孔有效利用时间长，可以相应减少钻孔工程量，但增加了巷道掘进工程。如果直接把高位巷做到裂隙带中，抽采钻孔就可作成水平钻孔，其有效抽采时间更长。但高位巷应在煤层巷道掘进期间掘出，工作面回采期间就不便于施工这种巷道，因为出矸不方便，而且采掘相互干扰，通风也不好解决。

4. 采煤工作面煤壁浅孔抽采

采煤工作面煤壁浅孔抽采是在区域抽采达标后，为进一步降低煤层瓦斯含量，降低采煤过程中回风流瓦斯浓度采用的一种补充抽采措施。常用的做法是在采煤工作面布置一趟直径150 mm的抽采管，每10 m设一个多通接头，每个接口用直径25～32 mm软胶管连接一个封孔器，对应插入煤壁前方超前钻孔内，形成工作面抽采系统。在检修班安排专人分段完成工作面抽采钻孔打钻任务。每打成一个钻孔即封孔连管抽采。生产班停抽，拔出封孔器及抽采软管，关闭阀门，放回指定地方。

采煤工作面煤壁钻孔深8～10 m，孔径89 mm，采高3 m以下布置单排钻孔，间距1.5 m，大采高工作面布置双排钻孔。用防突轻便钻机打钻，钻孔尽量布置在软分层，最后联网钻孔抽采时间不少于2 h。封孔采用专用封孔器，以适应回采工作面浅孔抽采钻孔数量多，封孔深度浅、抽采时间短、重复次数多的特点。

（七）采空区瓦斯抽采

在高瓦斯矿井和突出矿井，邻近层煤和不可采煤层、围岩、煤柱和工作面丢煤都会向采空区涌出瓦斯。采空区瓦斯不仅在开采过程中向工作面和采空区涌出，而且在工作面采完密闭后仍有瓦斯涌出。与本煤层预抽相比，采空区抽采的特点是抽采量大，但抽采浓度低，其抽采量的大小取决于采空区瓦斯涌出量的大小和所采用的采空区抽采方法。为了减少采空区瓦斯涌向采掘空间而影响生产，必须对采空区瓦斯抽采。采空区抽采分为半封闭采空区瓦斯抽采和全封闭采空区瓦斯抽采两大类。

1. 全封闭采空区瓦斯抽采

已经开采结束的采空区，仍然存有大量高浓度瓦斯，在采掘过程中，这些瓦斯会通过采动引起的煤体裂隙渗透到采掘工作面，不利于安全生产。可以对原工作面的巷道进行严密封闭，并在密闭墙上设穿堂管实施抽采，如图5-18所示。这种抽采叫做全封闭采空区瓦斯抽采。

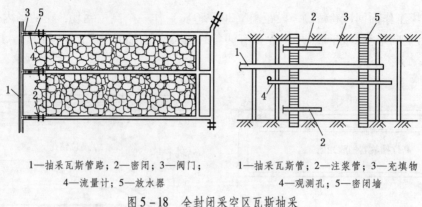

1—抽采瓦斯管路；2—密闭；3—阀门；　　　1—抽采瓦斯管；2—注浆管；3—充填物
4—流量计；5—放水器　　　　　　　　　　4—观测孔；5—密闭墙

图 5 – 18　全封闭采空区瓦斯抽采

2. 半封闭采空区瓦斯抽采

采煤工作面从开切眼开始向前推进，其后方的采空区范围逐渐增大，采空区瓦斯越积越多。由于采空区是通风网络的组成部分，风流会将采空区瓦斯带出，增大工作面风流瓦斯含量，使工作面上隅角和回风流中瓦斯超限。因此必须把这部分瓦斯抽出，以保证工作面安全生产。

半封闭采空区瓦斯抽采可采取埋管抽采、插管抽采、钻孔抽采、工作面尾巷抽采、开切眼引巷抽采等。

1）埋管抽采法

埋管抽采法就是预先将带孔眼（孔眼直径为 10 mm，孔的总面积大于或等于瓦斯管的断面积）的瓦斯管道敷设在工作面回风巷内，随着工作面的推进，瓦斯管的一端逐渐埋入采空区，如图 5 – 19 所示。瓦斯管道上每隔 20~30 m 安设一个 T 形网管并安装阀门。T 形管应安装在专设的抽采硐室内，紧贴巷道顶板。T 形管安装如图 5 – 20 所示。

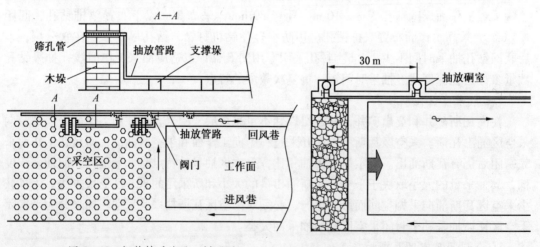

图 5 – 19　埋管抽采法平、剖面图　　　　　图 5 – 20　T 形管安装

埋管的有效长度一般为 20~50 m。为防止抽采中发生管道堵塞，带孔眼的管段和管口，应用纱网包好。T 形管的管口应尽量靠近煤层顶板，处于瓦斯浓度较高的地点。T 形管周围还应用木垛围护，以防止垮落岩石砸坏。为了防止瓦斯管在顶板垮落时被砸坏，瓦

斯管路还外套水泥管，也可以事先用煤矸掩埋，并且距底板应有一定高度，以防止积水和煤泥堵塞。

为适应开采方式和抽采效果的要求，埋管的方式有水平和垂直两种。

受埋管位置的影响，埋管抽出的瓦斯浓度一般不高（通常不到10%），抽采效率较低，并且波动较大，抽采浓度有时处于爆炸范围。埋进采空区的抽采管应采用阻燃、抗静电、耐腐蚀、抗老化、重量轻、安装简便的矿用聚氯乙烯（PVC）管材，并设专用管路抽采，还要加强自然发火检测，以防止瓦斯事故发生。

被埋在采空区的管路一般在距放顶排10 m后才达到好的抽采效果，但在现实应用中，有的矿井为节省管材，采用大管套小管，并在套管外表扎风筒布防止漏风的办法来回收被埋管材。管路每埋进一定长度就将被埋管抽出一段，这样做的结果是抽采浓度低，抽采效果差，不宜提倡。

埋管抽采的优点是处理回采工作面上隅角瓦斯效果明显，埋管方式简单易行，便于管理，不需要掘进专用巷道或打钻，省时省力；其明显缺点是将瓦斯管路丢失在采空区内不能回收，浪费大量管材。

埋管抽采适用于生产强度不大，瓦斯涌出量较小的工作面，对瓦斯涌出量较大的工作面可以联合其他方法抽采。

2）回采工作面上隅角插管抽采

回采工作面上隅角瓦斯抽采的主要原理是在工作面上隅角形成一个负压区，使该区域内瓦斯由抽采管路抽走，这可以避免因工作面上隅角处局部位置因风流不畅（或微风）引起的瓦斯超限，还可解决因漏风使采空区向上隅角涌出瓦斯而造成的瓦斯超限。为操作方便，靠近采面上隅角段管路可采用6 m长的铠装软管与主抽采管路连接，将铠装软管插入上隅角，为保证软管吸入口处于上隅角的上部（上部瓦斯浓度较高），抽采软管与木棒绑在一起，用铁丝吊挂在支架上，为提高抽采浓度，上隅角处应采用挡风帘，提高抽采效果。随着工作面的推进，拆下前端一段主管路，移动抽采软管，如此反复。抽采工艺，如图5-21所示。软管可采用10寸管，抽采管伸入上隅角长度及位置应根据实际抽采效果，不断调整，得到合理的参数。

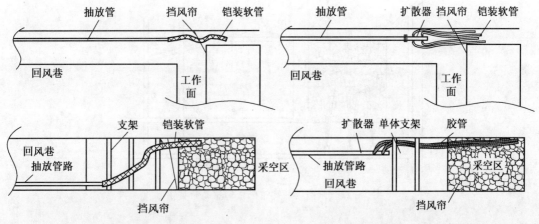

(a) 上隅角插管抽采瓦斯示意图　　　　(b) 上隅角插支管抽采瓦斯示意图

图5-21 插管抽采法

回采工作面上隅角插管抽采是制造一个负压区，让周围瓦斯向负压区流动，然后通过排放管路抽出工作面。负压区在什么地方最合适，顶板岩性不同，顶板的冒落程度不同，对负压区的选择都将有较大影响，为确保抽采点的合适位置（使吸入口瓦斯浓度较高），在抽采管路负压始端接一个带 4 ~ 8 个分支的一段管路，分支出几个支管，支管出口接 1 寸或 2 寸胶皮软管，软管插入上隅角后呈发散排列，可提高抽采效果。上隅角插管孔口负压应大于 8 kPa，抽采浓度为 1% ~ 2%，属于低负压抽采。

埋管法抽采和插管法抽采基本是相同的类型，只是布置方式不同。插管法是在采煤工作面上隅角靠采空区一侧用带装煤粉或黄土堆成的墙垛，从风巷抽采管引出多条抽采软管穿过墙垛插进采空区，抽采空区瓦斯。而埋管抽采，是把抽采管直接伸进采空区。要取得好的抽采效果，可采用埋管和插管相结合的抽采方法，如贵州安顺煤矿就采用了这种方法。

根据《矿井瓦斯抽采管理规范》第二十二条规定："在有自然发火危险煤层的采空区抽采瓦斯时，必须经常检测一氧化碳浓度和气体温度等有关参数的变化。发现有自然发火征兆时，要采取措施"。因此，采空区抽采瓦斯时应注意：

（1）采空区瓦斯管路上必须安设调压阀，以便合理调整抽采负压和抽采流量。

（2）在工作面中部至上隅角可砌筑密闭墙或挡风墙，以减少采面向采空区的漏风，墙体可用砖、料石或编织袋装砂或黏土砌筑的方式，面上抹灰浆增加其密封性。

（3）必须定期对管内气体及回采面上隅角，回风巷的气体取样分析，随时掌握采空区内气体成分、温度变化，以便合理地调整抽采瓦斯量和抽采负压。

（4）制定必要的防灭火措施。

需要强调的是，埋管或插管抽采时为了提高抽采效果，用于隔离采空区的墙垛必须用黄泥充填缝隙并抹面，以减小漏风。

3）钻孔抽采法

钻孔抽采法是通过采煤工作面之间的煤柱向采空区打钻抽采瓦斯，防止瓦斯超限的一种方法。钻孔布置方法如图 5 - 22 所示。

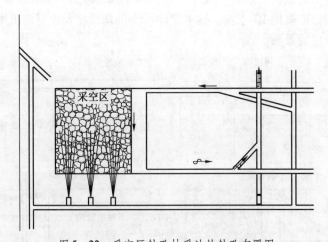

图 5 - 22　采空区钻孔抽采法的钻孔布置图

4）工作面尾巷抽采法

工作面尾巷抽采即在平行于回采工作面的回风侧布置两条巷道，一条作回风巷，一条作专用抽采巷，在专用抽采巷内设瓦斯抽采管，并对巷道逐段密闭抽采采空区瓦斯。回风巷与专用抽采巷之间每隔一定距离用联络巷连通。联络巷平时处于密闭状态，当工作面接近第一个联络巷时，拆开第一道密闭，让工作面风流的一部分从工作面后方采空区进入，再经配风巷流出。如图 5 - 23 所示，安顺煤矿用这种方法成功解决了 9100 采煤工作面瓦斯超限问题。

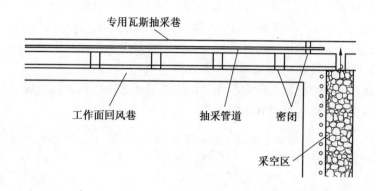

图 5 - 23   安顺煤矿使用的专用瓦斯抽采巷道

（八）邻近层抽采

在煤层群中，由于开采层的采动影响，使其上部或下部煤层卸压，导致这些煤岩层的膨胀变形和透气性的大幅度提高，邻近层的瓦斯涌向开采层工作面，引起开采层工作面瓦斯超限，为防止这部分瓦斯对开采层的影响，应该对邻近层煤层瓦斯进行抽采。邻近层瓦斯抽采方法主要有钻孔抽采和巷道抽采两种。

1. 钻孔抽采法

钻孔抽采法的布孔原则是：钻孔布置在卸压角以里的范围内，钻孔孔口要严密不漏气。采用钻孔抽采法时，钻孔有两种布置方式。

1）开采层的巷道内布置抽采钻孔

钻孔可以设在回风巷内，也可以设在进风巷内，当在回巷内布置钻场或钻孔时，主要用于抽采上邻近层瓦斯，如图 5 - 24a 所示。这种布置方式优点是：一是抽采负压与通风压力方向一致，有利于提高邻近层的抽采效果；二是瓦斯抽采管路设在回风巷容易管理，有利于安全。

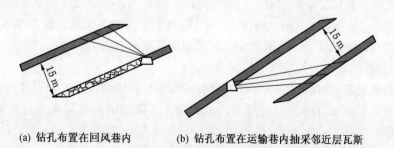

(a) 钻孔布置在回风巷内   (b) 钻孔布置在运输巷内抽采邻近层瓦斯

图 5 - 24   开采层巷道内布置钻孔抽采邻近层瓦斯

如果钻场或钻孔设在进风巷内，可由钻场向邻近层打穿层钻孔抽采邻近层瓦斯，如图 5-24b 所示。这种方式多用于抽采下邻近层瓦斯。这种布孔方式的优点是：在进风巷一般设有电源和水源，钻场施工方便。开采阶段的运输巷可作为下阶段的回风巷，不存在增加巷道维护时间问题。

2）开采层的顶（底）板内布置抽采钻孔

钻场设在底板岩石巷内，由钻场向邻近层打穿层钻孔，抽采邻近层中的瓦斯，如图 5-25 所示。其优点是：钻孔服务时间长，除可以抽采卸压瓦斯外，还可用作邻近层开采前的预抽和邻近层开采后的采空区瓦斯抽采，且不受采煤工作面开采时间限制。钻场处于岩石巷道内，对于抽采设施的施工和维护也方便。

钻场布置在开采层顶板岩石巷内，主要用于抽采上邻近层瓦斯。顶板岩石巷道应布置在开采层的裂隙带内，以达到最佳抽采效果。

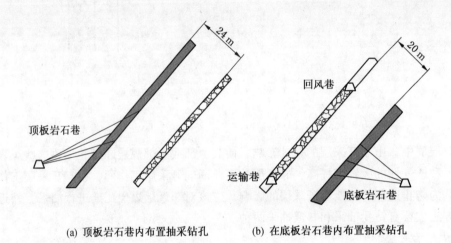

(a) 顶板岩石巷内布置抽采钻孔   (b) 在底板岩石巷内布置抽采钻孔

图 5-25　钻孔布置在岩石巷内抽采邻近层瓦斯

2. 巷道抽采法

巷道抽采法主要有高位巷、顶板巷结合钻孔抽采方式。

1）高位巷

在顶板裂隙带内布置高位抽采巷，当顶板初次垮落后，邻近层及围岩内的瓦斯沿着裂隙向采空区流动，高位瓦斯抽采巷可以将邻近层瓦斯抽出，减小流向采空区的瓦斯量。高位巷布置如图 5-26 所示。高位巷距回风巷一般为 1/3 工作面长度，位于顶板裂隙带中。高位巷抽采率高，抽采量大，是解决采空区邻近层瓦斯涌出的有效途径。

2）顶板巷道结合钻孔抽采邻近层瓦斯

为提高抽采效果，可以在邻近层中布置煤层巷道，再由煤层巷道向煤体施工钻孔抽采瓦斯。这种抽采方法既可解决邻近层涌出的瓦斯，又能抽采开采层采空区瓦斯，抽采量大，抽采率高，如图 5-27 所示。

3. 地面钻孔抽采法

从地面打垂直钻孔到邻近层底板 3~5 m，对邻近层进行抽采。这种方法适应于开采下保护层的情况，用地面钻孔抽采上邻近层瓦斯和保护层的采空区瓦斯。

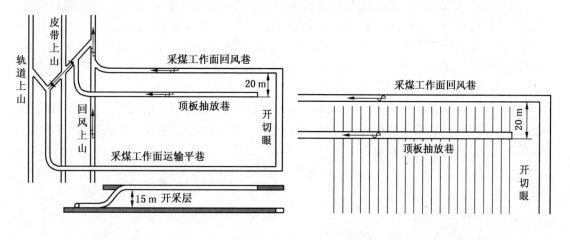

图 5-26　高位抽采巷布置　　　图 5-27　顶板巷结合钻孔抽采邻近层瓦斯

三、影响采空区抽采的主要因素

采空区瓦斯抽采的主要特点是高流量低负压。影响采空区瓦斯抽采的主要因素有：隔离墙的长度、密闭质量、抽采负压。

密闭的质量直接关系到抽采浓度的高低。对已经开采过的老采空区抽采时，应建筑永久密闭，做到严密不漏风。对现采空区抽采的隔离墙既要有一定长度（不小于 10 m），又要有一定厚度（不小于 0.5 m），而且砌体之间的缝隙应用黄泥浆充填密实，表面抹平，砌体要接触煤层顶板。隔离墙迎风面应与采煤工作面放顶排支柱呈钝角布置，以便风流带走隔离墙表面附近的瓦斯，减少上隅角瓦斯超限概率。安顺煤矿对上隅角埋管抽采隔离墙设置质量作了试验研究：原设置的隔离墙用编织带装煤粉砌筑，编织带之间没有用黄泥浆充填其缝隙，也没用泥浆抹面，抽采浓度最高为 4.5%，当采用黄泥浆充填缝隙，并在隔离墙表面用木板墙，然后再用泥浆抹面后，埋管抽采的瓦斯浓度达到 6.5%。这充分说明隔离墙质量的重要性。

抽采负压也是影响抽采效果的重要因素，《煤矿瓦斯抽放规范》（AQ 1027—2006）规定：卸压煤层抽采孔口负压不小于 6.7 kPa，非卸压煤层在抽采孔口不小于 13 kPa。但抽采负压又不能过高，抽采负压过高不但抽采量增加不多，而且容易吸入空气，降低抽采浓度，还会引起采空区遗煤自燃，具体控制到多少，应根据实际抽采试验确定。

四、煤矿瓦斯抽采存在的问题及对策

（一）存在的问题

瓦斯抽采作为防治瓦斯灾害的主要技术措施，虽然近几年发展很快，但还存在一些问题。主要有：煤层透气系数低，钻孔封闭不严，抽采瓦斯浓度低、衰减快，抽采效果差；采掘接续紧张，抽采时间短，抽采量不足，不能满足瓦斯治理的需要；抽采巷道、钻孔工程量大，施工进度不能满足抽采需要，进而导致抽、掘、采失调。

（二）对策

对于低透气性煤层，必须采取强化抽采措施才能收到好的抽采效果。这些措施主要有：密集钻孔抽采；通过底板岩巷施工穿层钻孔，在穿层钻孔基础上进行水力冲孔，然后封孔抽采；水力压裂或水力割缝；开采保护层；松动爆破；松软煤层钻孔全程下筛管；延长抽采期等。

1. 密集钻孔抽采

密集钻孔抽采方法是指通过缩小钻孔间距，提高瓦斯抽采率的抽采方法。该技术一般通过加大钻孔直径、缩小钻孔间距、提高抽采负压，以提高抽采效果。根据周世宁院士的渗流理论，钻孔的总瓦斯流量为

$$Q = \pi m \lambda^{0.9} p^{1.85} r^{0.2} \alpha^{0.1} t^{-0.1} \tag{5-13}$$

式中　Q——总瓦斯流量；

　　　m——煤层厚度，m；

　　　p——煤层瓦斯压力，MPa；

　　　λ——煤层透气系数；

　　　r——钻孔半径，m；

　　　α——煤层瓦斯含量系数；

　　　t——煤层瓦斯抽采时间，min。

从式（5-13）可看出，在抽采时间较长、瓦斯进入稳定流动状态时，钻孔总瓦斯流量 Q 与煤层厚度 m 成正比，与煤层瓦斯压力 p 的 1.85 次方及煤层透气系数 λ 的 0.9 次方成正比，而钻孔半径 r 对总瓦斯流量影响不大，决定钻孔瓦斯流量的关键参数是瓦斯压力和透气系数。

采用钻孔抽采时，加大钻孔直径在短时间内能呈现一些效果，但钻孔总瓦斯流量仅与钻孔半径的 0.2 次方成正比，时间较长时效果不大。

钻孔间距与钻孔的有效抽采半径有关。实践证明：钻孔的有效抽采半径随时间的延长而逐渐增大，当时间达到某一临界值时，达到极限半径。若两个钻孔间距超过极限半径的 2 倍，无论怎样延长抽采时间，钻孔之间煤体中的瓦斯总有一部分抽不出来。而钻孔过于密集时，又会增加钻孔工程量。所以合理的钻孔间距应在允许的抽采时间内根据钻孔有效抽采半径确定。为此抽采瓦斯的矿井应当经常开展瓦斯基础参数测定，测定出不同开采煤层，不同抽采块段，不同抽采时间内的钻孔有效抽采半径，为合理确定钻孔间距和抽采期提供依据，做到科学布孔。

对于低透气性煤层，提高钻孔抽采负压对抽采效果影响不大，因为提高抽采负压，对煤层中瓦斯压力差的增大是有限的（极限值只能达到 0.1 MPa），要增大瓦斯流量，必须增大煤层中的裂缝，提高透气性。

2. 水力压裂

水力压裂可以在一定程度上提高煤层透气性，有地面钻孔水力压裂、井下钻孔水力压裂两种方式。

1）地面钻孔水力压裂

其方法是在地面上用高压泵产生高压水流，通过钻孔将大量含有石英砂或其他支撑剂的高压液体压入煤层，把煤层中原有的裂隙撑开，继续压入水流，使煤层中被撑开的裂隙

继续向煤层内部扩张，与此同时，在水中加入筛过的砂子，将其作为支撑剂，送进煤层中被撑开的裂隙里，当压裂结束，压裂水返回后，砂子仍然留在煤层中支撑开的裂缝中。水力压裂造成瓦斯流动的通道从钻孔底部向四周延伸，使煤层的钻孔与其排放范围扩大，因而瓦斯涌出量也增加。

2）井下钻孔水力压裂

在煤层中施工水平长钻孔，封孔后进行水力压裂。钻孔可以直线布置，还可转弯布置，也可在主钻孔的基础上布置分支钻孔。然后用高压水压裂，不用支撑剂。

水力压裂适用于裂隙发育、有一定硬度的脆性煤层，对于强度低的软煤层水力压裂时，支撑剂会镶入煤层内，起不到支撑作用，压裂效果不明显。

3. 延长钻孔抽采时间

延长钻孔抽采时间，作为一种提高煤层抽采效果的措施是有局限性的。试验表明，未卸压抽采瓦斯钻孔累计抽出量与抽采时间大致有如下关系：

$$Q = Q_m(1 - e^{-\alpha t}) \tag{5-14}$$

式中　　Q——钻孔累计抽出量，m^3；

　　　　Q_m——钻孔极限抽出量，m^3；

　　　　α——衰减系数，d^{-1}；

　　　　t——抽采时间，d。

钻孔累计抽出量与极限抽出量之比称为有效抽采系数 K：

$$K = 1 - e^{-\alpha t} \tag{5-15}$$

随着衰减系数的增大，延长抽采时间的效果越来越差。只有衰减系数很小时，延长抽采时间才有意义。

4. 穿层钻孔结合水力冲孔

对于河南豫西三软煤层，其硬度系数通常在0.2左右，全层都是构造煤，对这种煤单靠钻孔很难抽出瓦斯，必须通过底板巷道中的穿层钻孔进行水力冲孔，再封孔抽采。这是解决"三软"煤层瓦斯抽采的最佳方法，在河南能源所属矿井普遍采用。

5. 合理安排采掘比例，在抽采达标的条件下采掘

矿井每月都要对抽、掘、采进行排队。首先是抽采工程排队，按采掘工程需要反推抽采工程量。如果抽采工程不能满足采掘需要，则要增加钻孔和抽采工程队伍，并采用先进的钻进设备，先进的抽采工艺，以适应抽采需要。

岩石巷道的掘进是开展瓦斯区域治理的前提，没有预先掘出的岩石巷道，瓦斯治理就没有空间。对于岩石巷道掘进，必须在装备、人员，提升运输系统上优化组合，采用机械化作业，提高作业人员整体素质，简化运输系统，提高单进水平。运输系统尽可能连续化，减少中间转运环节，提高效率。在高瓦斯、突出矿井中进行煤层巷道掘进时，要一个施工队多个掘进面，实现瓦斯治理和掘进分开。永贵能源公司2008年托管贵州省安顺煤矿之初，第一任务是打钻孔，不管是什么工种，都一律安排施工钻孔，经过近两个月的打钻、抽采汇战后，再安排采掘工作面维护性推进。杜绝了过去频发的瓦斯事故，实现了矿井历史上没有过的煤炭产量，2009年的煤炭产量超过过去10多年产量总和，这说明，只有加大瓦斯治理的投入才会有产出，才会有安全。

集团公司层面上要加大对万吨煤巷道掘进量的考核，巷道掘进完不成任务，即使煤炭

超产也不算完成任务，并且对没有完成巷道掘进量的资金投入要从矿井当年利润中核减，以此促进采掘比例协调。

施工大量钻孔是防治煤与瓦斯突出、防止瓦斯超限的前提，煤层巷道单进低的主要原因是钻孔数量少，抽采时间短，没有把煤层瓦斯抽采到防突、防超所要求含量以下，导致掘进过程中突出指标超限，爆破后瓦斯浓度超限，因此，必须对钻孔工程量进行严格考核，钻机队以钻孔数量和抽采瓦斯量提取工资。

五、松软煤层钻孔施工关键技术

钻孔施工是煤层瓦斯抽采的关键环节，在松软煤层中施工钻孔时，钻进慢、易塌孔、易断钻杆。解决的办法：一是使用大功率履带钻机，提高扭矩和推进力，增加钻进深度，提高钻进效率；二是使用大直径螺旋钻杆或三棱钻杆，增加排粉能力，并防止钻杆折断并减小钻杆偏移量；三是为钻机配备专用的压风装置，保证钻进所需风压，以利于及时排除煤粉；四是钻杆退出后，即时下筛管，全程支撑钻孔，防止钻孔垮塌。

第三节　抽采钻孔布置设计

抽采钻孔布置设计应坚持以下原则：

（1）抽采钻孔布置必须适应煤层、瓦斯赋存特点。

（2）抽采钻孔布置必须依据采掘工作面瓦斯抽采方案设计，必须有抽采工作面煤层瓦斯含量或压力、百米钻孔瓦斯流量衰减系数及抽采煤层不同时间段的抽采半径实测值。

（3）必须明确抽采钻孔的间距、深度、倾角、方位角等参数。钻孔间距根据允许时间内的有效抽采半径确定。抽采钻孔直径一般为 89 ~ 108 mm，直径超过 120 mm 时，必须制定专项安全技术措施，报上级公司总工程师批准。

（4）在煤层巷道布置顺层钻孔时，抽采钻孔采用平行布置，钻孔排数和孔间距由煤层厚度和抽采半径确定，在平面上均匀布置，在剖面上实现全层抽采达标，不留空白带。采煤工作面通过上、下顺槽分别布置抽采钻孔时，相向交叉长度不小于 10 m，钻孔沿煤层倾向布置，与巷道中线夹角 70° ~ 80°。

（5）突出煤层采掘工作面遇断层时，抽采钻孔要穿过断层面 0.5 m 以上。当钻孔方位平行于断层走向时，钻孔施工应由远到近逐渐靠近断层面。这是由于断层对瓦斯含量的影响比较复杂，主要取决于断层的开放性或封闭性，即使是开放性的断层，采掘活动也可能造成断层附近瓦斯富集，再加上断层面附近应力集中的具体位置不易确定，断层带附近煤岩层破碎，抵抗突出的能力差，如果钻孔施工不是由远而近，可能导致突出。

（6）当在煤层底（顶）板抽采巷道设置钻场施工穿层钻孔时，在保证钻场顶板距离煤层不小于 7 m 的前提下，应保证穿层钻孔在待掘煤层巷道下帮为正角度。钻场应低于抽采巷道底板 0.5 ~ 0.6 m，并在钻场中设置沉淀池，以收集钻孔施工过程中的水煤浆。水经沉淀后，再用水泵排入巷道水沟。水沟设置在巷道钻场侧，每个钻场的下排钻孔不得低于放水、排渣装置的安装高度；抽采管的吊挂高度不得低于 1.8 m，安装在钻场一侧。

由于底板穿层钻孔多为扇形布置，孔口距小，孔底距大。在巷道断面一定时，钻孔数量增多会缩小孔口间距，当孔口间距缩小到一定程度时，钻孔间的岩体会形成裂隙，在现有封孔技术条件下，封孔材料很难渗入岩体封堵裂隙，造成抽采浓度低，抽采效果差。穿层钻孔孔口距根据岩石性质和完整性确定，但不小于 0.6 m。

（7）抽采钻孔设计平面图、剖面图按 1∶500 比例绘制，标明钻孔平面位置、剖面位置，钻孔距离巷道顶板的高度和间距，并附钻孔参数表。除此之外，还应绘制 1∶50 孔口布置立面图，标明钻孔排数、间距。

按照《防治煤与瓦斯突出规定》第四十五条的推荐，预抽煤层瓦斯可以采用 6 种钻孔布置方式，而在煤矿井下可以采用的钻孔布置方式为 5 种，分别是：井下穿层钻孔或顺层钻孔预抽区段煤层瓦斯、穿层钻孔预抽煤巷条带煤层瓦斯、顺层钻孔或穿层钻孔预抽回采区域煤层瓦斯、穿层钻孔预抽石门揭煤区域煤层瓦斯、顺层钻孔预抽煤巷条带煤层瓦斯。下面分别就这些抽采方式的钻孔布置设计予以论述。

一、穿层钻孔设计

抽采钻孔布孔设计要明确 4 个内容：一是钻孔布置方式，二是钻孔控制范围，三是钻孔间距（孔口间距、孔底间距），四是钻孔长度、倾角和水平夹角。

按照钻孔与煤层的相对位置，分为顶板穿层钻孔和底板穿层钻孔。按钻孔抽采范围又有穿层钻孔预抽区段煤层瓦斯和穿层钻孔预抽煤层条带煤层瓦斯。

（一）利用底板巷道穿层钻孔预抽区段煤层瓦斯

底板钻孔预抽是一种较好的防突技术措施，可以在突出煤层巷道掘进前均匀实施底板穿层钻孔预抽并达到要求后再进行煤巷施工。

1. 孔布置方式

在距煤层底板一定距离的岩层内布置底板抽采专用巷道或者区段岩石巷道，然后通过底板抽采巷道向突出煤层施工抽采钻孔预抽煤层瓦斯，以消除煤层突出危险。底板抽采巷道的位置既要考虑巷道顶板距煤层底板的最小法向距离不小于 7 m，又要考虑底板岩性，应该把巷道布置在岩石强度较高，结构完整的岩层中，便于施工和维护，也便于钻孔施工和封孔。穿层钻孔既可直接布置在底板抽采巷道中，也可布置在钻场中。图 5-28 所示是直接利用底板岩石巷道施工穿层钻孔预抽区段煤层瓦斯的钻孔布置方式。

2. 钻孔控制范围

根据《防治煤与瓦斯突出规定》第四十九条规定，要求抽采钻孔控制整个开采块段和两侧回采巷道及其外侧一定范围内的煤层。煤层倾角小于 25°的煤层钻孔控制到煤层巷道下帮的距离不小于 15 m，上帮的距离不小于 15 m；煤层倾角大于等于 25°的煤层，钻孔控制到煤层巷道上帮轮廓线外至少 20 m，下帮至少 10 m。钻孔控制范围均为沿层面的距离。

3. 钻孔间距

钻孔间距要根据煤层在允许抽采时间内的抽采半径、煤层透气系数、钻孔瓦斯流量衰减规律、煤层瓦斯含量、煤层厚度、允许抽采时间等因素确定。

孔口间距按照巷道断面大小或钻孔设计个数确定，但孔口间距不能过小，否则，巷道迎头岩石将打碎，造成封孔困难。钻孔孔底间距要根据允许抽采期内实测的钻孔有效抽采半径确定。为了加快抽采速度，缩短抽采期，孔底间距一般控制在 5~8 m。如果允许抽采时间长（一年以上），煤层透气系数大的容易抽采煤层，孔底间距也可达 8~10 m，甚至更大。

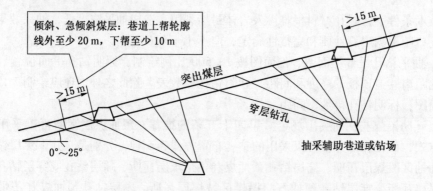

(a) 穿层钻孔预抽区段煤层瓦斯钻孔布置剖面图

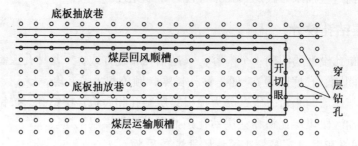

(b) 穿层钻孔预抽区段煤层瓦斯钻孔布置平面图

图 5 – 28   穿层钻孔预抽区段煤层瓦斯钻孔布置

4. 钻孔参数

钻孔直径、长度、倾角和水平夹角称为钻孔参数。钻孔参数要根据孔口到煤层顶板的距离和煤层厚度确定。要求钻孔穿透煤层全厚并进入煤层顶板不小于 0.5 m，在煤层预抽区域内均匀布置。钻孔直径为 75 ~ 94 mm。

5. 底板穿层钻孔预抽区段煤层瓦斯的优点

通过底板巷施工穿层抽采钻孔，既可预抽煤巷条带煤层瓦斯，消除煤层巷道在掘进期间的突出危险性，同时，又可通过底板抽采巷布置钻孔抽采整个回采区段煤层瓦斯，以达到消除回采工作面突出危险性的目的。归纳起来，底板抽采巷穿层钻孔抽采煤层瓦斯有以下优点：

（1）安全、可靠。对于一些严重突出煤层，直接在煤层中施工钻孔时，经常出现喷孔、抱钻、卡钻等，甚至发生突出事故，造成人员伤亡。而通过底板岩巷施工穿层钻孔预抽煤层瓦斯，由于有一定厚度（不小于 7 m）的岩柱作安全屏障，即使钻孔过程中发生喷孔，也不至于突破岩石屏障引发突出事故。

（2）适应性广，可实现煤层全厚消突。对于厚煤层（如焦作矿区煤层厚度在 7 m 以上）或复杂结构煤层，穿层钻孔可以对煤层全层消突，防止因底部煤层抽采不达标引发突出事故，而在本煤层中施工顺层钻孔很难做到全层消突。对于断层发育的工作面，可以保证断层两盘煤层瓦斯有效抽出。对于层间距近的煤层群或煤层内部含有较厚的夹矸，或煤层顶、底板起伏的煤层，采用顺层钻孔预抽瓦斯时，夹矸或层间岩层阻碍了邻近层瓦斯流动，只能用穿层钻孔才能有效抽采。

（3）抽采时间长、抽采范围大，抽采与生产干扰小。钻孔从施工完成到巷道上方工作面回采结束才会报废，抽采时间长，抽采效率高，与生产的干扰少。不仅能在回采前抽采煤体未卸压瓦斯，还抽采空区瓦斯。如果穿层钻孔穿过几个煤层，则既抽采未卸压瓦斯，又抽采卸压瓦斯。

（4）可以提前探清回采区段煤层厚度和地质构造。穿层钻孔预抽区段煤层瓦斯，在整个回采区段形成了网格式钻孔，由于钻孔密度大，整个回采区段煤层厚度、地质构造都在回采前勘探清楚，对于工作面回采工艺的选择，煤层巷道支护方式的确定，回采过程中安全措施的制定提供了科学依据。

（5）有利于排放回采巷道积水。对于煤层底板起伏较大，底板岩性松软的煤层，在回采过程中，巷道底板低洼处容易积水，影响工作面回采，也会引起巷道支架扎底。施工底板穿层钻孔后，提前释放回采范围可能的积水，为工作面正常生产创造了条件，保证生产的安全、高效。在回采期间巷道低洼处的积水也可通过穿层钻孔向下方排出，减少煤层巷道积水，防止巷道支架扎底。

（6）有利于采取综合增透措施。布置底板巷穿层钻孔时，抽采钻孔向上打，煤粉容易排出，钻孔内不会积水，对于松软突出煤层，可以通过上向钻孔进行水力冲孔，冲出一定量的煤粉，使孔洞周围煤体向孔洞膨胀变形，引起煤体开裂，降低地应力和瓦斯压力，增加煤层透气性。在水力冲孔的基础上再结合钻孔抽采，以取得更好的防突效果。

（7）有利于采掘接替安排。底板抽采巷也可以作为区段岩石集中巷使用，对于推进长度大的采煤工作面，可以通过底板抽采巷道向煤层施工联络斜巷，作为采煤工作面的进风巷道或者回风巷道。当采煤工作面推过一定距离后，还可通过联络斜巷施工下一个工作面的煤层巷道，以缓解采掘接替压力，还可利用此巷抽采空区瓦斯，如图5-29所示。

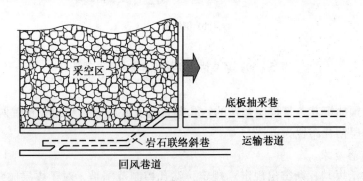

图5-29 利用底板抽采巷掘进下一个工作面的回风巷道

（8）有利于瓦斯基础参数测定。可以通过底板岩石巷道中的穿层钻孔取样测定煤层原始瓦斯含量，并封孔测定煤层原始瓦斯压力，提前查清回采区段煤层瓦斯赋存规律，为计算回采范围的瓦斯储量、抽采方案的制定、抽采达标的准确评价提供依据。

6. 底板穿层钻孔的缺点

岩巷工程量大，岩石钻孔工程量大。由于穿层钻孔中煤孔所占比例小，导致百米钻孔抽采率低。当煤层底板有距离煤层较近的承压含水层时，施工底板抽采巷道可能受水的威胁，所以巷道施工前，要对底板巷道注浆加固，影响施工进度。

（二）穿层钻孔预抽煤巷条带煤层瓦斯

为了减少岩石钻孔工程量，可以采用穿层钻孔预抽煤巷条带煤层瓦斯的办法，先对待掘煤层巷道两帮一定范围内的煤层瓦斯进行抽采，消除突出危险后再掘进煤层巷道。它与穿层钻孔预抽区段煤层瓦斯的不同之处是，穿层钻孔只抽采煤巷两帮一定范围内的瓦斯，提前消除煤巷条带的突出危险，为突出煤层巷道掘进创造安全条件。由于省去了采煤工作面中间钻孔，所以穿层钻孔数量减少很多。钻孔布置方式如图5-30所示。

(a) 平面图

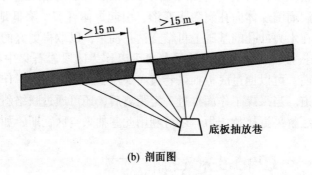

(b) 剖面图

图5-30　穿层钻孔预抽煤巷条带煤层瓦斯

穿层钻孔预抽煤巷条带煤层瓦斯的钻孔布置也有底板布置和顶板布置两种，条件具备时，以底板穿层钻孔布置为首选。

1. 钻孔布置要求

根据《防治煤与瓦斯突出规定》规定，钻孔控制范围是，对于煤层倾角0°～25°的煤层，要求控制到巷道上帮、下帮的距离均不小于15 m；对于煤层倾角大于等于25°的煤层，要求控制到巷道上帮的距离不小于20 m，下帮的距离不小于10 m，这些距离都是沿煤层层面的。

2. 底板穿层钻孔施工图设计

在底板抽采巷道中施工穿层钻孔可以有以下几种方式：

1）直接在底板巷道中施工穿层钻孔

这种方式又可以分为两种情况，一是待掘煤层巷道直接位于底板抽采巷道上方，可以把钻孔沿巷道轮廓线布置，如图5-31所示；二是待掘煤层巷道距离底板巷道一定距离时，要把钻孔布置在巷道帮上，如图 5-32 所示。

图 5-31、图 5-32 中钻孔的共同特点是垂直于巷道轴线，同一排钻孔布置在同一剖面上，当采用 CAD 制图时，钻孔长度、倾角都可直接在剖图上量取。

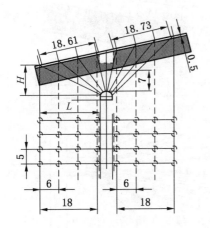

图 5-31　钻孔沿巷道顶板布置

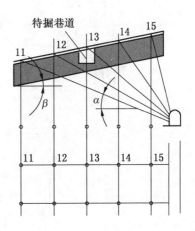

图 5-32　钻孔布置在巷道帮上

上述钻孔布置的优点是不做钻场，钻机移动次数少，固定一次钻机只需调整钻机倾角就可以施工完一个立面上的全部钻孔，但施工钻孔与巷道掘进平行作业时较为困难。目前岩石巷道多采用锚喷支护，当直接在底板抽采巷施工钻孔时，钻孔可能打在锚杆上或者打在钢筋网上，导致事先定位的钻孔无法施工。

2）通过钻场布置钻孔

有些矿井是在底板抽采巷道中设置钻场，通过钻场布置穿层钻孔。钻场的断面大小要考虑钻孔施工所用的钻机型号和钻机性能，钻机在钻场内施工几十个钻孔，每个钻孔又有不同的倾角，与巷道轴线的夹角也各不相同，各个钻孔与巷道底板的高度也不一样，所以，设计在钻场内的每一个钻孔都要考虑所用钻机的最低开孔高度和最大倾角。钻场断面根据所用钻机型号确定，一般宽度为 3.6~4 m，高 3.2~3.6 m，深 4~4.5 m。为钻孔布置和施工方便，钻场硐室断面以矩形为好，如果设计为半圆拱硐室，则可能造成钻孔排距较小，或者每排钻孔数量不等。

在钻场内施工穿层钻孔时，钻孔多打在钻场正头，也有在钻场顶板上打钻孔的。为了取得好的抽采效果，穿层钻孔要求在煤层抽采范围均匀布置，在施工图设计时，钻孔在钻场内是扇形布置，如图 5-33 所示。

用图 5-33 的布置方式时，同一列的钻孔方位与倾角都不一样，每施工完一个钻孔，再打另一个钻孔时，既要调整钻机方位，又要调整倾角，钻机工作效率低。

为了减少钻机移动次数，对于通过钻场布置扇形钻孔时，还可以采用图 5-35 所示的布孔方式，钻机固定后，同一列的钻孔都是一个方位，只是倾角不同。采用这种钻孔施工方法时，钻机移动次数少，但是钻孔不均匀，且在钻场之间存在钻孔空白带，需要在钻场两帮补打钻孔，如图 5-34 中的虚线所示。

通过作图可知，在底板巷道设置钻场施工穿层钻孔时，如果要求钻孔控制到待掘巷道两帮不小于 15 m，当底板巷道距离煤层底板法向距离 10 m 时，底板巷道与待掘煤层巷道的中心距离不宜小于 25 m。

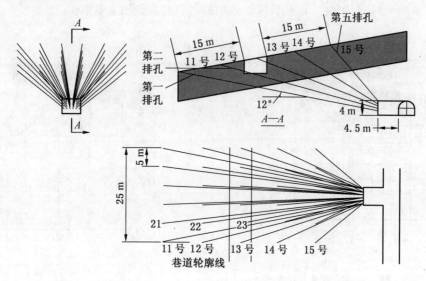

图 5-33　钻场内钻孔扇形布置

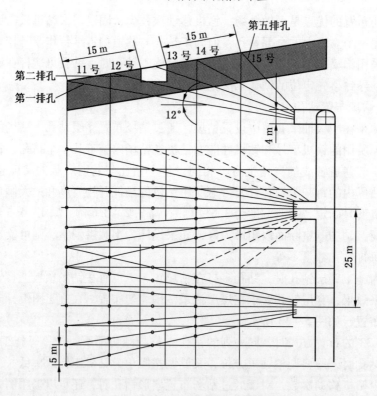

图 5-34　钻机只调整倾角不改变方位

3. 穿层钻孔的参数确定

穿层钻孔扇形布置时，钻孔的倾角、钻孔长度都不能在图上直接量读，需要计算确定。如图 5-35 中的 11 号钻孔，从孔口到孔底的高差为 h，水平投影为 L，则钻孔的倾角 α、长度 l 分别为

$$\alpha = \arctan \frac{h}{L} \tag{5-16}$$

$$l = \sqrt{h^2 + L^2} \tag{5-17}$$

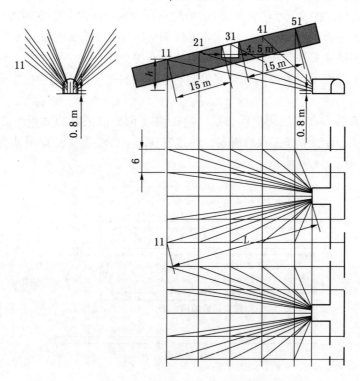

图 5-35 扇形穿层钻孔参数计算

4. 穿层钻孔的编号

为了施工和竣工图绘制方便，钻场内的钻孔应成行成列布置整齐，并按行列编号，第一列以 1 开头，第二列以 2 开头，如第一行第一列的钻孔编号为 11，第二行第一列的钻孔编号为 21。

5. 开孔高度的确定

钻孔最小开孔高度要根据钻机的工作参数确定，首先选择钻孔施工所用钻机型号，根据该型号钻机的最小工作尺寸确定最小开孔位置，以保证设计能在现场实施。

6. 钻孔间距和抽采时间

钻孔间距决定于钻孔有效抽采半径和抽采时间。钻孔间距应略小于钻孔有效抽采半径的 2 倍。钻孔有效抽采半径决定于抽采时间，所以在抽采设计之前，应该测定需抽巷道煤层在允许抽采时间内的有效抽采半径，以作为钻孔间距确定的依据。

利用钻场施工穿层钻孔存在一些缺陷，一是因掘进钻场，增加了大量岩巷工程量。二是在钻场内布置的扇形钻孔，每一个孔的开口位置和施工方位各不相同，给施工带来困难。每施工完一个钻孔，再施工下一个钻孔时，既要调整钻机高度，又要调整钻机方位，

每移动一次钻机要耗费大量时间，导致钻进效率低下。三是钻孔施工完成后，钻孔验收不方便，每一个钻孔既要测量开口位置，又要测量钻孔倾角和方位。四是每一钻孔都要根据验孔资料绘制在平面图和剖面图中，绘制钻孔竣工图花费大量时间。五是钻孔布置不均匀。所以，布置钻场的布孔方式并不好，以直接在巷道中施工穿层钻孔为好。

（三）顶板穿层钻孔预抽条带煤层瓦斯

对于煤层底板存在承压水的大水矿区，如果承压含水层距离煤层底板较近（小于20 m），开掘底板巷可能导通底板承压水，如焦作矿区部分矿井的部分采区，施工底板抽采巷就存在很大风险，但矿区又是单一严重突出煤层，没有保护层可采，直接在本煤层条带抽采又可能在钻孔施工过程中引发煤与瓦斯突出。对于这种矿井可以采用顶板穿层钻孔预抽煤层区段瓦斯。

（1）钻孔布置。在煤层顶板距煤层一定距离（顶板抽采巷的底板距离煤层的法向距离不小于7 m）的岩层中施工顶板岩巷，通过岩巷向下方煤层施工穿层钻孔，抽采煤层瓦斯。钻孔布置如图5-36所示。

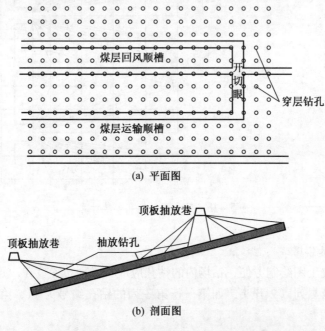

(a) 平面图

(b) 剖面图

图5-36　顶板穿层钻孔预抽区段煤层瓦斯

（2）钻孔控制范围。钻孔控制范围与底板巷穿层钻孔要求相同。

（3）钻孔间距。根据实测的钻孔有效抽采半径确定。

（4）钻孔参数。孔口间距根据钻孔总数和巷道断面确定，但孔口之间的距离不宜小于0.5 m。孔底间距由有效抽采半径确定，并在煤层内均匀布置，没有空白带。钻孔直径一般为75～94 mm。

与底板穿层钻孔预抽相同之处是岩巷工程量大，岩石钻孔数量多。不同之处是，顶板穿层钻孔是下向孔，施工难度比上向孔大，孔中容易积水，特别是焦作矿区部分矿井，顶板砂岩层通常都含水，导致抽采效果比上向孔差。但由于抽采巷位于采煤工作面顶板上方，在回采期间，可以作为高位巷抽采空区瓦斯。如果采区上下山布置在煤层顶板，利用顶板巷道穿层钻孔抽采煤层瓦斯，避免了抽采巷道揭煤，施工安全可靠。

由于顶板抽采巷位于煤层顶板，在回采工作面开采过程中就会破坏，巷道利用率低，不能做到一巷多用，因此，应尽可能采用底板抽采巷。

（四）穿层钻孔预抽回采区域煤层瓦斯

这种方式应用较少，但对于回采工作面长度较大的松软突出煤层，或者工作面煤层起伏、煤层夹矸或分岔，存在断层、褶皱，煤层巷道施工顺层钻孔很难打到位，很难实现剖面上钻孔均匀布置，在工作面中部存在钻孔空白带，钻孔空白带就是抽采空白带，此带瓦斯得不到有效抽采，是煤与瓦斯突出或超限的隐患。这时如果在回采工作面中部布置底板抽采巷道，利用底板穿层钻孔，同时采用水力冲孔与瓦斯抽采相结合的综合防突措施，就能起到好的作用。钻孔布置方式如图 5-37 所示。

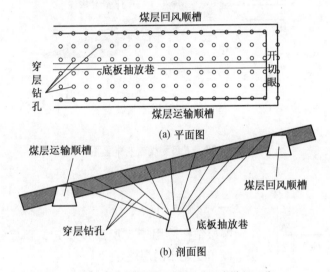

(a) 平面图

(b) 剖面图

图 5-37　穿层钻孔预抽回采区域煤层瓦斯

（五）穿层钻孔预抽石门揭煤区域煤层瓦斯

采用穿层钻孔预抽石门揭煤区域煤层瓦斯时，钻孔应在石门揭煤工作面距煤层法向距离 7 m 以前实施（在构造带应适当加大距离）。钻孔的最小控制范围是：巷道轮廓线外 12 m（急倾斜煤层底部或下帮 6 m），同时还应当保证控制范围的外边缘到巷道轮廓线（包括预计前方揭煤段巷道的轮廓线）的最小距离不小于 5 m，且当钻孔不能一次穿透煤层全厚时，应当保持煤孔最小超前距 15 m。钻孔还应当控制到巷道两帮至少 12 m 范围。钻孔布置剖面如图 5-38 所示。

石门揭煤突出危险性最大，是防突工作的重点环节，为了有效消除地应力和提高瓦斯抽采效率，必须施工密集钻孔，缩短揭煤周期。用于石门揭煤的穿层钻孔孔底间距一般控制在 2~3 m，孔口间距要根据巷道断面大小和钻孔控制范围内的钻孔总数确定。钻孔在巷道断面的控制范围如图 5-39 所示。对于图 5-39 所示的石门，共布置 66 个钻孔，其巷道宽度为 5 m，高度为 3.5 m，则孔口沿巷道宽度间距为 0.5 m，沿巷道高度方向间距为 0.7 m。如要再增加钻孔数量，则必须缩小孔口间距，或者增大石门巷道断面。

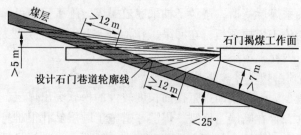

(a) 石门从煤层顶板揭煤

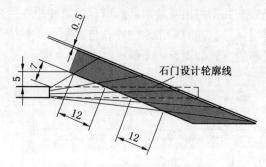

(b) 石门从煤层底板揭煤

图 5-38　石门揭煤钻孔布置图

二、顺层钻孔设计

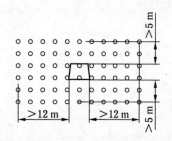

图 5-39　石门揭煤钻孔在巷道
断面的控制范围

顺层钻孔适用于煤层厚度稳定，顶底板无起伏、无断层、倾角变化小的煤层。

在煤层中布置钻孔的方式有：顺层钻孔预抽区段煤层瓦斯、顺层钻孔预抽回采区域煤层瓦斯、顺层钻孔预抽煤巷条带煤层瓦斯、顺层钻孔网格抽采 4 种。

1. 顺层钻孔预抽区段煤层瓦斯

顺层钻孔预抽区段煤层瓦斯的布孔方式有 4 种，即扇形钻孔、平行钻孔、斜向钻孔和交叉钻孔，如图 5-40 所示。

顺层钻孔预抽区段煤层瓦斯，要求钻孔控制范围要超过待掘煤层巷道两帮 15 m，钻孔布孔均匀，消除待掘巷道突出危险性后，再掘进待掘巷道。

1）钻孔布置特点

扇形钻孔的布置方式如图 5-40c 所示。扇形钻孔需要在钻场内施工，液压钻机移动量小，钻进效率相对较高。但扇形钻孔布孔不均匀，两钻场之间存在空白带，为消除空白带，还需要补打平行钻孔，以消除钻孔空白带。

平行钻孔和斜向钻孔布孔均匀，不需要施工钻场，钻机在巷道内可直接施工。但每施工一个孔再施工下一个钻孔时都要移动一次钻机，钻机移动量大，移动时间较长，有效打

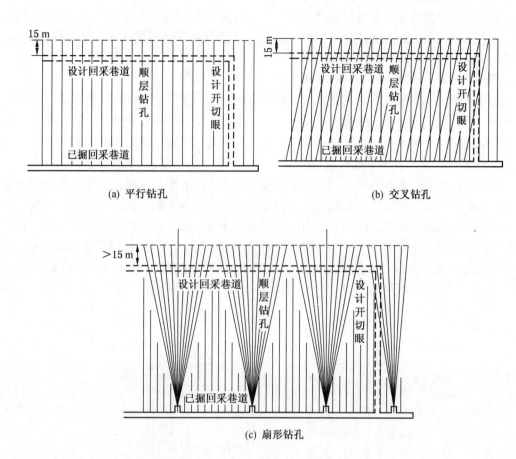

图5-40 顺层钻孔预抽区段煤层瓦斯

钻时间短。由于是未卸压抽采，煤层透气性小，在钻孔不受采动影响时抽采量不大，根据瓦斯钻孔流量的变化规律，当工作面接近钻孔8~10m时，钻孔瓦斯量显著增加，当工作面至钻孔孔口距离5m左右时，瓦斯浓度明显下降，钻孔接近报废，下一个钻孔接着起作用。所以，平行布孔时，钻孔有效服务时间短。

交叉钻孔由平行钻孔与斜向钻孔组合而成，分上下两排，在巷道内直接施工，不需要施工钻场。

根据焦作九里山矿和平顶山矿区试验，交叉钻孔比平行钻孔抽采效果高。九里山煤矿13051回采工作面的试验表明：每100m交叉钻孔的初始瓦斯抽采量为平行钻孔的2.53倍，抽采140d后，每100m交叉钻孔的抽采量为平行钻孔的1.85倍。其原因是：平行钻孔与斜向钻孔之间由于应力的空间叠加，使钻孔的破坏区增大，并使钻孔周围的破坏区连通，提高了钻孔控制区内煤层的透气性。但钻孔之间的高程差Δh是影响抽采效果的关键因素：Δh太大，钻孔周围的破坏区不能形成相互影响带和充分影响带，发挥不了钻孔间的交叉效应；Δh太小，交叉钻孔的空间交叉效应又不能充分体现。Δh的大小应根据不同矿井的煤层试验总结。

2）钻孔间距和直径

钻孔间距要根据钻孔有效抽采半径确定，不能大于有效抽采半径的2倍。需要强调的是：不同抽采时间的抽采半径是不同的，在采煤工作面煤体中布置钻孔确定钻孔间距时，要根据允许的抽采时间内可能达到的抽采半径来确定。所以，各矿井应对同一煤层不同透气性条件下测定不同时间段的有效抽采半径，以指导钻孔布置设计。

钻孔直径也要根据煤层硬度条件和完整性来确定。对于严重突出的松软煤层，钻孔直径越大，钻孔施工越困难，越容易在钻进中引起突出，还容易垮孔，所以，钻孔直径要根据煤层硬度条件、煤层突出危险性和煤层完整性来确定，一般不超过120 mm。

2. 顺层钻孔预抽回采区域煤层瓦斯

顺层钻孔预抽回采区域煤层瓦斯的钻孔布置如图5-41所示。是在回采工作面的全部巷道形成后，通过煤层上、下巷道向工作面煤体施工上向或下向钻孔，预抽煤层瓦斯，经过一段时间的抽采，回采工作面范围内的煤层瓦斯含量下降，瓦斯压力下降，待预计抽采达标后，再按照《煤矿瓦斯抽采达标暂行规定》的要求，在工作面取样测定煤层残余瓦斯含量、可解吸瓦斯量，当全部测定点的瓦斯压力都小于0.74 MPa或瓦斯含量都低于8 m³/t时，可解吸瓦斯量达到要求，并且施工检验孔时没有喷孔、顶钻或其他动力现象时，工作面方可进行回采作业。

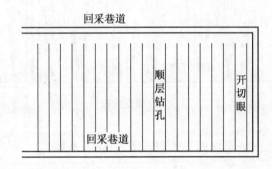

图5-41　顺层钻孔预抽回采区域煤层瓦斯的钻孔布置

根据实践证实，在煤层中施工上向钻孔要比下向钻孔容易，而且上向钻孔比下向钻孔抽采效果好，所以应创造条件施工上向钻孔。

对于瓦斯含量高，透气性差的厚及特厚煤层，为了有效消除突出危险，需要在煤层中施工两排以上的钻孔方能消除工作面突出危险。为了施工多排钻孔的需要，煤层巷道断面必须满足钻孔施工的需要，在焦作、鹤壁矿区，煤层厚度一般为7~8 m，还有9 m的，这种煤层分层开采时，如果采用顺层钻孔预抽回采区域煤层瓦斯，巷道高度至少3.5 m才能满足钻孔施工要求。巷道高度增加后，巷帮稳定性变差，需要采取相应的加强支护措施。

3. 顺层钻孔预抽煤巷条带煤层瓦斯

顺层钻孔预抽煤巷条带煤层瓦斯是《防治煤与瓦斯突出规定》推荐的最后一种区域防突技术措施，其钻孔布置方式如图5-42所示。

1）钻孔控制范围

顺层钻孔预抽煤巷条带煤层瓦斯区域防突措施的钻孔应控制的条带长度不小于60 m，巷道两侧的范围根据煤层倾角不同规定为：当煤层倾角α≤25°时，钻孔要控制到巷道两

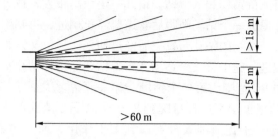

图 5-42 顺层钻孔预抽煤巷条带煤层瓦斯钻孔布置

侧轮廓线外至少各 15 m，当煤层倾角 $\alpha > 25°$ 时，钻孔要控制到巷道上帮轮廓线外至少 20 m，下帮至少 10 m。以上所述钻孔控制范围均为沿层面的距离。

2）钻孔施工安全管理

煤层巷道刚开口时，由于事先没有采取其他防突技术措施，钻孔直接在没有安全屏障的煤层中施工，可能会产生喷孔或煤与瓦斯突出。为了防止施工钻孔过程中的突出，必须做到以下几点：

（1）在巷道开口前，无论是否有突出危险，都必须先进行预测预报，只有迎头 10 m 以内各项突出预测指标不超限时，才允许施工抽采钻孔。当突出预测指标超限时，必须停止一切工作和停电撤人，24 h 后再预测，直到指标不超限时，方可施工抽采钻孔。

先施工小直径浅孔抽采煤层瓦斯，浅孔直径不超过 50 mm，孔深不超过 25 m，控制到巷道两帮至少 15 m 范围。小直径钻孔施工要慢速钻进，并随时观察钻孔施工过程中的瓦斯异常现象，发现喷孔、顶钻、夹钻时，要立即停止钻进，等 24 h 后再试探性钻进，如无异常，则继续施工小直径钻孔，形成不小于 20 m 的安全屏障后，经防突效果检验无突出危险，再施工正式防突钻孔，以防钻过程中发生突出。正式的防突钻孔施工必须按照《防治煤与瓦斯突出规定》第四十九条要求留有不小于 20 m 的钻孔超前距，作为下一轮钻孔的安全屏障。

（2）通过安全屏障进行下一轮防突钻孔施工前，应对安全屏障进行检验，如果安全屏障内出现喷孔、突出预测指标超标，必须按没有安全屏障处理，重新营造安全屏障。营造安全屏障采用钻头直径不超过 50 mm 的风煤钻施工，其作业人员不能超过 3 人。

（3）采用顺层钻孔预抽煤巷条带瓦斯区域防突措施，钻孔施工时，施工钻孔的煤层巷道及回风、进风区域严禁其他作业和无关人员进入，同时必须在进入防突打钻作业巷道的进风口、回风区域的各通道口设置警标，以防钻孔施工发生时突出扩大事故范围。

（4）在实施防突钻孔的过程中，因喷孔、卡钻、瓦斯超限等异常情况而采用"间隙"打钻作业方式，再次恢复打孔作业的时间不得低于 24 h，停止作业和恢复作业时必须向矿调度室汇报。

3）孔布置方式和比较

图 5-43 所示钻孔是巷道开口时的布置方式。当巷道进入正常掘进后，通常要布置钻场，在钻场内布置抽采钻孔。钻场又分为挂耳钻场和 T 形钻场，如图 5-43b 所示。如果把钻场布置图进行叠加，就可发现两种钻场的明显差别。从图 5-43a 可知，当采用巷旁

钻场布孔时，由于巷道上帮钻场和下帮钻场错开一定距离布置，在第一个钻场布置钻孔抽采达标后开始掘进，每掘进一个钻场间距后巷道要停止掘进，再施工第二个钻场和布置第二个钻场的钻孔，第二个钻场的钻孔布置完后经过抽采达标，又开始掘进到第三个钻场的位置，然后再次停止掘进，施工第三个钻场和布置钻孔。这种钻孔布置造成两钻场之间的钻孔重叠，例如，图中 BC 范围内第二个钻场与第一个钻场之间的钻孔产生重叠，因为每次掘进的前提是必须把煤层瓦斯含量降到 8 m^3/t 以下，消除前方突出危险，所以 BC 范围内重叠部分的钻孔对于瓦斯抽采没有起到多少作用，而且，第一和第二钻场之间大部分钻孔由于巷道的掘进被截断而不能继续抽采，使原有抽采钻孔不能继续发挥抽采作用。

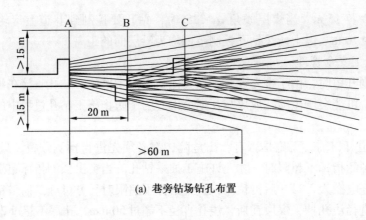

(a) 巷旁钻场钻孔布置

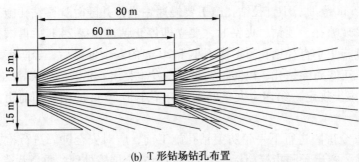

(b) T 形钻场钻孔布置

图 5-43　煤巷条带预抽煤层瓦斯的两种钻孔布置方式

钻场采用 T 形布置时，在钻孔孔底间距相同、钻孔数量相同的条件下，T 形钻场的钻孔孔口距离比巷旁钻场大，而且钻机移动量小，移动方便。由于钻场和钻孔一次性施工完成，经抽采达标后，就可一直掘进到第二次钻场施工处，一次掘进距离是巷旁钻场的 2 倍，钻孔利用率高、重复少，掘进效率提高，成本下降。

对于煤层倾角较大的煤层，采用 T 形钻场布置钻孔时，由于倾角的影响，可能造成巷道下方钻场巷道高度偏低，因此，设计钻场时，对于巷道下方钻场要保证高度，便于钻孔施工。由于 T 形钻场悬顶面积大，巷道支护时，应采用锚网，同时打锚索并用型钢作托板，有效支护顶板，防止顶板离层。

由于 T 形钻场顶板悬露面积大，钻场掘进后作用在钻场两帮的压力增大，对于软分层较厚的煤层可能因应力集中造成对防止突出的不利影响，因此，应在钻场内增加支架以分担顶板压力，减轻煤体内应力集中程度。

4）钻孔参数计算

本煤层钻孔预抽煤巷条带瓦斯时，钻孔参数包括：钻孔倾角、与巷道中心的夹角、钻孔深度。如果巷道沿煤层走向布置，对于薄及中厚煤层只需要施工一排钻孔，用 CAD 作图时，钻孔倾角与巷道坡度相同，钻孔深度可直接从图中标注。厚煤层分层开采时，巷道沿煤层顶板掘进，底板留有煤层，钻孔布置时，要做到平面、剖面布置均匀。至少需要布置两排钻孔：第一排钻孔平行于巷道顶板，与煤层顶板的距离不大于钻孔有效抽采半径；第二排钻孔通常下扎，孔底距煤层底板距离不大于有效抽采半径。孔口距离和排距根据煤层完整性和硬度系数确定，但不小于 0.6 m，以防止孔间煤体破碎，影响抽采效果。如果抽采半径小，掘进迎头布孔多，可采用图 5-43 所示的巷旁钻场或 T 形钻场，扩大孔口距离。

当巷道为上下山掘进时，为简化设计，其中 1 个钻孔沿巷道中心线布置，中心线两侧钻孔呈对称布置。作图时，先绘制中心线一侧的钻孔，然后用镜像的办法得到巷道另一侧的钻孔，如图 5-44 所示。巷道上下帮的钻孔都与巷道中心线对称。

在 CAD 图中，直接量取的是钻孔的水平投影长度和钻孔与巷道轴线的水平投影角，钻孔实际长度、倾角还需要按公式计算，如图 5-45 所示。

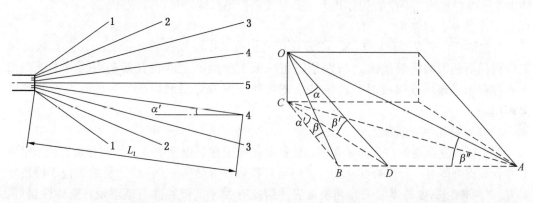

图 5-44　用镜像法作图　　　　　　　图 5-45　钻孔倾角换算

图中，α 是钻孔 OD 与巷道轴线在斜面上的夹角，α' 是该钻孔与巷道轴线在水平面上的夹角，可在图中直接测量，β 是上山倾角，β' 是钻孔 OD 的倾角，则

$$\tan\alpha' = \tan\alpha\cos\beta \tag{5-18}$$

$$\beta' = \arcsin(\cos\alpha'\sin\beta) \tag{5-19}$$

钻孔长度：

$$L = \frac{L_1}{\cos\beta'} \tag{5-20}$$

L_1、α' 可从图中直接量取，如图 5-45 中的 4 号钻孔在图中的投影长度为 L_1，与巷道轴线夹角为 α'。

三、下山掘进时顺层钻孔设计

下山掘进时顺层钻孔设计既要根据煤层厚度确定钻孔排数、个数，又要考虑孔口距离（孔口距不能太小），还要考虑水的影响。水流入掘进头将影响钻孔定位、放线和施工。对于受水影响的掘进工作面，最好在施工抽采钻孔的工作面退后 3～5 m 做专门的排水硐室，通过巷道中的截水沟把水引入排水硐室，工作面抽采钻孔的放水、计量、排渣装置设在排水硐室中。在此前提下，抽采钻孔可采用 T 形钻场。图 5-46 所示是新疆众维煤矿三采区运输下山抽采钻孔设计，该下山巷道一帮高一帮低，为钻孔施工方便，施工上排钻孔后，再拉底施工第二排钻孔。为方便下帮钻孔施工，巷道下帮还需要拉底，待全部钻孔施工完后，再回填到设计高度。

四、高位钻孔设计

高位钻孔是在回风巷向煤层顶板施工的钻孔，钻孔位于裂隙带中，主要作用是以顶板裂隙作为通道抽采工作面煤壁及上隅角涌出的瓦斯。根据矿山压力理论，回采工作面开采后，在煤层顶板上方形成垮落带、裂隙带和弯曲下沉带。裂隙带中的裂隙是瓦斯流动的通道，通过钻孔的负压，可以加速瓦斯流动，使高位钻孔能够抽出远超过本煤层钻孔的抽出量。由于回采工作面前方存在煤壁支撑影响区、离层区和重新压实区。钻孔孔口靠近煤壁支撑影响区时，由于支撑影响区内煤层顶板已有裂隙作为瓦斯流动的通道，煤壁中原始煤体由于压裂释放的瓦斯沿着裂隙进入钻孔，使高位钻孔能够抽出高浓度瓦斯。

1. 高位钻孔的作用

高位钻孔位于煤层顶板上方，主要作用是抽采工作面顶板裂隙带瓦斯，是有效解决工作面瓦斯超限的重要措施，特别是防止回采工作面的上隅角瓦斯超限。对于工作面上方存在未采煤层或煤线时，高位钻孔还可抽采上方煤层涌向采空区的瓦斯，起到截流作用。

2. 高位钻孔的布孔位置

为了有效发挥高位钻孔抽采作用，钻孔必须布置在裂隙带中。工作面开采后的采空区上方会形成垮落带、裂隙带和弯曲带。垮落带和裂隙带简称"两带"，裂隙带位于垮落带上方，"两带"高度与煤层采高和顶板岩性组成有关，顶板岩性石越坚硬，整体性越好，"两带"高度越大。各矿由于地质条件不同，"两带"高度也不同，应该通过实际观测确定，划分出裂隙带的高度变化范围，以便合理布置高位钻孔，提高抽采效率。

3. 高位钻孔布置方式

高位钻孔布置方式有两种：一是直接在采煤工作面的回风顺槽向裂隙带施工钻孔；二是在回风顺槽作施工高位钻场，然后通过钻场向裂隙带施工抽采钻孔。

直接在回风顺槽向裂隙带施工高位钻孔时，不需要施工专用钻场，岩巷工程量小，但由于钻孔倾斜布置，钻孔位于裂隙带中的有效长度小，随着回采工作面的推进，钻孔逐渐进入垮落带，降低抽采浓度，若要保持较高的抽采浓度，必须每隔一定距离施工一组钻孔，才能保证抽采效果，所以，钻孔利用率较低，如图 5-47a 所示。

当直接在回风顺槽向裂隙带施工高位钻孔时，钻孔的倾角由孔底高度和孔口高度以及钻孔长度确定，而钻场间距要小于钻孔在裂隙带中的水平投影长度，才能保证第一组钻

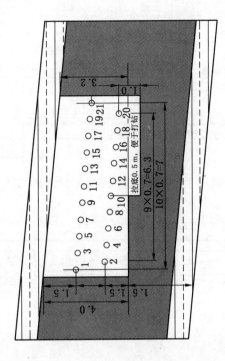

(c) 孔口位置图
1:50

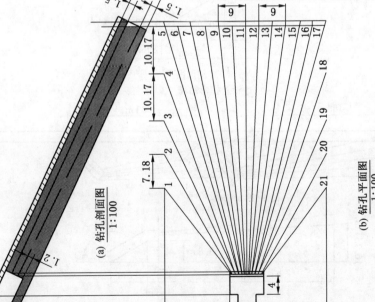

(a) 钻孔剖面图
1:100

(b) 钻孔平面图
1:100

图 5-46 下山掘进顺层钻孔设计

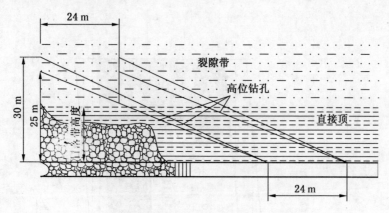

(a) 在回风顺槽直接向裂隙带施工高位钻孔

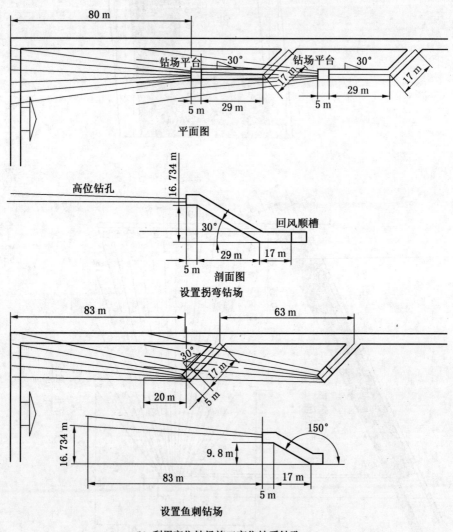

(b) 利用高位钻场施工高位抽采钻孔

图 5-47 高位钻孔的两种布置方式

进入垮落带后另一组钻孔能抽采裂隙带中的瓦斯。

如果在回风顺槽设专用抽采钻场，通过钻场施工高位钻孔，则钻孔利用率相对较高。但要施工大量钻场，而且这些钻场必须在回采工作面开采前施工完成，并把抽采管路连接好，否则，一旦开始回采，就不能再施工钻场，因为钻场施工会与回采生产发生冲突。施工钻场就不能采煤，采煤就不能施工钻场。对于具有突出危险的采煤工作面，绝不允许在采煤工作面生产期间在回风巷道施工，除了串联通风的原因外，还可能因采煤与掘进平行作业，造成应力叠加，进而导致突出事故，并造成事故灾害扩大。

由于设置了专用抽采钻场，高位钻孔可以在钻场内施工，钻孔仰角较小，利用率相对较高，如图 5－47b 所示。

4. 钻场、钻孔参数

钻场、钻孔参数不仅要根据裂隙带高度确定，还要考虑在采煤工作面的抽采范围。鹤壁八矿 31011 工作面在回风顺槽沿工作面走向每隔 70～80 m 掘一高位钻场，高出煤层顶板 5 m，然后在钻场内施工 10～15 个直径 110 mm 的扇形钻孔，终孔位置距煤层顶板 6～10 m（采高的 3～5 倍），沿工作面倾斜方向控制范围为 30 m，钻孔压茬距离 20 m，抽采裂隙带瓦斯。而焦作位村井 14121 上风道的钻场间距为 25～30 m，高位钻孔距离煤层顶板 23.5～29 m，布置 3～4 个扇形钻孔，沿工作面倾斜方向控制 0～15 m。

5. 高位钻孔抽采效果

位于裂隙带内的高位钻孔普遍具有抽采浓度高的特点，贵州安顺煤矿和发祥煤矿抽出浓度可达 80%，单孔瓦斯流量可达 2～3 m³/min。焦作位村井 14121 上风道高位钻孔抽采浓度保持在 20%～60% 之间，最高达到 90%，抽采流量为 1.65 m³/min 以上。

6. 工作面过高位钻场的安全措施

当通过钻场布置高位钻孔时，由于钻场内空间较大，容易积聚瓦斯，并且给回采工作面顶板控制带来困难，所以在采煤工作面过钻场之前，应当用充填材料充满高位钻场，以消除瓦斯积聚，防止事故发生。可见，通过钻场布置高位钻孔，巷道掘进工程量大，管理复杂，不如直接在煤层巷道内打高位钻孔方便。

为了解决过钻场期间瓦斯超限和瓦斯积聚，鹤壁八矿采用了充填措施，具体做法是：从钻场口向里 6 m 开始盘两个木垛，并在木垛上钉上木板形成板墙，在木垛内预埋 3 根注浆管，在钻场内预埋 2 根直径 150 mm 的抽采管穿过两道木垛。然后向木垛内注满罗克休，

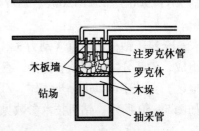

图 5－48　鹤壁八矿采煤工作面
过钻场充填示意图

如图 5－48 所示。经这样充填后，工作面靠近钻场时，钻场内顶板压力增大，瓦斯开始溢出，但由于已在钻场内支护了木垛并注满了罗克休，瓦斯完全控制在钻场内，并由抽采管抽出，有效解决了工作面过钻场期间出现的瓦斯超限和瓦斯积聚，保证了安全生产。

五、钻孔参数表和设计说明

每一个抽采设计，无论何种布孔方式，在绘制钻孔布置平面、剖面图的同时，都要绘制钻孔参数表，表明钻孔编号、方位、倾角、孔深，并计算每个钻场钻孔总工程量和单项

工程钻孔总量,为安排施工计划提供依据。除了钻孔平面图、剖面图外,还必须绘制封孔结构图,详细标注封孔段长度和两端堵塞长度。设计中还应附文字说明,对封孔工艺、过程、封孔材料与用量、注浆设备与注浆压力、水灰比、注浆管径、回浆管径和长度叙述清楚。对管路连接、放水排渣装置的安装也要绘制图纸。

第四节　钻孔施工设备

钻机是瓦斯抽采钻孔施工的主要设备,有风动钻机和液压钻机两类。风动钻机以手持式应用较多,较方便,主要用于施工较浅的抽采钻孔或排放钻孔,其钻孔深度一般不超过20 m。当采用区域性的防突技术措施时,要求钻孔深度一般要达到100 m以上,所以,大功率的液压钻机的使用越来越普遍,对于厚度超过3 m、瓦斯含量高的严重突出煤层,往往需要施工双排抽采钻孔甚至更多排钻孔,为使解决钻机移动、定位方便,履带式大功率、大调高的液压钻机开始使用。

抽采钻孔布置设计完成后,应选择与本抽采设计相适宜的钻机。目前用于瓦斯抽采的钻机大多是座架式、履带式、立式液压钻机。在底板巷中施工穿层钻孔可选用大调高的履带钻机,选用座架式钻机时,钻机的移位、角度调整不方便,钻进效率低。目前,大功率履带钻机已经普遍使用,钻机固定后,钻杆可在同一位置水平旋转±180°,垂直旋转±90°,在底板巷道中施工穿层钻孔非常方便。

一、座架式液压钻机

随着开采深度的加大,地应力和瓦斯压力越来越大,要求的钻进能力随之增大,所以大功率钻机使用量越来越多,矿井大量使用的有中国煤炭科工集团西安研究院的 ZDY1900S、ZDY3200S、ZDY4000S 和重庆研究院生产的 ZYW - 3200 型全液压钻机。

全液压钻机由主机(动力头、机架、支撑框架)、泵站、操纵台、钻杆、钻头等部件组成,各部分之间用软管连接,摆布灵活,解体性好,便于搬迁运输,在运输条件较差的地区,主机还可以进一步解体。ZDY1900S 座架式全液压钻机组成如图 5 - 49 所示,主机如图 5 - 50 所示。钻机技术参数见表 5 - 2。

图 5 - 49　ZDY1900S 座架式全液压钻机

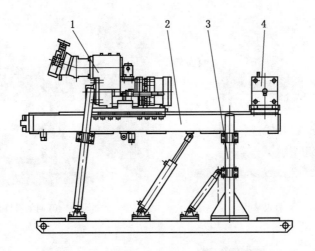

1—回转器；2—给进装置；3—机架；4—夹持器

图 5 - 50 ZDY1900S 钻机的主机

表 5 - 2 部分钻机技术参数

机 型	ZDY3200S	ZDY4000S	ZDY1900S	ZYW - 4000	ZYW - 3200
最大钻孔深度/m	350	350	350	400	350
开孔直径/mm	150	200	250	113、133	113、133
钻杆直径/mm		73		73	73
钻孔倾角/(°)		−90 ~ 90		−90 ~ +90	−90、+90
回转速度/ (r·min⁻¹)	50 ~ 175	50 ~ 280	85 ~ 300	50 ~ 270	65 ~ 250
额定扭矩/(N·m)	3200 ~ 850	4000	1900 ~ 500	4000 ~ 1050	3200 ~ 900
最大给进力/kN	102	150	112		
最大起拔力/kN	70	150	77		
功率/kW		37		55	45
外形尺寸 (长×宽×高)/ (m×m×m)	2.3×1.1×1.56	2.38×1.3×1.52	2.3×1.1×1.56	2.24×1.06× 1.54	2.225×1.19× 1.38
质量/kg	2100	2540	2040	2931	2240

ZDY 系列座架式液压钻机目前有多种型号，最大为 ZDY10000S，在河南能源化工集团所属矿井使用较多的为 ZDY1900S、ZDY4000S。ZDY 座架式钻机可打水平孔，也可打倾斜孔和立孔，其工作状态如图 5 - 51 所示。

(a) 打水平孔

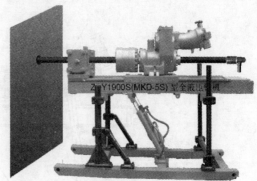
(b) 向下斜打孔

(c) 向上斜向打孔

(d) 向下方垂直打孔

图 5 - 51　钻机的不同工作状态

座架式钻机稳固性好，但钻孔定位和移动不方便，每施工完一个钻孔再施工下一个钻孔时，移动、定位时间太长，影响了钻进效率。根据使用统计资料，各工序占用时间分别为：搬迁拆装 32%，起钻下钻 29%，水电安装 5%，纯钻进 34%。

焦作古汉山矿原来使用的 ZDY3200 型抽采钻机为主机和泵站分体结构，搬运移动占用时间多，钻机工作角度 ±30°，无法满足穿层钻孔大角度施工的需要。通过在该型钻机的主机和泵站下面安装履带自行走系统，使其转弯移动十分方便，缩短了搬运时间，降低了工人劳动强度，使劳动效率成倍提高，将原移钻几个小时的用工缩减至十几分钟。

二、ZLJ 系列立式液压钻机

除了上述钻机外，还有立式钻机。这类钻机功率小，输出转矩在 $200 \sim 850 \, \mathrm{N \cdot m}$，但可以在 $0° \sim 360°$ 内旋转，结构简单，体积小，重量轻，故障率低，易于操作。采用机械传动液压给进，配有液压卡盘，适用于岩巷顶底板施工的穿层钻孔。ZLJ - 750 坑道钻机外形如图 5 - 52 所示。技术参数见表 5 - 3。

图 5-52 ZLJ-750 坑道钻机

表 5-3 ZLJ-750 坑道钻机技术参数

立轴额定输出转矩/(N·m)		750
使用钻杆/mm		φ50/42
钻孔直径/mm	开孔	108
	终孔	≥76
立轴通径/mm		54
立轴转速/(r·min⁻¹)		123/219/385
立轴行程/mm		400
额定起拔力/kN		· 50(10 MPa 时)
额定推动力/kN		30(10 MPa 时)
钻孔角度范围/(°)		0~360
绞车提升能力/kN		18/10/5.7
绞车单绳第一层提升速度/(m·s⁻¹)		0.26/0.46/0.81
卷筒容绳量/m		40
钢丝绳直径/mm		11
弹簧卡盘使用压力/MPa		8
弹簧卡盘最大夹紧力/kN		50
油泵型号		YBC-20/80
油泵额定压力/MPa		20
油泵额定流量/MPa		20

表 5 - 3（续）

	型号	YBK2 - 160M - 4
电　机	功率/kW	11
	转速/（r · min⁻¹）	1460
	额定电压/V	380/660
	额定电流/A	26. 6/13. 1
质量/kg		820
外形尺寸（$l \times b \times h$）/（mm × mm × mm）		1480 × 680 × 1290

三、ZDYL 系列履带式液压钻机

如要进一步加快钻进速度，就需要解决搬迁费时、劳动强度大的问题，为此 ZDY 系列履带钻机开始使用。履带式全液压坑道钻机属于大转矩类型钻机，采用整体式结构，油管不拆装、系统不污染，工作可靠性高。既可采用孔口回转钻进，也可采用孔底动力钻进。履带钻机在井下移动更为方便、灵活，钻进深度更大，有利于消除工作面钻孔空白带。履带钻机有适用于在煤层中顺层钻进的，也有适用于煤层顶底板中施工穿层钻孔的。

1. 煤层中钻进的 ZDY 履带钻机

煤层中钻进的履带钻机，可在煤层中施工掘进巷道和采煤工作面钻孔，钻孔倾角在 -10° ~45°之间，技术参数见表 5 - 4。

表 5 - 4　履带钻机主要性能参数

型　号	ZDY6000L	ZDY4000L	ZDY1200L
（钻孔直径/mm）/（深度/m）	200/600	153/350	94/200
额定转矩/（N · m）	6000 ~1600	4000 ~1050	1200 ~320
回转额定压力/MPa	26	25	21
回转额定转速/（r · min⁻¹）	50 ~190	70 ~240	80 ~280
给进压力/MPa	21	21	21
最大给进/起拔力/kN	180	123	45
给进/起拔行程/mm	1000	780	1000
主轴倾角/（°）	-10 ~20	5 ~25	-10 ~45
爬坡能力/（°）	20	20	20
电机功率/kW	75	55	22
配套钻杆直径/mm	73/89	73	50/42
钻机质量/kg	7000	5500	3900
外形尺寸(长×宽×高)/(m×m×m)	3. 38 ×1.45 ×1.80	3. 10 ×1.45 ×1.70	2. 50 ×1.20 ×1.60

2. 施工穿层钻孔的履带钻机

施工穿层钻孔的履带钻机有 CMS1 - 6200/80、CMS1 - 4200/80 型系列煤矿用深孔钻

车、河南铁福来公司生产的履带式液压钻机。

铁福来公司的 ZDY2300LX 系列煤矿用履带式液压钻机技术参数见表 5-5，外形如图 5-53 所示。

该钻机采用一体化设计，结构紧凑、功能性强、全液压操作。钻机外形宽度不足 1 m，采用旋转大盘结构，钻机底盘不动，可实现 ±180° 方位角调整；可满足 -90° ~ +90° 仰俯角钻孔施工。支钻立柱液压油缸驱动，且随旋转大盘一起旋转，全液压操作，可快速稳钻。主机导轨带有随动角度仪，可简单准确的定位施钻仰俯。

表 5-5 ZDY2300 液压履带钻机技术参数

参 数 类 型	ZDY2300LX	ZDY400L	ZDY4500LXY
设计钻孔深度/m	200	350	400
终孔直径/mm	75、89、94、113	75、89、94、113	75、89、94、113
额定转矩/(N·m)	800 ~ 2300	1100 ~ 4000	1000 ~ 4500
额定转速/(r·min⁻¹)	60 ~ 170	70 ~ 240	60 ~ 215
主轴倾角/(°)	-90 ~ +90	-90 ~ +90	-90 ~ +90
给进起拔行程/mm	600	600	600
爬坡能力/(°)	20	20	20
车体平台转角/(°)	±180	±180	±180
水平孔高度/mm	1400 ~ 1900	1400 ~ 1900	1400 ~ 1900
外形尺寸(长×宽×高)/(mm×mm×mm)	3800 × 990 × 2250	4000 × 990 × 2050	4000 × 990 × 2250
整机重量/kg	5500	5500	5500

图 5-53 ZDY2300 液压履带钻机

四、液压钻机配套钻具

钻杆和钻头统称为钻具。

1. 钻头

用于瓦斯抽采钻孔用的钻头分为取芯钻头和不取芯钻头两类。这两类钻头根据材质又有 PDC 钻头、硬质合金钻头、表镶金刚石钻头、孕镶金刚石钻头 4 类。

硬质合金钻头采用钨钴类硬质合金，碳化钨为骨架材料，钴为黏结材料。硬质合金钻头一般只适用于本煤层、泥岩等低硬度地层的浅孔施工，目前，大多数煤矿为提高钻进效率，节省起下钻时间，已经普遍采用金刚石复合片（PDC）钻头。

金刚石复合片（PDC）钻头，以金刚石复合片为主要切削元件，以刮削剪切原理进行岩层破碎，适用于软 - 中硬地层的钻进，且在克服不完整地层钻进时有更好的优势。金刚石复合片钻头通过充分利用金刚石复合片的高耐磨性和高抗冲击性，使其具有高寿命、高时效、高性价比等优点。煤矿井下瓦斯抽采钻孔钻头金刚石复合片（PDC）钻头为主。表镶金刚石钻头适用于中硬 - 较硬地层的钻进，不宜在破碎、裂隙、强研磨性地层使用。

1）不取芯 PDC 钻头

在煤层中施工瓦斯抽采钻孔或者在中硬岩层中钻进的钻头多用人造金刚石复合片钻头（简称 PDC 钻头），它是将人造金刚石复合片镶焊在钻头体上面而制成的。依据结构形式不同，可有三翼和四翼之分，多用三翼钻头，如图 5 - 54 所示。

图 5 - 54　PDC 钻头

2）金刚石复合片（PDC）取芯钻头

筒状环形钻头用于煤（岩）层取心，钻头的形状如图 5 - 55 所示。此种钻头适宜在松软或稍硬的砂岩、页岩等岩层中钻进。

2. 钻杆

目前煤矿井下所用的钻杆种类主要有外平钻杆、螺旋钻杆、三棱钻杆 3 类。

图 5-55 普通筒状环形钻头

1）外平钻杆

外平钻杆是最常用的一种类型，适用于井下常规钻井作业和稳定组合钻具定向钻进。现有的规格主要有直径 42、50、63.5、73、89 mm 等，具体钻杆参数及配套钻头见表 5-6。

表 5-6 煤矿坑道钻进用外平钻杆规格及主要参数　　　　mm

钻杆直径	单根长度	接头扣型	杆体壁厚	适配钻头直径
42.0	800~1500	平扣	6.80	75
50.0	800~1500	平/锥扣	6.50	75、94
63.5	800~1500	锥扣	7.10	94、113
73.0	800~1500	锥扣	9.19	94、113、133
89.0	800~1500	锥扣	9.19	113、133、153

2）螺旋钻杆

螺旋钻杆主要用于满足松软煤层钻进和本煤层大直径排粉钻进。螺旋钻杆接头形式多采用插接方式。可方便处理钻进过程中因塌孔、喷孔、掉块等形成的卡钻、埋钻等孔内事故。目前常用的规格主要有直径 78、88、100、110、130 mm 等。如图 5-56 所示。

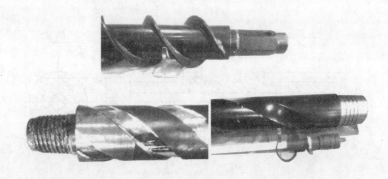

图 5-56 不同形式的螺旋钻杆

3）三棱钻杆

三棱圆弧凸棱型瓦斯抽采钻杆简称三棱钻杆，根据接头连接方式可分为锥螺纹型和六方插接型。杆体采用优质中碳合金钢管，接头采用优质 42CrMo 材料，经高压处理成型，真空调质处理。采用三棱钻杆钻进松软突出煤层时可以依靠 3 条棱边持续不断地搅动孔底的煤渣，使其不易发生堆积，更有利于煤渣排出，从而大大提高了松软突出煤层钻孔施工的深度和成孔率，如图 5 – 57 所示。

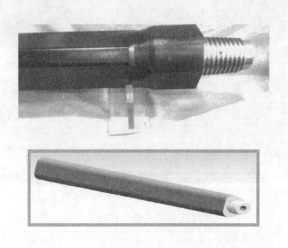

图 5 – 57　三棱钻杆

钻杆在动力中受到扭力、压力、弯曲应力的综合作用。钻杆的材料应当是弹性好和耐磨损的优质钢材，通常由抗拉强度为 550 ~ 650 MPa 和外延率不小于 12% 的无缝钢管制成。一般来说，用于岩石钻进的钻杆直径通常为 42 ~ 50 mm，钻进煤层的钻杆直径要稍大一些，多为 60 ~ 89 mm，钻杆长度是根据钻机功率和选用的跑道而定，一般 0.76 ~ 1.00 m，最长为 2 m。

钻杆应用梯形螺纹或圆锥螺纹连接，钻杆弯曲度每 1 m 不得超过 1 mm；两端螺纹必须保证同轴性，任一端之间偏差不得超过 0.5 mm。为保证连接质量，钻杆两端的螺纹接头与钻杆采用摩擦焊接，如图 5 – 58 所示。

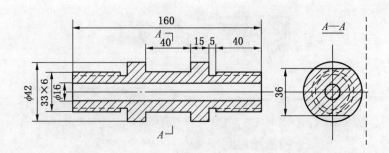

图 5 – 58　钻杆接头

第五节 钻孔定位与放线

一、钻孔平面位置和立面位置确定

当作业人员进入施工地点后，必须根据设计对钻孔定位，包括倾角、方位、钻孔间距等。在钻场内，先在迎头壁面上划出钻场中心线（y 轴）、腰线（x 轴），然后根据设计图中各钻孔距离钻场底板的高度和间距标出钻孔位置，要求钻孔间距误差不得超过 0.1 m。

二、钻孔施工方位确定

当钻孔位置确定后，就要确定钻孔方位。确定钻孔施工方位可以用罗盘仪和半圆仪，也可用相似三角形的原理用量取线段长度的办法确定。下面介绍量取线段法。

先标出钻场中心线，并用铁钉分别固定于钻场和抽采巷道中心线 a、b 处，然后按照设计图中要求的尺寸标出钻孔（例如 1 号）在钻场壁面上距离钻场中心线的平面位置和立面位置，确定钻孔的孔口位置。

如图 5-59 所示，1 号钻孔孔底距离钻场中心线的水平距离为 H_1，孔口距离钻孔中心线的距离为 H_2，钻孔水平投影长度为 Z_1，钻孔从孔口到钻场中心线交点的水平投影距离为 Z_2，根据相似三角形的原理，可用式（5-22）计算 Z_2。

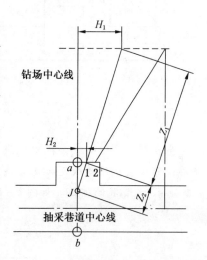

图 5-59　钻孔位置及方向确定

$$\frac{H_1}{H_2} = \frac{Z_1 + Z_2}{Z_2} \tag{5-21}$$

$$Z_2 = \frac{H_2 Z_1}{H_1 - H_2} \tag{5-22}$$

计算出 Z_2 后，从 1 号钻孔口用钢尺量取 Z_2（水平投影长度）与钻场中心线相交与 J 点，用线绳在 J 点打结作为记号，则 J-1 的方向就是 1 号钻孔的施工方位。

三、钻孔倾角的确定

当钻机按照所施工钻孔需要的方位固定后，钻机的钻进倾角用半圆仪测量。

以上是用拉线的方法定位、放线，随着科学技术的发展，已经在钻机上安装了倾角仪和水平度盘，即可显示钻进方位和倾角，简化了钻孔放线工作量。例如，平顶山铁福来机电设备有限公司生产的 ZDY4200LS 煤矿用履带式双速液压钻机，主机采用浮动旋转底盘结构，底盘上装有刻度盘，在底盘不动的条件下，可旋转 ±180°，主机导轨带有随动角度仪，可准确定位钻孔倾角。

【例 5-3】图 5-60 是某矿一个钻场的穿层钻孔设计图，请确定 42 号孔的方位。

解　先按设计图定出 42 号孔在硐室正面的位置，由于 42 号钻孔水平投影长度为

10.9 m，孔底距离钻场中心线 5 m，孔口距离钻场中心线 0.8 m，用相似三角形的原理可
计算出 aj 等于 1.916 m。

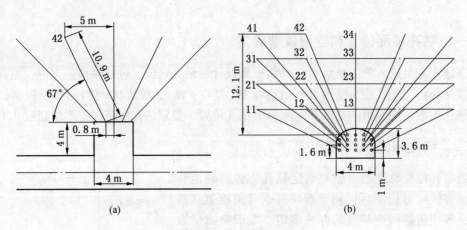

(a)   (b)

图 5 - 60   穿层钻孔设计图

先找到钻场中心线，在中心线上固定点 a；延长中心线使与抽采巷道帮相交于点 b，
并用铁钉固定；用铁线连接 ab。在 ab 线上量取 $aj = 1.916$ m，用铁线连接 cj，并固定 j 点，
jc 就是 42 号钻孔的方位。如图 5 - 61 所示。

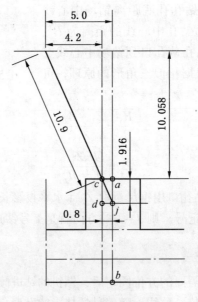

图 5 - 61   钻孔定位方法

第六节   钻孔施工安全

钻孔施工安全主要钻机的固定，防止钻孔施工过程中的粉尘超限、喷孔（突出）造
成瓦斯超限、钻孔着火、钻孔突出。施工前必须制定措施，确保钻孔施工安全。

一、防止瓦斯燃烧

目前抽采钻孔施工的主要机具是液压钻机，打钻排渣工艺有钻具排渣、水力排渣和压风排渣3种。防治钻孔着火主要有以下措施。

1. 采用水力排渣

只要条件允许，应优先选择水力排渣。这种打钻工艺不会发生火灾。但采用水力排渣时，若煤层松软，遇水将产生严重的吸水膨胀现象，造成打钻过程中的排渣不畅、抱钻、阻力大等问题。煤水到处流，既影响文明生产，对于底板为泥岩的巷道，还会因大量流水造成底板膨胀。

2. 慢速钻进

为克服水力排渣的缺点，很多矿采用干式排渣。干式排渣的钻具又有外平圆钻杆、螺旋钻杆和三棱钻杆3种。当外平圆钻杆配合风力排渣时，若排渣不畅，钻头和钻杆都与煤屑摩擦，钻孔内温度很高，极易导致瓦斯燃烧。特别是退钻时，钻孔内瓦斯量大，若有空气供给，发生瓦斯燃烧的可能性极大。

钻孔在施工过程中，高速转动的钻头和钻杆与煤屑摩擦产生高温，特别是在软煤中钻进时，由于产生的钻屑较多，这些钻屑若不能及时排除，不可避免地要出现高温区。正常情况下，钻具的高温区在钻头处，如果钻孔内瓦斯浓度达到燃烧浓度，钻头的高温足以点燃瓦斯，引起火灾。

当采用风力排渣时，如果钻进速度过快，给进压过高，就会造成排渣不畅，钻头、钻杆与煤屑摩擦产生高温将不可避免，由于新鲜风流不断地通过钻杆向钻孔供给，很容易使钻孔内瓦斯达到燃烧浓度。所以，瓦斯抽采钻孔在施工过程中，随时都有发生钻孔起火的可能。

要防治钻孔瓦斯着火，主要控制钻进速度和钻进压力，做到"低压慢速，边进边退，掏空前进"，在不同的煤层控制不同的给进压力，通过降低钻进速度，做到充分排渣，减少沉渣，通过降低钻进速度也可以起到降低给进压力的作用。钻进速度控制到多少合适，要根据各矿煤层特点试验确定。

钻进压力也称轴向压力，直接影响钻进速度，如果钻压太大，由于松软煤硬度低，钻头来不及切削便被压入煤层中，钻压越大，钻头被压入越深，切下的煤块就越大，越不容易排出孔外，对钻杆、钻头的摩擦越大，越容易产生高温。另外，钻进压力越大，钻杆受到的轴向力越大，越容易弯曲变形，进一步增大钻进阻力，导致钻具温度上升。

对于不同的钻机，不同的煤层和排渣条件，钻进压力不同，要结合各矿煤层条件经常总结，积累经验。

在松软煤层钻进过程中会出现塌孔，这时，钻机不要继续向前钻进，应原地钻动，掏出已垮塌的煤渣后再向前钻进，保持排渣畅通，以避免由于排渣不及时造成沉渣，进而减少煤渣与钻杆的摩擦。如果孔口排渣量减少，必须立即停钻，使钻杆退退进进，来回捣孔，反复掏空。

3. 确保风量足风压够

风力排渣是采用压缩空气经过钻杆内孔、钻头进入孔底，在孔内形成高速风流，钻屑则浮在风流中被吹向孔口，从而实现排粉和钻头的冷却。要获得较高的钻进速度，必须保证钻杆与孔壁之间环状间隙的返风速度。根据煤炭科学研究总院西安研究院的研究，返风速度最小应达到 15.2 m/s 以上，最佳风速为 23 m/s 左右。考虑到空压机的工作特性、管路以及钻具的泄漏，要达到较好的钻进速度，对于直径 100 mm 以下的钻孔，单孔供风量应该在 8 ~ 10 m³/min 才能保证较好的钻进效果。

钻进深度是影响供风压力和供风量的关键因素。钻进深度越大，排渣阻力越大，越需要更大的风量和风压，以克服排渣阻力。地面压风机房产生的风压一般为 0.8 MPa，到井下用风地点后一般能达到 0.4 ~ 0.5 MPa，再加上钻孔深度的影响，很难满足排渣所需。解决的办法是，在井下另设专用压风站，保证风量和风压。

4. 防止含水空气进入钻孔

当风力排渣时，除了要有足够压力的风压外，还要防止含水空气进入钻孔，否则钻屑会通过压风中的水板结，排不出渣，因此，钻孔中必须要保证干风送入。

5. 三棱钻杆排渣

为解决排渣问题，可采用三棱钻杆，让排渣通畅，减小排渣阻力，进而降低钻头和钻杆与煤屑摩擦产生的高温，消除着火源。

三棱钻杆横截面为等边三角形，钻杆在回转过程中，主要通过钻杆的 3 条边不断挠动沉积在孔壁下侧的煤粉，再借助风力将煤粉排出孔外。孔内煤粉减少，增大了钻孔与钻杆间的间隙，孔内煤粉一直处于运动状态，发生孔内堵塞的可能性几乎没有，达到了防止堵孔、卡钻、夹钻的目的。三棱钻杆已在各矿普遍使用。

6. 采用螺旋钻杆钻进

松软煤层中施工顺层瓦斯抽采长钻孔的难度大，钻进过程中极易发生喷孔、垮孔、卡钻等事故，导致钻孔成孔深度浅、成孔率低。中国煤炭科工集团西安研究院针对松软煤层钻进难题做了大量研究工作，发现压缩空气与螺旋钻杆复合排渣工艺、多级除尘技术、筛管护孔工艺技术能够提高钻进深度。应用结果表明：在同等施工条件下，采用中风压空气钻进技术与装备后，平均成孔深度普遍提高 1 倍左右，钻进效率提高 35% 左右，成孔率提高到了 70% 左右。

螺旋钻进过程中，孔底及孔壁产生的钻屑由螺旋叶片推移式前进输送，螺旋钻杆和钻孔之间组成一个螺旋运输机，钻屑在叶片的推动下直线前进，螺旋钻杆在旋转的同时还实现了不断地钻进。螺纹钻杆是在三棱钻杆的基础上改进而成，分为大螺距和小螺距两种，小螺距钻杆排渣比大螺距更为有利。

7. 进行火情预报

上述从排渣的角度讲了钻孔火灾的防治。防治钻孔火灾还有另外的方法，那就是火灾预测预报。在钻孔施工过程中，在打钻地点下风侧 1 m 范围内悬挂一氧化碳传感器，或者携带一氧化碳便携检测仪，一旦孔内着火，就可发出报警信号，便于立即处理，避免事故发生。

8. 卡钻的处理

变形的钻杆、丝扣损坏的钻杆不能使用。钻进时，发现钻头脱落，钻杆滑扣，断裂或折断时，立即停止钻进，进行处理。发现卡钻、排粉不利时，必须立即停止钻进，停止向孔内供风。采用边旋转边拔钻的方式处理，并向孔内供水。

二、钻孔火灾的扑灭

虽然采取了上述防治钻孔着火的措施，但在实施过程中，稍有不慎仍有着火的可能。一旦着火必须立即采取有效措施直接灭火。所以，必须有严密的灭火措施。通常采用以下方法：

1. 截断风流供给

一旦发现钻孔着火，要立即关闭向钻孔供风的阀门，使孔内氧气迅速降低，阻止燃烧继续发生。焦作煤电集团演马庄矿研制的风水自动切换装置，通过一氧化碳传感器监测到钻孔着火预兆后可以实现风水自动切换，立即向钻孔注入高压水灭火。

2. 水力灭火

采用风力排渣技术时，必须安装风水截换装置，向液压钻机供水的水辫必须同时与风水截换装置接通，水压不低于 1 MPa。当出现异常情况时，立即关闭压风，打开供水阀，向孔内注入高压水灭火。为保证供水压力，在供水管道上安设增压泵，使供水压力符合要求。

3. 灭火器灭火

在每个钻机施工地点沿风流方向的上方 5 m 范围内存放 3 个泡沫灭火器，一旦钻孔出火，可用灭火器喷出的泡沫封堵孔口，隔绝空气灭火。

4. 封堵灭火

在每个钻机施工地点沿风流方向的上方 5 m 范围内存放备用黄泥和毛巾，当打钻期间孔内喷火时立即用使用湿毛巾和黄泥封堵孔口，隔绝氧气，扑灭火源。

三、防止煤尘超限

采用风力排渣时，钻孔排出的煤粉会造成巷道煤尘超限，特别是在同一条巷道使用多台钻机同时施工时，更容易造成煤尘超限。防止超限的要求是：采用压风钻进时，孔口使用配套除尘器，除尘器内部安设喷雾头，除尘器正常运转且回风侧无明显粉尘时，巷道后方无须安设喷雾；除尘器不能正常使用时，必须在孔口安设 1 道喷雾且在钻孔回风侧 30 m 范围内安设 3 道螺旋式降尘喷雾；施工人员每班三次定期洒水冲洗施工处至喷雾之间的巷道积尘，及时清理钻屑；发现粉尘积聚立即处理；孔内返出的煤岩粉必须及时进行洒水降尘并清理运走；干式钻进时施工人员必须佩戴防尘用具。

解决巷道煤尘超限的方法比较多，可以采取孔口喷雾灭尘，但除尘效果并不理想。永贵能源公司龙华煤矿研制的气尘分离装置除尘效果是比较理想的，其除尘率可达 90% 以上。具体做法是：施工钻孔开孔时用直径 115 mm 组合钻头钻进 1 m，用 $\phi100$ 的钢管装入孔内并用水泥砂浆固定，再用弹簧软管一端与孔口管三通相连，另一端引入自制水箱水体中。打钻时压风排出的含粉尘混合气体经过连接管进入水体，从而起到消除粉尘的效果。套管上方的三通是排瓦斯的，含有煤尘瓦斯的气流进入尘气分离装置后，因断面突然扩大，流速减缓，煤尘一部分借助重力下沉入分离装置中的水中，另一部分通过气尘分离装置的上口喷水达到除尘目的。经过除尘的瓦斯气体再连接到抽采系统中，保证了抽采管路不堵塞。使用尘气分离装置，既可消除煤尘，又可使钻孔释放出的瓦斯及时抽走，不进入巷道风流，防止了钻孔施工过程的瓦斯超限。这种装置还可起到灭火作用，一旦钻孔喷火时，火焰进入水中，可以起到消除明火的目的。钻孔施工除尘、防瓦斯超限原理如图 5 - 62 所示。

随着抽采技术的不断发展，矿井和科研单位不断研究出先进、适用的三防装置。图 5 - 63 所示是平顶山市铁福来机电设备有限公司生产的三防装置，该装置质量轻、体积小、安装运输方便，一般巷道均能跟随钻机移动供水供压，无须配备专门泵站；不用电源，不存在防爆的问题；与负压抽放管路配套使用，抽取喷出瓦斯效果达到 95%；有效

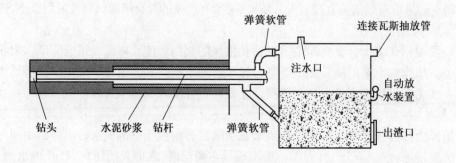

弹簧软管　连接瓦斯抽放管
注水口
自动放水装置
钻头　水泥砂浆　钻杆　弹簧软管　出渣口

图5-62　钻孔施工除尘、防瓦斯超限原理

解决了区域钻孔施工期间的防撞、防喷孔、防瓦斯这一难题，实现了全封闭除渣和抽排瓦斯，工人的工作环境大大改善，为安全打钻和高效打钻提供可靠保障。

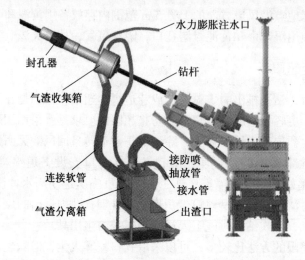

水力膨胀注水口
封孔器　钻杆
气渣收集箱
接防喷抽放管
连接软管　接水管
气渣分离箱　出渣口

图5-63　与钻机配套的三防装置

四、防止巷道风流瓦斯超限

在突出煤层中施工钻孔时，钻孔中会放出大量瓦斯，造成巷道风流瓦斯超限，特别是在同一条巷道中多台钻机施工时，更是如此。巷道风流瓦斯超限，会使打钻工作停止，影响打钻效率，更为严重的是会引起瓦斯事故。解决的办法是：施工穿层钻孔时，每个钻场的第一个钻孔见煤前必须安装防喷装置，并与抽采管路连接，当从钻孔喷瓦斯时，立即停止钻进，打开抽采管上的阀门，让喷出的瓦斯及时抽走。如图5-63所示的装置，在除尘箱上安装一短管，再用弹簧软管与抽采管相连接，由于除尘箱上盖处于封闭，从钻孔中排出的混合气体经除尘后从除尘箱上口流出，进入抽采管。采用这种方法时，钻孔施工过程中从钻孔释放出的瓦斯都被抽走，不会造成巷道风流中的瓦斯超限。如果在煤层中施工顺层钻孔发生喷孔，立即停止钻进，停电撤人，待停喷后，再制定处理措施。

无论是穿层钻孔或顺层钻孔，发生喷孔时都不允许退钻，并立即停电撤人，以防事故发生。

五、防止打钻引起煤与瓦斯突出

打钻突出事故发生的例子不少，打钻过程中出现的喷孔实际上就是钻孔中出现的小型突出。为什么会产生这种现象呢？因为采掘场所存在突出危险源，煤体内存在高压力的瓦斯和高的地应力，煤层整体透气性低，打钻改变了原有应力状态和封闭条件，形成高的瓦斯压力梯度，使得原来封闭的瓦斯向外喷出，这就是喷瓦斯。如果煤体中有松软破碎煤层存在，由于松软破碎煤层强度低，不能抵抗高的瓦斯压力梯度，就会导致松软破碎煤的突出，软分层煤的突出改变整个煤体的应力状态，改变了煤层透气性，进而引起更大规模的突出。

防突的基本原则有 3 条：一是应力释放，二是瓦斯排放，三是煤体强度增加。在突出煤层中施工钻孔，本身就是改变煤层的应力状态，同时又进一步减弱了煤体强度，使得抵抗突出的能力降低。因此，在煤层中打钻，如果没有可靠的安全屏障，突出随时都会发生。

通过设置煤层底板抽采巷道施工穿层钻孔抽采煤层瓦斯时，由于抽采巷道距离煤层有一定厚度的岩石作为安全屏障，即使发生喷孔，引发突出的概率也很小。所以，对于钻孔施工过程中发生喷孔的严重突出煤层，必须采用底板巷道穿层钻孔抽采，在抽采达标后，方可进入煤层施工，以防止钻孔施工过程中发生突出。对于突出危险性较小、施工过程不发生喷孔的煤层，如果在本煤层中第一次施工抽采钻孔时，必须用小直径钻孔慢速钻进，在形成不小于 20 m 的安全屏障后，再施工正式的抽采钻孔。第一次正式钻孔施工后，如果已经抽采达标，以后的钻孔必须在保留 20 m 钻孔超前距（安全屏障）的前提下施工，并做到喷孔时立即停钻、撤人，以防止钻孔突出。

第七节 钻孔施工的过程记录和竣工图

为了确切掌握工作面内部瓦斯异常和构造异常，有针对性地防突，在钻孔施工时，要详细记录钻进过程中的异常情况，并填写施工记录手册。通风、防突科要根据钻孔施工记录建立钻孔施工台账，并据此绘制钻孔竣工图，图中要将所有异常点用曲线连接成异常带。此图是防治煤与瓦斯突出的重要文件，务必充分重视。

一、钻孔施工记录

每台钻机都要备用钻孔施工记录手册，钻进过程中出现的喷孔点深度、范围；夹钻点深度、范围；见岩（煤）深度和范围，顶钻的深度和范围都要记录清楚。排出钻屑在什么范围是粉末状，什么范围是砂粒状，也要记录清楚。钻屑是粉末状，无砂粒感，说明钻进范围属于构造煤；当钻机在煤层中钻进时，排出的钻屑是岩粉，可能遇见了构造或夹矸。钻孔施工记录按表 5 - 11 填写。

二、钻孔验收

钻孔施工结束，在退钻杆之前，要对钻孔参数进行验收。孔口的平面位置、钻孔倾角、与巷道中心线的夹角，钻孔深度都要记录在验收手册中。钻孔孔口位置和剖面位置还应在验收表中以示意图表示。钻孔验收记录参照表 5 - 12 填写。

为了防止钻孔施工中打假孔，封假孔，假记录，假汇报，矿井应建立打钻视频监控系统，在打钻地点安设摄像头全程监控。钻孔验收实现视频和现场联合验收，经现场安全员、瓦斯检查员、班组长、视频监控员联合签字方可有效。

表5-11 钻 孔 施 工 记 录

施工地点：3307底板抽采巷

钻场编号	钻孔编号	夹钻深度及范围/m	顶钻深度及范围/m	喷孔深度及范围/m	见岩粉深度及范围/m
2	1	5~7	7~15	15~20	70~75
	2	6~7	7~14	17~21	65~70
	施工过程记录：				
	施钻人		记录人		年 月 日

表5-12 钻 孔 验 收 记 录 表

巷道名称	3307运输巷	钻场编号	28号	钻孔编号	8号
钻孔平面位置		J5测量点向巷道前进方向20 m			
钻孔剖面位置		距离巷道顶板1.2 m			
倾角/(°)	8	钻孔位置示意图			
与巷道中心夹角/(°)	90				
钻孔深度/m	89				
验孔人					
验收日期 年 月 日					

孔口平面位置　　孔口剖面位置

三、钻孔验收台账

为了统计钻孔工程量和绘制钻孔竣工图，需要建立钻孔验收台账，在台账中要清楚反映钻孔平面位置（与巷道中某测量点的相对位置，与巷道中心线的相对位置）、深度、倾角、与巷道中心线的夹角、钻孔直径，并记录施工过程中出现的喷孔位置，见岩石的位置，以判断是否存在地质构造。钻孔验收台账参照表5-13绘制。

表 5-13 抽采钻孔验收台账

三采区运输下山 　　 号钻场

孔号	平面位置		钻孔倾角/(°)	与巷道中心线夹角/(°)	孔深/m	孔径/mm	备 注
	距××测点距离/m	距巷道中心距离/m					
1							
2							
3							
4							
5							
6							
7							
8							
9							
10							

钻孔布置示意图:

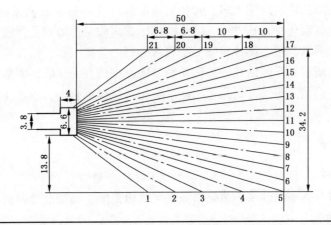

四、钻孔竣工图的绘制

钻孔验收后, 要及时绘制钻孔竣工平面图。对于掘进工作面, 每执行一次钻孔施工循环后都必须按照钻孔验收资料准确绘竣工图, 以检测钻孔深度、方位与设计是否相符, 钻孔竣工图按 1:500 比例绘制, 对于厚煤层的采掘工作面可能有两排或者三排钻孔, 上下排钻孔要用不同线型或颜色区分, 上排钻孔用实线, 中间排钻孔用虚线, 下排钻孔可用点划线表示。

平面图中的钻孔长度是钻孔的平面投影长度, 方位角严格按照验收资料绘制。钻孔施工过程中出现的喷孔点、顶钻、夹钻点、地质构造等异常资料都必须在图中反映清楚, 以指导下一步的防突工作。若干个喷孔点、顶钻点、地质构造点应用曲线连接成带。

图 5-64 中喷孔点和顶钻点所连接的范围就是瓦斯异常区, 各见煤点所连接的范围是

构造带。此图应经常补充和修改，并挂在调度室和通风、防突科、生产科，以随时提醒管理人员重点关注瓦斯异常区域和块段，采取针对性的技术措施，防止事故发生。

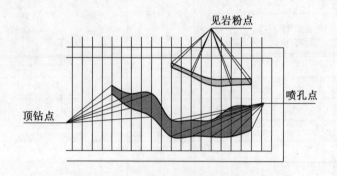

图 5 – 64　14101 工作面钻孔竣工图

第八节　封孔与管路连接

封孔是抽采瓦斯工程的终端工艺。封孔质量的好坏直接影响到抽采浓度和抽采效率，所以，无论是封孔材料还是封孔方法、封孔操作，都应服从保障封孔严密性的要求。对封孔质量高标准、严要求、精心设计与施工是非常必要的。施工中，监督检查更是必不可少的。一句话，封孔质量是保障钻孔抽采瓦斯的基础。据调查，影响瓦斯抽采效率的主要因素是封孔不严，管路接头漏气，封孔管与抽采管相对位置不合理，放水排渣不及时，抽采负压过高或过低。

一、钻孔封闭

（一）封孔材料

常用的封孔材料有水泥砂浆、速凝膨胀水泥或聚氨酯、马丽散等有机材料。

1. 水泥砂浆封孔

先用水或压风将孔内残存的煤、岩屑清洗干净，然后放入带有筛孔的抽采管，管径 40 ~ 50 mm，穿层钻孔封孔长度 5 m 以上，顺层钻孔封 8 m 以上，并避开巷道卸压区。

采用这种封孔方法时，在距筛孔约 0.5 m 处及孔口要有木塞作挡盘，然后才能注入水泥砂浆。封孔结构如图 5 – 65 所示。

采用 C40 号以上的硅酸盐水泥。水泥与砂的配比为 1 :（2.4 ~ 2.5），砂颗粒直径为 0.5 ~ 1.5 mm。

水泥砂浆凝固后有一定收缩，降低了钻孔的封孔质量，近而降低抽采负压。在水泥砂浆内加一定量的膨化石膏，利用石膏的膨胀充填水泥浆固化收缩后的钻孔空间，起到完全密封钻孔的作用。在实际应用中，水泥、石膏以及水泥石膏浆的稠度都将影响封孔效果，通常情况下，水泥、石膏、水的配比取 7 : 1 : 12 较为适宜。

2. 速凝膨胀水泥封孔

采用硅酸盐水泥 76%，矾土水泥 12%，石膏 12% 配比，速凝水泥浆中水与水泥的质

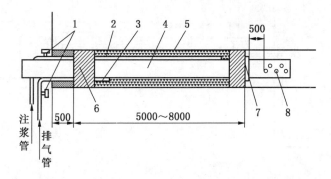

1—阀门；2—注浆管；3—排气管；4—抽采管；5—水泥砂浆；

6—木塞；7—铁挡盘；8—筛管

图 5-65 水泥砂浆封孔结构

量比为 1 : (2.4 ~ 2.5)。

3. 聚氨酯封孔

目前聚氨酯封孔应用很广泛，它具有初期密封性好、硬化快、膨胀性强的优点。它由甲、乙两组药液混合而成。封孔主要采用压注药液法。

先将制备好的抽采管插入钻孔中，用木楔或黏土、快硬水泥卷将抽采管与孔口固定，再将注浆管一端插入抽采管的注浆孔中，另一端与药液混合罐连接，同时用送气胶管将药液混合罐与供气装置连接在一起，从而构成完整的压注药液系统。连接好后，将原料混合液倒入混液罐内，待药液混合均匀并由黄褐色变为乳白色后，压紧混合液罐上盖，打开送气管阀门，向孔内压注聚氨酯药液，混液罐内药液注完后，关闭送气管阀门，再将注浆管割断捆紧，吊挂在孔口上方，聚氨酯便在孔内硬化固结。

采用聚氨酯封孔时，黑白料的配比直接影响膨胀倍数和膨胀时间，经试验，配比在 1 : (1 ~ 1.1) 时膨胀最大，且混合后在短时间内就开始膨胀，在很短时间内又基本膨胀完毕 [配比在 1 : (1 ~ 1.1) 时约 20 s]。配比 1 : 1.2 时膨胀倍数较小，在混合后 40 s 开始逐渐膨胀，人工封孔就有足够的准备时间。

4. 封孔器封孔

常用的封孔器为胶圈封孔器，其型式较多，但基本原理相同，即利用螺杆与螺母的相对运动，带动内、外管挤压胶圈，使之膨胀变形，达到封孔的目的。封孔器结构如图 5-66 所示，封孔器的实物如图 5-67 所示。这种封孔方式可靠，耐压高，适用于采煤工作面开切眼快速抽采时封孔用。这种封孔器一般在采煤工作面使用 8 h 后就可回收复用，但矿井抽采瓦斯需要量太多，投资太大。

5. 袋装聚氨酯封孔

封孔方式如图 5-68 所示，将一个塑料袋在中间热压隔开成两袋，再分别装入甲乙两种聚氨酯材料，然后密封。将袋装聚氨酯用透明胶带捆扎在封孔管上，每隔一定距离扎一袋，然后用手搓聚氨酯袋，使两种聚氨酯混合，当手感发热后，送入钻孔中，混合后的聚氨酯发生化学反应生成泡沫塑料并向图中前头方向膨胀实现封孔。这种封孔方式能实现定位封孔，但由于袋装的两种药液不能充分混合，也就不能完全反应，难以达到设计膨胀倍

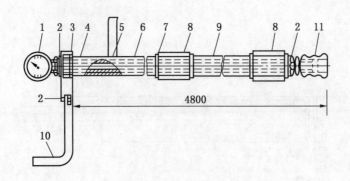

1—压力表；2—螺母；3—轮套；4—齿；5—手把；6—外套管；7—卡盘；
8—胶皮圈；9—内套管；10—手柄；11—后挡

图5-66　封孔器结构

图5-67　封孔器实物图

数。塑料袋有一定硬度，插入钻孔时与煤壁发生擦刮，引起软煤塌孔；插入速度要求快，对于封孔深度大的钻孔操作难度大。密封性难以保证，随着抽采时间的增长，钻孔变形后抽采浓度下降较多。袋装聚氨酯如图5-69所示。

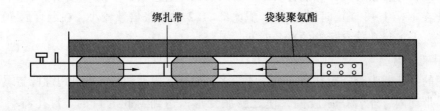

图5-68　袋装聚氨酯封孔

图5-69　袋装聚氨酯

（二）封孔方式

目前大量应用的封孔方式为"两堵一注带压封孔"，封孔结构如图5-70所示。在封孔管的两端扎上袋装聚氨酯或扎上注满聚氨酯混合液的囊袋作为堵头，并在孔口部分插入注浆管和排气管，然后用注浆泵将膨胀水泥砂浆注入充填段。

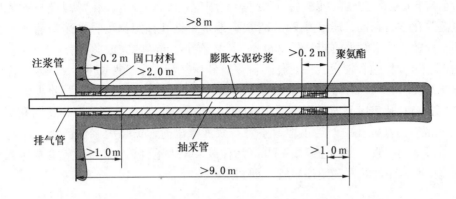

图 5-70　两堵一注带压封孔

当用袋装聚氨酯材料作堵头时，在封孔实管的两端分别采用 2 袋聚氨酯发泡材料作为封堵材料，2 袋聚氨酯发泡材料之间相距 25 cm，外端聚氨酯材料距孔口 1 m，同时预留 1 根 2 m 长的 4 分注浆管，保证注浆长度不小于设计值。

古汉山煤矿封孔管采用硬质双抗管，封孔深度 15 m，两端用袋装聚氨酯，中间注入膨胀封孔材料，与单一袋装聚氨酯封孔相比，抽采浓度提高 10.2%，抽采负压 18 ~ 28 kPa。鹤煤十矿在组合材料封孔的基础上采用风动注浆泵注入膨胀水泥浆实现带压封孔。2011 年 4 月 25 日在煤层巷道施工的顺层钻孔封孔抽采 11 个月后 10 个钻孔组抽采瓦斯的平均浓度为 78%，说明组合材料带压封孔可以有效提高瓦斯抽采效果。

需要注意的是，采用压注法注浆封孔时，一定要有排气管，否则因孔内空气的存在将导致封孔不实，对于水平孔和下向孔注浆管要比排气管长，对于上向孔注浆管要短，排气管要长。注浆管应选用内径不小于 12.7 mm、抗压强度不低于 2 MPa 的高压软管或钢管，并在注浆管上安装单向控制阀和量程大于 2 MPa 的压力表。注浆设备的流量不低于 20 L/min，注浆压力应在 2 MPa 以上，使封孔材料充分地向钻孔径向裂隙内扩散，保证密封性。

为取得好的封孔效果，顺层钻孔的封孔深度应根据巷道的卸压宽度确定，且封孔段必须位于应力集中带。为防止注浆时，浆液越过堵头，煤层钻孔中封堵段的长度不小于 0.6 m，并且凝结硬化后，方可在封堵段之间注浆。若为穿层钻孔，注浆段长度不小于 5 m。当穿层岩孔小于 15 m 时，封孔深度应达到煤岩交界处。

（三）封孔操作

抽采钻孔按钻孔布孔方式有上行孔和下行孔之分，河南能源化工集团鹤煤公司经过多年实践，总结出安尔或聚氨酯等化学封孔剂的封孔操作规范。

1. 上行孔封孔操作规范

（1）封孔前，必须利用钻杆或 12.7 mm 钢管将封孔段内的煤、岩屑采用压风或静压水全程清扫干净，保持钻孔内平整。

（2）封孔长度不得小于 9 m，若裂隙发育还应适当增大封孔长度。具体操作：抽采管采用 2 英寸（1 英寸 ≈ 2.54 cm）PVC 管，长度 12 m，其中封孔管一端为 1 ~ 3 m 花管。在抽采管前端 3 m 处用化学封孔材料（2 组药）固定在 PVC 管上，化学封孔材料使用安尔或聚氨酯等化学封孔剂，连接好 PVC 管快速地送至钻孔预定深度，抽采花管放置在钻孔前段用于抽放，抽采管外露煤岩壁 200 mm（必须在 5 min 内完成此操作）；在孔口位置，将两趟 12.7 mm 铝塑管铺设孔中，作为注浆管和返浆管，注浆管长度 2 m，返浆管长 9 m。采用化学封孔材料（3 组药）封堵钻孔孔口段，孔口段封孔深度 2 m（此步骤也必须在 5 min 内完成）；孔口段凝固时间不低于 10 min，再采用风动注浆泵注浆，将封孔剂与水按 1∶1 比例混合后注入孔中，当预埋返浆管有浆液流出时，钻孔内浆液已满，此时关闭返浆管路球阀继续注浆。保持注浆 2 ~ 3 min 后注浆泵压力达到 2.0 MPa 或钻孔周围煤岩壁有注浆剂流出时停止注浆并关闭注浆管。如图 5 – 71 所示。

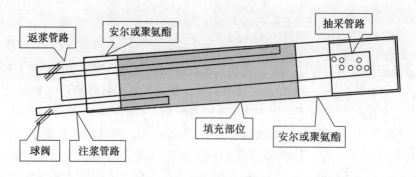

图 5 – 71　上行孔封孔结构

（3）钻孔封孔 20 h 后，待封孔材料完全凝固，方可连接抽采管路进行瓦斯抽采。

2. 下行孔封孔操作规范

（1）封孔前，必须利用钻杆或 12.7 mm 钢管将封孔段内的煤、岩屑采用压风全程清扫干净，保持钻孔内平整。

（2）封孔长度不得小于 9 m，若裂隙发育还应适当增大封孔长度。具体操作：抽采管采用 2 英寸 PVC 管，长度 12 m，其中抽采管一端为 1 ~ 3 m 花管。在抽采管前端 3 m 处用化学封孔材料（4 组药）固定在 PVC 管上，化学封孔材料使用安尔或聚氨酯等化学封孔剂，连接好 PVC 管快速地送至钻孔预定深度，抽采花管放置在钻孔前段用于抽放，抽采管外露煤岩壁 200 mm（必须在 5 min 内完成此操作）；在孔口位置，将两趟 12.7 mm 铝塑管铺设孔中，作为注浆管和返浆管，注浆管长度 2 m，返浆管长 2 m。采用化学封孔材料（2 组药）封堵钻孔孔口段，孔口段封孔深度 1.5 m（此步骤也必须在 5 min 内完成）；孔口段凝固时间不低于 10 min，再采用风动注浆泵注浆，将封孔剂与水按 1∶1 比例混合后注入孔中，当预埋返浆管有浆液流出时，钻孔内浆液已满，此时关闭返浆管路球阀继续注浆。保持注浆 2 ~ 3 min 后注浆泵压力达到 2.0 MPa 或钻孔周围煤岩壁有注浆剂流出时停止注浆并关闭注浆管。如图 5 – 72 所示。

（3）钻孔封孔 20 h 后，待封孔材料完全凝固，方可连接抽采管路进行瓦斯抽采。

（四）资料管理

抽放队封孔作业时，必须填写封孔作业施工记录，记录须包括封孔的钻场钻孔编号、封孔管路材质、管径、封孔长度、封孔方法、封孔时间、封孔人员等内容，并保存备查。

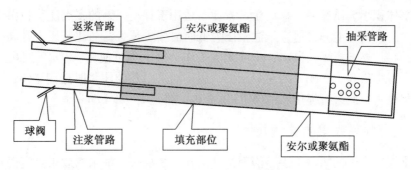

图 5 – 72　下行孔封孔结构

（五）封孔的质量标准

封孔的质量标准是：预抽瓦斯钻孔抽采过程中抽采初期孔口瓦斯浓度不应小于40%；邻近层瓦斯抽采钻孔抽采过程中孔口瓦斯浓度不应小于30%；孔口抽采负压不小于13 kPa。

当钻孔封孔质量达不到上述标准时，应加大封孔段长度。

二、封孔设备

常用的封孔设备有机械注浆泵、气风动注浆泵。目前，使用风动注浆泵较多，使用这种泵能够实现带压封孔，可大大降低钻孔的漏气率、增强封孔密封性、提高抽采浓度、消除因孔口漏气而导致巷壁煤层自燃隐患等，并有效提升抽采量，满足采掘工作面安全生产及综合利用的需求，封孔效果较好。常用的2QZB型和BQ – 28/0.5型泵如图 5 – 73 所示。

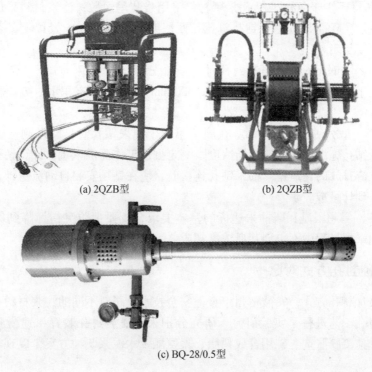

(a) 2QZB型　　　　　　　　　(b) 2QZB型

(c) BQ-28/0.5型

图 5 – 73　不同类型的气动注浆泵

这种泵体积小、质量轻、移动搬运方便，适用于移动频繁的多点注浆；由于采用气压传动，使泵的注浆性能非常适合于注浆压力低时需要大流量，而注浆压力升高时需要小流量的工况；在易燃、高爆、淋水、尘埃大等工作环境下也可使用。2QZB 型系列注浆泵根据不同型号可提供 6~30 MPa 的注浆压力，用作抽采封孔的注浆时选用 2ZBQ-30/3 泵就可满足注浆要求，此泵可提供 0~6 MPa 的压力，排量 0~75 L/min。

三、提高抽采效果的关键技术

瓦斯是煤矿安全的第一杀手，治理瓦斯的核心是抽采，抽采的效果决定于封孔。为了有效治理瓦斯，必须坚持"参数清，钻到位，管到底，孔封严，水放空，计量准，零超限"思路。

"参数清"是治理瓦斯的前提。瓦斯抽采设计前，必须准确测定煤层瓦斯压力、瓦斯含量，钻孔有效抽采半径，钻孔瓦斯抽采衰减系数，作为抽采钻孔设计的依据。

"钻到位"。为了抽采范围钻孔全覆盖和提高钻孔施工效率，必须使用大功率履带式钻机，保证钻孔达到设计长度，做到钻孔到位。

"管到底"。对于松软煤层的穿层孔、顺层预抽钻孔必须全程下护孔套管，本层钻孔必须在封孔段往里按要求用好筛管，穿层钻孔必须在煤层段用好筛管，以防止塌孔，提高钻孔使用率。

"孔封严"。孔封严是提高抽采效果的关键。要做到孔封严，钻孔必须实行"两堵一注带压封孔"，使封孔材料渗入钻孔裂隙中，有效封堵漏气通道。除选用具有鼓胀性能的材料外，还要具有一定的封堵段的长度和注浆长度。盘江土城矿钻孔的封堵段长度不少于2 m，注浆段长度不少于 20 m。钻孔封堵材料采用袋装玛丽散；注浆材料采用水泥或新型封孔材料。在钻孔联抽 24 h 后，钻孔单孔瓦斯浓度必须大于 30% 及以上，否则钻孔必须重新施工、重新封闭。

"水放空"。在对下行钻孔进行封孔时，必须安设一根 12.7 mm 压风管（压风管距孔底端距离不大于 5 m，孔口外露长度不小于 800 mm），在钻孔有积水时方便将孔内的水吹出。

"计量准"。每次钻孔循环，都应在施工第一个抽采钻孔时，取样测定煤体钻前瓦斯含量，并记录钻孔施工期间风流瓦斯浓度，测定掘进工作面供风量，计算钻孔施工开始到结束时间内风流排放的瓦斯量。抽采钻孔连接时，应在钻场安装自动流量计，对抽出瓦斯连续计量，做到计量准。

"零超限"。零超限是瓦斯抽采达标的基本要求，既要把防突指标降到突出临界值以下，又要做到采掘过程中不出现瓦斯浓度超限。

四、各种封孔方式对比

为找出最优封孔方式，安徽宿州市金鼎安全技术公司对不同的注浆材料、不同的封孔结构、不同封孔工艺进行了实验研究。研究分别采用囊袋封孔装置＋速凝膨胀剂、封安特、聚氨酯＋速凝膨胀剂、矿用合成树脂、聚氨酯＋水泥浆 5 种方案，以观察瓦斯抽采效果。

（一）参加对比的封孔方式

1. 囊袋封孔装置 + 速凝膨胀剂

2013 年 8 月，在安阳龙山煤矿 25051 下底板抽采巷选择 14 个穿层钻孔作为一组，采用 FKJW - 50/0.5 囊袋封孔装置结合 JD - WFK - 2 封孔剂（速凝膨胀），采用"两堵一注带压封孔"工艺。

封孔管选用直径为 40 mm 的 PVC 管，注浆管选用 12.7 mm 管，注浆泵选用 2ZBQS3/3 煤矿用气动双液注浆泵。封孔深度 12 m，封孔段长度 7.5 m。

封孔连抽后，对每个钻孔的瓦斯抽采参数进行测定，单孔最高抽采浓度 98.8%，最低抽采浓度 66.4%，平均抽采浓度 89%，抽采负压均保持在 25.16 kPa。

2. 封安特

在龙山煤矿 25051 下底板巷第 42 组钻孔，采用封安特"两堵一注带压封孔"工艺。抽采钻孔施工完毕后，先进行第一次封孔，封孔时将双组分封安特混合搅拌后，用编织袋分别浸缠在封孔管距末端距花管 2 m、距孔口 0.5 ~ 1 m 处，并将注浆管封在钻孔内，然后插入钻孔封孔并连抽。其中煤巷封孔段长度 14 m，岩巷封孔段长度 12 m。两天内，进行第二次封孔。使用注浆泵直接向钻孔内注入封安特，封孔压力 0.1 ~ 0.3 MPa。此种封孔工艺，两端堵头和中间充填段都为封安特，并且封孔段长度比 FKJW - 50/0.5 型封孔装置 + 速凝膨胀剂方法增加 4.5 m，其瓦斯抽采浓度为 27.2% ~ 91.2%，钻孔组平均浓度为 62.7%。

比较两种封孔方法可知，FKJW - 50/0.5 型封孔装置 + 速凝膨胀剂封孔比封安特封孔钻孔组平均抽采浓度高 26.3%。

3. 聚氨酯 + 速凝膨胀剂

在龙山煤矿 25051 上底抽巷选择 20 个穿层钻孔，采用聚氨酯 + 速凝膨胀剂"两堵一注带压封孔"工艺，封孔管采用 40 mmPVC 管，长度 12 m，封孔段长 8 m。

封孔结构采用聚氨酯 + 速凝膨胀剂"两堵一注带压二次封孔"，第一次封孔时用聚氨酯将封孔管分两段初封形成封堵段，待封堵段硬化后采用速凝膨胀封孔剂注浆封孔，注浆段长度 6.0 m，速凝膨胀封孔剂与水配比为 1∶1，每孔使用速凝膨胀剂约 18 kg。

经观测，20 个钻孔连续抽采 30 天后平均瓦斯浓度为 40.7%；钻孔连抽 40 天后平均瓦斯浓度为 36.3%，钻孔连抽 60 天后，平均瓦斯浓度为 57%。

4. 固特捷封孔

在龙山煤矿 25051 上底板抽采巷进行固特捷封孔试验，共选取 60 个穿层钻孔。并在同一地区，同一时期选用 20 个钻孔采用聚氨酯 + 速凝膨胀剂封孔方式，进行对比，观测"速凝膨胀剂"与"固特捷"封孔效果。

封孔结构。封孔管选用直径为 40 mm 的 PVC 封孔管，选直径 12.7 mm 的注浆管，注浆泵选用 2ZBQS3/3 煤矿用气动双液注浆泵，封孔结构为囊袋式封孔法，封孔深度 10 m，封孔段长度为 5 m，如图 5 - 74 所示。固特捷两端自堵封孔工艺单孔耗时 10 min 左右。

瓦斯抽采效果。管路连抽后，对瓦斯浓度进行了观察，连续抽采 30 天后，平均瓦斯浓度为 68%，连抽 40 天后，平均瓦斯浓度为 63%，钻孔连抽 60 天后，平均瓦斯浓度为 69%。

5. 聚氨酯 + 水泥浆

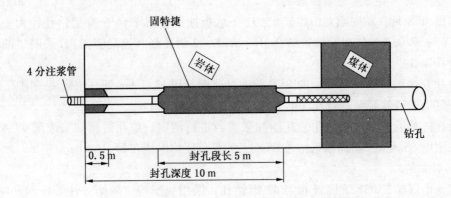

固特捷

4分注浆管

岩体

煤体

钻孔

0.5 m　封孔段长5 m

封孔深度10 m

图5-74　龙山煤矿25051上底抽巷穿层钻孔固特捷封孔示意图

为进一步研究各种注浆材料和封孔结构在各种条件下的封孔效果，选择了淮南、淮北、山西阳泉、山西沁城等5个煤矿，分别采用 FKJW-50/0.5 型封孔装置 + 速凝膨胀剂封孔，聚氨酯 + 水泥封孔作对比试验，试验条件和抽采效果见表5-14。

表5-14　不同封孔结构抽采浓度测试结果

矿井	地点	封孔结构	
		囊袋 + 速凝膨胀剂	聚氨酯 + 水泥浆
皖白朱集西矿	11501 轨道顺槽底抽巷 38 号钻场	10% ~98.2%	0.3% ~16%
阳煤新景公司	7215 工作面	4% ~35%	2% ~20%
山西沁城煤矿	20104 辅运巷 3 号煤工作面 65 ~75 号共 11 个钻孔	连抽 30 天后平均 24.6%	连抽 30 天后平均 14.7%
潘集一矿	东一 11518 高抽巷第 170 组	20% ~90%	聚氨酯 + 封孔剂 17% ~85%
淮北祁南煤矿	34 下采区 6 底板抽采巷	44% ~91%	25% ~65%
云南白龙山煤矿	C_{7-8} 底抽巷 166 排、269 排钻孔	连抽 190 天后平均 71.5% ~78.3%	连抽 190 天后平均 20% ~30%

从以上 6 个矿的试验可知，FKJW-50/0.5 囊袋封孔装置 + 速凝膨胀剂封孔，抽采浓度比聚氨酯 + 水泥封孔的抽采浓度高得多。

根据淮北桃园煤矿的试验，穿层钻孔采用囊袋 + 速凝膨胀剂封孔比聚氨酯封孔抽采浓度提高 3.58 倍（30.4/8.5），钻场瓦斯抽采纯流量提高 4.63 倍，百米钻孔纯流量提高 5.67 倍。顺层钻孔采用囊袋 + 速凝膨胀剂封孔工艺比聚氨酯封孔百料钻孔纯流量提高 45.3%。

（二）经济比较

各种封孔方式经济比较见表5-15。

表 5-15 不同封孔方式经济比较

封孔工艺	材料用量	材料单价/元	单孔成本/元
矿用合成树脂袋	11 组 22 袋	18~25	396~550
囊袋封孔装置+矿用合成树脂	矿用合成树脂 9.6 kg 8 m 长囊袋 1 个 直径 50 mm，耐压 1.26 MPa 管 8 m	40~50 25 18.25	384~480 25 146 合计 555~651
囊袋封孔装置+速凝膨胀剂	FKJD-50/0.5 封孔器 直径 50 mm，耐压 1.26 MPa 管 6.4 m JD-WFK 速凝膨胀封孔剂 36 kg	220 18.25 3~4	220 116.8 108~144 合计 444.8~480.8

说明：
(1) 计算基础。钻孔直径 89 mm，封孔段长度 8 m，封孔段容积 0.034061146 m³，封孔段全部注满
(2) 矿用合成树脂袋 2 组一对捆绑，组间距 0.3~0.5 m，将抽采管连同缠绑在上面的树脂袋顺向放入瓦斯抽采孔，完成作业
(3) FKJD-50/0.5 封孔器包含注浆管、排气管。JD-WFK 速凝膨胀封孔剂固结后平均容重 1055 kg/m³

（三）结论

综合上述，采用囊袋+速凝膨胀剂比其他封孔工艺效果好：一是瓦斯抽采浓度和钻孔抽出瓦斯纯流量成倍提高（白龙煤矿浓度提高 48.3%~51.5%）；二是比袋装矿用合成树脂及注水泥砂浆操作方便；三是单孔成本比整体袋装矿用合成树脂低，单孔成本比囊袋+矿用合成树脂低 110.2~170.2 元；四是材料长期强度不降低，钻孔瓦斯抽采衰减系数小；五是初凝时间短（约 21~25 min），流动性强，凝固后微膨胀，能有效密封钻孔周边松散煤体和缝隙，封孔结束后即可以连接抽采管路，2 h 后便可带负压抽采；六是长期强度能满足抵抗钻孔变形的要求（3 天强度 22.3~23.2 MPa，7 天强度 29.7~30.4 MPa）。FKJW-50/0.5 囊袋封孔装置+速凝膨胀剂封孔，囊袋与封孔管、注浆管、排气管做成一个整体，一次封孔效率高，是目前较理想的封孔方法。

五、封孔严密的标准

封孔严密的衡量标准有 3 个：封孔段的长度、钻孔孔口负压和抽采浓度。

1. 封孔段的长度

钻孔严密不漏气的必要条件是封孔段的长度不小于规定值，这就要足够的材料作保证。材料凝固体必须充满封孔段的钻孔空间，并且渗入钻孔周围裂隙。对封孔期间没有变形和塌孔的钻孔，设钻孔直径为 D，抽采管直径为 d，封孔段长度为 L，封孔剂的容重为 γ，膨胀倍数为 k，单个钻孔应当用的材料：

$$Q \geqslant \frac{\pi}{4}(D^2 - d^2)L\gamma/k$$

当采用速凝膨胀封孔剂时，材料凝结硬化后的平均容重为 1055 kg/m³，当封孔段长度 8 m、钻孔直径 89 mm，封孔管直径 50 mm 时，单孔用料为 33 kg，封孔操作时，单孔用料

不能少于此数。

2. 钻孔孔口负压

钻孔封闭后，孔口抽采负压不小于 13 kPa，一般多为 20 kPa。

3. 抽采瓦斯浓度

封孔连抽后，如果抽采浓度低于 30%，应改进封孔措施。

六、管路连接

钻孔封闭以后，在正式抽采前，要用连接装置把封孔管与抽采管路连接起来。这套装置包括连接管、放水器和抽采参数（抽采负压、浓度、温度、流量）测定装置。其中安设孔板流量计和检测负压、浓度装置的一段的平直管路不小于 5 m。

封孔管与抽采管的连接最好使用弹簧螺旋软管，并用专用连接卡相连（图 5 - 75），这种连接软管是内嵌有螺旋钢丝骨架一次性成型的热塑性软管，可承受 97 kPa 的抽采负压，与井下抽采管及装置实现柔性连接，具有良好的抗弯折性能，配用专用连接卡与抽采硬管及装置间连接，密封性容易保证，而且安装使用方便，同时具有阻燃抗静电性能。产品规格有 $\phi25$、$\phi32$、$\phi40$、$\phi44$、$\phi50$、$\phi63$、$\phi75$、$\phi90$、$\phi110$ mm 等。

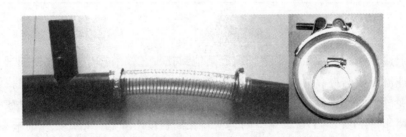

图 5 - 75　软管与抽采管的连接

为了抽采参数测定方便，在封孔管与抽采管之间再安装导流装置，这种测流装置有 4 个测气嘴，可方便地与综合参数测定仪连接，测定负压，浓度、温度、流量等参数（图 5 - 76）。为了防止抽采管路被水和煤粉堵塞，每组连接管路中都应安装自动放水、排渣装置。

图 5 - 76　抽采管的导流装置

钻孔施工完成后，封孔管与抽采管的连接方式很重要，如果连接方式不合理，就会严重影响抽采效果。下面通过两种连接方式来分析。

图 5-77 是某矿用的连接方式，这种连接方式，煤粉、水容易在弯头堵塞，而且抽采系统没有安装放水排渣装置，造成钻孔抽不出瓦斯，整个抽采系统抽采效果差。图 5-78 是建议改进的连接方式，这种连接方式，有放水、排渣装置，并安有计量装置，连接管低于封孔管，孔中的煤粉与水可进入放水排渣装置，钻孔不会堵塞，相应地可以提高抽采效率。另外，这种连接方式可以实现每组钻孔集中测量流量和浓度。

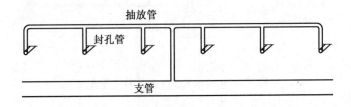

图 5-77　某矿封孔管与抽采管的连接方法

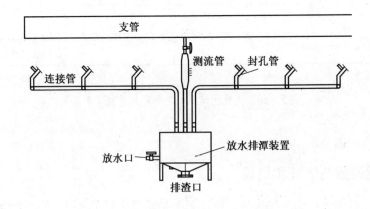

图 5-78　建议改进的连接方法

为进一步规范管路连接，提高管理水平，对于在采煤工作面上下顺槽施工的本煤层抽采钻孔采用图 5-79 所示的连接方式，从钻孔出来的封孔管先连接到一根水平支管，该管直径约大于封孔管，每 5~10 个孔一组，水平支管再与放水排渣装置相连接，经放水、排渣装置后再以立管与巷道抽采主管连接，并在立管上安装测流装置，观测每一组钻孔的抽采流量、浓度、负压等参数。

焦作九里山煤矿抽采管路连接的基本原则是"气往高处漂，水往低处流"，抽采钻孔封孔后联孔必须符合"四个标高"要求，即：抽采干管高于孔口，孔口高于抽采支管，抽采支管高于放水器，保证抽采钻孔内的水首先流入支管，再从支管进入放水器，如图 5-80 所示。负压自动放水器的使用，可以及时进行放水，减少人工放水不及时的弊端。

这种连接方式基本消除了抽采管路积水现象，16 采区单孔抽采负压最大达到 35~42 kPa；硬质封孔管的使用，不仅方便快捷，而且不会因负压大导致管路吸瘪，保证管路

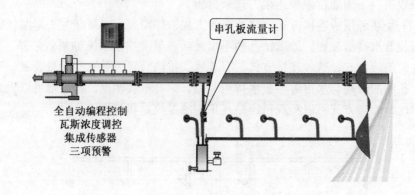

图 5-79　单排钻孔布置时管路连接方式

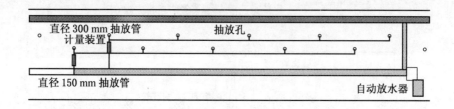

图 5-80　九里山煤矿封孔管现场连接实例

光滑、不易积尘、阻力低、漏气现象少。

七、计量装置的安装和记录

为了便于掌握钻孔、钻场和采掘工作面瓦斯抽出量，每个钻孔、每个钻场或每组钻孔都应安装测量装置。在每个封孔管上焊接直径 6～8 mm，高 30～50 mm 的短管作为测流嘴，平时不用时，测流嘴用乳胶管套住并缠在其上，以防漏气，当要检查单孔流量时，再将其解开，如图 5-81 所示。为便于流量测定，通常每组钻孔或每个钻场安装集中测量装置，每条巷道应按设总的测量装置，同时各钻场和分站也应分组测流，同时安设管理牌板，测量后的数据要填写在牌板中，并记入地面瓦斯抽采台账。现场瓦斯抽采牌板见表 5-16～表 5-18。

瓦斯抽采钻孔定期测试管理，牌板数据准确详细，台账记录清晰、完整，数据反馈认真及时。通过瓦斯抽采监测，为瓦斯治理效果评价及时提供依据。

九里山煤矿在抽采钻孔单孔计量上采用多参数测试仪测试，沿巷道上帮每隔 200 m 左右设置一套管路在线计量装置，分段测试巷帮预抽瓦

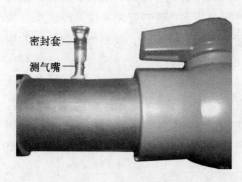

图 5-81　测气嘴和密封套

斯参数。抽采干管、支管上安设标准孔板流量计,采用旁通装置并联,降低抽采管路阻力。

表5-16　工作面瓦斯抽出量(总量)记录牌

巷道名称

测站编号		测量日期	年　　月　　日
连抽钻孔数/孔		浓度/%	
连抽钻孔总长度/m		混合流量/(m³·min⁻¹)	
测量站负压/kPa		纯流量/(m³·min⁻¹)	
温度/℃		测量员	

表5-17　钻场瓦斯抽出量记录牌

钻孔编号	钻孔深度/m	负压/kPa	浓度/%	混合流量/ (m³·min⁻¹)	纯流量/ (m³·min⁻¹)
1					
2					
3					
4					
5					
6					
合计		测量员		年　月　日	

表5-18　钻孔组瓦斯抽出量记录牌

钻孔编号	钻孔深度/m	负压/kPa	浓度/%	混合流量/ (m³·min⁻¹)	纯流量/ (m³·min⁻¹)
1					
2					
3					
4					
5					
6					
合计		测量员		年　月　日	

<h2 style="text-align:center">第九节　抽采钻孔间距和预抽期</h2>

　　在煤体中预抽煤层瓦斯既能降低煤层瓦斯压力,减少煤层瓦斯含量,同时又能提高煤层的机械强度,增大煤层阻碍突出的力量,从而消除煤与瓦斯突出,杜绝采掘过程中的瓦斯超限。所以预抽煤层瓦斯是防治煤与瓦斯突出,减少采场瓦斯涌出量,防止采掘活动瓦

斯超限的主要措施。为有效防治煤与瓦斯突出和采掘过程中的瓦斯超限，对不同矿井、不同瓦斯含量的煤层要求达到的瓦斯抽采率是不同的。在规定的预抽期内，煤层瓦斯抽采率的大小既取决于煤层透气性系数的大小，又取决于抽采钻孔的间距。下面我们就来分析钻孔间距的合理布置问题。

1. 影响钻孔瓦斯抽采效果的因素

在抽采实践中，经常遇到的问题是：钻孔直径应该多大？钻孔间距应该多大？现在我们以本煤层抽采为例进行分析。

钻孔抽采本煤层瓦斯属于径向不稳定流动，在瓦斯流动时间较长时，钻孔稳定的瓦斯流量基本上与煤层原始瓦斯压力和钻孔内瓦斯压力平方差成正比，与煤层透气性系数 λ 成正比，与钻孔半径的 $1/3 \sim 1/5$ 次方成正比。当流动为稳定流时，钻孔瓦斯径向流动的流量与钻孔半径、钻孔抽采半径、煤层透气性系数和煤层厚度有如下关系式：

$$Q = \frac{CM\lambda(p_0^2 - p^2)}{p_{标}\ln\dfrac{R}{r}} \tag{5-23}$$

式中　　Q——钻孔瓦斯流量，m^3/d；

M——煤层厚度，m；

λ——煤层透气性系数，$m^2/(MPa^2 \cdot d)$；

p_0——煤层原始瓦斯压力，MPa；

p——钻孔内瓦斯压力，MPa；

$p_{标}$——标准大气压力，0.1 MPa；

R——钻孔抽采半径，m；

r——钻孔半径，m；

C——系数，$C = 1.634 \times 10^{-3}$。

从式（5-23）可以看出，加大钻孔半径能起到增加瓦斯抽采量的效果。假定钻孔抽采半径为 10 m，钻孔半径从 0.1 m 增大到 1 m，则钻孔瓦斯流量变化为 2 倍。也就是说，孔径增大 10 倍，钻孔瓦斯流量才增加 2 倍，因此，增加钻孔孔径来提高瓦斯抽采量是有限的。增加钻孔孔径在施工中也较难实现，对于突出煤层，钻孔孔径过大还会导致煤与瓦斯突出，所以《防治煤与瓦斯突出规定》中要求钻孔直径一般为 75～120 mm，若钻孔直径超过 120 mm 时，必须采用专门的钻进设备和制定专门的施工安全措施。

通过提高抽采负压来增加抽采量效果也不大。根据式（5-23）可知，Q 与 $(p_0^2 - p^2)$ 成正比，而煤层原始瓦斯压力比钻孔内瓦斯压力大，即使抽成真空，也不能产生较显著的效果。

对于本煤层抽采，钻孔间距对抽采效果和抽采成本最为关键。而钻孔间距又与钻孔的有效抽采半径有关。有效抽采半径随抽采时间的延长而逐渐增大，当时间达到某一临界值时，抽采半径达到极限值。若 2 个钻孔间距超过极限半径的 2 倍，则无论怎样延长抽采时间，钻孔之间煤体中总有一部分抽不出来。而钻孔过密时，打钻成本显著增加。

2. 钻孔瓦斯流量衰减规律

煤层瓦斯抽采的难易程度用钻孔流量衰减系数 α 和煤层透气系数 λ 来评价，见表 5-1。

为了评价开采煤层预抽瓦斯的难易程度，需要研究钻孔瓦斯流量衰减规律，进而找出衰减系数，用衰减系数来计算钻孔瓦斯抽采量和抽采期。

根据煤层瓦斯流动理论，在不受采动影响的条件下，煤层钻孔瓦斯的流动为非稳态流，钻孔内的瓦斯流量随着时间的延长成负指数规律衰减，即

$$q(t) = q_0 e^{-\alpha t} \tag{5-24}$$

式中　$q(t)$——百米钻孔经过 t 日排放的瓦斯流量，$m^3/(min \cdot hm)$；

　　　q_0——钻孔的初始瓦斯流量，m^3/min；

　　　α——钻孔瓦斯流量衰减系数，d^{-1}。

钻孔瓦斯流量衰减系数的测定方法是：选择有代表性的地方打钻孔，先测定初始瓦斯流量 q_0，经过时间 t 日后再测瓦斯流量 $q(t)$，然后用式（5-25）计算衰减系数 α。

$$\alpha = \frac{\ln q(t) - \ln q_0}{t} \tag{5-25}$$

设钻孔的瓦斯极限抽采量为 Q_j，经过 t 天实际抽出的瓦斯量为 Q，那么抽采期与抽采量之间存在如下关系：

$$Q = Q_j(1 - e^{-\alpha t}) \tag{5-26}$$

而 $\dfrac{Q}{Q_j} = \eta$ 是瓦斯抽采率，所以

$$t = -\frac{\ln(1-\eta)}{\alpha} \tag{5-27}$$

也就是说合理抽采期与钻孔瓦斯流量衰减系数有关，与抽采率有关。

3. 钻孔布置间距的理论方程

根据钻孔瓦斯流量衰减规律方程式（5-24），抽采 t 天时间单孔抽采的瓦斯总量为

$$Q_C = \int_0^t \frac{1440}{100} l q(t) \, dt \tag{5-28}$$

式中　Q_C——经 t 天时间单孔抽采的瓦斯总量，m^3；

　　　$q(t)$——百米钻孔经 t 日排放时的瓦斯流量，$m^3/(min \cdot hm)$；

　　　l——钻孔长度，m；

　　　t——抽采时间，d。

而钻孔单孔控制范围内煤体瓦斯储量 Q_H 为

$$Q_H = \rho M l H W \tag{5-29}$$

式中　ρ——煤的密度，t/m^3；

　　　M——煤层平均厚度，m；

　　　H——钻孔间距，m；

　　　W——煤层原始瓦斯含量，m^3/t。

经过 t 日时间瓦斯抽出率 η 为

$$\eta = \frac{Q_C}{Q_H} = \frac{\int_0^t \frac{1440}{100} l q(t) \, dt}{\rho M l H W} \tag{5-30}$$

当以抽出率为指标时，钻孔间距的理论方程式为

$$H = \frac{1440l}{100} \frac{\int_0^t q(t)\,\mathrm{d}t}{\rho MlW\eta} = \frac{14.4}{\rho MW\eta} \int_0^t q(t)\,\mathrm{d}t \qquad (5-31)$$

式中 η——瓦斯预抽率,%。

其他符号意义同上。

【例 5-4】 经实测某煤矿 9 号煤钻孔瓦斯流量衰减方程为

$$q(t) = 0.0244\mathrm{e}^{-0.0144t} \qquad (5-32)$$

该矿煤的密度 $\rho = 1.5$,煤层厚度 $M = 1.8\ \mathrm{m}$,煤层瓦斯含量 $W = 19.6\ \mathrm{m}^3/\mathrm{t}$,抽采钻孔平均深度 80 m,工作面正常回采期间瓦斯涌出量大于 25 $\mathrm{m}^3/\mathrm{min}$,问瓦斯抽采钻孔间距应为多少?

解 根据《煤矿瓦斯抽采基本指标》(AQ 1026—2006)的规定,该矿 9 号煤工作面瓦斯抽采率应大于等于 40%,由式 (5-31) 可知钻孔布置间距与抽采时间的关系为

$$
\begin{aligned}
H &= \frac{1440}{100} \frac{\int_0^t q(t)\,\mathrm{d}t}{\rho MW\eta} = 14.4 \frac{\int_0^t 0.0244\mathrm{e}^{-0.0144t}\,\mathrm{d}t}{1.5 \times 1.8 \times 19.6 \times \eta} \\
&= \frac{14.4 \times 0.0244}{1.5 \times 1.8 \times 19.6 \times 0.4} \int_0^t \mathrm{e}^{-0.0144t}\,\mathrm{d}t \qquad (5-33) \\
&= 1.153(1 - \mathrm{e}^{-0.0144t})
\end{aligned}
$$

根据式 (5-33) 求得 9 号煤顺层钻孔不同预抽期所对应的钻孔布置间距见表 5-19。从表中可知,该矿 9 号煤层钻孔间距应小于 1.0 m,抽采时间不宜超过 150 d。

表 5-19 钻孔间距与抽采时间的关系

抽采时间/d	30	60	90	120	150	180	210	270	300
钻孔间距/m	0.404	0.667	0.838	0.949	1.02	1.07	1.09	1.12	1.14

【例 5-5】 确定龙华煤矿 M1 煤层钻孔间距与抽采时间的关系

解 为确定龙华煤矿 M1 煤层合理的钻孔瓦斯抽采参数,在 1101 下顺槽垂直煤壁方向共施工 8 个间距为 8 m,孔径为 75 mm,孔长为 80 m 的顺层钻孔,根据 16 天的观测,得到 13 个数据,经回归分析,得单孔瓦斯流量衰减指数方程为 $q(t) = 4.4631\mathrm{e}^{-0.1619t}$,且 $R^2 = 0.905$,具有很好的相关性(图 5-82)。该工作面,$\rho = 1.2604\ \mathrm{t/m}^3$,$M = 2.7\ \mathrm{m}$,$l = 80\ \mathrm{m}$,$W = 10.13\ \mathrm{m}^3/\mathrm{t}$,把已知参数代入式 (5-31),得

$$H = \frac{0.00162 \int_0^t \mathrm{e}^{-0.1619t}\,\mathrm{d}t}{\eta}$$

分别取 η 为 10%、15%、20%,则可求得钻孔间距与抽采时间的关系,见表 5-20。

表 5-20 钻孔间距与抽采时间的关系

| 抽采时间/d | $\eta = 10\%$ | | | | | |
	20	30	50	60	90	120
钻孔间距/m	0.961	0.993	1.00	1.001	1.001	1.001

表 5-20（续）

抽采时间/d	$\eta=20\%$					
	20	30	50	60	90	120
钻孔间距/m	0.641	0.662	0.667	0.667	0.667	0.667

抽采时间/d	$\eta=30\%$					
	20	30	50	60	90	120
钻孔间距/m	0.481	0.496	0.500	0.500	0.500	0.500

从表 5-20 中数据可以看出，M1 煤层钻孔瓦斯衰减速度非常快，仅两个月时间便达到抽采极限，表明 M1 煤层透气性较差，不利于煤层瓦斯预抽；采用顺层孔预抽 M1 煤层瓦斯，钻孔间距为 1 m 时，预抽率仅达 10%，因此，对 M1 煤层采用顺层钻孔预抽时，钻孔间距最大不超过 1 m。

从上述讨论可知，钻孔间距与要求的钻孔瓦斯抽采率有关，与煤层瓦斯含量有关，与煤层厚度有关，与钻孔瓦斯衰减规律有关，也与允许的抽采时间有

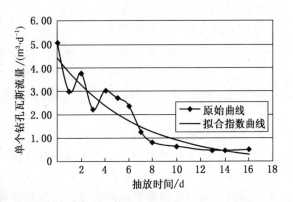

图 5-82 龙华煤矿钻孔瓦斯流量变化曲线

关。要缩短抽采时间，就必须缩小钻孔间距。钻孔合理间距应该在测定抽采有效半径的基础上确定，所以，各矿要测定各煤层不同抽采时间段的抽采有效半径，以便科学确定钻孔间距、确定抽采期。

【例 5-6】钻孔预抽期实用估算法

2915 运输顺槽采取施工顺层钻孔预抽煤巷条带煤体瓦斯技术措施。其有关参数如下：

（一）2915 运输顺层条带预抽钻孔布置

1. 2915 运输顺槽钻孔工程量

设计钻孔 13 个，钻孔孔径 94 mm，钻孔工程量 698 m，控制 2915 运输、回风及开切眼前方 60 m，巷道两帮轮廓线外 15 m 范围。

2. 顺层条带预抽钻孔施工时间计算

CMSI-4000/55 履带式钻机施工顺层钻孔台效大约为 300 m/（台·d），则 2915 运输、回风及开切眼施工顺层条带预抽钻孔施工时间 = 钻孔工程量÷台效 = 698÷300≈2.3 d，则顺层条带预抽钻孔施工时间预计为 2.3 d。

3. 掘前条带煤体瓦斯储量及抽放时间

（1）预计掘前条带煤体瓦斯储量 = 抽采范围×煤层厚度×煤的密度×煤体瓦斯含量 = 34.2×（60-20）×1.7×1.54×13.11 = 4.7×10⁴ m³。钻孔有效长度为 698-13×10 = 568 m，根据统计资料，9 号煤平均百米钻孔抽出瓦斯纯量为 0.055 m³/min，掘进工作面 13 个钻孔平均每分钟能抽出瓦斯 0.31 m³/min；每天能抽出 447 m³。

（2）掘进工作面风排瓦斯量。

据统计，9号煤工作面掘进头有效风量为350 m^3/min，钻孔施工期间平均风流瓦斯浓度为0.53%，抽放期间平均风流瓦斯浓度为0.42%。钻孔施工期间日排放瓦斯2671 m^3，抽放期间工作面每天排出瓦斯2117 m^3，钻孔施工结束后需抽出和风排的瓦斯量＝抽采范围×煤层厚度×煤的密度×（煤体瓦斯含量－煤体瓦斯含量临界值）－2671×2.3＝34.2×40×1.7×1.54×（13.11－8）－2671×2.3＝1.83×10^4 m^3－6143＝12157 m^3。

（二）抽排时间计算

抽放时间＝需抽排出瓦斯含量÷每天抽排量＝12157÷（447＋2117）＝4.8 d。掘前条带煤体瓦斯抽放时间预计为5 d。

掘进工作面瓦斯抽采率计算：

$$瓦斯抽采率＝需抽出瓦斯量÷瓦斯储量＝12157÷47000＝26\%$$

第十节　瓦斯涌出量预测

矿井瓦斯涌出量的预测方法分为分源法与矿山统计法。分源法根据时间和地点的不同，分成数个向矿井涌出的瓦斯涌出源，在分别对这些瓦斯涌出源进行预测的基础上得出矿井瓦斯涌出量。矿山统计法根据矿井或邻近矿井实际瓦斯涌出资料的统计分析得出的矿井瓦斯涌出量随开采深度变化的规律，预测新井或新水平瓦斯涌出量。

新矿井或生产矿井新水平都必须进行瓦斯涌出量预测，以确定新矿井、新水平、新采区投产后瓦斯涌出量大小，作为矿井和采区通风设计、瓦斯抽采设计及瓦斯管理的依据。

矿井瓦斯涌出量预测需要以下基础资料：

（1）矿井采掘设计说明书。这些说明书包括开拓和开采系统图，采掘接替计划，采煤方法，通风方式，掘进巷道参数，煤巷平均掘进速度，矿井、采区、回采工作面产量。

（2）矿井地质报告。地层剖面图、柱状图等。图上应标明各煤层和各煤夹层（包括不可采层）的厚度、煤层间距离和顶、底板岩性。

（3）煤层瓦斯含量测定结果。各煤层的瓦斯风化带深度、不同深度处的煤层瓦斯含量测定资料或瓦斯含量等值线图。

（4）各煤层的工业分析指标（灰分、水分、挥发分和密度）和煤质牌号。

（5）邻近矿井和本矿井已采水平、采区以及采掘工作面瓦斯涌出测定结果。

一、分源法预测矿井瓦斯

矿井瓦斯涌出构成关系可用图5-83表示。

（一）掘进工作面瓦斯涌出量预测

掘进工作面瓦斯涌出量由以下两部分组成：一是掘进巷道煤壁瓦斯涌出量；二是掘进巷道落煤瓦斯涌出量。现以五凤煤矿为例，说明分源法瓦斯涌出量预测的过程。

五凤煤矿1601综采工作面沿走向长度为780 m，沿倾斜长度170 m，煤层倾角平均9°，煤层厚度2.48～4.21 m，采高3 m。$6_中$煤挥发分平均7.66。运输顺槽断面如图5-84

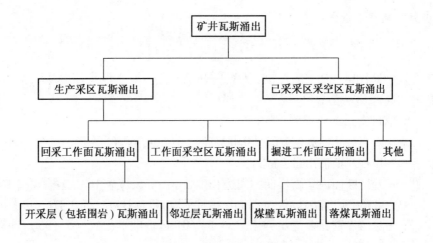

图 5-83 矿井瓦斯涌出构成关系

所示。该工面钻孔取样测定原始瓦斯含量和残存瓦斯含量，见表 5-21。但表中两钻孔所测残存瓦斯含量差别较大，现采用回风石门 3 个钻孔 3 个煤样测定值的平均数 3.54 作为计算依据。

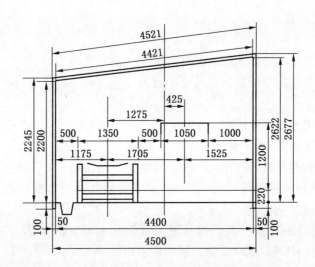

图 5-84 1601 运输顺槽断面

表 5-21 五凤煤矿 1601 工作面瓦斯测定资料

煤层编号	钻孔编号	煤的工业分析			瓦斯含量/(m³·t⁻¹)		
		M_{ad}	A_d	V_{daf}	纯煤瓦斯含量	原煤瓦斯含量	残存瓦斯含量
6中煤	Zk2	2.18	32.92	6.90	7.80	5.06	1.48
	Zk3	1.15	21.11	7.77	14.10	10.96	7.53

1. 煤壁瓦斯涌出量

$$Q_{1-1} = Dvq_0\left[2\sqrt{\frac{L}{v}}-1\right] \tag{5-34}$$

对于薄及中厚煤层，$D = 2m_0$，m_0 为煤层开采厚度。对于厚煤层，$D = 2h + b$，h 及 b 分别为巷道的高度及宽度。

如无实测值可由式（5-35）计算：

$$q_0 = 0.026\left[0.0004(V_{daf})^2 + 0.16\right]X \tag{5-35}$$

式中　Q_{1-1}——煤壁瓦斯涌出量，m^3/t；

　　　　D——巷道断面内暴露煤面的周边长度，m；五凤煤矿 1601 运输顺槽 $D = 6$ m；

　　　　v——巷道平均掘进速度，m/min；按月平均 150 m 计算，$v = 3.472 \times 10^{-3}$ m/min；

　　　　q_0——暴露煤壁瓦斯涌出强度，对于 1601 运输顺槽由式（5-35）计算得 $q_0 = 0.0523$ $m^3/(m^2 \cdot min)$；

　　　　L——巷道长度，1601 运输顺槽长度为 780 m；

　　　　V_{daf}——煤的挥发分，6 中煤为 7.66；

　　　　X——煤的原始瓦斯含量，经实测为 10.96 m^3/t。

把五凤煤矿 1601 工作面有关参数代入，计算得：当平均月进尺 150 m 时，$Q_{1-1} = 1.034$ m^3/t；当平均月进尺 500 m 时，$Q_{1-1} = 1.889$ m^3/t。

2. 落煤瓦斯涌出量

$$Q_{1-2} = Sv_\rho(X - X_c) \tag{5-36}$$

式中　Q_{1-2}——掘进巷道落煤瓦斯涌出量，m^3/t；

　　　　S——掘进巷道断面积，五凤煤矿 1601 运输顺槽 $S = 11.07$ m^2，回风顺槽 $S = 7.3$ m^2；

　　　　v——巷道平均掘进速度，m/min；

　　　　ρ——煤的密度，6 中煤为 1.57 t/m^3；

　　　　X_c——煤的残存瓦斯含量，$X_c = 3.54$ m^3/t。

五凤煤矿 1601 运输顺槽按月进 150 m 计算，落煤瓦斯涌出量：$Q_{1-2} = 0.45$ m^3/t；当平均月进尺 500 m 时，$Q_{1-2} = 1.49$ m^3/t。

掘进巷道瓦斯涌出总量：当平均月进尺寸 150 m 时，$Q_1 = Q_{1-1} + Q_{1-2} = (1.034 + 0.45) = 1.484$ m^3/t；月进尺 500 m 时，同样可求得 $Q_1 = 3.379$ m^3/t。该矿有 2 个煤层巷道掘进面（按运输顺槽断面 11.07 m^2 计算），3 个岩巷掘进面，折算成每分钟瓦斯涌出量，煤层巷道掘进时瓦斯涌出量总和为：当月进尺 150 m 时，$Q_1 = 0.09$ $m^3/min \times 2 = 0.18$ m^3/min；如果考虑瓦斯涌出不均匀系数 1.3，则为 0.234 m^3/min；当平均月进尺 500 m 时（综合机械化掘进），$Q_1 = 0.68$ $m^3/min \times 2 = 1.36$ m^3/min，再考虑 1.3 的不均匀系数时为 1.77 m^3/min。

（二）回采工作面瓦斯涌出量预测

1. 一次采全高

薄及中厚煤层一次采全高时，开采层瓦斯涌出量可由式（5-37）计算：

$$q_1 = K_1 K_2 K_3 \frac{m_0}{M}(X - X_C) \tag{5-37}$$

式中　q_1——开采煤层（包括围岩）相对瓦斯涌出量，m^3/t；

　　　K_1——围岩瓦斯涌出系数；

　　　K_2——工作面丢煤瓦斯涌出系数；

　　　K_3——采区内准备巷道预排瓦斯对开采层煤体瓦斯涌出的影响系数；

　　　m_0——煤层平均厚度，此处为 3.4 m；

　　　M——煤层开采厚度，此处为 3 m。

式（5-37）中，K_1、K_2、K_3、m_0、M 及 X_C 的取值较复杂，详述如下：

K_1 与围岩岩性、围岩瓦斯含量及顶板控制方法有关，取值范围 1.1~1.3。全部陷落法控制顶板，碳质组分较多的围岩，$K_1 = 1.3$；局部充填法控制顶板 K_1 取 1.2；全部充填法控制顶板 K_1 取 1.1；砂质泥岩等致密性围岩 K_1 取值可偏小。

$K_2 = 1/\eta$。η 为工作面回采率：中厚煤层为 $\eta = 95\%$，故 $K_2 = 1.05$。

K_3 如无实测值，可用下述方法计算：

采用长壁后退式回采时，K_3 按式（5-38）确定：

$$K_3 = (L - 2h)/L \qquad (5-38)$$

对于五凤煤矿 1601 工作面为后退式回采，$K_3 = K_3 = (L - 2h)/L = (170 - 2 \times 10)/170 = 0.882$。

采用长壁前进式回采时，若上部相邻工作面已采，则 $K_3 = 1$；若上部相邻工作面未采，则 K_3 按式（5-39）计算：

$$K_3 = \frac{L + 2h + 2b}{L + 2b} \qquad (5-39)$$

式中　L——工作面长度，$L = 170$ m；

　　　h——巷道瓦斯排放带宽度，m，按表 5-22 选取，五凤煤矿为无烟煤，$h = 10$ m；

　　　b——巷道宽度，m。

表 5-22　巷道预排瓦斯带宽度

巷道煤壁 暴露时间/d	不同煤种巷道预排瓦斯带宽度 h/m		
	无 烟 煤	瘦煤及焦煤	肥煤、气煤及长焰煤
25	6.5	9.0	11.5
50	7.4	10.5	13.0
100	9.0	12.4	16.0
150	10.5	14.2	18.0
200	11.0	15.4	19.7
250	12.0	16.9	21.5
300	13.0	18.0	23.0

h 值也可用下式计算：

低变质煤：$h = 0.808 T^{0.55}$

高变质煤：$h = (13.85 \times 0.0183 T)/(1 + 0.0183 T)$

X_C 为运出矿井后煤的残存瓦斯含量，由实际测量得到。如无实测值，高变质煤瓦斯含量大于 10 m^3/t 时，可参考表 5-23 选取。瓦斯含量小于 10 m^3/t 时按式（5-40）计算：

$$X_C = \frac{10.385 e^{-7.207}}{X} \tag{5-40}$$

将以上参数代入后，得到五凤煤矿 1601 工作面开采时瓦斯涌出量为

$$
\begin{aligned}
q_1 &= K_1 K_2 K_3 \frac{m_0}{M}(X - X_C) \\
&= 1.2 \times 1.05 \times 0.882 \times (3.4/3) \times (10.96 - 3.54) \\
&= 9.35 \ m^3/t
\end{aligned}
$$

表 5-23　纯煤的残存瓦斯含量

煤的挥发分/%	6~8	8~12	12~18	18~26	26~35	35~42	42~56
纯煤残存瓦斯含量/（$m^3 \cdot t^{-1}$）	9~6	6~4	4~3	3~2	2	2	2

注：煤的残存瓦斯含量也可近似地按煤在 0.1 MPa 压力条件下的瓦斯吸附量取值。

2. 分层开采

厚煤层分层开采时，开采层瓦斯涌出量按式（5-41）计算：

$$q_1 = k_1 k_2 k_3 k_f (X - X_C) \tag{5-41}$$

式中　K_f——取决于煤层分层数量和顺序的分层瓦斯涌出系数，如无实测值可参照表 5-24 选取。

其他符号意义同前。

表 5-24　分层（两层或 3 层）开采 K_f 值

两个分层开采		3 个分层开采		
K_{f1}	K_{f2}	K_{f1}	K_{f2}	K_{f3}
1.504	0.496	1.820	0.692	0.488

3. 邻近层瓦斯涌出量计算

回采工作面邻近层瓦斯涌出量可按式（5-42）计算：

$$q_2 = \sum_{i=1}^{n} \frac{m_i}{M} \times K_i (X_i - X_{ic}) \tag{5-42}$$

式中　q_2——回采工作面邻近层瓦斯涌出量，m^3/t；

m_i——第 i 个邻近层的煤厚，m；

M——开采煤层的开采厚度，m；

X_i——第 i 个邻近层的瓦斯含量，m^3/t；

X_{ic}——第 i 个邻近层的残存瓦斯含量，m^3/t；

K_i——第 i 个邻近层受采动影响的瓦斯排放率。

K_i 值与邻近层的位置、煤层倾角、层间距离等多种因素有关：当邻近层位于垮落带中时，$K_i = 1$；当采高小于 4.5 m 时，K_i 值按式（5-43）计算。

$$K_i = 1 - \frac{H_i}{H_p} \tag{5-43}$$

式中　　H_i——第 i 个邻近层与开采层之间的垂直距离，m；

　　　　H_p——受开采层采动影响顶底板岩层形成贯穿裂隙，邻近层能向工作面涌出卸压瓦斯的岩层破坏范围，m。

开采煤层顶、底板的破坏影响范围 H_p 按《建筑物、水体、铁路及主要井巷煤柱留设与压煤开采规范》中附录 4 的方法计算。对于 0°～54°范围的缓倾斜煤层、倾斜煤层其上方岩体裂隙带高度计算公式见表 5-25；煤层倾角 55°～90°的急倾斜煤层用垮落法开采时的垮落带和裂隙带高度按表 5-26 中公式计算。

表 5-25　0°～54°范围的缓倾斜煤层、倾斜煤层其上方岩体裂隙带高度计算公式　　　m

顶板岩性	计算公式之一	计算公式之二	备　注
坚硬	$H_p = \dfrac{100 \sum M}{1.2 \sum M + 2.0} \pm 8.9$	$H_p = 30\sqrt{\sum M} + 10$	
中硬	$H_p = \dfrac{100 \sum M}{1.6 \sum M + 3.6} \pm 5.6$	$H_p = 20\sqrt{\sum M} + 10$	$\sum M$ 为累计采厚。公式应用范围：单层采厚 1～3 m，累计采不超过 15 m；计算公式中的 ± 号为中误差
软弱	$H_p = \dfrac{100 \sum M}{3.1 \sum M + 5.0} \pm 4.0$	$H_p = 10\sqrt{\sum M} + 5$	
极软弱	$H_p = \dfrac{100 \sum M}{5.0 \sum M + 8.0} \pm 3.0$		

表 5-26　煤层倾角 55°～90°的急倾斜煤层垮落带、裂隙带高度计算公式　　　m

覆岩岩性	裂隙带高度	垮落带高度
坚硬	$H_p = \dfrac{100Mh}{4.1h + 133} \pm 8.4$	$H_m = (0.4 \sim 0.5)$
中硬、软弱	$H_p = \dfrac{100Mh}{7.5h + 293} \pm 7.3$	

注：h 为上下两层煤之间的垂直距离，m。

当采高大于 4.5 m 时，K_i 按式（5-44）计算：

$$K_i = 100 - 0.47\frac{H_i}{M} - 84.04\frac{H_i}{L} \tag{5-44}$$

式中　　H_i——第 i 邻近层与开采层垂直距离，m；

　　　　M——工作面采高，m；

　　　　L——工作面长度，m。

邻近层瓦斯排放率也可按图 5-85 计算。五凤煤矿 1601 工作面各上下邻近层基本参数见表 5-27。

表5-27　1601工作面邻近层煤层参数

煤层编号	煤层厚度/m	距开采层间距/m	原煤瓦斯含量/(m³·t⁻¹)	残存瓦斯含量/(m³·t⁻¹)
6上煤	0.70	4.36	10.96	
6中煤	2.48~4.21		10.96	7.53
7煤	0.60	14.04	10.96	
煤线	0.60	34.35	10.96	

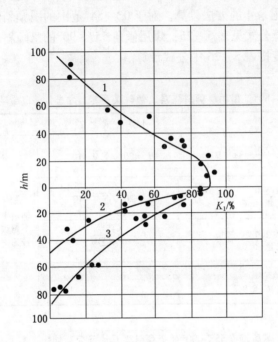

1—上邻近层；2—缓倾斜煤层下邻近层；3—倾斜、急倾斜煤层下邻近层

图5-85　瓦斯排放率与层间距的关系曲线

在采煤工作面连续推进后，回采空间的煤层底板形成"下三带"，直接邻接工作面的底板受到破坏，出现一系列沿层面和垂直于层面的断裂，使其导气能力增强，其厚度称为底板破坏深度 H_l。底板破坏深度与开采深度、煤层厚度、煤层倾角、顶底板岩石性质和结构、采煤方法、顶板控制方法以及工作面长度等因素有关。根据现场实测资料，底板破坏深度 H_l 一般从几米到十几米。底板最大破坏深度根据统计法，按式（5-45）计算。底板破坏深度也可按《煤矿瓦斯抽采规范》（AQ 1027—2006）的规定取 20~30 m。

$$H_l = 0.0085H + 0.1665\alpha + 0.1079L - 4.3579 \qquad (5-45)$$

式中　H——开采深度，m；

　　　L——工作面长度，m；

　　　α——煤层倾角，(°)。

开采6中煤层时，顶板最大裂隙带高度为

$$H_p = \frac{100 \sum M}{1.6 \sum M + 3.6} \pm 5.6 = \frac{100 \times 3}{1.6 \times 3 + 3.6} \pm 5.6 = 30.1 \sim 41.3 \text{ m}$$

五凤煤矿 1601 工作面平均开采深度为 150 m，煤层平均倾角 9°，工作面长度 170 m；将这些参数代入式（5-45）算得底板最大破坏深度 $H_l = 16.76$ m。

各邻近层涌出瓦斯量如下：

$6_{上}$ 煤为

$$q_{6上} = \sum_{i=1}^{n} \frac{m_i}{M} K_i (X_i - X_{ic}) = [0.894 \times (10.96 - 3.54) \times 0.7 \div 3] = 1.55 \text{ m}^3/\text{t}$$

$$K_i = 1 - \frac{H_i}{H_p} = 1 - \frac{4.36}{41.3} = 0.894$$

7 号煤为

$$K_i = 1 - \frac{H_i}{H_p} = 1 - \frac{14.04}{16.76} = 0.162$$

$$q_7 = \sum_{i=1}^{n} \frac{m_i}{M} K_i (X_i - X_{ic}) = 0.162 \times (10.96 - 3.54) \times 0.60 \div 3 = 0.24 \text{ m}^3/\text{t}$$

7 号煤以下的各煤层及煤线因为距 $6_{中}$ 煤的距离达到 34.35 m，已经超过计算的底板破坏深度 16.76 m，所以不会向 $6_{中}$ 煤工作面涌出瓦斯，能向 1601 采煤工作面涌出瓦斯的邻近层只有 $6_{上}$ 煤与 7 号煤。

$$q_2 = 1.55 + 0.24 = 1.79 \text{ m}^3/\text{t}$$

1601 工作面回采时，瓦斯涌出量为上述二者之和。

$$Q_{回采} = q_1 + q_2 = 9.35 + 1.79 = 11.14 \text{ m}^3/\text{t}$$

该矿设计生产能力为 0.90 Mt/a，用一个工作面保证产量，按年工作日 330 天计算，平均每分钟产煤 1.894 t，产瓦斯 21.1 m³/min，再乘以 1.3 的不均匀系数，则回采工作面瓦斯涌出量为 27.43 m³/min。

（三）生产采区瓦斯涌出量计算

采区瓦斯涌出量系采区内所有回采工作面、掘进工作面（巷道）和采空区瓦斯涌出量之和，按下式计算：

$$q_{区} = \frac{K' \left(\sum_{i=1}^{n} q_{采i} \times A_i + 1440 \sum_{i=1}^{n} q_{掘i} \right)}{A_0} \tag{5-46}$$

式中　　$q_{区}$——生产采区瓦斯涌出量，m³/t；

K'——生产采区采空区瓦斯涌出系数，如无实测值可参照表 5-28 取值为 1.45；

$q_{采i}$——第 i 个回采工作面的瓦斯涌出量，m³/t；

A_i——第 i 个回采工作面的平均日产量，t；

$q_{掘i}$——第 i 个掘进工作面（巷道）的绝对瓦斯涌出量，m³/min；

A_0——产采区回采煤量和掘进煤量之总和，t。

（四）矿井瓦斯涌出量计算

矿井瓦斯涌出量是矿井内全部生产区和采空区瓦斯涌出量之和，按式（5-47）计算。

$$q_{\text{井}} = \frac{K''\left(\sum\limits_{i=1}^{n} q_{\text{区}i} A_{0i}\right)}{\sum\limits_{i=1}^{n} A_{0i}} \qquad (5-47)$$

式中　$q_{\text{井}}$——矿井瓦斯涌出量，m^3/t；

　　　K''——已采采区采空区瓦斯涌出系数；如无实测资料，可按表 5-28 取；

　　　$q_{\text{区}i}$——第 i 个生产采区的瓦斯涌出量，m^3/t；

　　　A_{0i}——第 i 个生产采区的产煤量，t。

表 5-28　生产采区和已采采区采空区瓦斯涌出系数

采空区瓦斯涌出系数		煤层赋存状况	取值范围	备　　　注
生产采区	K'	单一煤层	1.20~1.35	取值原则：
		近距离煤层群	1.25~1.45	（1）对通风管理水平较高，开采煤层厚度适中，丢煤较少，煤层层数较少的矿井，应取下限值
已采采区	K''	单一煤层	1.15~1.25	（2）对通风管理水平较差，开采中厚以上煤层且煤层层数较多的矿井（或采区），应取上限值
		近距离煤层群	1.25~1.45	

（五）矿井瓦斯涌出的不均匀性

由于各区域瓦斯涌出量不均匀，利用分源法预测的各区域的瓦斯涌出量需要乘以瓦斯涌出不均匀系数 K_n。瓦斯涌出不均匀系数为该区域内最高瓦斯涌出量与平均瓦斯涌出量之比值。回采工作面或掘进工作面瓦斯涌出不均匀系数取 $K_n = 1.2~1.5$ 或按实际计算。矿井瓦斯涌出不均匀系数 $K_n = 1.1~1.3$。根据 2007 年矿井瓦斯等级签订资料，主焦煤矿瓦斯涌出不均匀系数为 1.23，红岭煤矿为 1.07，龙山煤矿 11 采区为 1.20。

（六）分源法预测矿井瓦斯涌出量与实际瓦斯涌出量的误差分析

阳泉矿务局对瓦斯涌出量预测值和实际值作了比较。其结果表明：掘进巷道瓦斯涌出量预测值与实际值的平均相对误差为 8.77%，回采工作面瓦斯涌出量预测值与实际值的平均相对误差为 6.28%，采区瓦斯涌出量预测值与实际值的平均相对误差为 5.41%，全矿井的平均相对误差为 9.32%。

影响预测精度的主要因素有以下几个方面：

1. 煤层瓦斯含量值

煤层瓦斯含量是分源法预测矿井瓦斯涌出量最基础的数据，其准确程度对预测结果影响很大。但由于受地质构造、煤层瓦斯含量测定点分布密度及每一个测定值测定准确程度的影响，都会导致预测结果的误差。因此，在矿井地质勘探过程中，应按照《煤矿建设项目安全核准基本要求》，对所有瓦斯煤样做煤的工业性分析，准确测定气体成分和含量，详细描述煤体结构；对属于沼气带、氮气—沼气带及 CO_2 含量超过 5 m^3/t 的井田，勘探阶段对每个主要可采煤层应增补 5 个以上瓦斯煤样点，并测定煤的坚固性系数（f）、瓦斯放散初速度（Δp）、吸附常数（a，b）、煤孔隙率和渗透率、煤层瓦斯压力（钻孔中测定）等参数，并绘制煤层瓦斯含量等值线图，以减小预测误差。

2. 矿井产量与配产关系

在进行瓦斯涌出量预测时，是按设计的平均日产量进行计算的，当实际产量超过设计产量时，其相对瓦斯涌出量就减少，反之相对瓦斯涌出量就增加。另外，实际生产过程中，并不是每分钟都出同样数量的煤，每分钟都掘进同样数量的巷道，用把产量和进尺平均分配的办法来预计瓦斯涌出量与实际值必然存在一定误差。

3. 计算系统的误差

由于矿井地质条件复杂多变，煤层瓦斯含量的不均匀性，以及取样点的不均匀和钻孔瓦斯含量测定值本身的不精确，从选用预测参数开始就存在计算误差。

4. 抽采瓦斯

由于开采层的采动影响，在一定高度（即顶板裂隙带高度、底板破坏深度）范围内，邻近层卸压瓦斯在瓦斯压力梯度和通风负压作用下涌入回采工作面，超过这一高度，邻近层虽然也因卸压会解吸部分瓦斯，但不会涌入回采空间。抽采瓦斯就是把涌向回采工作面的瓦斯，通过钻孔、抽采瓦斯巷道及管路引走，所以在计算工作面瓦斯涌出总量时，抽采对瓦斯涌出总量的作用就没有考虑。但实际上，抽采瓦斯起到了增加瓦斯涌出量的作用。特别是当采高较大，抽采瓦斯钻孔的影响范围扩大时，则抽采对瓦斯涌出量的作用就更明显。

5. 煤层厚度变化的影响

在预测采掘工作面瓦斯涌出量时，是在一定的煤层厚度条件下预测的，但实际上，煤层厚度时刻变化着，所以采掘工作面实际瓦斯涌出量与预测值是有差别的，如果煤层厚度变化不大，则预测值与实际就比较接近。

6. 煤层层间距的变化造成的误差

在计算邻近层瓦斯涌出时，因为层间距的变化也会导致预测值的变化。

二、矿山统计法预测

采用矿山统计法预测时，所要预测的矿井或采区的煤层开采顺序、采煤方法、顶板控制、地质构造、煤层赋存、煤质等必须具有与生产矿井或生产区域相同或类似的条件。矿山统计法预测瓦斯涌出量外推范围沿垂深不超过 200 m，沿倾斜方向不超过 600 m。

统计预测法的实质是根据矿井生产过程中的相对瓦斯涌出量与开采深度的统计规律，推算深部水平相对瓦斯涌出量的预测方法。

先计算瓦斯涌出量梯度，即相对瓦斯涌出量每增加 1 m^3/t 时，开采深度增加的米数，然后计算深部瓦斯含量。

$$a = \frac{H_1 - H_2}{q_2 - q_1} \qquad (5-48)$$

式中　　　a——瓦斯涌出量梯度，$m/(m^3/t)$ 或 t/m^2；

H_1、H_2——甲烷带内的两个已采深度，m；

q_1、q_2——对应于 H_1、H_2 深度的相对瓦斯涌出量，m^3/t。

已知瓦斯涌出量梯度和瓦斯风化带下界深度时，就可用式（5-49）预测相对瓦斯涌出量：

$$Q_m = Q_0 + \frac{H - H_0}{a} \tag{5-49}$$

式中　Q_m——预测的深度为 H 处的相对瓦斯涌出量，m^3/t；

　　　H_0——瓦斯风化带下界深度，m；

　　　a——瓦斯涌出量梯度，$\text{m}/(\text{m}^3 \cdot \text{t}^{-1})$；

　　　Q_0——瓦斯风化带下界或 H_0 处的相对瓦斯涌出量，m^3/t。

统计法预测瓦斯涌出量时，必须注意以下两点：

（1）此法只适用于瓦斯带内，外推深度不得超过 100～200 m，煤层倾角和瓦斯涌出量梯度值越小，外推深度也应越小，否则误差可能很大。

（2）积累的瓦斯涌出量资料，至少要有一年以上，而且积累的资料越多、预测精度越高，已采区域的瓦斯地质条件和开采技术条件与预测区域越相似，预测的可靠性也越高。因此，平时应注意瓦斯涌出资料的积累，并提高原始资料的精确度。对于预测资料，在生产实际中应不断修改，进一步提高预测的准确度。

三、矿井瓦斯涌出量预测结果

1. 掘进工作面瓦斯涌出量

根据五凤煤矿地质勘探获得的瓦斯资料，经计算，$6_{中}$ 煤层在 1601 掘进工作面瓦斯涌出量：$Q_1 = 0.117$（单头月进尺 150 m）～0.884 m^3/min（单头月进尺 500 m）。上述计算已经考虑瓦斯涌出不均匀系数 1.3。

2. 采煤工作面瓦斯涌出量

采煤瓦斯涌出量是根据煤层瓦斯含量、煤层厚度、采高、工作面产量等参数，考虑采场丢煤、顺槽掘进预排瓦斯带、围岩和临近的煤层、煤线瓦斯涌出等因素综合计算的。按设计生产能力 0.9 Mt，用一个工作面保证产量，年工作日 330 天计算，平均每分钟产煤 1.894 t，产瓦斯 21.1 m^3/min，再乘以 1.3 的不均匀系数，则回采工作面瓦斯涌出量为 27.43 m^3/min。该矿布置 2 个煤层巷道掘进工作面，3 个岩石巷道掘进工作面（单头供风 2503 m/min，回风流瓦斯浓度 0.20%，单头涌出瓦斯 0.5 m^3/min），则全矿井瓦斯总涌出量为 28.23 m^3/min（爆破掘进）。

第十一节　瓦斯抽采设备和管路选择

瓦斯抽采系统主要由瓦斯抽采泵、管路系统及安全装置三部分组成。瓦斯抽采泵是抽采的主要设备，目前大多用水环式真空泵。为进行瓦斯抽采，还必须有完整的抽采管路系统，以便把矿井瓦斯抽出并输送至地面。瓦斯管路系统由支管、分管、主管及抽采管路的附属装置等组成。图 5-86 所示为泵房泵和汽水分离器的安装图。

一、水环真空泵

1. 水环真空泵的特点

水环真空泵具有如下特点：

图 5 - 86　采泵房内泵和汽水分离器的安装图

（1）高可靠性。抽采泵轴与叶轮孔采用热装过盈配合，轴与轴承安全系数大；采用焊接叶轮，轮毂与叶片全部加工，从根本上解决了动平衡问题，动力平稳，噪声低。

（2）维护方便。在泵的两端盖上设置有检查孔（拆下压板即可），可以方便地查看内部结构或间隙，并可快速方便地更换排气口阀板，填料的更换也可在不拆泵盖的情况下进行。

（3）高效节能。分配板、叶轮等主要部件设计结构合理，效率较高。采用了柔性排气阀设计，避免了气体压缩过程中的过压缩，通过自动调节排气面积而降低能量消耗，最终达到最佳动力效果。

（4）适应冲击荷载。叶片采用钢板一次冲压成型，焊接叶轮整体进行热处理，叶片具有良好的韧性，抗冲压，抗弯折能力得以保证，适应冲击荷载。

2. 单泵型号表示法

泵以 6 个位的数字和字母组合表示全称。

3. 水环真空泵的工作原理

水环泵是由叶轮、泵体、吸排气盘、水在泵体内壁形成的水环、吸气口、排气口、辅助排气阀等组成的。图 5 - 87 所示为水环泵的工作原理示意图。

在泵体中装有适量的水作为工作液。当叶轮顺时针旋转时，水被叶轮抛向四周，由于

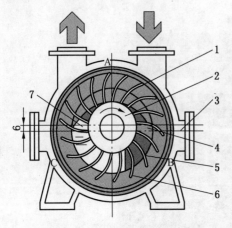

1—叶轮；2—轮毂；3—泵体；4—气腔；
5—吸气孔；6—水环；7—排气孔

图5-87 水环真空泵工作原理

离心力的作用，水形成了一个决定于泵腔形状的近似于等厚度的封闭圆环。水环的上部分内表面恰好与叶轮轮毂相切，水环的下部内表面刚好与叶片顶端接触（实际上叶片在水环内有一定的插入深度）。此时叶轮轮毂与水环之间形成一个月牙形空间，而这一空间又被叶轮分成叶片数目相等的若干个小腔。如果以叶轮的上部0°为起点，那么叶轮在旋转前180°时小腔的容积由小变大，且与端面上的吸气口相通，此时气体被吸入，当吸气终了时小腔则与气口隔绝；当叶轮继续旋转时，小腔由大变小，使气体被压缩；当小腔与排气口相通时，气体便被排出泵外。

综上所述，水环泵是靠泵腔容积的变化来实现吸气、压缩和排气的，因此它属于变容式真空泵。

4. 水环真空泵的结构

泵由泵体、叶轮、前后端盖（两件）、前后分配器、轴、前后轴承部件、阀板部件等组成，如图5-88所示。轴偏心地安装在泵体中，叶轮与轴为过盈配合，泵两端面的总间隙由泵体和分配器之间的垫来调整，在装配时由前端定位来首先确定单面间隙，叶轮与分配器端面间隙的大小对气体的泄漏有较大影响，因而装配必须予以保证。对于叶轮直径大于500 mm的泵，单面控制在0.25~0.35 mm之间，两端总间隙为0.5~0.7 mm。

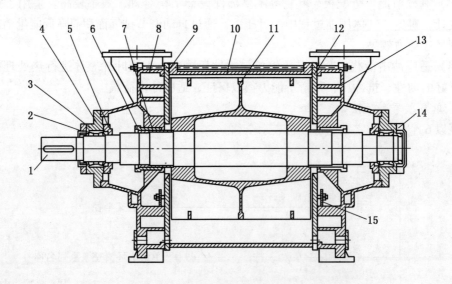

1—泵轴；2—前轴承压盖；3—轴承；4—轴承座；5—轴承挡盖；6—填料压盖；7—轴套；8—前泵盖；
9—前分配板；10—泵体；11—叶轮；12—后分配板；13—后泵盖；14—后轴承压盖；15—排气阀板部件

图5-88 2BEC40-100型水环真空泵结构

填料装在两端盖内，密封液经由端盖中的孔进入填料室，以冷却填料及加强密封效果。当机械封孔时，机械密封安装在填料室腔，填料压盖换成机械密封压盖。在前后分配器上均设有吸、排气月牙形孔和椭圆形排气孔，并安装有阀板部件，阀板的作用是当叶轮片间的气体压力达到排气压力时，在月牙形排气口以前就将气体排出，减少了因气体压力过大而加大功率消耗。

二、瓦斯抽采管的选择

1. 常用管材及特点

瓦斯抽采管路一般采用定型产品，如热扎无缝钢管、冷拔无缝钢管和焊接钢管，也可采用钢板卷制，但要求管壁厚度为 3~6 mm，并需进行 0.2~0.5 MPa 的水压试验，合格后方可使用。

近几年，各矿普遍使用 UPVC（聚氯乙烯）抗静电抗阻燃抽采瓦斯管，与钢管相比，具有质量轻、成本低、抗腐蚀等优点。这种材料的比重只有铸铁的 1/10，运输、安装简易，降低成本。UPVC 材料不能导电，也不受电解，电流的腐蚀，无须二次加工；不能燃烧，也不助燃，没有消防顾虑；价格低，可以使用 PVC－U 胶水连接，操作简便，耐用；不被细菌及菌类所腐化；阻力小，流速高，内壁光滑，流体流动性损耗小，污垢不易附着在平滑管壁；保养较为简易，保养费用较低；易于连接，施工方便，安装费用低。

UPVC 用于抽采瓦斯的管材，要选择至少为 1.6 MPa 压力等级的管材；否则管材会在负压下被抽瘪。UPVC 煤矿管试压时应用液体试压，不得进行气体试验。

但它有如下缺点：一是强度要低于钢管，在安装和装卸过程中必须防止剧烈碰撞，以防损坏管材、管件或造成隐性裂纹。二是 UPVC 抗静电管材的颜色为黑色，暴露在阳光下时，朝阳面吸收阳光热量，温度会快速升高，背光面温度上升较慢，造成温差应力而使管子弯曲。所以存放时应置于室内，在室外时要采取遮阳措施。

随着抽采技术的发展，丝网骨架聚乙烯管开始用于抽采管，它是以高强度过塑钢丝经过经纬缠绕作为增强体，外层和内层双面复合热塑的一种新型管材。其增强体被包覆在连续热塑性塑料之中，克服了钢管耐压不耐腐蚀，塑料耐腐蚀不耐压，涂塑钢管容易脱层等弊病，取其优势补偿不足，既克服了钢管和塑料管各自的缺点，又具有钢管和塑料管共同的优点。

2. 管路接头

抽采管路大多采用法兰盘连接。法兰盘与管路的连接有两种方式：一是将法兰盘套在管路的端头，焊接后再把端面焊缝锯平；二是先套上法兰盘，然后焊接阻挡法兰盘的小环板，再将端面焊缝锯平。连接时，在两个法兰盘之间夹上用聚氯乙烯或橡胶做的厚度为 3~5 mm 的软垫圈，上满螺栓并拧紧。

最近几年，快速接头用于抽采管的连接，特点是连接速度快，密封性能好，操作轻便，其结构如图 5－89 所示。

3. 抽采管的直径选择

瓦斯管直径的恰当与否，对抽采瓦斯的建设投资及抽采效果都有影响。直径太大，投资就多；直径过小，阻力损失大。一般是根据管道中不同的瓦斯流量，并考虑运输和安装

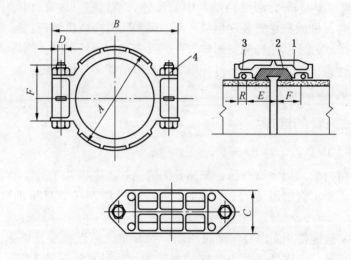

1—管卡；2—橡胶圈；3—钢环；4—螺栓

图 5 – 89　管路快速接头结构

方便的情况下，采用下式计算来选择合理的瓦斯管径：

$$D = 0.1457 \sqrt{\frac{Q}{v}} \tag{5 – 50}$$

$$Q = \frac{Q_{瓦斯}}{X} k \tag{5 – 51}$$

式中　　v——瓦斯管中混合气体流速，一般 $v = 5 \sim 15/\min$；

　　　　Q——混合气体流量，$m^3/\min$；

　　$Q_{瓦斯}$——管道中流过的纯瓦斯量，$m^3/\min$；

　　　　X——管道中的瓦斯浓度，%；

　　　　k——瓦斯抽采综合系数，一般 $k = 1.2$。

　　按式（5 – 50）计算的管径，在管子规格表中选用国家定型产品，如热轧无缝钢管和焊接钢管。近年来，瓦斯抽采普遍使用塑料管（抗静电），由于比钢管轻、耐腐蚀、成本低，所以使用量增多。

　　4. 瓦斯管路的阻力计算

瓦斯管路的阻力分为摩擦阻力和局部阻力两种。

（1）摩擦阻力的计算。

$$h_m = 9.81 \frac{Q^2 \Delta L}{K D^5}$$

$$\Delta = \frac{\rho_1 \eta_1 + \rho_2 \eta_2}{\rho_2} \tag{5 – 52}$$

式中　h_m——管路的摩擦阻力，Pa；

　　　Q——瓦斯混合气体流量，m^3/h；

　　　L——管路长度，m；

Δ——混合瓦斯对空气的相对密度,可用式(5-52)计算,也可查表5-29;

ρ_1——瓦斯密度,取 0.7168 kg/m³;

η_1——混合瓦斯中瓦斯浓度;

ρ_2——空气密度,取 1.293 kg/m³;

η_2——混合瓦斯中的空气浓度;

K——不同管径的系数,管径150 mm 以上时,K=0.71,见表5-30;

D——瓦斯管内径,cm。

表5-29 在0℃及10⁵ Pa气压时的Δ值

瓦斯浓度/%	$\Delta/(kg \cdot m^{-3})$									
0	1	0.966	0.991	0.987	0.982	0.978	0.973	0.969	0.964	0.960
10	0.955	0.951	0.947	0.942	0.938	0.933	0.929	0.924	0.920	0.915
20	0.911	0.906	0.902	0.898	0.893	0.889	0.884	0.880	0.875	0.871
30	0.866	0.862	0.857	0.853	0.848	0.844	0.840	0.835	0.831	0.826

表5-30 不同管径的系数 K 值

通称管径/mm	15	20	25	32	40	50
K 值	0.46	0.47	0.48	0.49	0.50	0.52
通称管径/mm	70	80	100	125	150	150 以上
K 值	0.55	0.57	0.62	0.67	0.70	0.71

(2)局部阻力的计算。

$$h_j = \frac{\xi \rho V^2}{2} \tag{5-53}$$

式中 h_j——瓦斯管路的局部阻力,Pa;

ξ——局部阻力系数,见表5-31;

ρ——混合瓦斯密度,与瓦斯浓度有关,见《采矿工程设计手册(下册)》,kg/m³;

V——瓦斯平均流速,m/s。

局部阻力也可用概算法,即局部阻力按摩擦阻力的10%~20%计算。这样瓦斯管路的总阻力为

$$H = 1.2h_m \tag{5-54}$$

表5-31 各类管件的局部阻力系数

管件	直角三通	分支三通	对管径相差一级突然收缩	弯头	直通阀	90°弯头	闸阀	球阀
ξ	0.30	1.50	0.35	1.10	2.0	0.30	0.50	9.00

（3）阻力计算的校正。

上述阻力计算是在 0 ℃和 1 个标准大气压条件下的数值，若考虑到温度和压力的影响还需要乘以校正系数，即乘以 $K_{校}$。

$$K_{校} = \frac{p_d T_b}{p_b T_g} \qquad (5-55)$$

式中　p_d——测定地点的大气压，Pa；

　　　T_b——工程标准温度，293 K；

　　　T_g——管路中的绝对温度，K；

　　　p_b——标准大气压，101.325 kPa。

三、瓦斯抽采泵的容量计算

选择瓦斯泵所需要克服的压力还要考虑孔口抽采负压。《煤矿瓦斯抽采规范》（AQ 1027—2006）对管路内压力作了规定：对于卸压煤层在抽采孔口的负压不小于 6.7 kPa；非卸压煤层在抽采孔口不小于 13 kPa。对于采空区瓦斯抽采，孔口负压不可太高，以免引起采空区煤的自燃。全系统不出现正压状态。而实际使用过程中，孔口负压一般都在 20 kPa 左右。

1. 瓦斯抽采泵的流量

瓦斯抽采泵的流量计算公式为

$$Q_泵 = \frac{Q_{瓦斯}K}{X\eta} \qquad (5-56)$$

式中　$Q_泵$——瓦斯泵的额定流量，m^3/min；

　　　$Q_{瓦斯}$——瓦斯最大抽采总量（纯量），m^3/min；

　　　X——瓦斯泵入口处的瓦斯浓度，%；

　　　η——瓦斯泵的机械效率，一般取 $\eta = 0.8$；

　　　K——瓦斯抽采能力富余系数，取 $K = 1.2 \sim 1.8$。

2. 瓦斯抽采泵的压力

$$H = (H_入 + H_出)K = [(h_{入摩} + h_{入局} + h_{钻负}) + (h_{出摩} + h_{出局} + h_{出正})]K \qquad (5-57)$$

式中　H——瓦斯泵的压力，Pa；

　　　$H_入$——井下负压段管路全部阻力损失，Pa；

　　　$H_出$——井上正压段管路全部阻力损失；Pa；

　　　K——抽采系统压力富余系数，可取 $K = 1.2 \sim 1.8$；

　　　$h_{入摩}$——井下负压段管路摩擦阻力损失，Pa；

　　　$h_{入局}$——井下负压段管路局部阻力损失；Pa；

　　　$h_{钻负}$——井下抽采钻孔孔口必须造成的负压，Pa；

　　　$h_{出摩}$——井上正压段管路摩擦阻力损失，Pa；

　　　$h_{出局}$——井上正压段管路局部阻力损失，Pa；

　　　$H_{出正}$——用户在瓦斯出口所需的正压，Pa。

3. 瓦斯泵的选择

由式（5-56）、式（5-57）计算出的流量和压力值，根据瓦斯泵的技术参数和性能曲线就可以选择所需要的瓦斯抽采泵。因干式瓦斯抽采泵的叶轮无水环封闭，运行中可能产生机械火花引爆瓦斯，为保证设备安全运行，大多数矿井选择水环式真空泵。

【例5-7】瓦斯抽采设备选型实例

经瓦斯涌出量预计，五凤煤矿矿井瓦斯涌出总量为43.6 m^3/min，用通风方法能排出的瓦斯为11.6 m^3/min，需要抽采瓦斯32 m^3/min，其中通过支管的瓦斯量为8.8 m^3/min，主管最大长度为1400 m，支管最大长度为1700 m，孔口负压$h_孔 = 20$ kPa。现对抽采设备选型。

解 （1）管径计算。根据式（5-51），通过支管路的混合气体流量：

$$Q = Q_{瓦斯}k/X = 8.8 \times 1.2/30\% = 35.2 \ m^3/min = 2112 \ m^3/h$$

式中　X——瓦斯抽采浓度，利用瓦斯时不能低于30%。

根据式（5-50），支管路的管径为

$$D_支 = 0.1457\sqrt{\frac{Q}{v}} = 0.1457\sqrt{\frac{35.2}{14}} = 0.231 \ m$$

选取支管的管径$D_支 = 250$ mm。

通过主管的混合瓦斯气体流量为

$$Q_主 = Q_{瓦斯}k/X = 32 \times 1.2/30\% = 128 \ m^3/min = 7680 \ m^3/h$$

$$D_主 = 0.1457\sqrt{\frac{Q}{v}} = 0.1457\sqrt{\frac{128}{14}} = 0.445 \ m$$

选取主管的管径$D_主 = 450$ mm。

（2）阻力计算。根据式（5-52），支管和主管的摩擦阻力分别如下：

$$h_支 = \frac{9.81Q^2\Delta L}{KD^5} = \frac{9.81 \times 2112^2 \times 0.866 \times 1700}{0.71 \times 25^5} = 9823 \ Pa$$

$$h_主 = \frac{9.81Q^2\Delta L}{KD^5} = \frac{9.81 \times 7680^2 \times 0.866 \times 1400}{0.71 \times 45^5} = 5678 \ Pa$$

瓦斯泵需要克服的总阻力为

$$H = K_{较}[1.2(h_支 + h_主) + h_孔] = 1 \times [1.2(9823 + 5678) + 20 \times 10^3] = 38601 \ Pa$$

上式计算中，没有考虑瓦斯利用所需要的正压部分。

表5-32　2BE1系列水环真空泵技术参数

型号	最高吸入负压/kPa	抽气量/($m^3 \cdot min^{-1}$) 吸入负压/kPa		最大轴功率/kW	转速/($r \cdot min^{-1}$)	质量/kg	外形尺寸（长×宽×高）/($mm \times mm \times mm$)
		-80	-60				
2BE1 355-1	-84	52.2	60.2	71.5	372	2200	1885×1160×1050
		63.8	70.1	80.8	420		
		70.3	78.2	94.5	472		
		73.4	82.5	105	500		
		76.3	86.6	113	530		
		81.3	94.1	136	590		

表 5-32 (续)

| 型　号 | 最高吸入负压/kPa | 抽气量/($m^3 \cdot min^{-1}$) 吸入负压/kPa | | 最大轴功率/kW | 转速/($r \cdot min^{-1}$) | 质量/kg | 外形尺寸（长×宽×高）/（mm×mm×mm） |
		-80	-60				
2BE1 405-1	-84	81.2	92.3	105	330	3400	2170×1370×1265
		94.5	104.7	124	372		
		104.5	116.3	147	420		
		111.7	128.2	178	472		
		120.2	141.0	218	530		
2BE1 505-1	-84	104.5	120	136	266	5100	2435×1550×1475
		123.4	136.4	157	298		
		136.5	151	183	330		
		148.6	167	215	372		
		159.7	184.7	266	420		

（3）瓦斯泵所需要的流量。

$$Q = \frac{Q_{瓦斯}K}{\eta X} = \frac{32 \times 1.2}{0.8 \times 30\%} = 160 \text{ m}^3/\text{min}$$

以上计算中，混合瓦斯中瓦斯浓度取 30%。根据以上计算数据，以 $H = 38.6$ kPa 和 $Q = 160$ m³/min 为依据选取瓦斯泵。

由表 5-32 选取 2 台 2BE1 505-1，372 r/min，电机功率 215 kW 的水环真空泵，一台工作，一台备用，可以满足该矿瓦斯抽采的使用要求。

第十二节　对瓦斯抽采设备和抽采站的要求

一、对抽采设备的要求

需要说明的是，上述设备选型与抽采矿井实际存在差别。根据河南能源化工集团所属抽采矿井统计，地面瓦斯泵房抽出的瓦斯浓度多在 20% 左右，机械效率在 50% 左右，为保证抽采量，在设备选型时，要适当扩大富余系数。

泵站的装机能力和管网能力应满足瓦斯抽采达标的要求，并满足矿井瓦斯抽采期间或瓦斯抽采服务期年限内所达到的开采范围的最大抽采量和最大抽采阻力的要求。《关于进一步加强煤矿瓦斯治理工作的指导意见》（安委办〔2008〕17 号）第十条规定，要优先选择高负压大流量水环真空泵，瓦斯抽采泵和管网的能力要留有足够的富余系数，泵的装机能力应为需要抽采能力的 2~3 倍。具备条件的矿井应分别建立高、低浓度两套抽采系统，满足煤层预抽、卸压抽采和采空区抽采的需要。

矿井瓦斯抽采系统的总阻力，必须按管网最大阻力计算，瓦斯抽采系统应不出现正压状态。在一个抽采站内，瓦斯抽采泵及附属设备只有一套工作时，应备用一套；两套或两套以上工作时，应至少一套备用。备用泵的能力不小于运行泵中最大一台单泵的能力。

二、瓦斯抽采泵站的要求

瓦斯是一种具有燃爆性质的气体。为防止泵站发生火灾或火灾波及泵房，抽采瓦斯设施应当符合下列要求：

（1）地面泵房必须用不燃性材料建筑，并必须有防雷电装置，其距进风井口和主要建筑物不得小于 50 m，并用栅栏或者围墙保护。

（2）地面泵房和泵房周围 20 m 范围内，禁止堆积易燃物和有明火。

（3）抽采瓦斯泵及其附属设备，至少应当有一套备用，备用泵能力不得小于运行泵中最大一台单泵的能力。

（4）地面泵房内电气设备、照明和其他电气仪表都应采用矿用防爆型；否则必须采取安全措施。

（5）泵房必须有直通矿调度室的电话和检测管道瓦斯浓度、流量、压力等参数的仪表或自动监测系统。

（6）干式抽采瓦斯泵吸气侧管路系统中，必须装设有防回火、防回流和防爆炸作用的安全装置，并定期检查。抽采瓦斯泵站放空管的高度应当超过泵房房顶 3 m。

泵房必须有专人值班，经常检测各参数，做好记录。当抽采瓦斯泵停止运转时，必须立即向矿调度室报告。如果利用瓦斯，在瓦斯泵停止运转后和恢复运转前，必须通知使用瓦斯的单位，取得同意后，方可供应瓦斯。

三、抽采和利用瓦斯的规定

抽采瓦斯必须遵守下列规定：

（1）抽采容易自燃和自燃煤层的采空区瓦斯时，抽采管路应当安设一氧化碳、甲烷、温度传感器，实现实时监测监控。发现有自然发火征兆时，应当立即采取措施。

（2）井上下敷设的瓦斯管路，不得与带电物体接触并应当有防止砸坏管路的措施。

（3）采用干式抽采瓦斯设备时，抽采瓦斯浓度不得低于 25% 。

（4）利用瓦斯时，在利用瓦斯的系统中必须装设有防回火、防回流和防爆炸作用的安全装置。

（5）抽采的瓦斯浓度低于 30% 时，不得作为燃气直接燃烧。进行管道输送、瓦斯利用或排空时，必须按有关标准的规定执行，并制定安全技术措施。

四、泵站的供电、电气的要求

抽采泵站应由两个电源供电，并应有双回路供电线路；泵房内电气设备、照明、其他电气和检测仪表均应采用矿用防爆型。泵站应设置直通矿井调度室和矿井变电所的电话。

五、瓦斯泵房的管路布置及附属装置

瓦斯泵房的管路配置包括出入管路系统、阀门、放空管和补偿管路系统等设备。瓦斯泵房的附属设备有放水器、防爆、防回火装置、流量测定装置、采样孔和气水分离器。瓦斯泵房的管路布置及其附属装置如图 5-90 所示。

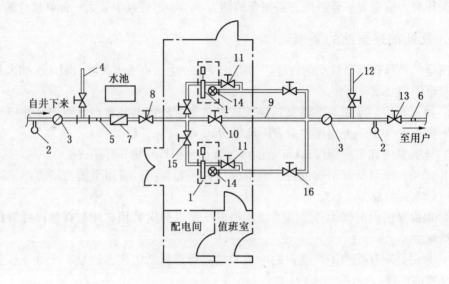

1—瓦斯泵；2—放水器；3—防爆炸、防回火装置；4—入口放空管；5—入口负压和浓度测定孔；
6—出口正压和浓度测定孔；7—流量计；8—入口总阀门；9—大循环管（回转式鼓风机用）；
10—大循环管阀门；11—小循环管冷门（回转式鼓风机用）；12—出口放空管；13—出口总阀门；
14—气水分离器（水环真空泵用）；15—瓦斯泵入口阀门；16—瓦斯泵出口阀门

图 5-90　瓦斯泵房的管路布置及其附属装置

井下抽采瓦斯的条件比较复杂，加上抽采钻孔及抽采管路都有漏气的可能，导致有的抽采地点抽采出的瓦斯浓度比较低（有时低于10%）。抽采管路内瓦斯浓度下降到爆炸下限也是有可能的，而干式抽采瓦斯泵的叶轮无水环封闭，产生机械摩擦火花引爆瓦斯的可能也是存在的。为了防止引爆瓦斯沿管路向井下传播而破坏抽采系统和威胁矿井安全，站房附近管道应设置放水器及防爆、防回火、防回水装置，设置放空管及压力、流量、浓度测量装置，并应设置采样孔、阀门等附属装置。放空管设置在泵的进、出口，管径应大于或等于泵的进、出口直径，放空管的管口要高出泵房屋顶3 m以上。

（一）防回火装置

1. 水封式防回火、防爆炸装置

水封式防爆、防回火装置的构造如图5-91所示。

水封式防爆、防回火装置的作用原理。在正常抽采时，瓦斯气体通过水封装置被抽出，当管内发生瓦斯燃爆时，液体水可以阻隔火焰传播；同时，爆炸冲击波将防爆盖（或胶皮板）冲破，爆炸能量得到释放，从而保护了井下、泵房及地面用户的安全。制作使用要求如下：

（1）该装置一般安设在瓦斯泵的出口和入口附近的地面瓦斯管路上。对于干式抽采瓦斯泵吸气侧管路系统中必须装设防回火、防回气和防爆炸作用的安全装置，而湿式抽采泵吸气侧管路系统中可以不安设；但在瓦斯利用系统中必须安设。

（2）寒冷地区应考虑冬季防冻保温措施，可将其置入专门砌筑室内或房廊之中。

（3）水封装置的防爆盖是用厚度为2 mm的胶皮板制成，制作简单，效果良好。水封装置在使用过程中应经常补充水，以保证封罐中的水位。

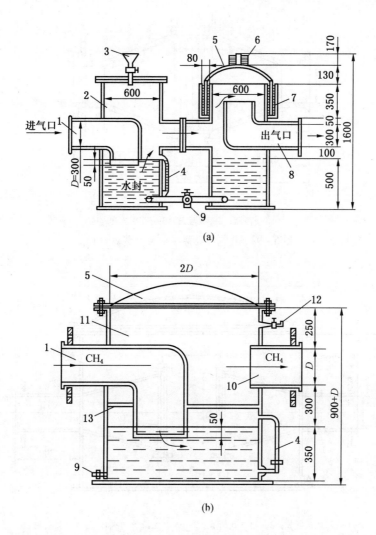

1—入口瓦斯管；2—水罐；3—注水口；4—水位计；5—防爆盖；6—防爆盖加重配块；7—水封环形槽；

8—排出瓦斯管；9—放水管；10—出口瓦斯管；11—水封罐；12—注水口；13—支撑柱

图 5-91 水封式防爆、防回火装置示意图

2. 铜网式防回火装置

该装置是利用铜网的散热作用达到隔绝火焰传播的目的，其结构如图 5-92 和图 5-93 所示。

适用条件和制作要求如下：该装置一般安装在距泵房和用户较近的地点，以保护机械设备和用户安全。铜网的规格为 13、24、40 目/cm²，网层数 4~6 层。为了检修和更换铜网方便而又不中断抽采瓦斯，可安设旁通管路，并设置阀门。

（二）放空管和避雷器

1. 放空管

放空管一般安设在地面瓦斯泵进、出口侧的管路上，靠近泵房。放空管的作用表现在 3 个方面：一是瓦斯泵发生故障或检修时，可打开瓦斯泵进气口处的放空管阀门，使井下

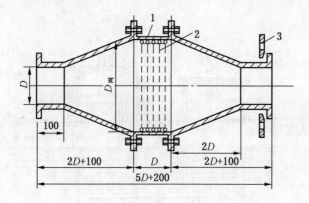

1—挡圈；2—铜丝网；3—活法兰盘

图 5-92　铜网式防爆、防回火装置 (1)

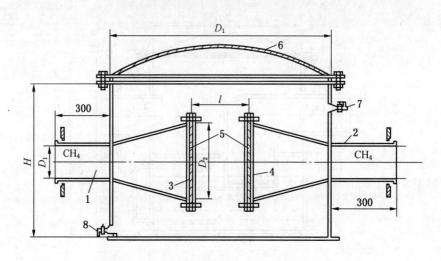

1—入口瓦斯管；2—出口瓦斯管；3—入口瓦斯管网；4—出口瓦斯管网；
5—铜丝网；6—防爆炸胶皮板（厚 2 mm）；7—测压孔；8—放水管

图 5-93　铜网式防爆、防回火装置 (2)

的瓦斯通过放空管排至大气；二是井下抽采瓦斯浓度降低到不符合瓦斯利用要求时或者瓦斯利用系统发生故障时，可把供给利用管路上的阀门关闭，打开瓦斯泵出气口处放空管的阀门，使抽出的瓦斯排放至大气，而不影响井下瓦斯的正常抽采；三是在正常供给用户使用瓦斯的前提下，可以利用瓦斯泵出口处的放空管调节瓦斯浓度，以适应用户的要求。

安设放空管时应注意：放空管的直径应大于或等于瓦斯泵入排口的直径；放空管的安设高度一般要超过瓦斯泵房的房脊 3 m 以上。其与机房墙壁的距离为 0.5~1.0 m，为使司机人员操作方便，最远不得超过 5~10 m，且出口应加防护帽，并用铁丝、钢架加固。

放空管出口至少应高出地面 10 m，且至少高出 20 m 范围内建筑物房脊 3 m 以上。

2. 避雷器

一般设在瓦斯泵房和瓦斯罐附近的较高大建筑物周围或中心地带，防止阴雨天气由于雷电引起的电火花损坏建筑物或点燃放空管瓦斯，防止火灾等事故。

六、泵站抽采参数的监测

为统计矿井瓦斯抽采量，应在抽采管路进气侧安装瓦斯抽采自动计量装置，对瓦斯抽采量进行连续监测；为考核矿井瓦斯抽采率、利用率，应在抽采管路出气侧安装瓦斯流量自动计量装置，随时监测管道中的瓦斯浓度、流量、负压、温度参数。为防止泵房内瓦斯泄漏和监控抽采钻孔着火情况，泵房内还必须吊挂甲烷传感器和一氧化碳传感器，对泵房内瓦斯泄漏进行监控。当出现瓦斯浓度过低、一氧化碳超限、泵站内有瓦斯泄漏等情况时，应能报警并能使抽采泵主电源断电。抽采站内应配置专用检测瓦斯参数的仪器仪表。

七、井下临时瓦斯抽采站的规定

不具备建立地面永久瓦斯抽采系统条件的，对高瓦斯区应建立井下临时泵站抽采系统。井下临时泵站应安装在瓦斯抽采地点附近的新鲜风流中。抽出的瓦斯可以引排到地面、总回风巷道或分区回风道，但必须保证稀释后风流中的瓦斯浓度不超限。已建永久抽采系统的矿井，临时泵站抽出的瓦斯可直接送至矿井抽采系统的管道内，但必须使矿井抽采系统的瓦斯浓度满足利用要求。

移动泵站抽出的瓦斯排至回风道时，在抽采管路出口处必须采取安全措施，包括设置栅栏、悬挂警戒牌。栅栏设置的位置，上风侧距管路出口 5 m，下风侧距管路出口 30 m。两栅栏间禁止人员通行和任何作业。

临时泵站抽出的瓦斯排到井下回风巷时，应保证与风流混合后的瓦斯浓度符合《煤矿安全规程》的规定。栅栏处必须设置警戒牌和瓦斯监测装置，巷道内瓦斯浓度超限报警时，应断电、停止瓦斯抽采并进行处理。监测传感器的位置设在栅栏外 1 m 以内，如图 5-94 所示。两栅栏间禁止人员通行和任何作业。

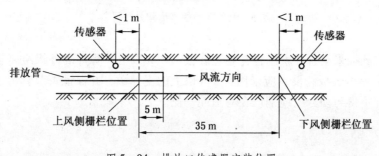

图 5-94　排放口传感器安装位置

井下移动瓦斯抽采泵站必须实行"三专"供电，即专用变压器、专用开关、专用线路。

第十三节　管路布置和计量装置

一、管路布置及敷设

应根据矿井巷道布置实际，选择曲线段最少、距离最短的线路。管路应设在经常不通车的回风巷道内，以防撞坏管路造成漏气，如果设在运输巷内，则应架设在巷道的上部，还应考虑管路的运输、接设和维护方便。井下瓦斯管路不得与带电体接触并应有防止砸坏管路的措施。

为防止积水堵塞管道，在巷道低洼处还应设置放水器。如果抽采过程中发生故障，要保证管内瓦斯不会进入采掘工作面和机电硐室，以保证矿井安全。管路接设好后，还应进行气密性试验，试验压力不小于0.15 MPa。

在抽采巷道中布置的管路有封孔管、接抽管、抽采支管、干管、主管。封孔管的材质为聚氯乙烯，平常使用的封孔管外径不小于50 mm。在煤层巷道进行管路连接时，通常以组为单位，每组可连接10个封孔管。接抽管通常用硬质管，以便于安装三通和阀门，与封孔管连接用软管。每组管路再安装一个自动放水、排渣装置。

对于厚煤层通常要施工两排或更多排钻孔，才能实现煤层全厚抽采达标，为防止抽采支管中煤尘沉积，一般是每组安装一个放水排渣装置，从钻孔出来的带有煤粉和水的混合气体在此装置中进行气水分离后再进入抽采支管。为了解每组钻孔抽采状况，每组钻孔都要安装测流装置，用综合参数测定仪测定流量、浓度、负压。管路连接如图5-95所示。

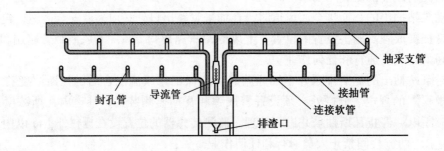

图5-95 各种管路的相对位置

在巷道中的抽采支管要求吊挂在巷道底板1.8 m以上，管件的外缘距离巷道壁不小于100 mm。若沿巷道底板铺设，应采用0.3 m以上的支撑墩，并保证每节管子下面有两个支撑墩。抽采管不得与动力电缆铺设在巷道同一侧。

二、放水器

由于地层向钻孔渗水及管内冷凝水集聚，一般抽采管路都有积水，这些水会堵塞管路流动断面，影响抽采效果，因此在各个钻场内和管路开始上坡处都应安设放水器。放水器有人工放水器及自动放水器两类。

1. 人工放水器

人工放水器通常由矿上自己加工，其结构如图5-96所示。放水器容量大小视积水多少而定。该放水器加工简单，安装容易，但需要人工定时放水，对于煤层含水量大的矿井不适合。

2. 自动放水器

自动放水器生产厂家很多，形状各异。有负压自动放水器、正压自动放水器两类。

1）负压自动放水器

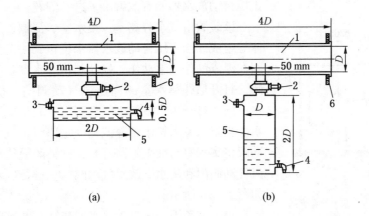

1—瓦斯管路；2—放水器阀门；3—空气入口阀门；4—放水阀门；5—放水器；6—法兰盘

图5-96　人工放水器结构

负压自动放水器由进水阀、通气阀、负压平衡阀、外筒、浮漂、放水阀、导向座组成，如图5-97所示。

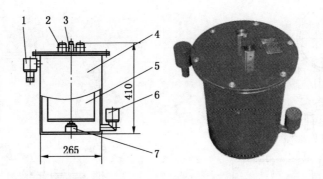

1—进水阀；2—通气阀；3—负压平衡阀；4—外筒；5—浮漂；6—放水阀；7—导向座

图5-97　负压自动放水器结构

放水器的进水管和负压力平衡管均与瓦斯管路连通，负压平衡管和进水阀开启，在瓦斯管路负压的作用下放水阀处于关闭状态。此时瓦斯管路的水可通过进水管流进放水器，浮漂随着水位上升而上升，筒内与大气相通，进水阀关闭。

在积水的静压力作用下，放水阀被打开，开始放水。放水速度取决于筒内液面高度和放水管直径的大小。随着水的不断流出，浮漂下降，使负压平衡管开启，放水器重新与瓦斯管路连通，大气阀与放水阀在大气压力作用下关闭，浮漂位置又处于初始状态。如此周而复始，实现自动放水。

2）正压自动放水器

负压自动放水器的进水口在上部、排水口在下部，要求钻孔和排水管要高于放水器的进水口，才能保证管路内的涌水流入放水器。在顶板抽采巷内，由于钻孔为下向钻孔，而且孔口位置普遍较低，因此很难达到负压自动放水器的安装要求，直接影响放水效果，而

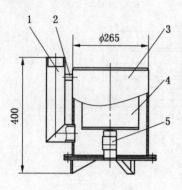

1—进水管；2—压力平衡管；
3—外筒；4—浮漂；5—导向管

图 5-98　正压放水器

正压自动放水器能有效解决了这一问题。

该装置由气水分离室、集水室、浮漂、气动阀、三联体等组成。当正压自动放水器水位达到一定高度时，气动阀在浮漂的作用下动作，气动阀将集水室与气水分离室关闭，打开通往集水室的高压风气动阀门，积水进入集水室；同时打开集水室放水气动阀门，利用压风正压开始放水。当集水室水箱水位降低到一定值时，气动阀复位，气动阀将集水室与抽采管路打开，并关闭通往集水室的高压风气动阀门和集水室放水气动阀门，进行气水分离。具体如图 5-98 所示。

为了避免因正压自动放水器与钻孔的落差过高影响抽采效率，可将放水器埋入低于钻孔孔口的底板内，使放水器与钻孔落差减小，利用正压排水。该装置可以实现钻场内的成组钻孔连接防水。

正压自动放水器按图 5-99 所示安装，负压放水器按图 5-100 所示安装。

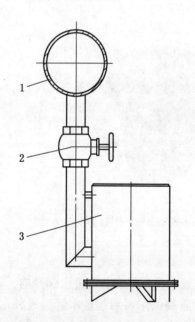

1—抽采管路；2—阀门；
3—自动放水器材

图 5-99　正压自动放水器安装示意图

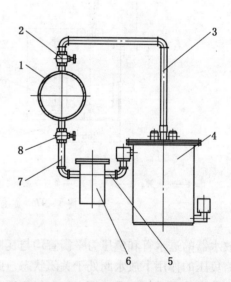

1—抽采管路；2—阀门；3—连接管；4—自动放水器；
5—连接管；6—沉淀器；7—连接管；8—阀门

图 5-100　负压自动放水器安装示意图

三、瓦斯抽采计量

为了全面掌握与管理井下瓦斯抽采情况，需要在总管、支管和各个钻场安设流量计。目前井下使用的流量计有孔板流量计、V 锥形流量计、旋进旋涡型流量计和循环自激式流量计等。其中，旋进旋涡型流量计此处略。

（一）孔板流量计

孔板流量计由孔板、取压嘴和钢管组成，如图 5-101 所示。孔板是一块具有圆形开孔并相对于开孔轴线对称的圆形薄板。不同管道内径的孔板，其结构形式是几何相似的。

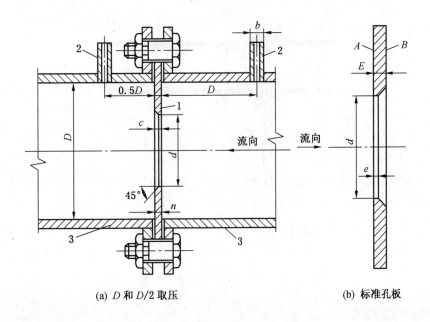

(a) D 和 $D/2$ 取压　　　　　　　　　　(b) 标准孔板

1—孔板；2—测量嘴；3—钢管

图 5-101　孔板流量计

1. 孔板流量计的工作原理

孔板流量计的工作原理如图 5-102 所示。中央开有锐角圆孔的一薄片插入水平直管中，当管内流动的流体通过孔口时，因流通截面突然减小，流速骤增，随着流体动能的增加，势必造成静压能的下降，由于静压能下降的程度随流量的大小而变化，所以测定压力差则可以知道流量。根据此原理测定流量的装置称为孔板流量计。因流体惯性的作用，流道截面积最小处是在比孔板稍微偏下的下游位置，该处的截面积比圆孔的截面积更小，这个最小的流道截面积称为缩脉。缩脉的位置随 Re 而变化。如果不考虑通过孔板的阻力损失，在水平管截面 1-1 和截面 2-2 之间列出伯努利方程，则：

$$\frac{p_1}{\rho} + \frac{u_1^2}{2} = \frac{p_2}{\rho} + \frac{u_2^2}{2} \tag{5-58}$$

整理得

$$\sqrt{u_2^2 - u_1^2} = \sqrt{\frac{2(p_1 - p_2)}{\rho}} \tag{5-59}$$

在孔板流量计上安装 U 形管液注压差计是为了求得式中的压差 $p_1 - p_2$。但测压口并不是开在 1-1 和 2-2 截面处，而一般都在紧靠孔口的前后，所以实际测得的压差并非 $p_1 - p_2$，以孔口前后的压差代替式中的 $p_1 - p_2$ 时，上式必须校正。设 U 型管液柱压差计的读数为 h，指示液的密度为 $\rho_指$，管中流体的密度为 ρ，则孔口前后的压差为 $h(\rho_指 - \rho)g$。同时，由于缩脉处的截面积 A_2 难以知道，而小孔的截面积 A_0 是可以计算的，所以可用小孔处的流速 u_0 来代替 u_2。此外，液体经过孔板时还产生一定的能量损失。综合考虑上述 3 方面的影响，引入校正系数 C，将 u_0、实测压差代入得

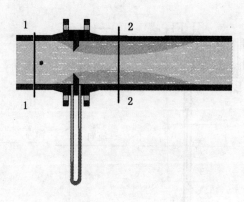

图 5 - 102　孔板流量计的工作原理

$$\sqrt{u_0^2 - u_1^2} = C \sqrt{\frac{2h(\rho_{指} - \rho)g}{\rho}}$$

根据连续性方程式

$$u_1 = u_0 \left(\frac{d_0}{d_1}\right)^2$$

代入上式，整理得

$$u_0 = \frac{C}{\sqrt{1 - \left(\frac{d_0}{d_1}\right)^4}} \sqrt{\frac{2h(\rho_{指} - \rho)g}{\rho}}$$

并令

$$\frac{C}{\sqrt{1 - \left(\frac{d_0}{d_1}\right)^4}} = C_0$$

C_0 称为孔流系数，则得

$$u_0 = C_0 \sqrt{\frac{2gh(\rho_{指} - \rho)}{\rho}} \tag{5 - 60}$$

管路中的流量 q_v 为

$$q_v = C_0 A_0 \sqrt{\frac{2gh(\rho_{指} - \rho)}{\rho}} \tag{5 - 61}$$

上述公式是适用于不可压缩液体，对于可压缩液体（如气体）应在公式中乘以可膨胀系数 ε，公式变为

$$q_v = C_0 \varepsilon A_0 \sqrt{\frac{2gh(\rho_{指} - \rho)}{\rho}} \tag{5 - 62}$$

由于所测 h 值与实际值有偏差，流体通过孔板时会产生局部阻力损失，流体的重度、黏度与孔板截面积对流速均有影响，故上述方程还无法直接应用，需要实验室测定和修正。孔流系数 C_0 的数值一般由实验室测定。当 Re 超过某个限定值之后，C_0 亦趋于定值。流量计所测定的流量范围一般应取在 C_0 为定值的区域，其值为 $0.6 \sim 0.7$。

2. 混合瓦斯量计算

标准孔板测定的瓦斯混合流量的一般公式为

$$Q = \frac{1}{\sqrt{9.8}} Kb \sqrt{\Delta h} \delta_p \delta_T \tag{5-63}$$

$$\delta_T = \sqrt{\frac{293}{273+t}} \tag{5-64}$$

$$\delta_p = \sqrt{\frac{p_T}{101.325}} \tag{5-65}$$

$$b = \sqrt{\frac{1}{1-0.00446X}} \tag{5-66}$$

式中 Q——用标准孔板测定的混合瓦斯流量，m^3/min；

    Δh——在孔板前后端所测之压差，Pa；

    K——孔板流量特性系数，可以根据孔的面积与管路断面积之比（截面比）m 及管路直径 D 从表 5-33 中查取；

    b——瓦斯浓度校正系数；

    X——管路内的瓦斯浓度，%；

    δ_p——压力校正数；

    p_T——孔板上风端测得的绝对压力，kPa；

    δ_T——温度校正系数；

    t——管内测点温度，℃。

表 5-33 孔板流量特性系数

截面比 m / 管径 D/mm	0.05	0.10	0.15	0.20	0.25	0.30	0.35	0.40	0.45	0.50	0.55	0.60	0.65	0.70
38	0.0084	0.0169	0.0256	0.0236	0.0329	0.0425	0.0525	0.0634	0.0748	0.0870	0.1001	0.1145	0.1301	0.1464
50	0.0145	0.0292	0.0333	0.0487	0.0633	0.0799	0.0972	0.1159	0.1355	0.1567	0.1793	0.2041	0.2311	0.2598
75	0.0306	0.0655	0.0992	0.1337	0.1696	0.2062	0.2456	0.2872	0.3310	0.3785	0.4292	0.4845	0.5424	0.6116
100	0.0578	0.1161	0.1755	0.2366	0.3001	0.3547	0.4231	0.4965	0.5736	0.6576	0.7461	0.8436	0.9513	1.0726
125	0.0901	0.1810	0.2740	0.3690	0.4677	0.5703	0.677	0.7917	0.9120	1.0425	1.1826	1.3343	1.5021	1.6905
150	0.1293	0.2602	0.3939	0.5302	0.6718	0.8190	0.9277	1.1374	1.3103	1.4976	1.6990	1.9162	2.1572	2.4268
175	0.1760	0.3534	0.5347	0.7200	0.9120	1.1118	1.3197	1.5447	1.7800	2.0334	2.3071	2.6012	2.9279	3.2756
200	0.2294	0.4607	0.6979	0.9382	1.1879	1.4483	1.7189	2.0130	2.3193	2.6491	3.0058	3.3884	3.8138	4.2651
225	0.2899	0.5812	0.8804	1.1858	1.5023	1.8315	2.1738	2.5446	2.9318	3.3498	3.799	4.2826	4.8188	5.3892
250	0.3575	0.7175	1.0852	1.4623	1.8531	2.2593	2.6816	3.1382	3.6159	4.1303	4.6835	5.2801	5.9398	6.6434
275	0.4318	0.8639	1.3109	1.7710	2.2406	2.7316	3.2422	3.7932	4.3706	4.9926	5.6663	6.3803	7.1760	8.0264
300	0.5132	1.0298	1.5576	2.1006	2.6643	3.2484	3.8555	4.5087	5.1953	5.9347	6.7255	7.5828	8.5255	9.5366

煤矿井下瓦斯抽采计量多用 D 和 $/D/2$ 取压孔板，采用下式计算混合瓦斯量：

$$Q_c = k \sqrt{\frac{h_{20}}{\rho}} \tag{5-67}$$

$$k = 0.01251\alpha\beta^2 \varepsilon D^2 \tag{5-68}$$

式中　　k——孔板流量计实际流量特性系数；

　　　　Q_c——工作状态下的体积流量，m^3/h；

　　　　α——流量系数，与孔板直径比和雷诺数有关，见表 5-34；

　　　　β——孔板直径比，$\beta = d/D$；

　　　　ε——流束膨胀系数；

　　　　D——管道内径，mm；

　　　　h_{20}——20 ℃时的压差，g 取 9.8 N/kg；

　　　　ρ——工作状态下孔板上游取压孔处的瓦斯密度，kg/m^3。

表 5-34　D 和 $D/2$ 取压孔板的流量系数 α

Re_D $\diagdown$ β	10^4	2×10^4	3×10^4	5×10^4	7×10^4	10^5	10^6	10^7	10^8
0.23	0.599	0.598	0.597	0.596	0.596	0.595	0.594	0.594	0.593
0.24	0.600	0.598	0.597	0.597	0.596	0.596	0.594	0.594	0.594
0.26	0.602	0.599	0.599	0.598	0.597	0.597	0.595	0.595	0.595
0.28	0.603	0.601	0.600	0.599	0.598	0.598	0.596	0.596	0.596
0.30	0.605	0.603	0.602	0.600	0.600	0.599	0.598	0.597	0.597
0.32	0.607	0.604	0.603	0.602	0.601	0.601	0.599	0.598	0.598
0.40	0.617	0.614	0.612	0.611	0.610	0.609	0.607	0.606	0.605
0.42	0.621	0.617	0.615	0.614	0.613	0.612	0.609	0.608	0.608
0.44	0.624	0.620	0.618	0.617	0.616	0.615	0.612	0.611	0.611
0.46	0.628	0.624	0.622	0.620	0.619	0.618	0.615	0.614	0.614
0.48	0.633	0.628	0.626	0.624	0.623	0.622	0.619	0.618	0.617
0.50	0.637	0.633	0.630	0.628	0.627	0.626	0.623	0.621	0.621
0.52	0.643	0.638	0.635	0.633	0.632	0.631	0.627	0.626	0.625
0.54	0.649	0.643	0.641	0.638	0.637	0.636	0.632	0.630	0.630
0.56	0.655	0.649	0.647	0.644	0.643	0.641	0.637	0.636	0.635
0.58	0.662	0.656	0.653	0.651	0.649	0.648	0.643	0.642	0.641
0.60	0.671	0.664	0.661	0.658	0.656	0.655	0.650	0.648	0.648
0.62	0.680	0.672	0.669	0.666	0.664	0.663	0.657	0.656	0.655
0.64	0.690	0.682	0.678	0.675	0.673	0.671	0.666	0.664	0.663
0.66	0.710	0.693	0.689	0.685	0.683	0.681	0.675	0.673	0.672
0.68	0.714	0.705	0.701	0.697	0.694	0.692	0.686	0.683	0.683
0.70	0.728	0.718	0.714	0.709	0.707	0.705	0.697	0.695	0.694
0.72	0.745	0.734	0.729	0.724	0.721	0.719	0.711	0.708	0.707

表5-34（续）

Re_D / β	10^4	2×10^4	3×10^4	5×10^4	7×10^4	10^5	10^6	10^7	10^8
0.74	0.764	0.752	0.746	0.741	0.738	0.735	0.726	0.723	0.772
0.76	0.786	0.772	0.756	0.760	0.757	0.754	0.744	0.741	0.740
0.78	0.812	0.797	0.790	0.783	0.779	0.776	0.764	0.761	0.759
0.80	0.843	0.825	0.817	0.809	0.805	0.801	0.788	0.784	0.783

雷诺数按下式计算：

$$Re_D = 354 \times 10^{-3} \frac{M}{D\zeta} \tag{5-69}$$

式中　M——工作状态下的质量流量，kg/h；

ζ——工作状态下的瓦斯与空气的混合气体动力黏度，Pa·s，见表5-35。

D 和 $D/2$ 取压孔板适用的最小雷诺数 Re_{Dmin} 见表5-36。

表5-35　在0℃和1标准大气压下瓦斯与空气的混合气体动力黏度

瓦斯浓度/%	0	1	2	3	4	5	6	7	8	9
0	1.7530	1.7465	1.7400	1.7270	1.7205	1.7137	1.7094	1.7094	1.7006	1.6942
10	1.6875	1.6809	1.6743	1.6610	1.6545	1.6476	1.6411	1.6411	1.6344	1.6278
20	1.6210	1.6143	1.6078	1.5943	1.5875	1.5808	1.5740	1.5740	1.5672	1.5604
30	1.5537	1.5467	1.5401	1.5264	1.5194	1.5126	1.5057	1.5057	1.4989	1.4921
40	1.4851	1.4782	1.4712	1.4575	1.4505	1.4434	1.4365	1.4365	1.4295	1.4227
50	1.4155	1.4085	1.4014	1.3874	1.3804	1.3733	1.3662	1.3662	1.3590	1.3519
60	1.3448	1.3377	1.3307	1.3164	1.3090	1.3020	1.2947	1.2947	1.2876	1.2803
70	1.2731	1.2658	1.2589	1.2442	1.2367	1.2294	1.2221	1.2221	1.2148	1.2075
80	1.2002	1.1927	1.1852	1.1707	1.1633	1.1558	1.1485	1.1485	1.1409	1.1336
90	1.1260	1.1183	1.1111	1.0961	1.0886	1.0809	1.0735	1.0735	1.0658	1.0584
100	1.0505									

表5-36　D 和 $D/2$ 取压孔板的最小雷诺数

β	Re_{Dmin}	β	Re_{Dmin}	β	Re_{Dmin}
0.200	5.0×10^3	0.425	2.3×10^4	0.625	8.2×10^4
0.250	5.0×10^3	0.450	2.8×10^4	0.650	9.3×10^4
0.275	5.4×10^3	0.475	3.3×10^4	0.675	1.1×10^5
0.300	7.2×10^3	0.500	4.0×10^4	0.700	1.2×10^5
0.325	9.4×10^3	0.525	4.6×10^4	0.725	1.4×10^5
0.350	1.2×10^3	0.550	5.4×10^4	0.750	1.5×10^5
0.375	1.5×10^3	0.575	6.2×10^4	0.775	1.7×10^5
0.400	1.9×10^3	0.600	7.2×10^4	0.800	1.9×10^5

当 $\dfrac{\Delta p}{p_1} \leqslant 0.25$ 时，流束膨胀系数按下式计算：

$$\varepsilon = 1 - (0.41 + 0.35\beta^4)\frac{\Delta p}{p_1}\frac{1}{k} \qquad (5-70)$$

式中　Δp——压差，Pa；

p_1——孔板上游侧取压孔的瓦斯绝对静压力，Pa；

k——等熵指数。对于空气 $k = 1.4$，对于 CH_4，$k = 1.32$。

工作状态下，干瓦斯的密度可按下式计算：

$$\rho = \frac{p_1 T_0}{p_0 T_1 z}\rho_0 \qquad (5-71)$$

式中　ρ_0——标准状态下的瓦斯密度，kg/m^3；

ρ_1——工作状态下的瓦斯密度，kg/m^3；

p_1——工作状态下的瓦斯压力，Pa；

T_1——工作状态下瓦斯温度，℃；

T_0——标准状态下的绝对温度，$T_0 = 273.15$ K；

Z——瓦斯压缩系数，在标准状态下，对于空气，$Z = 1$，对于 CH_4，$Z = 0.998$。

干瓦斯和 1 个标准大气压（101325 Pa）状态下的密度见表 5－37。

表 5－37　瓦斯与空气混合气体在 20 ℃和 1 标准大气压下的密度值　　　kg/m^3

瓦斯浓度/%	0	1	2	3	4	5	6	7	8	9
0	1.20500	1.19963	1.19426	1.18889	1.18352	1.17815	1.17278	1.16741	1.16204	1.15667
10	1.15130	1.14593	1.14056	1.13519	1.12982	1.12445	1.11908	1.11401	1.10834	1.10297
20	1.09760	1.09223	1.08686	1.08149	1.07612	1.07075	1.06538	1.06001	1.05464	1.04927
30	1.04390	1.03853	1.03316	1.02779	1.02242	1.01705	1.01168	1.00631	1.00094	0.99557
40	0.99020	0.98483	0.97946	0.97409	0.96872	0.96335	0.95798	0.95261	0.94724	0.94187
50	0.93650	0.93113	0.92216	0.92039	0.91502	0.90965	0.90428	0.89891	0.89354	0.88817
60	0.88280	0.87743	0.87206	0.86669	0.86132	0.85595	0.85058	0.84521	0.83984	0.83447
70	0.82910	0.82373	0.81836	0.81299	0.80762	0.80225	0.79688	0.79151	0.78614	0.78077
80	0.77540	0.77003	0.76466	0.75929	0.75392	0.74855	0.74318	0.73781	0.73244	0.72707
90	0.72700	0.71633	0.71096	0.70559	0.70022	0.69485	0.68948	0.68411	0.67874	0.67337
100	0.66800									

以上流量计算中，系数较多，且换算复杂，给井下瓦斯抽采计量带来不便。实际测量中，可以忽略温度校正系数、浓度校正系数、压力校正系数，并把式（5－63）简化为

$$Q = \frac{1}{\sqrt{9.8}}Kb\sqrt{\Delta h}\delta_p\delta_T = K_1\sqrt{\Delta h} \qquad (5-72)$$

$$K_1 = \frac{1}{\sqrt{9.8}}Kb\delta_p\delta_T$$

式中　Q——瓦斯混合流量，m^3/min；

　　　K_1——孔板系数，已在实验室标定，见表5－38；

　　　Δh——U 形管水柱压差，mm，若为水银柱，应乘以 13.6。

表5－38　孔 板 系 数

瓦斯管型号	管径/mm	孔板系数	瓦斯管型号	管径/mm	孔板系数
1 寸管	25	0.481	10 寸管	253	5.2801
2 寸管	50	0.1793	12 寸管	304	7.5828
4 寸管	101	0.7461	14 寸管	354	9.657
6 寸管	152	1.699	16 寸管	405	12.55
8 寸管	202	3.0058	25 寸管	630	17.92

注：1 寸 = (1/30) m = 0.33 m。

3. 纯瓦斯量计算

计算管内纯瓦斯流量的公式为

$$Q_{纯} = QX \tag{5－73}$$

式中　$Q_{纯}$——纯瓦斯流量，m^3/min；

　　　X——瓦斯浓度，%。

孔板流量计因构造简单，准确度高，被广泛应用，其缺点是不能显示流量、浓度，没有记忆功能，并且流体经过孔口时的能量损失较大，大部分的压降无法恢复而失掉。

（二）V 锥形流量计

1. 结构和原理

V 锥形流量计利用同轴安装在测量管中的 V 形尖圆锥，将流体逐渐地节流，收缩到管道内壁附近。通过测量此 V 形内锥体前后的差压来实现流量测量，如图5－103 所示。

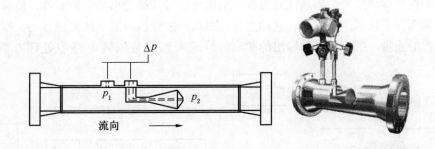

图5－103　V 锥形流量计

V 锥形流量计包括一个在测量管中同轴安装的尖圆锥体和相应的取压口。该测量管是预先精密加工好的，在尖圆锥体的两端产生差压。此差压的高压（正压）是在上游流体收缩前的管壁取压口处测得的静压力，而低压力（负压）则是在圆锥体朝向下游端面，锥中心轴处所开取压孔处压力为 p_2。该圆锥体的顶尖朝向来流，圆锥体与其尾随面之间是一个尖锐的锐角。此交合面的边缘使得流体在进入下游的低压区之前有一个平滑的过渡区。

由于流体不是被迫收缩到管道中心轴线附近，并且也不再是一个阻挡物（节流件）令流体突然改变流动方向，而是利用这种结构新颖的内锥式节流装置实现了对流体的逐渐朝向管内边壁的收缩（节流），使 V 锥形流量计具有了一系列独特的优点。这种流量计在其节流件的下游只会产生高频低幅的喘流（小涡流），因而差压变送器所测量的差压 Δp 信号是低噪声信号。这样在低压力的取压孔处可以测得灵敏度（分辨率）优于 2.5 mm 水柱的压力。这就使只用一个差压变送器就获得很宽的量程比（范围度，量程比可大于 15 : 1）和很好的重复性、重复性优于 ±0.1% 成为可能。

V 锥形流量计准确度优于实测流量的 ±0.5%，安装时要求直管段很短，上游要求 3D，下游要求 1D，可以测量低流速，可达到 1 m/s。

2. 计量装置安装要求

为了评价抽采范围的抽采效果，对于抽出的瓦斯必须准确计量。在巷道施工抽采钻孔时，每一钻场或钻孔组都应安装自动计量装置，对钻场抽出的瓦斯连续计量，既能现场实时显示抽出的流量、负压、浓度、温度，还能与监控系统联网，记录累计抽采量；每条巷道开口处必须安装瓦斯抽采自动计量装置，以统计整条巷道抽出量。在回采工作面的上下顺槽除了在巷道开口处安装自动计量装置外，还应在抽采评价单元安装自动计量装置，作为抽采达标评价的依据。

（三）循环自激式流量计

1. 循环自激式流量计的工作原理

该传感器的核心技术是循环自激式测量。如图 5 - 104 所示，在流体中设置一个涡流发生体，在涡流发生体的下游（沿传感器测量腔体两侧）设有两根涡流引出导管，涡流引出导管的另一端连接至信号检测元件。抽采管道内的气流首先通过传感器测量腔体的涡流发生体，在涡流发生体的下游会产生有规则的涡流，涡流将能量传递给传感器腔体两侧的涡流引出导管内的空气，涡流的动能使涡流引出导管内的空气产生双向涡流，交替推挽产生脉动，这些脉动信号会周期性通过涡流引出导管另一端的信号检测元件，使信号检测元件产生周期性变化的信号输出，它的变化频率和抽采管道内的气体流速有关，据此可以测出管道内的流量。把检测元件输出的频率信号送入到信号调理电路中处理方波脉冲，

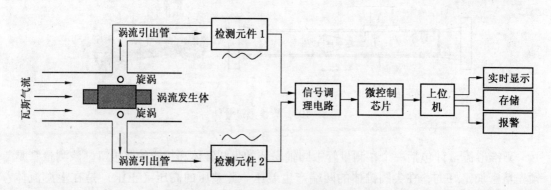

图 5 - 104　循环自激式流量计监测原理

然后由微控制处理器计算信号频率，通过软件拟合出频率与流量的对应关系，在流量计上实时显示流量数据，并上传至上位机，由上位机进行数据的显示、存储和报警。

在常见的物理量中，热量是最敏感的检测指标，因此即使有微小的气流通过，也有信号响应，据此，可实现对流速在 1 m/s 的瓦斯流量准确检测。由于传感器电路检测的是热量的变化频率而不是热量的绝对值，并且热丝的工作温度高于 100 ℃，即使有水汽通过，也被高温蒸发了，因此传感器不受水汽的影响；另外，由于采用的是循环自激的信号发生方式，传感器测量腔体两侧的两根涡流引出导管内的空气并不和被测气流混合，抽采管道内的被测气流即使粉尘和水汽，也不会进入传感器涡流引出导管内，因此，该传感器具有防尘防水的优点。

2. 循环自激式流量计特点

（1）环境适应性强，不受被测气体中粉尘、水汽等杂质的影响，不受被测气体组分及温度、压力变化的影响。

（2）测量重复性、稳定性好，无零点漂移，适用于总量计量。

（3）量程范围宽。尤其是低流速测量性能优越，即使管道内流速低于 1 m/s，也能准确测量。

（4）流量计采用插入式结构，体积小、质量轻，现场安装方便，费用低，可满足不同管径、不同地点的流量测量。

（5）压损小，几乎为零，对瓦斯抽采系统压力没有任何影响，大大提高了瓦斯抽采泵的工作效率。

（6）标定检验设备简单，在风洞上即可实现对仪器标定检验的要求。

3. 流量计安装要求

如图 5 - 105 所示，流量计的安装有如下要求：

（1）流量计安装必须保证上、下游直管段有必要的长度，传感器前方的直管长度要大于管径的 7 倍距离以上，后方的直管距离要大于管径的 4 倍距离以上。

（2）如果需要变径，一定要保证传感器上、下游的直管段长度。

（3）安装位置尽量选择在管路排水装置的下游，且布线、维修方便。

（4）尽可能避开强电设备、高频设备、强开关电源设备，仪表的供电电源应与这些设备隔离。

（5）避开高湿热环境和强腐蚀气体介质的影响。

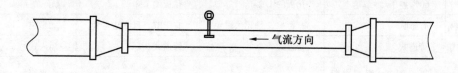

图 5 - 105　流量计安装要求

4. 常见问题及其处理方法

常见问题按表 5 - 39 处理。

表5-39 常见问题的处理

故障现象	可能原因	处理方法
通电后无流量时流量值不为零	仪表靠近强电设备或高频脉冲干扰源	远离干扰源安装
通电后流量计无显示	(1) 电源出故障 (2) 传感器输入信号线断线	(1) 检查电源与接地 (2) 检查信号线与接线端子
流量值为零	(1) 无流量或流量过小 (2) 管道堵塞或传感器探头被堵死	(1) 管道内流速过低，低于流量计测量下限 (2) 检查清理管道，清洗传感器探头
流量值不稳定	(1) 传感器受损或引线接触不良 (2) 上下游阀门扰动 (3) 探头发生体有缠绕物	(1) 检查传感器及引线 (2) 加长直管段 (3) 消除缠绕物
测量误差大	(1) 直管段长度不足 (2) 仪表超过检定周期 (3) 管道泄漏	(1) 加长直管段 (2) 及时送检 (3) 排除泄漏

5. 各种流量计性能对比

各种流量计的性能对比见表5-40。

表5-40 各种流量计性能对比

种类	孔板流量计	V锥形流量计	旋进旋涡型流量计	循环自激式流量计
工作原理	伯努利原理，差压型，利用孔板前后压差的大小，计算流量	差压型，美国Mc-CROMETER公司发明，国内大多仿造	起涡器产生旋涡流，旋涡中心沿锥状螺旋线进动，采用双流量传感器，测量其进动频率信号	双涡列推挽测量技术
量程比	3:1~4:1	10:1	8:1~20:1	30:1
精度变化	差压与流量非线性，流量低于30%时，误差增大，由于含尘介质长期磨损，锐角变钝，流量系数变化，导致精度下降	与安装工艺密切相关锥体易变形、移位，精度下降	受压力波动和管道震动、强电磁场、热辐射影响	在量程范围和使用寿命期内精度几乎不变
压力损失	60%差压	孔板的1/2	孔板的1/2	无
振动影响	有影响	有影响，且无法避免	有影响，且无法避免	无影响
安装方式	管道式	管道式	管道式	插入式
维护难易	更换困难；需要定期排污、清洗孔板	更换较困难	更换较困难	容易更换，按计量要求周期标定
其他	计算效率低，人为误差大	流速低于3 m/s测量不到	流速低于1 m/s测不到	流速可低至1 m/s，不受粉尘水汽影响

第十四节　瓦斯抽采应达到的基本指标

制定瓦斯抽采基本指标主要应考虑以下原则：采掘作业前能通过瓦斯抽采达到消除突出危险性的目的；采掘工作面抽采率应能确保正常通风能力可将风流中瓦斯浓度稀释到规定的安全指标以内，不留瓦斯超限隐患；矿井瓦斯抽采率应能确保矿井正常通风能力足以满足要求，并限制不合理地增加矿井风量、鼓励提高抽采量，确保工作面风速不超、瓦斯浓度不超。

瓦斯抽采应达到的指标包括 4 条：一是瓦斯含量与压力控制指标；二是瓦斯抽出率指标；三是吨煤钻孔量指标；四是风速和瓦斯浓度指标。

1. 瓦斯含量和压力控制指标

突出煤层工作面采掘作业前，必须消除突出危险。为此，必须将控制范围内的煤层瓦斯含量降到始突深度的瓦斯含量以下或者将瓦斯压力降到煤层始突深度的煤层瓦斯压力以下，如果没有考察出煤层始突深度的瓦斯含量或压力，则必须将瓦斯含量降到 8 m³/t 以下或将瓦斯压力降到 0.74 MPa 以下。

煤炭科学研究总院重庆分院胡千庭对此指标作了以下解释：

为了采掘作业前能通过瓦斯抽采达到消除突出危险性的目的。根据现有大量统计数据认为；始突深度数据以内发生瓦斯突出的可能性较小，即使发生也不会是以瓦斯为主导的突出，因此瓦斯抽采所能控制的程度以此为宜。考虑到许多矿井没有这一历史数据，因此增加具体含量和压力指标。

含量指标主要依据国内统计资料和国外经验借鉴。原苏联和我国突出矿井统计资料表明，在煤层可燃基瓦斯含量小于 10 m³/t 时，基本上没有发生过突出，可燃基瓦斯含量指标换算成原煤瓦斯含量，近似为 8 m³/t。

德国和澳大利亚开采煤层煤质较坚硬，统计资料表明，煤层可解吸瓦斯含量小于 9 m³/t 时，基本上没有发生过突出。但这些国家实际执行过程中普遍都将可解吸瓦斯含量降低到 6 m³/t 左右，换算成原煤瓦斯含量也与 8 m³/t 接近。

压力指标确定为 0.74 MPa，主要依据原有规定以及统计资料和理论分析的结果。

以上指标都是任选一，达到以上指标只能有效控制突出事故，还不能说完全消除突出危险性。

2. 瓦斯抽出率指标

瓦斯涌出量主要来自于邻近层或围岩的采煤工作面瓦斯抽出率应满足表 5 - 41 的规定。瓦斯涌出量主要来自于开采层的采煤工作面前方 20 m 以上范围内煤的可解吸瓦斯量应满足表 5 - 42 的规定。

《煤矿瓦斯抽放规范》(AQ 1027—2006) 规定的瓦斯抽出率如下：

(1) 预抽煤层瓦斯的矿井，矿井抽出率应不小于 20%，回采工作面抽出率不小于 25%。

(2) 邻近层卸压抽采的矿井，矿井抽出率应不小于 35%，回采工作面抽出率应不小于 45%。

表5-41　采煤工作面瓦斯抽出率应达到的指标

工作面绝对瓦斯涌出量 $Q/(m^3 \cdot min^{-1})$	工作面抽出率/%	备　注
$5 \leqslant Q < 10$	$\geqslant 20$	
$10 \leqslant Q < 20$	$\geqslant 30$	
$20 \leqslant Q < 40$	$\geqslant 40$	
$40 \leqslant Q < 70$	$\geqslant 50$	
$70 \leqslant Q < 100$	$\geqslant 60$	
$100 \leqslant Q$	$\geqslant 70$	

表5-42　采煤工作面回采前煤的可解吸瓦斯量应达到的指标

工作面日产量/t	可解吸瓦斯量 $w_j/(m^3 \cdot t^{-1})$	备　注
$\leqslant 1000$	$\leqslant 8$	
$1001 \sim 2500$	$\leqslant 7$	
$2501 \sim 400$	$\leqslant 6$	
$4001 \sim 6000$	$\leqslant 5.5$	
$6001 \sim 8000$	$\leqslant 5$	
$8001 \sim 10000$	$\leqslant 4.5$	
> 10000	$\leqslant 4$	

（3）采用综合法抽采的矿井，矿井抽出率不小于30%。

矿井瓦斯抽采要达到2个目的：一是防止煤与瓦斯突出；二是防止采掘过程中瓦斯超限。各矿原煤瓦斯含量不同，煤层瓦斯压力也不一样，特别是对于瓦斯含量高的煤层，瓦斯抽采率必须达到以下标准；否则，就不可能达到防突、防超的目标。

防止煤瓦斯突出的抽采率为

$$\eta_{防突} = \frac{p_0 - p_1}{p_0(1 + bp_1)} \tag{5-74}$$

式中　p_0——煤层原始瓦斯压力，MPa；

　　　p_1——煤层不发生突出的最大瓦斯压力，当无实测值时，按《防治煤与瓦斯突出规定》取0.74 MPa；

　　　b——煤对瓦斯的吸附常数，MPa^{-1}。

防止采掘过程中瓦斯超限应达到的抽采率为

$$\eta_{防超} = \frac{Q_y - Q_f}{Q_y} \tag{5-75}$$

式中　Q_y——不预抽煤层瓦斯时，采掘工作面绝对瓦斯涌出量，由统计或预测方法得出，m^3/min；

　　　Q_f——工作面通风所能稀释的瓦斯量，m^3/min。

矿井瓦斯抽采率应满足表5-43的规定。

表5-43　矿井瓦斯抽采率应达到的指标

矿井绝对瓦斯涌出量/($m^3 \cdot min^{-1}$)	矿井抽采率/%	备　注
$Q < 20$	≥25	
$20 \leqslant Q < 40$	≥35	
$40 \leqslant Q < 80$	≥40	
$80 \leqslant Q < 160$	≥45	
$160 \leqslant Q < 300$	≥50	
$300 \leqslant Q < 500$	≥55	
$500 \leqslant Q$	≥60	

3. 吨煤钻孔量指标

当采用顺层钻孔预抽煤层瓦斯时，吨煤钻孔量应满足表5-44的规定。

当采用穿层钻孔时，钻孔见煤点的间距可根据抽采难易程度决定：容易抽采煤层15~20 m；可以抽采煤层10~15 m，较难抽采煤层8~10 m。

表5-44　吨煤钻孔量　　　　　　　　　　　　　　　　m/t

煤层类别	薄　煤　层	中　厚　煤　层	厚　煤　层
容易抽采	0.05	0.03	0.01
可以抽采	0.05~0.1	0.03~0.05	0.01~0.03
较难抽采	>0.1	>0.05	>0.03

4. 风速和瓦斯浓度指标

采掘工作面风速不得超过4 m，回风流中瓦斯浓度不得超过1%。

第十五节　瓦斯抽采管理

一、国家对瓦斯抽采的基本要求

瓦斯抽采是防范瓦斯事故的治本之策，《关于进一步加强煤矿瓦斯治理工作的指导意见》（安委办〔2008〕17号）对瓦斯抽采的基本要求是：多措并举，应抽尽抽、可保尽保，抽采平衡，确保抽采达标。

1. 多措并举

煤矿要加强生产全过程的瓦斯抽采，因地制宜、因矿制宜，坚持地面与井下抽采相结合，邻近层与本煤层抽采相结合，采前抽采与边抽边采、采空区抽采相结合，利用一切可能的空间和条件充分抽采煤层的瓦斯。要准确掌握开采水平和回采区域煤层的瓦斯压力、瓦斯含量、煤层透气性等参数，科学确定抽采方式，并根据采掘工作面瓦斯涌出情况，合理选择抽采系统、抽采方法和抽采工艺。要积极采用密集钻孔、大直径钻孔、水平长距离钻孔、专用巷道等抽采工艺，强化抽采措施；要优先选择高负压大流量水环式真空泵，瓦斯抽采泵和管网的能力要留有足够的富余系数，泵的装机能力应为需要抽采能力的 2～3 倍；具备条件的矿井，应分别建立高、低浓度两套抽采系统，满足煤层预抽、卸压抽采和采空区抽采的需要。

2. 应抽尽抽、可保尽保

所有应进行抽采的矿井要建立完善的地面永久瓦斯抽采系统，最大限度地把煤层中的瓦斯抽采出来，降低煤层的瓦斯含量，实现抽采达标。水平接续、采区衔接都要保证瓦斯预抽达标和整个抽采作业过程的安全技术要求，实现先抽后采；煤与瓦斯突出矿井具备开采保护层条件的，必须优先选择开采保护层，实施超前预抽瓦斯等区域防突措施，并强化"四位一体"防突措施的落实；要认真考察被保护层保护范围和保护效果，并确保保护效果有效；保护层开采过程中要避免煤柱留设，并积极推广沿空留巷无煤柱开采技术，取消阶段煤柱；不具备保护层开采条件的突出煤层，应采用煤层顶、底板巷道和穿层钻孔、顺层长钻孔等措施预抽煤层瓦斯，突出危险区域煤层掘进工作面应在预抽钻孔的掩护下进行作业；严重突出危险煤层尽可能选择地面钻井预抽或穿层钻孔预抽。石门揭穿突出煤层前必须编制设计，严格突出危险性预测和防突效果检验，留设足够的岩柱尺寸，认真实施抽采瓦斯、水力冲孔等综合防突措施。

3. 抽采平衡

煤矿企业要组织编制瓦斯抽采中长期规划和年度实施计划，并加强对实施情况的考核，保证矿井瓦斯抽采能力与采掘布局协调平衡。煤层瓦斯抽采工程要做到与采掘工程同步设计、超前施工、超前抽采，超前预抽时间要满足煤层预抽效果达标的要求；矿井生产计划的编制应以矿井瓦斯抽采达标煤量为限，计划开采煤量不得超出瓦斯抽采达标煤量；应抽采瓦斯的矿井生产安排必须与瓦斯抽采达标煤量相匹配，保持抽采达标煤量和生产准备及回采煤量相平衡，使采掘生产活动始终在抽采达标的区域内进行。

4. 效果达标

瓦斯抽采要以满足采掘工作面安全生产要求为前提。煤矿企业要建立瓦斯抽采达标考核办法，加强对瓦斯抽采效果的评估考核；要针对煤层瓦斯赋存条件，试验摸索实现抽采达标的系统、设备和工艺参数，建立抽采设计和评估考核标准；煤层经抽采瓦斯后，采掘工作面瓦斯抽采率、煤的可解吸瓦斯量和回风流瓦斯浓度要达到《煤矿瓦斯抽采基本指标》（AQ 1026—2006）的要求；所有突出矿井必须实施区域预抽，突出煤层突出危险区域的采掘工作面经预抽后，瓦斯含量和瓦斯压力要达到《煤矿瓦斯抽采基本指标》规定要求，否则严禁组织采掘作业。

国家安全生产监督管理总局、国家煤矿安全监察局对基本建设项目的瓦斯抽采也作了规定：高瓦斯矿井和具有煤与瓦斯突出危险的煤矿建设项目，在可行性研究阶段必须编制瓦斯抽采方案，没有编制的，或者瓦斯抽采措施不合理、不配套的，安全核准不予通过。瓦斯抽采措施不到位的煤矿建设项目，不能组织联合试运转；抽采效果达不到设计要求和《煤矿瓦斯抽采基本指标》（AQ 1026—2006）规定的煤矿建设项目，不能通过安全设施竣工验收。

"多打孔、严封闭、综合抽"是加强瓦斯抽采工作的方向。增加瓦斯抽采钻孔数量，提高抽采管路铺设质量、严密封孔及采用综合抽采方法是提高抽采效果的途径。

矿井瓦斯抽采工作由企业技术负责人负全面技术责任，应定期检查、平衡瓦斯抽采工作，负责组织编制、审批、实施、检查瓦斯抽采工作长远规划、年度计划和安全技术措施，保证瓦斯抽采工作的正常衔接，做到抽、掘、采平衡。

瓦斯抽采矿井必须建立专门的瓦斯抽采队伍，负责打钻、管路安装回收等工程的施工以及瓦斯参数测定等工作。

瓦斯抽采的矿井必须建立健全岗位责任制、钻孔钻场检查管理制度、抽采工程质量验收制度、抽采瓦斯基础参数定期检测制度、瓦斯抽采效果检验制度、瓦斯抽采观测制度。井下各点的瓦斯浓度、抽采负压、抽采量每天测定一次，3天进行一次全面观测，并填报抽采日报，建立瓦斯抽采设备停、运联系制度。

二、瓦斯抽采需要的图纸和技术资料

抽采瓦斯矿井必须具备下列图纸和技术资料：

（1）图纸。包括抽采瓦斯管路系统图，泵站平面及管网（包括阀门、安全装备、检测仪表等）布置图，抽采钻场及钻孔布置设计图，钻孔竣工图（1：1000）；泵站供电系统图。

（2）记录。包括瓦斯抽采工程和钻孔施工记录（表5-45），瓦斯抽采参数测定记录（表5-46），抽采泵房值班记录。

表5-45 瓦斯抽采工程和钻孔施工记录表

日期		地点		孔号		孔径		上班剩余进尺	
班次		岩性描述		班进尺		孔深		本班剩余进尺	
问题说明									
出勤人					负责人				

表5-46 瓦斯抽采参数测定记录表

日期	地点	孔号	浓度/%	负压/mm(Hg)	压差/mm(H$_2$O)	温度/℃	气压/Pa	混合量/(m^3·min^{-1})	纯量/(m^3·min^{-1})	标准量/(m^3·min^{-1})	测定人	备注

注：负压高度为水银柱高度，压差高度为水柱高度。

（3）报表。包括瓦斯抽采工程年、季、月报表（表 5 - 47），瓦斯抽采量年、季、月、旬报表（表 5 - 48）。

（4）台账。包括瓦斯抽采设备管理台账，瓦斯抽采工程管理台账，瓦斯抽采系统和抽采参数、抽采量管理台账。

（5）报告。包括矿井和采区抽采工程设计文件及竣工报告，瓦斯抽采总结与分析报告。

三、管理与规章制度

1. 管理制度

抽采瓦斯矿井要建立以下规章制度：

（1）抽采瓦斯设备检修制度。

（2）抽采设备停、运联系制度。

（3）工程质量验收制度。

（4）抽采瓦斯基础参数定期检测制度。

（5）抽采瓦斯效果检验制度。

2. 规章制度

1）井下规章制度

（1）凡进行瓦斯抽采的工作面，必须由专门的设计部门编写设计说明书。

（2）新采区（新回采工作面）移交前，必须按照规定完成敷设抽采管路的工作。

（3）敷设抽采瓦斯管路的巷道，要经常排出积水，保证抽采管路不被水淹。

（4）敷设抽采管路的巷道，必须经常维护，保证抽采管路不被砸压和不漏气。

（5）新安装的瓦斯抽采管路，要进行气密性试验，确保不漏气。

（6）要建立瓦斯抽采观测制度，井下各点的瓦斯浓度、抽采负压、抽采量每天测定一次，3 天进行一次全面观测，并填报抽采日报。

（7）井下各观测点，要设立观测牌板，以便与井上对照。

2）泵站规章制度

（1）抽采瓦斯泵房有专人负责，定期按规定检查负压、正压、气量、浓度以及泵的运行状况等。

（2）附属设备要经常检查，发现问题及时处理，保证系统安全运行。

（3）瓦斯检定器要进行定期校验，保证准确和可靠。

（4）要注意瓦斯泵的日常维护与保养。

（5）遵守瓦斯泵的操作规程，发现泵的运行故障时及时排除，确保正常运转。

四、常用报表样式和记录

常用报表样式见表 5 - 47、表 5 - 48。

常用记录包括：瓦斯抽采工程和钻孔施工记录表，瓦斯抽采参数测定记录表，抽采泵房值班记录表，瓦斯抽采工程月报表，瓦斯抽采量旬（月、季、年）报表。

以上报表样式，根据实际需要进行取舍和添加。

表5-47　瓦斯抽采工程月报表

年　　月　　日　　班　　　　　　　　　　　　　　　　　运行泵号

工作地点	工程名称	工程描述	工程单位	工程量	计划完成率	存在问题
合计						

通风科长：　　　　　　　　　总工程师：　　　　　　　　　矿长：

表5-48　矿井瓦斯抽采量旬报表

序号	地点	负压/mm(Hg)	浓度/%	温度/℃	混合瓦斯量/$(m^3 \cdot min^{-1})$	纯瓦斯量/$(m^3 \cdot min^{-1})$	旬抽采量/Mm³	累计抽采时间/h	备注
最　大									
最　小									
平　均									
本旬全矿总计/Mm³					全矿累计抽采量/Mm³				

通风队长：　　　　　通防科长：　　　　　总工程师：　　　　　矿长：

矿井瓦斯抽采量月、季、年报表格式与表5-48相同。

第十六节　瓦斯抽采管理技术创新

随着瓦斯抽采的普遍开展，抽采规模的扩大，煤矿和科研单位不断进行抽采技术创新和管理创新，出现了不少瓦斯治理可供借鉴的经验。

1. 先探后掘

巷道掘进前，先由地质部门设计前探钻孔，抽采队现场定位、放线，并详细记录每个钻孔施工过程中遇见的瓦斯喷孔、顶钻、夹钻，钻孔见煤（岩）长度，查明掘进前方顶底板岩石性质及组成、煤层厚度、地质构造、水文地质及老窑、老巷等情况，取样测定瓦斯参数、做到瓦斯"参数清"，为抽采钻孔设计和安全施工提供依据，否则，一律停止掘进。

钻孔施工完成后，抽采队根据验孔资料绘制钻孔成果图，根据钻孔成果图和实测瓦斯参数设计抽采钻孔。

2. 采用大功率履带钻机钻孔

当前，煤矿使用的座架式钻机功率小，移动不方便，钻孔施工速度慢，打钻效率低。为此，各种履带液压钻机应运而生。根据水城县比德腾庆煤矿统计，使用 CMS1 – 4200、ZDY – 4000 履带式钻车，孔径为 94 ~ 113 mm 时，在煤层中施工最大深度可达 300 m，每班钻孔进尺达 300 m，提高了钻孔施工效率，大幅降低了工人劳动强度。钻孔效率提高，为多打钻，打好钻提供了物质基础。

3. 松软煤层钻孔均采用全程下套管、两堵一注、带压封孔

金佳矿 1810 石门对松软煤层全程下筛管，主管抽采浓度在 50% ~ 80%，破解了松软煤层抽采浓度低的问题。

具体做法是：采用大通孔宽翼片钻杆（整体式）配套铰接式开闭型 PDC 钻头进行中风压空气钻进成孔，成孔后顺钻杆内部下入护孔筛管，利用悬挂装置进行固定，然后退出钻杆，将护孔管留在孔内，形成永久瓦斯抽采通道。

该工艺的关键技术是内芯可脱式钻头的翼片及钻头结构设计（图 5 – 106），防止孔内筛管脱滑的孔底固管装置（图 5 – 107）。钻杆采用中煤科工集团西安研究院生产的大通孔宽翼片螺旋钻杆，钻杆直径 89 mm，最小通孔直径 50 mm，连接后的钻杆内孔近似内平，如图 5 – 108 所示。

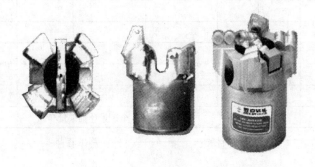

图 5 – 106　内芯可脱式 PDC 钻头

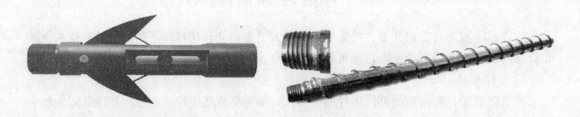

图 5 – 107　悬挂装置　　　　　　　图 5 – 108　大通孔宽翼钻杆

"全程下套管、两堵一注、带压封孔"技术在松软煤层中已得到广泛应用，比其他封孔抽采浓度大幅提高。在淮南丁集矿 1331(1) 工作面运输顺槽，采用快速全程护孔筛管瓦斯抽采技术，平均下套管深度 110 m。与传统工艺相比，下套管时间由 8 h 减少至

40 min 以内，平均抽采浓度由 12% 提高到 45%，百孔抽采纯量由 3 m^3/min 提高到 9 m^3/min。盘江土城矿、金佳矿、火铺矿地面泵房主管抽采浓度达 30% 以上，最高达到 55%。湾田煤矿采用"两堵一注"封孔工艺后，瓦斯预抽效果提高了 27%。

4. 增加封孔段长度

对未经穿层钻孔抽采的煤层巷道，从钻孔口沿钻孔前进方向存在着破碎圈、松动圈。钻孔施工完成后，松动圈会随着时间的延长而加大，但经过一定时间（几个月）后会稳定在一个确定值，称为松动圈值。松动圈存在大量裂隙，是漏气通道。封孔深度必须超过松动圈才能堵住漏气通道，所以封孔段必须超过松动范围，但又不能超过太多。超过松动圈的长度应不大于钻孔允许抽采期的有效抽采半径，以 3 m 为宜。但对于已经用穿层钻孔抽采的煤层巷道，由于巷道两侧煤体均破碎，封孔段长度就应增加。盘江所属煤矿穿层钻孔封孔长度由 6 m 提高到全岩孔段注浆封孔，顺层钻孔封孔段长度由 8 m 增加到 20 m。

5. 俯孔压风排水排渣及自动放水

下行孔封孔前，下一根带有阀门的比全程管短 2 m 的 6 分（1 分 = 0.003 m）管，接上压风管路，每天定时打开压风管向孔内注入高压内，把孔内水和渣排出来。在抽采主管和支管低洼处安装自动放水器进行自动施工，减少积水、积渣的影响，提高抽采效果。压风排水排渣后，单孔抽采浓度普遍达 50% 以上。

6. 建立打钻视频监控机制

所有打钻地点均安设摄像头，从打钻到退钻进行全过程监控。开孔和退钻杆以及封孔时，施钻人员必须汇报视频监控人员，退杆时，瓦斯检查员现场监督，若退钻杆前汇报的钻杆数与实际退杆数不符，封孔长度不符合要求，该孔按废孔处理。防止验收人员与施钻人员共同作假。

7. 孔口安装防喷装置

孔口安装防喷装置，并与抽采管相连确保打钻喷孔时，作业地点瓦斯、煤尘不超限。

8. 封孔效果与防突队工资挂钩

永贵能源有限责任公司所属矿井对本煤层钻孔进行浓度考核，以检验封孔效果。对抽出瓦斯浓度低于 5% 的钻孔进尺按"零"计算，并且对分管副队长及连抽人员每人罚款 50 元；浓度在 5%～10% 的钻孔进尺按一半结算。当钻孔平均浓度达到 30% 时，防突队本煤层中施工的钻孔工资不增不减。当钻孔抽出的瓦斯浓度高于 30% 时，相对浓度按每提高 0.3% 本煤层钻孔结算工资提高 1%；反之下浮 1%。

9. 加大区域效果检验点密度

永贵公司规定煤巷掘进区域检测点至少 10 个：左侧钻孔 11、31、42 m，中部钻孔 20、40、60、80 m，右侧钻孔 21、41、61 m 处各取一个煤样；采煤工作面每隔 35 m 布置 2 个检验孔，每个检验孔分别在 20、40、60、80 m 布置一个取样点。

10. 沿空留巷，区段自下而上开采

黔西县青龙煤矿在采区相邻的两个工作面采用自下而上的开采顺序，在回风巷推广沿空留巷技术采用 Y 型通风方式，利用工作面两个顺槽进风，沿空留巷回风，有效解决了工作面上隅角瓦斯超限难题，实现了无煤柱开采，提高了煤炭资源采出率，实现经济效益最大化；变掘巷为留巷，减少巷道掘进量，缩短了工作面准备时间，缓解采掘接替矛盾；减少了采空区水的威胁。

11. 设置岩石底板抽采巷

贵州遵义朗月矿业纸房煤矿 C7 煤层平均厚度 1.8 m，倾角 33°，为主采煤层，瓦斯含量 23.52 m³/t，瓦斯压力 2.65 MPa。1072 工作面的运输巷、回风巷掘进前，在距离 C7 煤层 15 m 的底板岩层中施工专用瓦斯抽采巷，巷道净断面 9 m²。为提高钻孔施工精度，降低打钻难度，降低掘进钻场的工作量，直接在底板巷的顶板施工穿层钻孔预抽煤巷条带瓦斯作为区域防突技术措施。钻孔在 C7 煤层中沿倾斜面的距离为 4 m×4 m，同时抽采掘进煤层和邻近层瓦斯，采取措施后，区域效果检验、区域验证和工作面预测指标中残余瓦斯压力均小于 0.35 MPa，残余瓦斯含量小于 4 m³/t，掘进过程中从未发现瓦斯超限。当掘进到最大距离 1595 m、配风 450 m³/min 时，炮后瓦斯浓度在 0.4% 以下。

12. 全岩综掘，加快瓦斯治理巷道施工进度

治理瓦斯必须巷道先行，为瓦斯治理提供空间和时间。比德腾庆煤矿通过使用 EBZ – 230 型硬岩掘进机，在断面 12.8 m² 的巷道月单进可达 200 m，为瓦斯治理留足了时间和空间。

13. 穿层钻孔结合水力冲孔

穿层钻孔结合水力冲孔技术在河南煤矿广泛使用。永城煤电集团的车集煤矿在 2713 底板抽采巷穿层钻孔每米煤孔段冲出煤量 0.15 m³，冲孔后的孔口扩大了 2.4～6.2 倍，单孔抽了流量由 0.015 m³/min 增加至 0.03 m³/min，抽采效率提高了 1 倍以上。

第六章 煤与瓦斯突出及其防治

第一节 煤与瓦斯突出的基本概念

一、煤与瓦斯突出的定义

1. 定义

在地应力和瓦斯的共同作用下，破碎的煤、岩和瓦斯由煤体或岩体内突然向采掘空间抛出的异常动力现象，称为煤与瓦斯突出。

1) 突出煤层

在矿井井田范围内发生过煤与瓦斯突出的煤层或经鉴定、认定为有突出危险的煤层为突出煤层。

2) 突出矿井

在矿井的开拓、生产范围内有突出煤层的矿井为突出矿井。煤矿发生生产安全事故，经事故调查认定为突出事故的，发生事故的煤层直接认定为突出煤层，该矿井为突出矿井。

煤与瓦斯突出是一种极其复杂的矿井瓦斯动力现象，是矿井最严重的灾害之一，其产生的机理非常复杂，并且各突出要素之间相互制约，准确预测突出地点、突出强度与突出时间是很困难的。到目前为止，对各种地质、开采条件下突出发生的规律还没有完全掌握。许多国家和地区为了确保煤矿安全生产不得不采取关闭煤与瓦斯突出矿井的被动措施。虽然有大量的科研人员和战斗在煤矿井下一线的煤矿工人们在不断摸索规律，总结经验，采取各种防治手段和措施解决了许多技术难题，在瓦斯防治及瓦斯利用方面有了很大的突破，但瓦斯依然是煤矿安全的"第一杀手"，防治煤与瓦斯突出仍然是瓦斯治理的重中之重。

2. 防治突出的根本目标

防治煤与瓦斯突出的根本目标是消除突出。因此，必须坚持源头治理，以治本为主，标本兼治的原则。

3. 在突出煤层中进行采掘活动的前提

在突出煤层中进行采掘活动前，必须采取开采保护层、大面积预抽煤层瓦斯等区域防突措施，大幅度降低煤层的瓦斯含量和地应力，从根本上消除煤与瓦斯突出。要坚持区域综合防突措施（区域突出危险性预测，区域防突措施，区域措施效果检验，区域验证）和局部综合防突措施（工作面突出危险性预测，工作面防突措施，工作面措施效果检验，安全防护）两个"四位一体"措施，坚持区域防突措施先行，局部综合防突措施补充的原则，切实做到不掘突出头，不采突出面。区域综合防突措施未达到要求的，严禁进行采掘活动。

3. 煤矿瓦斯治理的方针

煤矿瓦斯治理必须坚持"以人为本，安全第一，预防为主，综合治理"的方针。

4. 瓦斯治理理念

"治理瓦斯就是解放生产力，治好瓦斯就是发展生产力"，区域突出危险不消除不进煤巷，抽采效果不达标不生产，以具备可靠岩石屏障的区域瓦斯治理措施为基本手段，以高瓦斯、突出矿井低瓦斯开采为目的，确保瓦斯零突出、零超限。

二、煤与瓦斯突出发生概况

世界上各主要采煤国家都发生过煤与瓦斯突出，世界上煤矿发生的第一次突出是1834年法国阿尔煤田伊萨克矿，突出发生在急倾斜厚煤层平巷掘进工作面。世界上最大的一次煤与瓦斯突出发生在1969年7月13日苏联加加林矿，在710 m水平主石门揭穿厚仅1.3 m煤层时，突出煤14200 t，瓦斯25×10^4 m^3。

除煤与瓦斯突出外，一些国家还发生了岩石与瓦斯突出。如苏联的顿巴斯矿区在1965—1984年间，在22个矿井中发生了3474次矿岩与瓦斯突出（都发生在爆破时），最大强度为3500 t。我国营城五井在1975年发生了第一次砂岩与二氧化碳突出，突出砂岩超过2000 t，二氧化碳超过20×10^4 m^3，死亡90人。阜新矿务局王营煤矿和东梁煤矿发生了岩石与瓦斯突出。窑街矿务局三矿发生了特大强度的煤、岩、二氧化碳和瓦斯突出。

我国是世界上发生煤与瓦斯突出现象最严重、危害性最大的国家之一。有文字记载的第一次煤与瓦斯突出是1950年5月1日吉林省辽源矿务局富国西二矿，在垂深280 m煤巷掘进时突出。我国最大的一次突出是1975年8月8日在天府矿务局三江坝一矿主平硐震动爆破揭穿K_1煤层时发生的，突出煤量12780 t，突出瓦斯量140×10^4 m^3，其突出强度居全国第一、世界第二。

随着采掘深度的增加，地应力与瓦斯压力也日趋增加，过去一些没有发生过突出的煤层与矿井也发生突出动力现象，就连低瓦斯矿井也会变转成突出矿井。例如，河南永城陈四楼煤矿为低瓦斯矿井，由于开采深度增加，在2015年4月10日发生了煤与瓦斯动力现象，压出煤炭120多吨，瓦斯720 m^3。

三、突出的危害

煤与瓦斯突出的危害极大。突出产生的高速瓦斯流（含煤粉或岩粉）能够摧毁巷道设施，破坏通风系统，甚至造成风流逆转。喷出的瓦斯有几万立方米，能使井巷充满瓦斯，造成人员窒息，引起瓦斯燃烧或爆炸；喷出的煤、岩有几万吨以上，能够造成煤流埋人；猛烈的动力效应可能导致冒顶和火灾事故的发生；破坏正常的采掘生产，严重制约矿井劳动生产率的提高，突出矿井吨煤成本高，采掘速度慢，采掘关系紧张、经济效益差。

四、突出预兆

煤与瓦斯突出前通常都有明显预兆发生，典型的瓦斯突出预兆分为有声预兆和无声预兆。

有声预兆主要包括：响煤炮声（机枪声、闷雷声、劈裂声），支柱折断声，夹钻顶钻，打钻喷煤，喷瓦斯等。无声预兆主要包括：煤层结构变化，层理紊乱，煤变软、光泽变暗，煤层由薄变厚，倾角由小变大，工作面煤体和支架压力增大，煤壁外鼓、掉渣等，瓦斯涌出量增大或忽大忽小，煤尘增大，空气气味异常、闷人，煤壁温度降低、挂汗等。

1. 响煤炮

响煤炮是煤与瓦斯突出发生前最常见的有声预兆，是煤体断裂破坏时所发出的声响，有的像闷雷声、有的似爆竹声、有的如机枪声。在统计的 5029 次事例中，有 1415 次突出前有响煤炮预兆，可见响煤炮预兆发生最频繁。如果在施工预测钻孔和措施孔时出现响煤炮声，应视为工作面有突出危险。

2. 矿压预兆

支架来压，支柱折断，煤壁开裂，掉碴，片帮，工作面煤墙外鼓，巷道底鼓，钻孔顶钻和夹钻，钻孔严重变形，垮孔及炮眼装不进炸药都属于矿压预兆。

3. 瓦斯预兆

夹钻顶钻，打钻喷煤，喷瓦斯及出现哨叫声或蜂鸣声；风流逆转，瓦斯异常，瓦斯浓度忽高忽低都属于瓦斯预兆。统计表明，许多大强度突出前常有瓦斯忽大忽小预兆。

4. 煤体结构预兆

煤体层理紊乱，煤体干燥，煤体松软，色泽变暗而无光泽，煤层产状急剧变化，煤层波状隆起以及层理逆转，尤其是煤层软分层变厚。统计的 2261 次突出事例中，软分层变厚平均突出强度最大达 194.86 t。

5. 其他预兆

在一些突出发生前，有出现工作面温度降低，煤壁发凉等预兆。

五、突出规律

1. 煤层突出危险性随采深增加而增大

随着开采深度的增加，突出的危险性增大。其主要表现为突出次数增多，突出强度增大，突出煤层增加，突出危险区域扩大。同一煤层，埋藏深度越深，煤层应力、瓦斯含量和压力越大，突出危险性越大，突出次数随开采深度增加而增加，突出强度随开采深度增加而显著增大。在浅部开采为高瓦斯矿井，甚至为低瓦斯矿井，开采到深部后，由于煤层赋存条件的变化，煤层瓦斯压力增大，因而转变为突出矿井。

2. 突出多发生在地质构造带

根据瓦斯地质理论：地质构造复杂程度控制着煤与瓦斯突出的危险性，特别是压扭性构造断裂带，向斜轴部、背斜倾伏端，扭转构造、帚状构造收敛部位，煤层倾角突变、煤层厚度变化地带。

突出并不直接发生在断裂破坏处，而是发生在断裂破坏处附近的两翼。煤与瓦斯突出之所以多发生在地质构造带，是由于煤层结构遭到破坏，抵抗突出的强度降低，同时，在构造带煤层储存瓦斯和排放瓦斯的条件发生了变化，加上较高的地应力，使煤层透性能降低，一旦采掘活动破坏了瓦斯储存的平衡条件，将会加速煤层瓦斯解吸，并触发工作面前方应力突变，从而导致突出发生。

据统计，天府矿区 3 次特大型突出都发生在地质构造带。南桐矿务局 95% 以上的突出（石门突出除外）发生在向斜轴部、扭转地带、断层和褶曲附近。北票矿务局 90% 以上的突出发生在地质构造区和火成岩侵入区。而安阳龙山煤矿所有的突出都发生在构造带附近。2011 年 10 月 27 日焦作九里山煤矿的突出发生在距离断层 90 m 处，见表 6 - 1。

表 6 - 1   我国一些构造带上的煤及瓦斯突出典型实例

构造带类型	实例
1. 向斜轴地带	（1）南桐煤矿 4 号层有 80% 的突出和全矿最大的一次突出（3500 t），6 号层的全部突出以及 3 号层的 2 次强烈喷出均发生在王家坝向斜部 （2）湖南省突出比较严重的金竹山矿、马鞍山煤矿均处于向斜轴部
2. 帚状构造收敛端	（1）天府矿务局三汇一矿，处于华蓥山构造的收敛端，在 +280 m 平硐揭开 6 号层和断层下盘的 6 号层时，分别发生强度为 12780 t 和 2500 t 的特大突出 （2）江西英岗岭矿务局突出最严重的建山矿（突出次数占全矿区总数 45.5%，有 4 次千吨以上的特大型突出）也位于帚状构造的收敛端
3. 煤层扭转带	（1）南桐矿务局原来东林矿的 79 次突出中，有 93% 集中在南翼黑漆岩扭转带，在突出事例中可清楚看到构造应力的水平挤压作用 （2）鱼田堡煤矿东翼的 9 次突出均分布在压扭性的扭转轴轴部附近
4. 煤层产状变化区	（1）南桐煤矿一井 5 号层有 80% 的突出（73 次）发生在王家坝向斜西翼的 0504 采区（煤层走向、倾向均发生变化） （2）洪山殿煤矿蛇形山村 4 采区，煤层走向、倾角变化，是严重突出区，其中 3 煤、4 煤的突出次数（70 次）占总次数的 44%，全矿一次特大突出（1021 t）发生在这里。该区的 1442 机巷平均每掘进 11 m 发生一次突出
5. 煤包及煤层厚度变化区	（1）红卫煤矿的 190 次突出（占总数的 85%）发生在煤包地带，全部特大型突出集中在煤包最厚区段 （2）梅田局一矿 +200 m 水平采区（煤包地带）的突出次数占全矿总数 30% （3）红卫煤矿 126 采区 +40 m 水平零横硐在走向长度不到 70 m 的薄煤带掘进时，发生 7 次突出
6. 分岔煤处	红卫煤矿揭开分岔煤时经常发生突出（最大突出强度 2000 t）
7. 压性、压扭性小断层	（1）中梁山南矿石门揭开煤层的 5 次大突出均在断距不大（5 m 以内）的逆断层下盘 （2）六枝煤矿的东二采区，14 次突出（占 7 号层总数的 61%）均与压扭性小断层有关 （3）南桐煤矿一井 5 号层 0504 二段回采工作面，沿走向 32 m 连续突出 7 次均与压扭性小断层有关
8. 岩浆岩侵入带	北票矿务局有 25% 以上的突出（265 次）发生在岩浆岩侵入带

3. 突出多发生在集中应力区

突出多发生在集中应力区，如邻近层煤柱上下、相向掘进的工作面接近时，在回采工作面的集中应力区内掘进时，两巷贯通之前的煤柱内等。采掘工作面安排不合理也会造成应力集中，如回采工作面跳采形成孤岛，相邻采掘面相向采掘等。

4. 突出煤层大多具有软分层

软分层又称构造煤，是地质构造挤压剪切破坏作用的产物，所有的煤与瓦斯突出动力现象均发生在构造煤分布区，构造煤的存在是突出发生的必要条件。煤体破坏越严重，突出危险性越大；当煤层厚度、倾角、软分层厚度、层理突然发生变化时，容易发生突出。构造煤层理紊乱，煤质松软，透气性低，瓦斯含量高，瓦斯放散速度快。软分层强度低，易于破碎，突出时消耗矿压和瓦斯压力的能量较小，因此软分层厚度越大，突出的危险性也越大。

5. 突出煤层大都具有较高的瓦斯压力和瓦斯含量

突出煤层具有瓦斯压力高、瓦斯含量高、解吸速度快、强度低、渗透性低的特点。正是这些特点控制着煤与瓦斯突出的发生，也影响着瓦斯的治理。

根据重庆地区的资料显示，一般情况下突出煤层的瓦斯压力大于 0.75 MPa，瓦斯含量大于 $6 m^3/t$。但突出与煤层瓦斯含量和压力之间没有固定的关系。瓦斯压力低、含量小的煤层可能发生突出，瓦斯压力高、含量大的煤层也可能不突出，因为突出是多种因素综合作用的结果，不仅与瓦斯压力有关，还与煤层硬度系数有关。瓦斯压力是发动突出的动力，而煤层硬度是突出的阻力。

6. 突出煤层的特点

突出煤层的特点是强度低，软硬相间，透气性系数小，瓦斯的放散速度高，煤的原生结构遭到破坏，层理紊乱，无明显节理，光泽暗淡，易粉碎。如果煤层顶板坚硬致密，则突出危险性增大。

7. 大多数突出发生在爆破和落煤工序

例如，焦作九里山煤矿 53 次突出中，爆破引起突出 33 次，占突出总数的 63%。重庆地区 132 次突出中，有 124 次发生在落煤时，占 95%。爆破后没有立即发生的突出，称延期突出。延迟的时间由几分钟到十几小时，它的危害性更大。

突出危险因煤体震动而增加的现象，说明了除地应力和瓦斯压力潜能外，外力作用也是促使突出发生的一个条件，即在其他条件相同时，外力作用越大，突出的危险性越大。

8. 突出主要发生在各类巷道掘进中

安阳龙山煤矿自建井到 2006 年 5 月 1 日发生的 111 次煤与瓦斯突出都发生在掘进工作面，其中平巷 76 次，上山突出 25 次，下山突出 7 次，石门突出 3 次。

9. 石门揭煤发生突出的强度和危害性最大

在统计的 9845 次突出中，煤巷掘进工作面突出 7482 次，占到 76%，石门揭煤工作面突出 567 次，占 5.76%。尽管石门突出次数少，但突出强度大，平均突出强度为 316.5 t，是煤巷平均突出强度 50 t 的 6 倍以上，瓦斯喷出量超过数万立方米，波及范围广，易造成非常严重的事故。重庆地区在 35 次特大型突出中，有 32 次发生在石门揭穿煤层过程中。有时，"反石门"（即煤门）也诱发突出。所谓"反石门"就是由煤层向岩石掘进巷道。鹤煤六矿就是从煤层向岩石掘进巷道时发生突出。

10. 煤层突出危险区常呈条带状分布

苏联统计资料表明，在突出煤层中，突出危险区仅占突出煤层区域总面积的 10%。我国统计资料表明，突出煤层中，突出危险区仅占突出煤层区域总面积的 10% ~ 15%。这是因为影响突出的主要因素受地质控制的缘故，而地质构造具有带状分布的特征。

六、防治煤与瓦斯突出的基本原则

经突出矿井现场实测证实：在进行突出危险性指标测定时，测定的指标超限也不一定产生突出，而突出危险性指标不超过《防治煤与瓦斯突出规定》时，也可能突出。这种情况多是未采取区域性防突措施，没有在大范围消除突出危险性。由于煤与瓦斯突出机理复杂，地质构造导致煤层瓦斯赋存不均匀、地应力分布不均匀，煤体强度不均，厚度不均，在测定突出危险性指标时，采用的是定点采样，虽是所测突出危险性指标超限，那也只能代表一个点。可能所取煤样正好是构造煤，或正好是瓦斯高含量处，而煤体周围整体强度高，所以不发生突出；如果所取煤样正好是强度高、瓦斯低含量处，而周围确有厚度大的构造煤，虽所测指标低于突出危险性临界指标，但仍会发生突出。所以，在突出煤层进行采掘活动前，必须采取区域综合防突措施，大范围、大幅度对煤体卸压，释放地应力和瓦斯压力，消除突出危险后方可进行采掘活动。区域综合防突措施未达到要求的，严禁进行采掘活动。

对于实施综合区域防突措施后，无危险区煤层，只要有一次区域验证为突出危险或超前钻孔等发现了突出预兆，则该区域以后的采掘作业均应当执行局部综合防突措施，只有严格落实两个"四位一体"综合防突措施，切实做到"不掘突出头，不采突出面"，方可保证采掘活动的安全。

煤与瓦斯突出的基本规律告诉我们，采掘工作面煤层厚度的突然变化（由厚变薄或由薄变厚），特别是软分层的厚度加大，煤层倾角的急剧变化，煤层颜色变暗，层理紊乱等地质异常情况的出现，都可能是突出的预兆。钻孔过程中发生明显的喷孔、顶钻也是发生突出的预兆，为有效开展防突工作，采掘队在采掘过程中应加强上述现象的观察，矿调度室要加强瓦斯异常和地质异常现象的调度，并实行严格的分析制度。

尽管突出的因素很多，但没有采取防突措施或防突措施不到位、管理不到位、违章作业、构造影响是根本原因。

七、突出的类型及特征

在突出煤层中进行采掘活动时，经常发生一些动力现象，这些动力现象外表相似，但本质并不相同，应该给予正确的分类和科学的鉴别，以便采取不同的预测方法和预防措施。根据我国实际情况，瓦斯动力现象可分为4种类型：煤的突然倾出、煤的突然压出、煤与瓦斯突出和岩石与瓦斯（二氧化碳）突出。

（一）煤的突然倾出

造成倾出的主要力量是地应力，其基本能源是煤的重力位能，瓦斯在一定程度上也参与了倾出过程。因为瓦斯的存在进一步降低了煤的机械强度，瓦斯压力还促进了重力作用的显现，由于这种关系，煤的倾出还能引起或转化为煤与瓦斯突出。在急倾斜煤层中，煤与瓦斯突出又多以倾出开始，最终转化为煤与瓦斯突出。

煤的突然倾出具有以下特征：

（1）倾出的孔洞具有较规则的几何形状（如椭圆形、梨形、舌形）。在上山，孔洞通常沿煤层倾斜延伸，多为梨形；在平巷，孔洞多分布在巷道工作面上方及上隅角，形状以椭圆形较为常见，一般孔的上部呈自然拱的形状。在平巷内，空洞中心线与水平面所成之夹角，必然大于煤的自然安息角。六枝煤矿五采区二中巷上山倾出如图6-1所示。

（2）倾出的煤主要是碎煤，有时也见到少量粉煤，就地按自然安息角堆积，并无分选现象。

（3）无明显动力效应。

（4）倾出常发生在煤质松软的急倾斜煤层中。

（5）巷道瓦斯涌出量明显增加。

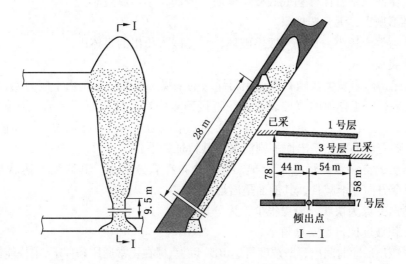

图 6-1 六枝煤矿五采区二中巷上山倾出

（二）煤的突然压出

煤的突然压出是由地应力或开采集中压力引起的，瓦斯只起次要作用（图 6-2）。伴随着煤的突然压出，回风流中瓦斯浓度增高。按表现形式不同，煤的突然压出又可分为煤的突然移动和煤的突然挤出两类。

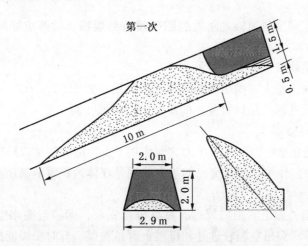

图 6-2 煤的突然压出示意图

1. 煤的突然移动

煤的突然移动常见于准备巷道。煤体的整体移动，煤体虽然保持完整外形，但实际上已被压坏并布满裂缝，甚至还有部分煤体被压碎成块状。有时也表现为巷道底板整体向上鼓起。不抛出煤和形成空洞是煤突然移动的特点。这种压出前的预兆是，支柱压力增加，掉煤渣，煤体内部出现劈裂声、雷声等。

煤的突然移动是地应力和水平挤压作用所造成的。其特征如下：

（1）工作面煤壁整体移动或底板煤体向上鼓起，不形成空洞。

（2）煤不抛出，无分选现象。

（3）动力效应较小，支柱一般不破坏，只是嵌入压出的煤体中。

2. 煤的突然挤出

煤的突然挤出多发生在倾斜和缓倾斜煤层的采煤工作面。它是由于应力大，煤层中有软分层，有平行于工作面的节理裂缝，在直接顶板中有弹性岩石（砂岩、石灰岩等）以及放顶不及时，悬顶过大等条件下，煤层受到采动应力作用使工作面边缘煤体被压碎而发生的，瓦斯随着煤的突然挤出而加剧涌出。其特征如下：

（1）压出的空洞沿弧形条带分布，空洞分布在软分层中，其高度可达软分层全厚，并向上下两个方向逐渐减少，其剖面呈唇形。

（2）抛出的煤为块状，粉煤很少，无分选现象。

（3）堆积坡度比自然安息角小。

（4）煤压出后短时间内瓦斯浓度可达10%以上，但在正常通风条件下，很快能恢复正常。

需要说明的是：压出与片帮现象很难区别，倾出与冒顶现象也难区别。要判断瓦斯动力现象的性质，必须实测瓦斯压力、取样分析化验和现场勘察，综合判断是否具备煤与瓦斯突出的三大要素（煤层中瓦斯含量及压力、地应力、煤的破坏类型），才能避免判断失误。为了确切划分突出类型，《煤矿瓦斯等级鉴定暂行办法》对压出的基本特征作了以下界定：

（1）压出的煤有两种形式，即煤的整体位移和煤有一定距离的抛出，但位移和抛出的距离都较小。

（2）压出后，在煤层与顶板之间的裂隙中留有细煤粉，整体位移的煤体上有大量的裂隙。

（3）压出的煤呈块状，无分选现象。

（4）巷道瓦斯涌出量大，抛出煤的吨煤瓦斯涌出量大于 30 m^3/t。

（5）压出可能无孔洞或呈口大腔小的楔形、半圆形孔洞。

（三）煤与瓦斯突出

煤与瓦斯突出是在地应力和瓦斯压力共同作用下发生的，通常以地应力为主，瓦斯压力为辅，重力不起决定作用；实现突出的基本能源是煤体内积蓄的高压瓦斯能。突出的基本特征如下：

（1）突出的煤向外抛出的距离较远，具有分选现象，即靠近突出空洞和巷道下部为块煤，其次为碎煤，离突出空洞较远处和煤堆上部是粉煤，有时粉煤能抛出很远。

（2）抛出的煤堆积角小于煤的自然安息角。

（3）抛出的煤破碎程度较高，含有大量的碎煤和手捻无粒感的煤粉。

（4）有明显的动力效应，破坏支架、推倒矿车、破坏和抛出安装在巷道内的设施。

（5）有大量的瓦斯涌出，瓦斯涌出量远远超过突出煤的瓦斯含量，有时会使风流逆转。

（6）突出孔洞呈口小腔大的梨形、舌形、倒瓶形以及其他形状。

图 6-3 所示为楠桐鱼田堡矿 +150 m 水平主石门突出，是典型的煤与瓦斯突出示意图。

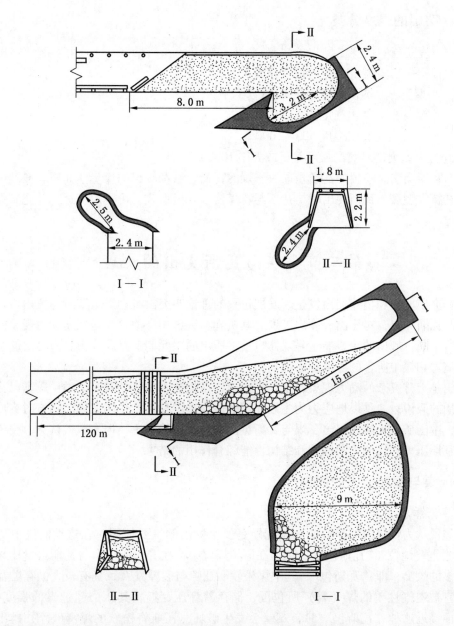

图6-3 南桐鱼田堡矿+150 m水平主石门突出示意图

（四）岩石与瓦斯（二氧化碳）突出

随着开采深度的增加，我国一些矿区相继发生了岩石与瓦斯突出，尽管目前岩石与瓦斯突出的次数还不多，但已引起人们的高度重视。突出的岩石主要是砂岩及安山岩，参与突出的气体主要是二氧化碳和瓦斯。其特征如下：

（1）岩石与瓦斯突出一般发生在地质构造带。

（2）岩石与瓦斯突出发生在爆破时。

（3）岩石与瓦斯突出后，在岩体中会形成一定形状的空洞。

八、突出的强度分类

突出强度是指一次突出抛出的煤量（t）和喷出的瓦斯量（m^3），用以衡量突出规模的大小。根据抛出的煤量，突出强度分为 4 类。

（1）小型突出。突出强度小于 100 t。

（2）中型突出。突出强度为 100~500 t。

（3）大型突出。突出强度 500~1000 t。

（4）特大型突出。突出强度等于或大于 1000 t。

煤与瓦斯突出时喷出的瓦斯量取决于煤的瓦斯含量和突出的煤量。瓦斯一般顺风流运行，而在特大型煤与瓦斯突出时，瓦斯与粉煤流以暴风形式，可逆风流运行并充满数千米长的巷道。

第二节　煤与瓦斯突出的机理

解释突出原因和描述突出发生、发展过程的理论叫突出机理。本节所述突出机理主要针对煤与瓦斯突出，对压出、倾出来说，其机理与突出相类似，仅是瓦斯动力现象的主要能量有所不同，倾出的主要能量是煤体自重，压出的主要能量是地应力，而突出的主要能量是地应力和煤中所含的游离和吸附瓦斯。

突出是十分复杂的动力现象，至今已提出许多假说，主要的有三大类：一是以瓦斯为主导作用的假说；二是以地应力为主导作用的假说；三是综合作用假说。随着对突出研究的深入，中国矿业大学还提出了煤与瓦斯突出的球壳失稳理论。但多数人认为，突出是地应力、瓦斯压力、煤的力学性能和结构性能综合作用的结果。

一、煤与瓦斯突出的假说

1. 瓦斯作用说

该假说认为煤层内部存贮的高压瓦斯是发生突出的主要原因。在这类假说中"瓦斯包说"占重要地位。"瓦斯包说"认为在原始煤层中存在着瓦斯压力与瓦斯含量比邻近区域高得多的煤窝，即"瓦斯包"，其中煤松软、孔隙与裂隙发育，具有较大的存贮瓦斯的能力，它被透气性差的煤（岩）所包围，储存着高压瓦斯，其压力超过煤的强度极限。当工作面接近这种"瓦斯包"时，煤壁会发生破坏，瓦斯将松软的煤窝破碎并抛出煤炭形成突出。

2. 地应力假说

该假说认为煤与瓦斯突出主要是高地应力作用的结果。对于高地应力的构成有不同说法。一种认为在煤岩体中除自重应力外还存在着地质构造应力，当巷道接近储存构造应变能高的硬而厚的岩层时，岩层将像弹簧一样伸张，将煤破坏和破碎，引起瓦斯剧烈涌出而形成突出；另一种认为采掘工作面前方存在着应力集中，当弹性厚顶板悬顶过长或突然垮落时，可能产生附加的应力。在集中应力作用下，煤发生破坏和破碎时，会伴随大量瓦斯涌出而构成突出。

3. 综合作用说

其认为煤与瓦斯突出是地压、高压瓦斯和煤体结构性能 3 个因素综合作用的结果，是聚集在煤体和围岩中大量潜能的高速释放。高压瓦斯在突出的发展中起决定性作用，地压是激发突出的因素。有人认为：地质构造是引起突出的决定因素，高压瓦斯是突出的主要动力，煤层破坏是突出的有利条件，采掘活动是突出的诱发因素。

综合作用说较全面地考虑了突出的动力（地应力、瓦斯）与阻力（煤强度）两个方面的主要因素，得到国内外学者的普遍承认。突出的发生与否取决于上述 3 个因素的一定组合。对突出发生的区域条件来说，该区域的地应力越大，煤层瓦斯压力（含量）越高，煤越松软，突出危险性就越大。对采掘工作面，除与上述 3 因素原始值有关外，而且还在很大程度上取决于工作面附近的应力、瓦斯压力的分布状况和煤强度性质的变化。工作面前方应力和瓦斯压力梯度越大，煤强度越不均质，则工作面的突出危险性也就越大。

4. 球壳失稳机理

以上三大理论解释了突出原因和突出过程，但是对于突出过程是怎样进行的，3 种因素是如何作用的，综合学说没有完全说清楚，现场有些突出现象也无法解释，如延期突出，突出孔洞的形成过程，过煤门突出等。中国矿业大学提出了球壳失稳理论。

该理论认为在突出过程中，地应力首先破坏煤体，使煤体产生裂纹，形成球盖状煤壳。然后煤体向裂隙内释放并积聚高压瓦斯，瓦斯使煤体裂纹扩张并使形成的煤壳失稳破坏并抛向巷道空间，使应力峰值移向煤体内部，继续破坏后续的煤体，形成一个连续发展的突出过程。

从能量的角度来看，突出过程中由地应力引起的弹性潜能主要消耗于煤体的破坏，真正决定煤体能否突出的是煤体破坏后最初释放出来的瓦斯膨胀能，称其为初始释放瓦斯膨胀能。

突出阵面推进过程中的动态应力场如图 6-4 所示。

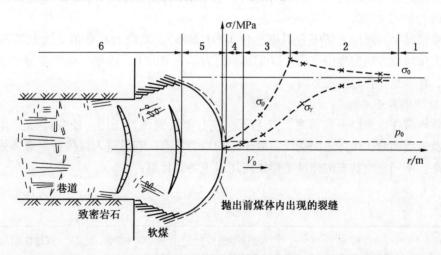

V_0—突出阵面恒稳推进的速度

图 6-4　突出阵面推进过程中的动态应力场

从上面介绍的突出机理不难看出，瓦斯是突出的主要因素，没有瓦斯就谈不上瓦斯突出。没有瓦斯的动力现象称之为冲击地压，没有动力效应的瓦斯急剧涌出称之为瓦斯喷出。因此，治理瓦斯突出的方向是消除高压瓦斯的存在。所以高瓦斯和煤与瓦斯突出矿井，要严格按照《煤矿瓦斯抽采基本指标》的要求，制定和落实瓦斯先抽后采的措施，推进高瓦斯和煤与瓦斯突出矿井加大瓦斯抽采力度，真正做到"多措并举、应抽尽抽、抽采平衡"，实现抽、掘、采平衡，确保不抽不采，达不到瓦斯抽采指标要求的不采。发现达不到抽采指标要求的采掘工作面，要立即停止生产，限期达标，逾期仍不达标的，必须按瓦斯抽采达标煤量核减煤炭产量计划。对小煤矿中的煤与瓦斯突出矿井和应进行瓦斯抽采的高瓦斯矿井，必须制定并落实瓦斯抽采规划，建立瓦斯抽采系统。

高压的游离瓦斯是突出的根源，防治瓦斯突出的关键就是要消除或降低煤层中的高地应力、高压瓦斯。其方向是：采取开采保护层、抽放煤层瓦斯，减少乃至消除煤层瓦斯，使之形不成瓦斯突出的条件；采取控制地压措施，消除采掘工作面周边应力集中，从而消除瓦斯突出条件。

根据瓦斯运移的理念，在采掘工作面前方一定距离抽放瓦斯，可以有较好的抽放效果。

二、煤与瓦斯突出的动力

煤与瓦斯突出的动力包括地应力、煤体的弹性潜能、瓦斯膨胀能。

1. 地应力

煤体内存在着地应力（包括自重应力、地质构造应力和采动集中应力）、瓦斯压力和煤的自重力。在一般情况下这些力的大小和方向各不相同。自重应力和煤的自重力是铅垂方向，自重应力所派生的侧向应力是水平的。地质构造应力通常是水平的，瓦斯压力属于流体压力，是各向均等的。巷道周围的瓦斯压力对煤体的作用力方向指向巷道。各应力的数值可用表 6-2 估算。

一般情况下，煤层瓦斯压力不超过 $0.015H$（MPa），地应力在数值上为瓦斯压力的数倍，在工作面前方应力集中带内可以是瓦斯压力的 5 倍以上，因此，破碎煤体的主导力是地应力，特别是存在地质构造时。

2. 煤体的弹性潜能

煤体埋藏在地面以下数百米，其上下、左右都受到压力作用，使煤体储存弹性变形能。没有自由面时，煤体三向受压，处于三向应力状态。巷道进入煤体后，煤体处于单向应力状态。不同应力状态的弹性变形能可用以下各式计算：

表 6-2　地应力估算　　　　　　　　　　　　　　　　　　　　MPa

应力方向	自重应力	地质构造应力	采动集中应力	煤体自重应力
铅垂方向	$\sigma_{zq} = 0.025H$ H 是煤层埋藏深度，m		$1.5 \sim 3\sigma_{zq}$	$(0.013 \sim 0.016)H_m$ H_m 是突出孔垂高，m
水平方向	$\sigma_{zp} = (0.25 \sim 1.0)\sigma_{zq}$	$\sigma_{gp} = (0 \sim 20)\sigma_{zq}$		

单向应力状态：

$$w_t = \frac{\sigma^2}{2E} \tag{6-1}$$

三向应力状态：

$$W_t = \frac{1}{2E}\left[\sigma_1^2 + \sigma_2^2 + \sigma_3^2 - 2\mu(\sigma_1\sigma_2 + \sigma_2\sigma_3 + \sigma_1\sigma_3)\right] \tag{6-2}$$

式中　　　　　w_t——煤的弹性变形潜能，MJ/m^3；

　　　　　　　σ——煤的平均应力，MPa；

　σ_1、σ_2、σ_3——3 个方向的主应力，MPa；

　　　　　　　μ——煤的泊松比；

　　　　　　　E——煤的弹性模量，MPa。

上式说明，在同样应力作用下，煤的弹性模量小的分层，储存的弹性潜能大，煤分层越软，其弹性模量越小，弹性潜能就越高，所以，松软分层突出危险性大。煤的弹性潜能大部分消耗在煤的位移和破碎上，部分的用于煤的抛出。

3. 瓦斯膨胀能

煤内可以存储较高的瓦斯压缩能，这个能量在突出过程中起着破碎煤体、搬运突出物并使突出不断向煤体深部扩展的作用。突出瞬间瓦斯还处于煤体内，当地应力破碎煤体时有一部分弹性能转化为热能，使从煤体脱落后的碎煤中的瓦斯迅速解吸，并产生瓦斯膨胀能。

三、突出发生的条件

煤与瓦斯突出是在地应力、包含在煤中的瓦斯及煤结构力学性质综合作用下产生的动力现象。在突出过程中，地应力、瓦斯压力是发动与发展突出的动力，煤体结构及力学性质是阻碍突出发生的因素。因此，在研究突出发生条件时，必须首先研究地应力、瓦斯与煤的结构条件。

1. 地应力条件

一般说来，地应力在突出中的作用有以下 3 点：

(1) 围岩或煤层的弹性变形潜能对煤体做功，使煤体产生突然破坏和位移。

(2) 地应力场对瓦斯压力场起控制作用，围岩中的高地应力决定了煤层的高瓦斯压力，从而促进了瓦斯压力梯度在破坏煤体中的作用。

(3) 煤层透气性也取决于地应力状态，当地应力增加时，煤层透气性按负指数规律降低。因此，围岩中增高的地应力，也决定了煤层的低透气性，使巷道前方煤体不易排放瓦斯，而造成较高的瓦斯压力梯度。煤体一旦破坏，又有较高的瓦斯放散能力，这对突出是十分有利的。

从上述分析可以看出，具有较高的地应力是发生煤与瓦斯突出的第一个必要条件。当应力状态突然改变时，围岩或煤层才能释放足够的弹性变形能，使煤体产生突然破坏而激发突出。

可以认为，发生突出的充要条件是：煤层和围岩具有较高的地应力和瓦斯压力，并且在近工作面地带煤层应力状态发生突然变化，从而使得潜能有可能突然释放。

因此，防治突出的第一条原则就是释放工作面附近地带的较高的地应力。可以部分卸除煤层或采掘工作面前方煤体的应力，将集中应力区推移至煤体深部；部分排除煤层或采掘工作面前方煤体中的瓦斯，降低瓦斯压力，减小工作面前方瓦斯压力梯度。

2. 瓦斯条件

煤与瓦斯突出的第二个必要条件是有足够的瓦斯流把碎煤抛出，并且突出孔道要畅通，以便在孔洞壁形成较大的地应力和瓦斯压力梯度，从而使煤的破碎向深部扩展。

以游离状态和吸附状态存在于煤体裂隙和孔隙中的瓦斯，在突出过程中有 3 个方面的作用：

（1）全面压缩煤的骨架，促使煤体中产生潜能。

（2）吸附在煤体表面的瓦斯分子，对微孔起楔子作用，因而降低煤的强度。

（3）为突出提供了主要能源。由于瓦斯流不断地把破碎的煤炭及时运走，从而保持着突出孔壁存在着一个较高的地应力梯度和瓦斯压力梯度，造成作用于压力降低方向的力，使突出孔壁的破碎过程可能连续地向煤体深部扩展，形成强度猛烈的突出。从这个意义上讲，突出的继续或终止，将决定于突出通道是否畅通，即突出孔壁破碎煤炭被运走的程度。

无论是游离瓦斯还是吸附瓦斯，都参与突出的发展。突出时，依靠潜能的释放，使煤体破碎并发生移动，瓦斯的解吸使破碎和移动进一步加强。

防治突出的第二条原则，就是在工作面卸压的基础上，使煤体的瓦斯得以排放，降低瓦斯压力梯度和瓦斯内能。

3. 煤结构和力学性质条件

煤体结构和力学性质与发生突出的关系很大，因为煤体和煤的强度性质（抵抗破坏的能力）、瓦斯解吸和放散能力、透气性能等，都对突出的发生和发展起着重要作用。一般说来，煤越硬、裂隙越小，所需的破坏功越大，要求的地应力和瓦斯压力越高；反之亦然。因此，在地应力和瓦斯压力一定时，软煤分层易被破坏，突出往往只沿软煤分层发展。尽管在软煤分层中，裂隙丛生，但裂隙的连通性差，易于在软煤分层引起大的瓦斯压力梯度，又促进了突出的发生。同时，根据断裂力学的观点，煤层中薄弱地点最容易引起地应力集中，所以煤体的破坏将从这里开始，然后再沿整个软煤分层发展。

防治煤与瓦斯突出的第三条原则就是增加煤体强度，抽采煤层瓦斯，降低煤层瓦斯压力可以增高煤体强度，煤层注浆加固也可以增加煤体强度。

第三节　突出阶段及各要素之间的相互作用

一、煤与瓦斯突出阶段

煤与瓦斯突出并非瞬间完成的，它有一个发生、发展过程，突出的发生必须具备一定的能量。为了达到一定的能量水平，突出的煤体经历着能量的积聚过程，并且逐渐发展到临界破坏状态。突出的发展过程一般可划分为突出准备、突出激发、突出抛出、突出终止 4 个阶段。

1. 突出准备阶段

准备阶段指突出发生前工作面前方煤体及围岩中能量的积聚和突出阻力降低两个过程：一是能量积聚的过程，如地应力的形成使煤体弹性能增加，孔隙、裂隙的压缩，使瓦斯压力增高，瓦斯压缩能增高；二是阻力降低过程，如落煤工序使煤体由三向应力状态转为二向应力状态甚至单向应力状态，煤体强度骤然下降（阻力降低）。由于弹性能、压缩能的增高和应力状态的改变，煤体进入不平衡状态，外部表现为煤壁外鼓、掉渣、支架压力增大、瓦斯忽大忽小、发出劈裂及闷雷声或无声的各种突出预兆。

2. 突出激发阶段（发动阶段）

该阶段的特点是地应力状态突然改变，即极限应力状态的部分煤体突然破坏，卸载（卸压）并发生巨响和冲击，使瓦斯作用在破碎煤体上的推力向巷道自由方向顿时增加几倍到十几倍，伴随着裂隙的生成与扩张，膨胀瓦斯开始形成，大量吸附瓦斯进入解吸过程而参与突出。

3. 突出抛出阶段（发展阶段）

该阶段具有两个互相关联的特点：一是突出从激发点起向内部连续剥离并破碎煤体，二是破碎的煤在不断膨胀的承压瓦斯风暴中边运送边粉碎。前者是在地应力与瓦斯压力共同作用下完成的，后者主要是瓦斯内能做功的过程。煤的粉化程度、游离瓦斯含量、瓦斯放散初速度、解吸的瓦斯量以及突出孔洞周围的卸压瓦斯流，对瓦斯风暴的形成与发展起着决定作用。在该阶段中煤的剥离与破碎不仅具有脉冲的特征，而且有时是多轮回的过程。

4. 突出终止阶段

突出的终止有以下两种情况：一是在剥离和破碎煤体的扩展中遇到较硬的煤体或地应力与瓦斯压力降低到不足以破坏煤体；二是突出孔道被堵塞，其孔壁由突出物支撑建立起新的平衡或孔洞瓦斯压力因其被堵塞而升高，地应力与瓦斯压力梯度不足以剥离和破碎煤体。这时突出虽然停止了，但突出孔洞周围的卸压区与突出的煤涌出瓦斯的过程并没有停止，异常的瓦斯涌出还要持续相当长时间。

二、地应力与瓦斯压力在突出过程中的作用

地应力、瓦斯压力在突出过程的各阶段所起的作用是不同的。在突出的激发阶段，破碎煤体的主导力是地应力，而在突出的发展阶段，剥离煤体靠地应力与瓦斯压力的联合作用，运送与粉碎煤炭是靠瓦斯的内能（煤的内外瓦斯压力差）。根据突出实例的统计数据进行计算，在突出过程中瓦斯提供的能量比地应力弹性能高 3~6 倍以上。压出和倾出时煤体最初破碎的主导力也是地应力。在极少数突出实例中也可以看到瓦斯压力为主导力发动突出的现象，这时需要很大的瓦斯压力梯度与非常低的煤强度。突出煤的重要特征是强度低和具有揉皱破碎结构，即所谓"构造煤"。这种煤处于约束状态时可以储存较高的能量，透气性锐减形成危险的瓦斯压力梯度；而当处于表面状态时，它极易破坏粉碎，放散瓦斯的初速度高、释放能量的功率大，因此当应力状态突然改变或者从约束状态突然变为表面状态时容易激发突出。

1. 地应力在突出过程中的作用

地应力在突出过程中的主要作用有 3 个：

（1）激发突出。

（2）在突出发展过程中与瓦斯压力梯度联合作用对煤体进行剥离、破碎。

（3）影响煤体内部裂隙系统的闭合程度和生成新的裂隙、控制着瓦斯的流动、卸压瓦斯流和瓦斯解吸过程。当煤体突然破坏时，伴随着卸压过程、新旧裂隙系统连通起来并处于开放状态，顿时显现卸压流动效应，形成可以携带破碎煤的有压头的膨胀瓦斯风暴。

2. 瓦斯在突出过程中的作用

瓦斯在突出过程中的主要作用有 3 个：

（1）压力梯度的瓦斯可以独立激发突出。

（2）瓦斯压力与地应力配合连续地剥离破碎煤体使突出向深部传播。

（3）膨胀着的瓦斯把破碎的煤运走加以粉碎，并使新暴露的突出孔壁附近保持着较高的地应力梯度与瓦斯压力梯度，为连续剥离煤体准备好必要条件。因此，突出的发展或终止将取决于破碎煤炭被运出突出孔洞的程度，及时而流畅的运走突出物会促进突出的发展，反之，突出孔洞被堵塞时，突出孔壁的瓦斯压力梯度骤降，可以阻止突出的发展，以致使突出停止下来。

三、突出的主要因素及相互关系

发生突出的主要因素有地应力、瓦斯压力和煤的结构 3 个因素。前两个因素是导致煤体破坏和突出发生、发展的动力，后一因素是阻碍突出发生的力。如果前两个因素占主导地位，即加在煤体上的地应力大于煤的破坏强度时，就可能发生突出现象。当后一因素占主导地位时，就不会发生突出。在前两个因素占主导地位的区域预先采取抽放瓦斯措施，或者采取降低地应力的其他措施，或者采取加固煤体提高煤的强度措施，那么突出危险就可以消除。

地应力、瓦斯和煤的结构与强度同时存在于突出煤层内，它们之间是相互依存、互相影响的。随着煤层埋藏深度的增加，地应力增加，瓦斯压力也增加，也就是说：某一地应力值总有与其对应的瓦斯压力值，所以地应力是瓦斯在煤内储存的条件。

瓦斯对地应力也有反作用，试验证实：煤充瓦斯后，其应力增加，且所充瓦斯越多，应力增值越大；反之，排放瓦斯后，煤的内应力下降。原始地应力越大的地点，其突出危险性越大，因为它不仅地应力高，而且这些地点的原始瓦斯压力也可能较高，而煤的强度还可能较小，而在地应力低的地点，突出危险性较小。

瓦斯压力与地应力相互依存的原理，对于突出的预测有重要的指导作用。在垂深相同的地方，同一煤层中所测的瓦斯压力一般应相等，因为重力产生的地应力是相同的。如果测出某地区瓦斯压力增高，且测定的数据确实可靠，那就说明这是个地应力增高区，可能有地质构造应力存在。

在煤与瓦斯突出中，破碎煤体的主导力是地应力，破碎煤体的能量主要是地应力能，煤在抛出和破碎过程中所消耗的能量主要是瓦斯内能。

第四节　煤与瓦斯突出的鉴定

煤层突出危险性鉴定分为 3 种情况：一是对已经发生突出的煤层进行鉴定；二是对没有发生过突出但在生产过程中有动力现象的煤层进行鉴定；三是经评估有突出危险的新建矿井，建井期间对开采煤层进行突出危险鉴定。

一、突出危险性鉴定的阶段划分

根据《防治煤与瓦斯突出规定》，突出危险性鉴定从地质勘探开始，分为 3 个阶段。

1. 地质勘探报告提供煤层突出危险性的基础资料

《防治煤与瓦斯突出规定》第八条要求：地质勘探单位应当查明矿床瓦斯地质情况。井田地质报告应当提供煤层突出危险性的基础资料。

基础资料应当包括下列内容：①煤层赋存条件及其稳定性；②煤的结构类型及工业分析；③煤的坚固性系数、煤层围岩性质及厚度；④煤层瓦斯含量、瓦斯成分和煤的瓦斯放散初速度等指标；⑤标有瓦斯含量等值线的瓦斯地质图；⑥地质构造类型及其特征、火成岩侵入形态及其分布、水文地质情况；⑦勘探过程中钻孔穿过煤层时的瓦斯涌出动力现象；⑧邻近煤矿的瓦斯情况。

上述基础资料的第①、②、③项内容主要是反映煤层的赋存条件和物理、力学性质；第④、⑤项内容是反映煤层瓦斯含量的大小及煤解吸瓦斯的快慢；第⑥项内容则反映煤层受到地质构造破坏的情况及地质复杂程度；第⑦项是反映钻孔瓦斯涌出动力现象的定性资料；第⑧项邻近矿井的瓦斯情况，这对评估勘探区煤层瓦斯情况及突出危险性有重要参考价值。

2. 突出危险性评估

新建矿井在可行性研究阶段，应当对矿井内采掘工程可能揭露的所有平均厚度在 0.3 m 以上的煤层进行突出危险性评估。

评估结果作为矿井立项、初步设计和指导建井期间揭煤作业的依据。

3. 突出危险性鉴定

经评估认为有突出危险的新建矿井，建井期间应当对开采煤层及其他可能对采掘活动造成威胁的煤层进行突出危险性鉴定。

二、煤与瓦斯突出矿井（或煤层）鉴定规范、法规

我国目前已颁布实施有效的有关煤与瓦斯突出矿井（或煤层）鉴定的规范、法规有：《煤矿安全规程》、《防治煤与瓦斯突出规定》、《煤与瓦斯突出矿井鉴定规范》（AQ 1024—2006）、《煤矿瓦斯等级鉴定暂行办法》、《煤矿瓦斯等级鉴定暂行办法》（安监总煤装〔2011〕162 号），它们对鉴定方法、鉴定报告的内容等作了规定，是突出矿井鉴定的主要规范性文件。

三、煤与瓦斯突出矿井（或煤层）鉴定依据

鉴定依据有 3 条：一是以实际发生的瓦斯动力现象，二是实际测定的突出危险性指标，三是打钻过程中出现的突出预兆。

1. 根据实际发生的动力现象鉴定

《防治煤与瓦斯突出规定》第十三条规定：突出煤层鉴定应当首先根据实际发生的动力现象进行。《煤矿瓦斯等级鉴定暂行办法》规定：以瓦斯动力现象特征为主要鉴定依据进行鉴定的，应当将现场勘测情况与瓦斯突出的基本特征进行对比，当瓦斯动力现象特征符合煤与瓦斯突出基本特征时，该瓦斯动力现象为煤与瓦斯突出。

2. 打钻过程中的突出预兆

打钻过程中发生喷孔、顶钻等突出预兆的，确定为突出煤层。

《煤矿瓦斯等级鉴定暂行办法》对喷孔的定义：钻孔施工中，在瓦斯压力的作用下，从钻孔短时、断续喷出瓦斯和煤粉，且喷出距离一般大于0.5 m的异常动力现象。

3. 根据实际测定的煤层突出危险性指标鉴定

当动力现象不明显时或没有动力现象时，应当根据实际测定的煤层最大瓦斯压力 p、软分层煤的破坏类型、煤的瓦斯放散初速度 Δp 和煤的坚固性系数 f 等指标进行鉴定。全部指标均达到或者超过表6-3所列临界值的，确定为突出煤层。

表6-3　判定煤层突出危险性单项指标的临界值及范围

判定指标	煤的破坏类型	瓦斯放散初速度 Δp/mmHg	煤的坚固性系数 f	煤层瓦斯压力 p/MPa（相对压力）
突出危险性的临界值及范围	Ⅲ、Ⅳ、Ⅴ	≥10	≤0.5	≥0.74

煤层突出危险性指标未完全达到表6-3所列临界范围的，但煤层硬度系数和瓦斯压力关系符合表6-4时，也确定为突出煤层。

表6-4　用煤层硬度系数和瓦斯压力确定突出煤层

煤层硬度系数 f	瓦斯压力/MPa	煤层突出危险性
≤0.3	≥0.74	
0.3＜f≤0.5	≥1.0	
0.5＜f≤0.8	≥1.5	确定为突出煤层
	≥2.0	

当鉴定结果认定为非突出煤层时，采掘工程进入原鉴定报告圈定的范围以外，或者采深增加超过50 m，或者进入新的地质单元时，应当重新测定参数进行鉴定。

4. 经事故调查认定

煤矿发生瓦斯动力现象造成生产安全事故，经事故调查认定为突出事故的，该煤层即为突出煤层，该矿井即为突出矿井。

5. 按抛出煤炭的吨煤瓦斯涌出量判定

《煤与瓦斯突出矿井鉴定规范》（AQ 1024—2006）规定：抛出煤炭的吨煤瓦斯涌出量可作为判断煤与瓦斯突出的辅助指标。《煤与瓦斯突出矿井鉴定规范》（AQ 1024—2006）规定：当瓦斯动力现象的煤与瓦斯突出基本特征不明显，尚不能确定或排除煤与瓦斯突出现象时，应计算瓦斯动力现象发生过程中抛出煤的吨煤瓦斯涌出量，抛出煤的吨煤瓦斯涌出量大于（或等于）30 m³/t 或为本区域煤层瓦斯含量的2倍以上的瓦斯动力现象，应定为煤与瓦斯突出，该煤层定为突出煤层，该矿井即定为突出矿井。

动力现象抛出的吨煤瓦斯涌出量按如下方法计算：抛出的煤（岩）量为堆积于原工作面煤（岩）壁以外的煤（岩）量或者实际清理出的煤量。瓦斯涌出量为发生瓦斯动力现象后回风巷中的瓦斯从升高开始，截至恢复到动力现象发生前状态的新增瓦斯涌出量。对瓦斯涌出量长时间不能恢复到瓦斯动力现象发生前的瓦斯涌出状态的，计算截止时间为瓦斯涌出量降到 $1.0\ \mathrm{m^3/min}$ 以下或者瓦斯涌出量降到稳定状态时。

四、对突出矿井（或煤层）鉴定的要求

《煤矿瓦斯等级鉴定暂行办法》对突出煤层鉴定提出了 4 条要求：

1. 突出危险性指标数据

突出危险性指标数据应当为实际测定数据。

2. 测点布置

指标测定或者采取煤样地点应当能有效代表待鉴定范围的突出危险性，测点应按照不同的地质单元分别布置，测点分布和数量根据煤层范围大小、地质构造复杂程度等确定，但同一地质单元内沿煤层走向测点不应少于 2 个，沿倾向不少于 3 个，并应在埋深最大的开拓工程部位布置有测点。

3. 指标取值

各指标取值鉴定煤层各测点的最高煤层破坏类型、软分层煤的最小坚固系数、最大瓦斯放散初速度和最大瓦斯压力值。

4. 指标测试的要求

所有指标测试应严格按照相关标准执行，测试仪器仪表应保证在其检定有效期内使用，相关材料的性能、型号和有效期等应符合要求。

第五节　防治突出的基础管理

煤与瓦斯突出是矿井灾害中最为严重的灾害之一，一旦发生煤与瓦斯突出，将形成冲击波破坏采掘空间内的设施，抛出的大量煤（岩）伤害或掩埋现场工作人员；瞬间涌出的大量瓦斯会造成人员窒息死亡，遇到火源时可能引起瓦斯爆炸，不但造成企业重大经济损失，而且造成人员伤亡，在社会上造成严重影响。煤与瓦斯突出事故的发生，反映了煤矿企业对防治煤与瓦斯突出工作重视程度不够，《防治煤与瓦斯突出规定》落实不到位、两个"四位一体"综合防突措施执行不严格，瓦斯基础管理和技术管理薄弱，隐患排查治理制度落实不到位。为了避免突出事故发生，必须加强对防治突出工作的管理。必须坚持以人为本原则，最大限度地保护人员的生命安全；坚持源头治理，标本兼治，以源头治理为主原则。

一、做好防治煤与瓦斯突出的基础工作

强化基础管理是瓦斯防治的基本保障。瓦斯防治必须抓基层、打基础，必须有完善的制度、专门的机构、专职的队伍、专业的管理，必须做到安全投入到位、瓦斯地质清楚、等级鉴定准确、效果检验科学。

1. 建立防突机构

有突出矿井的煤矿企业、突出矿井，必须建立健全以总工程师为核心的"防治突出"技术管理体系，必须设置通风、防突、瓦斯监管专业机构，组建打钻、抽采、评价等专业

化队伍，配齐配足"防治突出"需要的工程技术人员，明确防突技术负责人，并配备瓦斯地质技术人员，由总工程师直接领导。

防突机构的主要任务是：

（1）随时掌握突出煤层的动态和突出规律；制定区域和局部综合防突工程计划，落实计划执行情况；对瓦斯综合治理工作进行考核、奖罚。

（2）制定防治突出措施并组织实施，确定突出危险性预测方法和指标。

（3）制定防突措施的效果检验方案，跟踪效果检验执行情况。

（4）制定采掘施工方案，并跟踪实施效果，及时修正防突措施，及时向汇报防突情况。

（5）填写突出卡片（表6-5），积累资料，摸索规律，总结经验，在此基础上制定符合本矿实际的防突技术方案。

表6-5　煤与瓦斯突出记录卡片

突出日期			年　月　日　时		地点		孔洞形状轴线与水平面之夹角/(°)	
标高		巷道类别	突出类型		距地表垂深/m		喷出煤量和岩石量	
突出地点通风系统示意图（注距离尺寸）			突出处煤层剖面图（注比例尺寸）煤层顶底板柱状图			发生动力现象后的主要特征	煤喷出距离和堆积坡度	
							喷出煤的粒度和分选情况	
煤层特征	名称		倾角/(°)	邻近层开采情况	上部		突出地点附近围岩和煤层破碎情况	
	厚度/m		硬度		下部		动力效应	
地质构造的叙述(断层、褶曲、厚度、倾角及其变化)							突出前瓦斯压力和突出后瓦斯涌出情况	
支护形式			棚距/m				其他	
控顶距离/m			有效风量/(m³·min⁻¹)					
正常瓦斯浓度/%			绝对瓦斯量/(m³·min⁻¹)					
突出前作业和使用工具							突出孔洞及煤堆积情况（注比例尺）	
突出前所采取的措施（附图）							现场见证人（姓名、职务）	
							伤亡情况	
突出预兆							主要经验教训	
突出前及突出当时发生过程的描述				防突负责人	通风区（队）长		矿长	

（6）制定有关防突的规章制度，审批防突方案。

2. 落实防突责任

有突出矿井的煤矿企业主要负责人及突出矿井的矿长是本单位防突工作的第一责任人，对防治突出管理工作负全面责任。负责健全瓦斯治理机构、配齐人员、完善瓦斯治理责任制和管理制度，保证瓦斯防治各项政策和措施落实到位，定期检查，平衡防治突出工作。

煤与瓦斯突出矿井的总工程师兼任常务副矿长，对防治突出工作负全面技术责任。负责组织编制、审批瓦斯防治规划、计划并组织实施。负责组织检查防治突出工作规划、计划，瓦斯治理方案和安全技术措施落实情况；负责瓦斯治理资金的安排使用。

分管防突的副矿长负责防突技术措施的现场落实，安全监察局局长及安全矿长负责监督检查，矿职能部门负责人对本职范围内的防突工作负责，区队、班组长对管辖内的防治突出工作负直接责任，防突人员对所在岗位的防治突出工作负责。

3. 全面掌握防突基本参数

高瓦斯、煤与瓦斯突出矿井应及时按规定测定煤层瓦斯压力、瓦斯含量及其他与突出危险性相关的参数，建立矿井瓦斯基础资料数据库；并在采掘非突出煤层过程中收集煤层瓦斯压力、煤的破坏类型、瓦斯放散初速度和坚固性系数等"四项指标"资料，发现有一项指标超标或突出预测敏感性指标出现超标的，该煤层按突出煤层管理，并及时进行煤层突出危险性鉴定。

对发生的瓦斯事故，经调查组认定为煤（岩）与瓦斯（二氧化碳）突出事故的，即可认定为突出矿井。对发生瓦斯动力现象、开采水平已达到相邻突出矿井始突深度、开采煤层瓦斯压力达到或超过 0.74 MPa 的矿井，或经评估认为有突出危险的矿井，要组织进行矿井瓦斯突出鉴定；鉴定未完成前，要按突出矿井采取相关防范措施。

对煤与瓦斯突出矿区内所有高瓦斯矿井和低瓦斯矿井也要测定煤层瓦斯压力、瓦斯含量等基础参数，开展煤与瓦斯突出危险性评估。要规定非突出矿井在限定时间内完成突出危险鉴定工作，特别要加强对在建、技改和停产整顿矿井的瓦斯等级鉴定管理工作，在没有完成鉴定之前，一律按煤与瓦斯突出矿井进行管理。

4. 强化突出矿井地质基础工作

煤矿企业要加强地面物探与井下钻探相结合的地质构造探测工作，开展以控制煤层层位、控制地质构造、防止误揭煤层为重点的防突地质基础工作，在强化井下钻探的同时，积极开展多样化物探、精细三维地震勘探、地质测量预警等技术攻关，提高地质预测预报准确率，避免因地质工作失误造成突出事故。

5. 编制矿井瓦斯地质图

矿井瓦斯地质图是防突管理的基本图件，由突出矿井的地质测量部门与防突机构、通风部门共同编制。瓦斯地质图根据勘探钻孔瓦斯资料、井下钻孔施工过程中实测的瓦斯资料、揭露的地质构造、防突预测过程中收集的防突指标绘制。瓦斯地质图中，标明采掘进度、被保护范围、煤层赋存条件、地质构造、突出点位置、突出强度、煤层原始瓦斯压力、瓦斯含量以及绝对瓦斯涌出量和相对瓦斯涌出量等资料，并根据实际揭露资料每月修改、填绘，作为区域突出危险性预测和制定防突措施的依据，以指导防突工作的开展。

6. 全力推进"六大系统"建设

各煤矿要用好煤矿安全监测监控系统，全面推广井下人员管理定位系统，按照有关要求建立健全井下紧急避险系统，进一步完善压风自救系统、供水施救系统、通信联络系统等，采取可靠有效的安全防护措施。所有煤矿都必须按规定建立"设施完备、系统可靠、管理到位、运转有序"的井下安全避险"六大系统"，全面提升安全保障能力。

二、防治煤与瓦斯突出的现场管理

1. 切实做到先抽后采、抽采达标

要认真落实区域防突措施，坚持可保必保、应抽尽抽。具备保护层开采条件的，必须制定保护层开采及瓦斯抽采规划，把保护层开采作为区域防突首选措施，实现保护层连续开采和规模开采。不具备保护层开采条件的，必须实施区域性的预抽瓦斯措施，在矿井采掘设计和生产安排上，必须为瓦斯抽采提供充足时间和空间，将瓦斯抽采纳入矿井生产接续计划安排，凡是应当抽采的煤层都必须进行抽采，实现抽采达标，生产安排必须与瓦斯抽采达标的煤量相匹配，保证采掘生产活动始终在抽采达标的区域内进行。

2. 加强重点环节的防突工作

采掘面过构造和石门揭煤是防突的重点环节。石门揭煤时要避开地质构造破坏带、应力集中区，揭煤前必须探清煤层层位、构造，测准煤层瓦斯压力；采掘突出煤层时必须避免造成应力集中，要建立应力集中区预警机制，制定防范措施；加强消突钻孔的验收、检查，制定钻孔验收办法，落实钻孔施工责任，确保钻孔按设计参数施工到位；规范防突措施的效果检验，严格按规定进行测点布置，测准残余瓦斯压力、残余瓦斯含量，掌握钻孔突出预兆；在地质构造带掘进煤巷时，要采取超前探控措施，及时掌握煤层前方 10 m 左右的超前距，预抽位于地质构造带的煤层瓦斯时，要视其具体情况加密钻孔布置。

3. 加强对重点防突环节的实时监控

煤矿企业必须结合实际，确定突出矿井重点防突环节及重点监控采掘工作面。矿井对重点防突环节、重点监控的采掘工作面，要实行班调度、班汇报，强化现场管理。煤矿企业对重点防突环节、重点采掘面实行周调度制度，以促进防突措施落到实处。石门远距离爆破揭煤、突出煤层采掘工作面过应力集中区、地质构造带等防突重点环节，必须采取防护措施并有矿级领导现场指挥作业。

三、深入开展瓦斯事故隐患排查

1. 建立防突工作定期检查制度

突出矿井每月至少一次进行综合防突措施实施情况的专项检查，及时解决防突措施落实过程中存在的问题；每季度至少一次全面排查防突管理制度、机构人员设置、职工防突培训、瓦斯治理工程进度、安全投入、区域和局部两个"四位一体"综合防突措施等落实情况，及时解决防突所需的人力、物力、财力。

2. 建立防突隐患整改效果评价制度

煤矿企业要组织开展以专业人员为主导的防突隐患整改效果评价活动，定期对突出矿井进行技术"会诊"和隐患整改效果评价，针对"会诊"发现的重大隐患和突出问题，帮助制定有针对性的整改方案并跟踪落实，确保整改到位。

3. 建立煤矿瓦斯重大隐患挂牌督办制度

煤矿安全监管部门和煤矿企业都要建立煤矿瓦斯重大隐患档案，实行瓦斯治理措施落实情况定期排查、调度和通报制度；对未按规定建设瓦斯抽采系统、瓦斯抽采不达标、防突规定不落实的矿井要实行挂牌督办和公告，督促做到整改措施、责任、资金、时限和预案"五到位"，并定期通报整改措施落实情况，及时消除事故隐患。

四、严格煤矿安全监管监察

1. 严格突出矿井生产能力核定

煤与瓦斯突出、冲击地压等灾害严重的生产矿井，原则上不再扩大生产能力（含产业升级、技术改造及能力核定），并对上述矿井重新核定生产能力，核减不具备安全保障的生产能力。高瓦斯、突出矿井分别按核定生产能力的80%、90%组织生产。

2. 建立小型煤与瓦斯突出矿井退出机制

各地煤矿安全监管部门要会同煤炭行业管理部门，对辖区内 30×10^4 t/a 及以下小型煤与瓦斯突出矿井防治突出现状进行一次全面排查，组织专家"会诊"及技术论证，对不具备防突治理能力的煤矿，要提请地方人民政府实施关闭。

3. 加大对防突措施落实情况的监察力度

各级煤矿安全监察机构要将防突措施落实情况作为重点监察内容，对在瓦斯等级鉴定中弄虚作假、提供虚假材料的煤矿企业，出具虚假证明的鉴定单位及其有关责任人，依法严肃查处。对没有测定煤层瓦斯压力等基础参数或应进行而未进行突出危险性鉴定的矿井，要责令立即整改；对矿井区域防突措施不到位、抽采不达标仍然组织生产的，要责令实施停产整顿。

4. 建立联合执法机制

各地煤炭行业管理、煤矿安全监管部门和驻地煤矿安全监察机构要通过联合执法，加大对煤与瓦斯突出矿井监管监察力度。按照集中开展"打非治违"专项行动的统一部署，严肃查处防治煤与瓦斯突出工作中的违法违规生产行为；对开采突出煤层不落实《防治煤与瓦斯突出规定》，冒险蛮干，违法违规组织采掘活动的，要依法从重处罚并提请地方政府予以关闭。

5. 严肃事故查处和责任追究

各级煤矿安全监察机构要按照"四不放过"和"依法依规、实事求是、注重实效"原则，认真分析事故原因，严肃追究事故责任，对不落实《防治煤与瓦斯突出规定》造成的事故，要依法从重追究企业及企业主要负责人和相关负责人的责任。

第六节 防治突出的技术管理

一、编制防突专项设计

有突出煤层的新建矿井及突出矿井的新水平、新采区，必须编制防突专项设计。设计应包括开拓方式、煤层开采顺序、采区巷道布置、采煤方法、通风系统、防突设施（设备）、区域综合防突措施和局部综合防突措施等内容。

突出矿井新水平、新采区移交生产前，必须经当地人民政府煤矿安全监管部门按管理权限组织防突专项验收;未通过验收的不得移交生产。

石门、井巷揭穿突出煤层及突出煤层采掘工作面既要编制防突专项设计,还要有详细的抽采设计,规定钻孔布置数量、钻孔参数、封孔要求、钻孔施工安全措施等,并报企业技术负责人审批。

二、建立地面永久抽采系统

突出矿井必须建立满足防突工作要求的地面永久抽采系统。

三、制定防突措施

区域综合防突措施和局部综合防突措施由防治突出的专门机构制定。突出煤层采掘工作面局部综合防突措施经矿技术负责人审批,区域综合防突措施由企业技术负责人审批。

防治突出措施的内容包括地质资料、煤层赋存条件、瓦斯基础参数、突出危险性预测方法、防治突出具体措施及其效果检验方法、安全防护措施以及贯彻执行防治突出措施的责任制,并附有图表。

编制的采掘工作面防突措施要征求施工区队意见,由生产、技术、通风、机电、安监等部门会签,由煤矿技术负责人审批。批准后的防突措施要向施工区队干部、工人贯彻,并要考核合格后方可上岗;发现问题报原措施制定单位修改。

四、防突效果评价

防突效果评价包括区域防突措施效果评价、工作面局部防突措施效果评价。采用开采保护层作为区域防突措施的,应布置检验点实测残余瓦斯压力、残余瓦斯含量、顶底板位移量,以评价防突效果。采用预抽煤层瓦斯区域防突措施的,要根据钻孔竣工图设计检验点,取样实测残余瓦斯含量,以评价区域防突效果。在区域防突效果达标后,采掘作业过程中,主要采用钻屑瓦斯解吸指标、钻屑量指标、钻孔瓦斯涌出初速度指标评价工作面局部综合防突措施效果。

五、明确突出矿井地质测量部门的责任

突出矿井地质测量部门在防突工作中的责任主要有3条:

(1)编制临近未保护区通知单。在采掘工作面距离未保护区边缘50 m前,编制临近未保护区通知单,并报矿技术负责人审批后交有关采掘区(队)。

(2)边掘边探,探明地质构造。在突出煤层的顶板或底板中掘进巷道时,地质测量部门提前进行地质预报,掌握施工动态和围岩变化情况,及时验证提供的资料,并定期通报给防突机构和采掘区(队);遇有较大变化时,随时通报。

(3)井巷揭煤或煤巷掘进及回采前,应当及时探明突出煤层赋存(特别是煤层厚度、倾角变化情况)、地质构造及顶底板等地质条件,每月要编制地质说明书,动态掌握突出煤层情况。

突出煤层外的岩巷掘进,必须保留一定距离的安全岩柱,当距离煤层的最小法向距离小于10 m(在地质构造破坏带小于20 m)时,必须边探边掘,在前方地质构造清楚、瓦斯情况清楚、水文情况清楚的条件下,确保最小法向距离不小于5 m,以防止突出煤层突

破岩柱而威胁巷道的作业安全。

永贵能源公司所属矿井一直坚持逢掘必探，不探不掘，有效地防止了各种突出事故发生。

六、编制防突规划

突出矿井和煤炭企业在编制年、季、月生产建设计划的同时，必须编制年、季、月的防治煤与瓦斯突出计划，将防突的预抽煤层瓦斯、保护层开采等工程与矿井开拓区、抽采区、保护层开采区和突出煤层（或被保护层）开采区按比例协调配置，为突出煤层区域治理留足时间和空间，从而保证生产接替不失调，确保在突出煤层采掘前区域防突措施执行到位，治理效果达标。

防突规划的内容包括：

（1）保护层开采计划，预抽煤层瓦斯计划和瓦斯利用计划。内容包括工程实施地点，工程量，工程进度安排，施工队伍和人员。

（2）石门揭煤计划，包括揭煤时间、地点和防突措施。

（3）采掘工作面局部防突措施。

（4）防突所需要的设备、材料、资金和劳动力计划。

七、召开防突专题会

矿井每月要召开一次防突专题会，总结分析各采掘面防突措施执行情况、存在的问题和解决方案，安排下月防突工作计划。

八、编制突出事故应急预案

突出矿井应当根据矿井抽、掘、采接替计划编制突出事故应急预案，并在人、财、物等方面做好准备，以确保事故发生时，能及时有效地进行事故救援和灾后处理。应急预案根据作业地点的变动及时修改。

九、坚持区域防突措施先行、局部防突措施补充的原则

《防治煤与瓦斯突出规定》规定，防突工作坚持区域防突措施先行、局部防突措施补充的原则。突出矿井采掘工作做到不掘突出头、不采突出面，严禁在区域防突措施未达到要求的区域进行采掘作业。

区域防突工作应当做到多措并举、可保尽保、应抽尽抽、效果达标。

十、突出矿井的巷道布置应当符合的要求和原则

（1）运输大巷、轨道大巷、主要风巷、采区上山和下山（盘区大巷）等主要巷道布置在岩层或非突出煤层中。

（2）减少井巷揭穿突出煤层的次数。

（3）揭穿突出煤层的地点应当合理避开地质构造破坏带。

（4）突出煤层的巷道优先布置在被保护区域或其他卸压区域。

（5）在同一突出煤层正在采掘的工作面应力集中范围内，不得安排其他工作面进行

回采或者掘进。具体范围由矿总工程师确定，但不得小于 30 m。

（6）突出煤层的掘进工作面应当避开邻近煤层采煤工作面的应力集中范围。

在突出煤层同一区段做相向回采或掘进时，容易造成应力集中，且应力集中系数较高，一般掘进工作面前方 5～15 m 为应力集中范围，采煤工作面前方 3 m 以外为应力集中区。采掘工作面进入另一个采掘工作面应力集中范围，则两个工作面的应力叠加产生更大的应力集中，极易发生突出事故，所以要求同一突出煤层正在采掘的工作面应力集中范围内，不得安排其他工作面回采或者掘进。

（7）突出煤层的每个采区，必须设置至少 1 条专用回风巷。

十一、通风系统要满足的规定

突出矿井的通风系统应当满足下列要求：

（1）井巷揭穿突出煤层前，具有独立的、可靠的通风系统。

（2）突出矿井、有突出煤层的采区、突出煤层工作面都有独立的回风系统。采区回风巷是专用回风巷。

（3）在突出煤层中，采掘工作面的回风流必须直接引入专用回风巷并顺向交接，严禁共用回风，严禁任何 2 个采掘工作面之间串联通风。

（4）煤（岩）与瓦斯突出煤层采掘工作面回风巷、采区回风巷及总回风巷安设高低浓度甲烷传感器。

（5）突出煤层采掘工作面回风侧不得安设调节风流的设施。易自燃煤层的采煤工作面确实需设置调节装置的，须经煤矿企业技术负责人批准。

（6）严禁在井下安设辅助通风机。

（7）突出煤层掘进工作面的通风方式采用压入式。

上述"可靠"就是通风设施要经受一定冲击压力，不能因突出遭受破坏，这就要求防突风门距离掘进面的距离不能小于 70 m，风门墙厚度不能小于 800 mm，并要掏槽。回风流要顺，不能折返回风，绕圈回风。

国家发展改革委、国家能源局、国家安全监管总局、国家煤矿安监局联合下发的《关于进一步加强煤矿瓦斯防治工作坚决遏制重特大瓦斯事故的通知》（发改能源〔2009〕3278 号）要求：优化煤矿生产布局和通风系统。各煤矿企业要根据煤层和瓦斯赋存情况，优化巷道布置，简化生产系统，严格按规定控制采掘工作面和下井人员数量。新采区投产前，瓦斯治理工程必须具备各项功能和条件，否则不准投产。现有生产矿井未按规定落实先抽后采以及区域和局部综合防突措施的，必须实施瓦斯抽采和防突技术改造；通风系统复杂、通风阻力大的，必须实施通风系统改造；安全监控系统运行不可靠、传感器数量不足的，必须实施安全监控系统改造。改造不达标的，要实施停产整顿，经煤炭行业管理部门和煤矿安全监察机构验收合格后方可恢复生产。

十二、突出矿井采掘作业要满足的规定

（1）严禁水力采煤法、倒台阶采煤法及其他非正规采煤法。

（2）急倾斜煤层适合采用伪倾斜正台阶、掩护支架采煤法。

（3）采煤工作面尽可能采用刨煤机或浅截深采煤机采煤。

（4）掘进工作面与煤层巷道交叉贯通前，被贯通的煤巷必须超过贯通位置，其超前距不得小于5 m，并且贯通点周围10 m内的巷道应加强支护。在掘进工作面与被贯通巷道距离小于60 m的作业期间，被贯通巷道内不得安排作业，并保持正常通风，且在爆破时不得有人。

（5）急倾斜煤层掘进上山时，采用双上山或伪倾斜上山等掘进方式，并加强支护。

十三、施工防突钻孔的规定

在突出煤层中施工防突钻孔，必须采取防止打钻突出、防止钻孔着火的安全技术措施。在突出煤层掘进工作面首次施工钻孔前，按照"先浅孔后深孔，先小孔后大孔"的原则，在保持5 m安全屏障的前提下施工钻孔。在第一次执行防突措施或无可靠安全屏障时，必须用42 mm的浅孔排放，只有在工作面前方形成不少于5 m的安全屏障后，方可在浅孔的基础上套打深孔，实施正常的防突措施。施工防突钻孔过程中在安全屏障内出现喷孔、指标超限、必须按无安全屏障处理，继续施工直径42 mm的浅孔排放，经检验无突出危险后方可继续施工正常的防突措施。

在采掘工作面施工抽放钻孔，若有垮孔、喷孔、卡钻现象，则钻孔应布置在硬分层中。

十四、防突措施编制、审批和贯彻、实施

（1）防突措施的编制。编制防突措施，必须根据采区瓦斯地质图并结合邻近采掘工作面的实测防突指标、地质构造、瓦斯涌出情况、埋藏深度等绘制瓦斯地质图，并进行区域突出危险性划分，制定针对性防突措施。瓦斯地质图至少要反映采掘工作面周围100 m范围的瓦斯、地质、采动关系。

当采掘工作面地质条件发生变化时，必须停止作业，探清构造情况，重新补充有针对性的防突措施。

（2）防突措施的审批。防突措施必须由组织生产、通风、机电、安全等部门专业人员和分管生产、安全的副矿长集体会审。每月组织一次防突措施复审。

（3）防突措施的贯彻。经批准的防突措施，开工前由矿井防突技术人员向施工区队干部、工人全面贯彻后进行考试，经考试合格后方可上岗作业，凡是不合格者要重新培训，合格后才能上岗。

（4）防突措施的实施。采掘作业时，应当严格执行防突措施的规定并有详细准确的记录。由于地质条件或者其他原因不能执行所规定的防突措施的，施工区（队）必须立即停止作业并报告矿调度室，经矿井技术负责人组织有关人员到现场调查后，由原措施编制部门提出修改或补充措施，并按原措施的审批程序重新审批后方可继续施工；其他部门或者个人不得改变已批准的防突措施。

（5）对防突措施执行情况的监督。煤矿企业的主要负责人、技术负责人应当每季度至少一次到现场检查各项防突措施的落实情况。矿长和矿井技术负责人应当每月至少一次到现场检查各项防突措施的落实情况。

煤矿企业、矿井的防突机构应当随时检查综合防突措施的实施情况，并及时将检查结

果分别向煤矿企业负责人、煤矿企业技术负责人和矿长、矿井技术负责人汇报，有关负责人应当对发现的问题立即组织解决。

煤矿企业、矿井进行安全检查时，必须检查综合防突措施的编制、审批和贯彻执行情况。

十五、对突出煤层采掘工作面瓦斯检查员、爆破员的规定

突出煤层采掘工作面每班必须专人经常检查瓦斯；发现有突出预兆时，瓦斯检查工有权停止作业，协助班组长立即组织人员按避灾路线撤出，并报告矿调度室。

在突出煤层中，专职爆破工必须固定在同一工作面工作。

十六、对防突技术资料管理的要求

(1) 每次发生突出后，矿井防突机构指定专人进行现场调查，认真填写突出记录卡片，提交专题调查报告，分析突出发生的原因，总结经验教训，提出对策措施。

防突技术资料包括各煤层瓦斯基础参数、防突预测预报参数、揭煤和取样化验的各项突出指标、各类措施的设计和实施资料、采掘工作面瓦斯涌出量、突出和瓦斯异常情况分析报告、打钻记录、钻孔施工台账、钻孔竣工图等。收集丰富的瓦斯资料对编制瓦斯综合治理措施有重要意义。

(2) 每年第一季度将上年度发生煤与瓦斯突出矿井的基本情况调查表、煤与瓦斯突出记录卡片、矿井煤与瓦斯突出汇总表连同总结资料报省级煤矿安全监管部门、驻地煤矿安全监察机构。

(3) 所有有关防突工作的资料均存档。

(4) 煤矿企业每年对全年的防突技术资料进行系统分析总结，提出整改措施。

十七、对防突培训的规定

突出矿井的管理人员和井下工作人员必须接受防突知识培训，经考试合格后方准上岗作业。

各类人员的培训要达到下列要求：

(1) 突出矿井的井下工作人员的培训包括防突基本知识以及与本岗位相关的防突规章制度。

(2) 突出矿井的区（队）长、班组长和有关职能部门的工作人员应全面掌握区域和局部综合防突措施、防突的规章制度等内容。

(3) 突出矿井的预测人员，属于特种作业人员，每年必须接受一次防突知识、操作技能的专项培训。专项培训包括防突的理论知识、突出发生的规律、区域和局部综合防突措施以及有关防突的规章制度等内容。

(4) 有突出矿井的矿长、技术负责人应接受防突专项培训，并每两年复训一次。专项培训包括防突的理论知识和实践知识、突出发生的规律、区域和局部综合防突措施以及防突的规章制度等内容。

第七节　煤与瓦斯突出的预测

煤层突出危险性预测分为区域突出危险性预测（简称为区域预测，以下各条同）和工作面突出危险性预测（包括石门和竖、斜井揭煤工作面，煤巷掘进工作面和采煤工作面的突出危险性预测，简称工作面预测，以下各条同）。区域预测的主要任务是确定矿井、煤层和煤层区域的突出危险性，分为开拓前（新水平、新采区开拓前）的区域预测和开拓后（新采区开拓完成后）的区域预测两个阶段。

工作面预测又称日常预测，主要任务是预测工作面附近煤体的突出危险性，即该工作面继续向前推进有无突出的危险。该工作应在工作面推进过程中进行。

一、区域预测的意义

制定区域综合防突措施第一个程序就是对突出煤层进行区域突出危险性预测。大量实践表明，突出呈区域性分布，在同一突出煤层中，有一些区域有突出危险，另一些区域没有突出危险。在突出煤层中有潜在突出危险的区域仅占7%～15%。如果在突出煤层开采过程中，大面积地实行防突措施，那就会投入大量人力、物力，相应地增加防止突出的工作量，严重影响采掘效率，带来不必要的经济损失。通过区域预测，把突出煤层划分为突出危险区和无突出危险区，采用相应的治理方法，将大量节约防突措施费用，提高在突出煤层中的采掘速度。

对突出煤层的区域预测分为开拓前的预测和开拓后的预测两个阶段。

开拓前由于无法实测瓦斯压力、瓦斯含量等参数，预测主要根据地质勘探资料、上水平及邻近区域的实测和生产资料进行，预测结果作为新建矿井可研阶段的突出危险性评估，并用于指导新水平、新采区设计。开拓后的预测主要根据井下实测资料，并结合地质勘探资料、上水平及邻近区域的实测和生产资料进行，预测结果用于指导工作面设计和采掘生产作业。经开拓后区域预测某个区域无突出危险，则在这个无突出危险的区域进行采掘作业时，只需用工作面"四位一体"防突技术措施，而不必采用大范围的区域防突措施。如果对突出煤层不进行区域预测，就不了解此区域突出危险程度，在此区域进行采掘作业就必须采用大规模的区域防突措施，否则，很难保证此区域的安全开采。因此，进行突出危险性预测，划分突出危险区域，对于有针对性地防治煤与瓦斯突出具有重要意义。

二、划分突出危险区

区域预测应预测煤层和煤层区域的突出危险性，并应在地质勘探、新井建设、新水平和新采区开拓或准备时进行。突出矿井应当对突出煤层进行区域突出危险性预测，划分为突出危险区和无突出危险区。未进行区域预测的区域视为突出危险区。突出煤层的预测步骤如下。

1. 地质勘探过程中提供煤层突出危险性的基础资料

在地质勘探阶段，勘探单位要查明矿床瓦斯地质情况。井田地质报告应当提供的基础资料有：①煤层赋存条件及其稳定性；②煤的结构类型及工业分析；③煤的坚固性系数、煤层围岩性质及厚度；④煤层瓦斯含量、瓦斯成分和煤的瓦斯放散初速度等指标；⑤标有瓦斯含量等值线和瓦斯压力的瓦斯地质图；⑥地质构造类型及其特征、火成岩侵入形态及其分布、水文地质情况；⑦勘探过程中钻孔穿煤层时的瓦斯涌出动力现象；⑧邻近煤矿的瓦斯情况。

2. 突出危险性评估

新建矿井在可行性研究阶段，根据勘探部门提供的基础资料，对矿井采掘工程可能揭露的所有平均厚度在 0.3 m 以上的煤层进行突出危险性评估。评估结果作为矿井立项、初步设计和指导建井期间揭煤作业的依据。

3. 突出危险性鉴定

经评估认为有突出危险的新建矿井，在建井期间对开采煤层及其他可能对采掘活动造成威胁的煤层进行突出危险性鉴定。

4. 开拓前和开拓后的突出区域划分

对开采煤层经突出危险性鉴定后，还要划分突出危险区和无突出危险区，以便在采掘活动前有针对性地开展防突工作，保证矿井安全生产。

三、突出煤层区域划分工作程序

突出煤层区域划分按以下程序进行。

（1）确定划分标准。当瓦斯压力达到 0.74 MPa，或瓦斯含量达到 8 m^3/t 时划分为突出危险区。小于上述指标的区域划分为无突出危险区。

（2）收集煤层突出资料，重点确定划分的关键构造与单元，对突出煤层分地质块段进行区域划分。

（3）进行煤层瓦斯参数测试。重点测试煤层瓦斯压力、瓦斯含量、坚固性系数、瓦斯放散初速度、煤的吸附常数、灰分、水分、孔隙率等参数。

四、区域性突出危险性预测的方法

区域突出危险性预测的方法有两种：一是根据煤层瓦斯参数结合瓦斯地质分析的方法；二是单项指标法。

（一）根据煤层瓦斯参数结合瓦斯地质分析的方法

1. 瓦斯地质分析法

瓦斯地质分析法按照下列要求进行：

（1）划分出煤层瓦斯风化带，此带为无突出危险区域。

（2）根据已开采区域确切掌握的煤层赋存特征、地质构造条件、突出分布的规律和对预测区域煤层地质构造的探测、预测结果，采用瓦斯地质分析的方法划分出突出危险区域。

瓦斯地质分析法主要是找出突出带的宽度与构造轴和采深的数量关系，并不断发现新问题，修正预测结果。对已开采煤层突出特点进行综合分析后，结合突出预测指标，从多方面综合判断煤层突出危险性，提高预测突出危险的准确性。

当突出点及具有明显突出预兆的位置分布与构造带有直接关系时，则根据上部区域突出点及具有明显突出预兆的位置分布与构造的关系确定构造线两侧突出危险区边缘到构造线的最远距离，并结合下部区域的地质构造分布划分出下部区域构造线两侧的突出危险区；否则，在同一地质单元内，突出点及具有明显突出预兆的位置以上 20 m（埋深）及以下的范围为突出危险区（图 6 – 5）。

（3）在上述（1）、（2）项划分出的无突出危险区和突出危险区以外的区域，应当根据煤层瓦斯压力 p 进行预测。如果没有或者缺少煤层瓦斯压力资料，也可根据煤层瓦斯含量 w 进行预测。预测所依据的临界值应根据试验考察确定，在确定前可暂按瓦斯压力 0.74 MPa，瓦斯含量 8 m³/t 作为预测临界值，小于临界值时预测区域无突出危险，大于或等于临界值时，预测区域有突出危险。

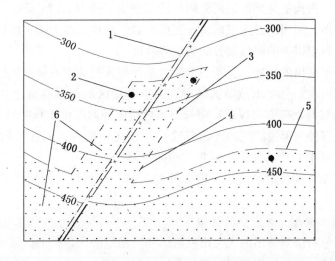

1—断层；2—突出点；3—上部区域突出点在断层两侧的最远距离线；4—推测下部区域断层两侧的
突出危险区边界线；5—推测的下部区域突出危险区上边界线；6—突出危险区（阴影部分）

图 6 – 5　用瓦斯地质统计法推测同一地质单元内下部区域的突出危险区域示意图

瓦斯地质分析法分两个步骤进行：

第一步，根据煤层瓦斯风化带划分出无突出危险区。瓦斯风化带可以根据瓦斯气体的组分、瓦斯含量等资料划分。具体标准是：瓦斯中甲烷含量<80%，瓦斯压力 0.1 ~ 0.15 MPa；烟煤瓦斯含量 2 ~ 3 m³/t，无烟煤瓦斯含量 5 ~ 7 m³/t。

在瓦斯风化带，煤层长时间与大气接触，煤层受到的氧化作用大，储存在煤层中的瓦斯量很少，而且风化带一般埋藏浅，地应力小，所以风化带没有突出危险。

第二步，根据瓦斯地质统计法划分出突出危险区域。具体步骤如下：

（1）收集资料，掌握地质构造。以矿井地质勘探资料提供的井田范围内较大的地质构造为基础，根据采掘过程中揭露的构造情况，详细收集构造带的位置、属性（正断层、逆断层、褶皱）、规模（走向变化范围、断距、倾角、长度等）、展布方向等资料，然后将这些资料建立档案，绘制地质构造图。

（2）收集煤与瓦斯突出资料。瓦斯动力现象发生后，工程技术人员和防突人员要及时到现场确定突出地点，确定突出地点至附近基准巷道的距离；确定突出孔洞的形状，测量其方向、大小；收集煤炭的堆积角度、方向、分选性、堵塞巷道长度，计算突出煤量；观察突出孔洞及附近的地质构造，煤层赋存资料；了解、掌握突出前的作业方式和防突措施；确定突出类型；计算突出点所处的坐标及埋藏深度；分析突出原因；提出防范措施等；将上述内容制成卡片，并建立档案。

（3）编制突出危险区域预测图。以煤层采掘工程平面图为基础图，把收集到的地质构造、突出点的位置、采掘过程中预测和检验突出指标超标的位置，打钻喷孔、顶钻的位置也绘制在基础图上。

（4）找出突出区域宽度与地质构造轴的数量关系。根据采掘过程中发生的突出点位置，预测指标超限位置与构造轴的位置关系的分析，如果位置关系明显，则统计得出构造两侧的影响范围，该构造延伸区域两侧同样的范围也划分为突出危险区。对于那些与构造关系不明显的突出，突出的发生仅取决于瓦斯参数、地应力的大小，所以在同一地质单元内已经发生突出的点以下的区域划分为突出危险区。

在已经发生了突出的位置，瓦斯、地应力条件应该是大于或等于发生突出的临界条件的，所以根据突出点划分突出危险区域时，突出危险区的范围应是比突出点埋深更浅一些，所以《防治煤与瓦斯突出规定》将有突出危险区的埋深比实际突出点上提 20 m。

突出预兆有多种，但最能代表突出危险性的预兆是喷孔，因此《防治煤与瓦斯突出规定》第四十三条中的"明显突出预兆"指的是喷孔。

（5）在无突出危险区域和突出危险以外的区域，根据煤层瓦斯压力或煤层瓦斯含量预测或划分。

2. 根据瓦斯参数划分突出危险区域

用瓦斯地质分析法划分出的无突出危险区和突出危险区以外的区域，采用瓦斯参数法划分突出危险区域。优先根据煤层瓦斯压力 p 进行预测，如果没有或者缺少煤层瓦斯压力资料，也可根据煤层瓦斯含量 W 进行预测。预测所依据的临界值应根据试验考察确定，在确定前可暂按表 6-6 预测。

表 6-6　根据煤层瓦斯压力或瓦斯含量进行区域预测的临界值

瓦斯压力 p/MPa	瓦斯含量 W/(m³·t⁻¹)	区 域 类 别
$p < 0.74$	$W < 8$	无突出危险区
除上述情况以外的其他情况		突出危险区

实测瓦斯压力大于 0.74 MPa、瓦斯含量大于 8 m³/t 的区域应视为突出危险区域。根据我国突出矿井的统计资料分析，按最小突出压力（相对压力）0.74 MPa 计算，煤层的平均瓦斯含量为 8 m³/t，所以《防治煤与瓦斯突出规定》中残余瓦斯含量临界值为 8 m³/t。

预测主要依据的煤层瓦斯压力、瓦斯含量等参数应为井下实测数据；测定煤层瓦斯压力、瓦斯含量等参数的测试点在不同地质单元内根据其范围、地质复杂程度等实际情况和条件分别布置；同一地质单元内沿煤层走向布置测试点不少于 2 个，沿倾向不少于 3 个，并有测试点位于埋深最大的开拓工程部位。

上述所说的地质单元，就是地质特征相近的、未受到大的地质构造阻隔的一片区域。在同一地质单元内，应该具有相同的煤质，相近的构造影响程度、煤层破坏程度、软分层厚度等，区内煤层基本连续，瓦斯能够沿煤层在区内较顺利地流动。

（二）单项指标法

这种预测方法判断突出危险性的依据是：煤的破坏类型、瓦斯放散初速度 Δp、煤的坚固性系数 f 和煤层瓦斯压力 p，如果 4 个参数全部达到临界值，就可确定煤层具有突出危险性倾向，指标临界值见本章第四节表 6 - 3 所示。如果 4 个指标不能全部达到临界值，则采用煤层硬度系数和瓦斯压力 2 个指标预测突出危险性。见表 6 - 4。

煤的瓦斯放散初速度 Δp 是在实验室特定条件下对煤样瓦斯解吸能力测定的一项指标。如此指标超过 10 mHg 柱，表明煤层结构已经遭到破坏，煤已具备突出性能。当瓦斯压力达不到突出所需要的临界压力值时，煤层暂时还不会突出，一旦达到突出所需要的临界压力时，煤层就会发生突出。

Δp 表示瓦斯从煤体内散发出来快慢的相对指标，能反映煤的孔隙结构和微观破坏程度。在瓦斯含量相同的条件下，煤的瓦斯放散初速度越大，煤的破坏类型越严重，越有利于突出的发生。煤的坚固性系数 f 反映煤的力学性质，煤的瓦斯压力反映煤层瓦斯含量、瓦斯释放强度和搬运突出物的能力，煤的破坏类型为Ⅲ、Ⅳ、Ⅴ类时有突出危险。

煤的破坏类型分类标准见表 6 - 7。

表 6 - 7　煤的破坏类型分类标准

破坏类型	光泽	构造与构造特征	节理性质	节理面性质	断口性质	强度
Ⅰ类煤 （非破坏煤）	亮与半亮	层状构造,块状构造,条带清晰明显	一组或二三组节理,节理系统发达,有次序	有充填物(方解石)次生面少,节理、劈理面平整	参差阶状,贝状,波浪状	坚硬,用手难以掰开
Ⅱ类煤 （破坏煤）	亮与半亮	1. 尚未失去层状,较有次序 2. 条带明显,有时扭曲,有错动 3. 不规则块状,多棱角 4. 有挤压特征	次生节理面多,且不规则,与原生节理呈网状节理	节理面有擦纹、滑皮,节理平整,易掰开	参差多角	用手极易剥成小块,中等硬度
Ⅲ类煤 （强烈破坏煤）	半亮与半暗	1. 弯曲成透镜体构造 2. 小片状构造 3. 细小碎块,层理较紊无次序	节理不清,系统不发达,次生节理密度大	有大量擦痕	参差及粒状	用手捻之成粉末,硬度低
Ⅳ类煤 （粉碎煤）	暗淡	粒状或小颗粒胶结而成,形似天然煤团	节理失去意义,呈黏块状		粒状	用手捻之成粉末,偶尔较硬
Ⅴ类煤 （全粉煤）	暗淡	1. 土状构造,似土质煤 2. 如断层泥状			土状	可捻成粉末,疏松

（三）地质构造指标法

煤与瓦斯突出与地质构造有明显的关系，但是，由于煤与瓦斯突出机理比较复杂，各矿区、各矿地质构造又有很大不同，做出准确的定量判断很困难。通过地质构造进行预测，虽然不能做出准确预测，但作为定性判断，还是很有参考价值的。

1. 倾角标准差

用煤层倾角变化反映局部褶曲发育情况。α 越大越危险。

$$\alpha = \sqrt{\frac{1}{n-1}\sum_{i=1}^{n}(X_i - \overline{X})^2} \qquad (6-3)$$

式中 α——倾角标准差；

   X_i——每一测量点的倾角；

   $\overline{X}$——统计地区平均倾角；

   n——测量点数。

2. 变形系数

用煤层相对变形大小判断突出可能性，变形系数越大越危险。

$$K_B = \frac{L' - L}{L} \qquad (6-4)$$

式中 K_B——变形系数；

   L'——剖面中煤层顶（底）板上两点实际变形长度；

   L——两点的水平变形长度。

3. 小断层密度

用单位面积或长度内的小断层个数，判断突出危险性，越大越危险。

4. 煤厚标准差

用煤的厚度变化判断突出危险性，越大越危险。

$$H_m = \sqrt{\frac{1}{n-1}\sum_{i=1}^{n}(H_{mi} - \overline{H}_m)^2} \qquad (6-5)$$

式中 H_m——煤厚标准差；

   H_{mi}——某一测点煤厚；

   $\overline{H}_m$——统计区域内平均煤厚；

   n——观测点数。

5. 煤厚变异系数

用煤厚变化幅度判断突出危险性。

$$C_r = \frac{H_m}{\overline{H}_m} \qquad (6-6)$$

6. 煤层揉皱系数

用煤层被揉皱情况判断突出危险性。

$$K_m = \frac{0.5h_2 + h_{3-4}}{M} \qquad (6-7)$$

式中 K_m——揉皱系数；

   h_2——二类结构煤厚度；

   h_{3-4}——三、四类结构煤厚度之和；

   M——煤层总厚度。

五、突出危险性精准动态预测

突出煤层区域预测中存在两个问题：一是突出区域占突出煤层的总面积虽然小，但在突出煤层中突出区域的分布具有隐蔽性、随机性、不确定性、小区域等特点，在实际生产过程中预测无突出危险的区域，在遇到了构造、瓦斯赋存变化、煤层赋存变化的区域发生了突出，但传统的预测方法又难以发现这些隐伏区域；二是当井下巷道未施工时，不能满足区域预测布点要求，而无法进行区域预测。

针对上述问题，水城矿业公司提出了煤层突出危险性精准动态预测技术。主要内容是：对煤巷掘进条带或回采工作面人为划分为若干区域块段，每个区域块段长度为 80～100 m，对所划分的区域块段进行动态突出预测。在煤巷掘进时，在掘进面迎头施工钻孔测定块段瓦斯参数，同时收集测定孔的地质构造资料，详细掌握划分块段的地质构造、煤层赋存状况、瓦斯赋存及突出预兆，对该块段进行突出危险性预测，若无突出危险，则该块段无须采用区域防突措施。

对回采工作面，通过上下顺槽向工作面划分的每一块段内施工钻孔，测定瓦斯参数，同时结合钻孔施工过程中揭露的地质构造、探明的煤层赋存状况、钻孔施工过程中遇到的动力现象预测划分块段的突出危险性。

上述方法，可实现突出煤层的精准区域预测并精准实施区域防突措施，避免了防突措施的盲目性。

六、工作面突出危险性预测

工作面突出危险性预测（以下简称工作面预测）是预测工作面煤体的突出危险性，包括石门和立井、斜井揭煤工作面、煤巷掘进工作面和采煤工作面的突出危险性预测等。

工作面突出危险性预测又称局部预测，主要指标有综合指标法、钻屑瓦斯解吸指标法、钻屑指标法、复合指标法、R 指标法、其他经试验证实有效的方法。前面两种方法是石门揭煤工作面应选用的预测方法，后面的方法是用于煤层巷道掘进和回采工作面突出危险性预测。局部预测是在工作面推进过程中进行的。

采掘工作面经工作面预测后划分为突出危险工作面和无突出危险工作面。未进行工作面预测的采掘工作面，应当视为突出危险工作面。

（一）石门揭煤工作面突出危险性预测

1. 预测的位置

《防治煤与瓦斯突出规定》第六十三条规定：石门和立井、斜井揭煤工作面的突出危险性预测必须在距突出煤层最小法向距离 5 m（地质构造复杂、岩石破碎的区域，应适当加大法向距离）前进行。

2. 预测方法

对于石门揭煤工作面，《防治煤与瓦斯突出规定》推荐的预测方法有综合指标法、钻屑瓦斯解吸指标法、其他经试验验证有效的方法。

1）综合指标法

综合指标法主要依据煤层的瓦斯压力、煤的坚固性系数、煤的瓦斯放散初速度、埋藏深度等参数计算综合指标 D、K 值，然后根据 D、K 判断突出危险性。具体做法是：

（1）石门工作面必须在距突出煤层法向距离 5 m（地质构造复杂、岩石破碎的区域，应适当加大法向距离）前向突出煤层至少打 3 个测压钻孔，测定煤层瓦斯压力 p，取其最大值。在近距离煤层群中，层间距小于 5 m 或层间岩石破碎时，应测定各煤层的综合瓦斯压力。

（2）在打测压孔的过程中，每米煤孔采取一个煤样，测定煤的坚固性系数 f。

（3）将每个钻孔中坚固系数最小的煤样混合后测定煤的瓦斯放散初速度 Δp，则此值及所有钻孔中测定的最小坚固系数 f 值作为软分层煤的瓦斯放散初速度和坚固系数参数值。

（4）根据煤层瓦斯压力、软分层煤的坚固系数、煤的瓦斯放散初速度、煤层埋藏深度等，按式（6-8）、式（6-9）计算出综合指标 D 和 K 值，进行突出危险性预测。

综合指标 D、K 按下式计算：

$$D = \left(\frac{0.0075H}{f} - 3\right)(p - 0.74) \tag{6-8}$$

$$K = \frac{\Delta p}{f} \tag{6-9}$$

式中　D——工作面突出危险性的 D 综合指标；

　　　K——工作面突出危险性的 K 综合指标；

　　　H——煤层埋藏深度，m；

　　　p——煤层瓦斯压力，取各个测压钻孔实测瓦斯压力的最大值，MPa；

　　　Δp——软分层煤的瓦斯放散初速度；

　　　f——软分层煤的坚固性系数。

综合指标 D、K 的突出危险临界值指标应根据矿区实际试验考察确定，在确定前可参照表 6-8 所列数据进行预测。

表6-8　综合指标 D 和 K 临界值

综合指标 D	综合指标 K	
	无烟煤	其他煤种
≥0.25	≥20	≥15

当测定的综合指标小于临界值，或者指标 K 小于临界值且式（6-8）中两括号内计算值都为负值时，若未发现其他异常情况，该工作面即为无突出危险工作面；否则，判定为突出危险工作面。

综合指标法计算式（6-8）中 D 考虑了煤层埋藏深度、煤的坚固程度、瓦斯压力；综合指标 K 既考虑了煤层瓦斯含量、煤的微观结构，又考虑了煤的力学性质。所以，综合指标法综合考虑了影响突出的地应力、瓦斯、煤的物理力学性质三大自然因素，是预测石门揭煤工作面突出危险性应用较多的一种方法。

综合指标 D 和 K 能较全面地反映影响突出发生的主要因素，原因如下：

首先，就煤在突出中的起的作用来说，煤的性质主要表现在两个方面：一是煤的强度（用煤的坚固系数 f 值表示），它表示煤抵抗外力破坏的能力，由煤的强度、硬度、脆性决定。煤作为突出的受力体，强度越小，破碎就越容易，突出危险性就越大。二是煤快速放散瓦斯的能力（用煤的瓦斯放散初速度 Δp 值表示），由煤的物理力学性质决定。在瓦斯含量相同的条件下，煤的瓦斯放散初速度越大，煤的破坏类型越严重，越易于形成具有携带破碎煤能力的瓦斯流，越有利于突出的发生。因此，K 值指标综合反映了与突出直接有关的煤的两种基本性质，它标志着煤本身发生突出的难易程度。

其次，从突出煤层所处的环境及自身物理力学性质来说，D 值指标综合考虑了地应力（即公式中的开采深度 H）、瓦斯、煤的结构性能这 3 个决定突出发生的主要因素，能较好地反映煤层突出的危险性。

综合指标法预测煤层突出危险性的报告见表 6-9。

表6-9 综合指标法预测煤层突出危险性报告表

煤层		水平		石门		距地表垂深/m	
煤 层 瓦 斯 压 力 测 定							
钻孔编号	钻孔直径/mm	钻孔长度/m			钻孔倾角/(°)	瓦斯压力随时间变化曲线	
		岩孔	煤孔	合计			
封孔情况	封孔日期（年月日）	安装瓦斯压力表日期（年月日）		最大瓦斯压力/MPa			
孔号	长度/m						
煤的坚固性系数 f			煤的瓦斯放散初速度 Δp				
煤层突出危险性综合指标 D							
煤层突出危险性综合指标 K							
突出危险性综合评价							
总工程师			通风科（区）长				
地测科长			预测人员				

应用综合指标 D 和 K 预测突出危险性，核心在于瓦斯放散初速度、煤的坚固性系数和煤层瓦斯压力的准确测定。

为较准确地测定石门附近的煤层瓦斯压力，掌握石门附近煤层瓦斯情况，要求在石门工作面向煤层适当位置至少打 3 个钻孔测定煤层瓦斯压力 p。当距离煤层群的层间距小于 5 m 或层间岩石破碎时，在石门揭煤过程中，煤层群之间可能形成裂隙且相互沟通，故可测定各煤层的综合瓦斯压力。

对于区域预测，还应符合下列要求：

（1）应主要依据实测的煤层瓦斯压力、煤的瓦斯放散初速度、坚固性系数等数据进行预测。测定煤层瓦斯压力等参数的地点应按照不同的地质单元分别进行布置。每个地质单元内宜根据地质单元的范围、地质复杂程度等实际情况和条件沿走向和倾向方向分别布置一定数量的测点，但必须至少沿煤层走向方向布置不少于 2 个测点，倾向方向不少于 3

个测点。

（2）当用穿层钻孔测定瓦斯压力时，在打测压孔的过程中每米煤孔采取一个煤样，测定煤的坚固性系数 f，把每个钻孔中坚固性系数最小的煤样混合后测定煤的瓦斯放散初速度（Δp），则此值及所有钻孔中测定的最小坚固性系数 f 值作为软分层煤的瓦斯放散初速度和坚固性系数参数值。

（3）若用顺层钻孔测压，则在孔口附近巷帮采取软分层煤样测定煤的坚固性系数 f 和煤的瓦斯放散初速度指标 Δp。

（4）如果测压孔所取得的煤样粒度达不到测定 f 值所要求的粒度（20~30 mm）时，可采取粒度为 1~3 mm 的煤样进行测定，所得结果按下式换算：

$$f_{1-3} \leqslant 0.25 \text{ 时} \qquad\qquad f = f_{1-3}$$
$$f_{1-3} > 0.25 \text{ 时} \qquad\qquad f = 1.57 f_{1-3} - 0.14$$

式中　f_{1-3}——粒度为 1~3 mm 煤样的坚固性系数。

由于不同矿井的煤层赋存条件、地质因素、瓦斯条件和煤自身的物理力学等方面存在着差异，不同矿区、不同煤层揭煤工作面突出危险性预测预报的综合指标的临界值也不同。各矿应结合自身实际情况，考察确定石门揭煤工作面预测指标的临界值，以提高煤与瓦斯突出危险性预测的准确性。

2）钻屑瓦斯解吸指标法

根据钻屑瓦斯解吸指标 Δh_2 或 K_1 预测石门工作面突出危险性的方法，称为钻屑瓦斯解吸指标法。

采用钻屑瓦斯解吸指标法预测石门揭煤工作面突出危险性时，由工作面向煤层的适当位置至少打 3 个钻孔，在钻孔钻进到煤层时每钻进 1 m 采集一次孔口排出的粒径 1~3 mm 的煤钻屑，测定其瓦斯解吸指标 K_1 或 Δh_2 值。测定时，应考虑不同钻进工艺条件下的排渣速度。测定数据填入表 6-10 中。

表6-10　石门揭煤工作面突出危险性预测记录表

石门名称			煤层		测定日期	年　月　日
钻孔编号	钻孔深度/m	钻 屑 瓦 斯 解 吸 指 标				
		$K_1/[\mathrm{mL} \cdot (\mathrm{g} \cdot \min^{1/2})^{-1}]$		$\Delta h_2/\mathrm{Pa}$		备　注
突出危险结论						
总工程师批示						
通风科（区）长			地测科长		预测人员	

各煤层石门揭煤工作面钻屑瓦斯解吸指标的临界值应根据试验考察确定，在确定前可

暂按表6-11中所列的指标临界值预测突出危险性。

表6-11　钻屑瓦斯解吸指标法预测石门揭煤工作面突出危险性的参考临界值

煤　　样	Δh_2 指标临界值/Pa	K_1 指标临界值/$[\text{mL} \cdot (\text{g} \cdot \text{min}^{1/2})^{-1}]$
干煤样	200	0.5
湿煤样	160	0.4

　　如果所有实测的指标值均小于临界值，并且未发现其他异常情况，则该工作面为无突出危险工作面；否则，为突出危险工作面。

　　实践证明，煤的破坏类型越高，则煤的解吸速度越大，煤的瓦斯压力越大，则煤解吸速度也越大。钻屑瓦斯解吸指标法综合考虑了煤质指标和瓦斯指标这两个与突出危险性密切相关的因素，在石门揭煤工作面预测中应用较多。

　　表6-11中的干煤样是钻孔施工过程中用风力排渣或螺旋钻杆排渣时所取的煤样，而湿煤样是指水力排渣时所取煤样。由于湿煤和干煤解吸速度不一样，在同等条件下，干煤的解吸速度要大于湿煤的解吸速度，所以，它们的钻屑瓦斯解吸指标的临界值也不相同。

　　打钻时从煤钻屑中取出固定粒度（1~3 mm）和固定重量的煤样，经暴露3 min后，向某一体积空间解吸瓦斯，用该空间瓦斯压力的变化 Δh_2 来表征煤样解吸出的瓦斯量。

　　钻孔瓦斯解吸指标是反映瓦斯压力、瓦斯含量和煤层特征的一个指标。当煤层瓦斯压力大，瓦斯含量高，煤层吸附瓦斯能力强时，更容易突出。但直接测定煤层的瓦斯解吸能力又很困难，而测量瓦斯产生的压力更容易，于是就用 Δh_2 间接反映瓦斯解吸量。其操作过程是：在石门工作面距煤层最小垂距5 m前，在石门中央、石门上部至少布置一个预测钻孔，在石门两侧应布置一个或两个钻孔（图6-6），如石门布置有其他钻孔，则预测孔应尽量远离这些钻孔。在钻孔钻进到煤层时，每钻进1 m，采集一次孔口排出的粒径1~3 mm的煤钻屑，测定其瓦斯解吸指标 K_1 或 Δh_2。

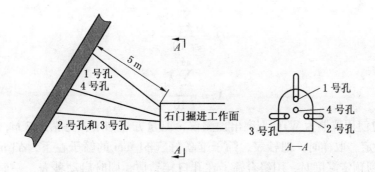

图6-6　石门揭煤工作面钻屑瓦斯解吸指标法预测钻孔布置示意图

　　Δh_2 的测定方法：打钻时，在预定的位置取出钻屑，用孔径1 mm和3 mm的筛子筛分（ϕ1 mm的筛子在下，ϕ3 mm的筛子在上），将筛分好的 ϕ1~3 mm的粒度试样装入MD-2型解吸仪的煤样瓶中，试样装至煤样瓶刻度线水平（10 g左右），自钻孔打至该采样段起经 3 min（暴露时间）后，启动秒表，转动三通阀，使煤样瓶与大气隔开，在 2 min（固定测量时间）时记录解吸仪的读数，该值即为 Δh_2，单位为 Pa。

K_1 是煤样从煤体脱落暴露后第 1 min 内，每克钻屑的累积瓦斯解吸量，mL/g；煤层中瓦斯含量越大，煤的破坏类型越高，则 k_1 值越大。

根据研究，煤样的瓦斯解吸规律服从关系式（6 – 10）：

$$Q = K_1\sqrt{t} \tag{6 – 10}$$

$$t = t_1 + t_2 + t_3$$

式中　Q——单位质量煤样从暴露时刻起到 t 时刻的瓦斯解吸量，mL/g；

t——煤样暴露时间，min；

t_1——煤样从煤体脱落到钻孔口时间（一般取 0.1 L，L 为钻孔长度，m）；

t_2——取样到启动仪器时间，min；

t_3——解吸测定时间，min。

因为 Q_i 是从煤样暴露 $t_0(t_0 = t_1 + t_2)$ 时刻起的瓦斯解吸累计量，而在 t_0 时刻前煤样已经解吸的瓦斯量为 W，因此有式（6 – 11）成立：

$$Q_i + W = K_1\sqrt{t} \tag{6 – 11}$$

或者表示为

$$K_1 = \frac{Q_i + W}{\sqrt{t_1 + t_2 + t_3}} = \frac{Q_i + W}{\sqrt{t}}$$

式中　W——t_0 时刻前单位质量煤样的瓦斯解吸损失量，mL/g。

令 $$X_i = \sqrt{t_i}$$

则 K_1 按式（6 – 12）计算：

$$K_1 = \frac{\sum_{i=1}^{10}(Q_i - \overline{Q})(X_i - \overline{X})}{\sum_{i=1}^{10}(X_i - \overline{X})^2} \tag{6 – 12}$$

$$\overline{Q} = \frac{\sum_{i=1}^{10} Q_i}{10} \tag{6 – 13}$$

$$X = \frac{\sum_{i=1}^{10} X_i}{10} \tag{6 – 14}$$

K_1 测定时使用仪器为 WTC 型突出预测仪，测量方法如下：每钻进 2 m，取一次钻屑作解吸特征测定。取样时，把秒表、筛子准备好（$\phi 1$ mm 的筛子在下，$\phi 3$ mm 的筛子在上），钻孔钻到预定深度时，用组合筛子在孔口接钻屑，同时启动秒表，一面取样，一面筛分，当钻屑量不少于 100 g 时，停止取样，并继续进行筛分，最后把筛好的 $\phi 1 \sim 3$ mm 的煤样装入 WTC 仪器的煤样罐内，盖好煤样罐，准备测试。当秒表走到 t_0 时（通常规定 t_0 为 1~2 min），启动仪器采样键进行测定，经 5 min 后，当仪器显示 t_0 时，用键盘输入 t_0，按监控键，仪器显示 L_0，输入 L_0，按监控键，仪器进行计算，并显示 F_i，此值即为 K_1 值。

3）瓦斯含量法

预测石门揭煤工作面突出危险性时，应根据条件由石门揭煤工作面向煤层的适当位置至少打3个钻孔测定煤层的可解吸瓦斯含量指标 W_j，并且每个钻孔在煤层中每钻进 1 m 分别取煤样测定煤的坚固性系数 f，煤层厚度 2 m 以上的煤层每个钻孔至少测定两次可解吸瓦斯含量指标。

表6-12 瓦斯含量法预测石门揭煤工作面突出危险性的参考临界值

各钻孔煤样的最小坚固性系数 f	煤层可解吸瓦斯含量指标 W_j 临界值/$(m^3 \cdot t^{-1})$
≥0.5	4.5
<0.5	3.5

可解吸瓦斯含量的突出临界值，应根据实测数据确定；如无实测数据时，可参照表6-12中所列的指标临界值预测突出危险性。

当实测得到的最大可解吸瓦斯含量等于或大于临界值时，该工作面即预测为突出危险工作面；否则，如未发现其他异常情况即可判断为无突出危险工作面。

（二）煤巷掘进突出危险性预测的方法

《防治煤与瓦斯突出规定》第七十四条推荐的煤巷掘进工作面突出危险性预测方法有：钻屑指标法，复合指标法，R 值指标法，其他经试验证实有效的方法。

煤巷掘进工作面的突出危险性预测方法和预测指标较多，除了主要采用敏感指标进行工作面预测外，还可以根据实际条件测定一些辅助指标。如钻孔瓦斯涌出初速度法、瓦斯含量法、煤体温度法、V_{30} 特征值法、解吸指数法、煤层瓦斯氡浓度、瓦斯动态涌出、声发射、电磁辐射等方法和指标。《防治煤与瓦斯突出规定》推荐的 3 种方法在我国普遍应用，其他方法预测准确率还有待提高，还需要在本矿区考察试验证实有效和实用后，经过必要的程序才可作为预测判断的依据。

随着采掘机械化程度的提高，采掘速度明显加快，开采强度加大，原《防治煤与瓦斯突出细则》中的钻孔瓦斯涌出初速度法每循环只能预测 3.5 m，难以保证煤层生产需要，也不能了解 3.5 m 以外的深部煤体的瓦斯情况，实际执行中，很多煤矿用孔深 8 ~ 10 m 的钻孔测定瓦斯涌出初速度和钻屑量进行突出危险性预测，所以《防治煤与瓦斯突出规定》没有继续推荐"钻孔瓦斯涌出初速度法"，而是采用了包括钻孔瓦斯涌出初速度和钻屑量的复合指标法。

1. 钻屑指标法

钻屑指标法指的是：根据在打钻过程中排出钻屑的参数来判断煤层的突出危险性。钻屑特征包括钻屑量、钻屑瓦斯解吸指标。这些指标均可在现场测定，而且能够从量上反映地应力、瓦斯压力、煤的结构力学性能等造成突出的主要因素，是一种综合预测预报方法。

在煤体中钻孔时，钻孔周围煤体破坏范围直接决定了钻屑量的多少和钻孔瓦斯涌出量的多少。在煤层中打钻时，如果煤体处于高应力和高瓦斯压力区，则钻孔排出的煤粉量就急剧增加，瓦斯涌出量也可能很大，严重时发生喷孔、顶钻、卡钻，甚至可能引起钻孔中煤与瓦斯突出，故钻屑量的大小可反映采掘工作面前方煤体中的地应力、瓦斯含量、煤体强度。

1）预测方法

采用钻屑指标法预测煤巷掘进工作面突出危险性时，在近水平、缓倾斜煤层工作面应向前方煤体至少施工3个、在倾斜或急倾斜煤层至少施工2个直径42 mm、孔深8～10 m的钻孔，测定钻屑瓦斯解吸指标和钻屑量。

钻孔应尽可能布置在软分层中，一个钻孔位于掘进巷道断面中部，并平行于掘进方向，其他钻孔的终孔点应位于巷道断面两侧轮廓线外2～4 m处。

钻孔每钻进1 m测定该1 m段的全部钻屑量S，每钻进2 m至少测定一次钻屑瓦斯解吸指标K_1或Δh_2值。

2）临界值

各煤层采用钻屑指标法预测煤巷掘进工作面突出危险性的指标临界值应根据试验考察确定，在确定前可暂按表6-13的临界值确定工作面的突出危险性。

表6-13　钻屑指标法预测煤巷掘进工作面突出危险性的参考临界值

钻屑瓦斯解吸指标 Δh_2/ Pa	钻屑瓦斯解吸指标 K_1/ $[mL \cdot (g \cdot min^{1/2})^{-1}]$	钻　屑　量　S	
		kg/m	L/m
200	0.5	6	5.4

对于近水平、缓倾斜煤层掘进工作面的突出危险主要来自于掘进工作面前方和两帮，而对倾斜、急倾斜煤层掘进工作面的突出危险性还可能来自掘进工作面上部和下部，因此要求在近水平、缓倾斜煤层工作面应向前方煤体至少施工3个钻孔（图6-7），在倾斜、急倾斜煤层至少施工2个预测孔进行工作面突出危险性预测（图6-8）。

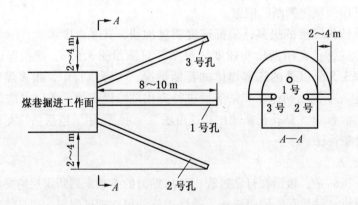

图6-7　近水平、缓倾斜煤层煤巷掘进工作面钻屑指标法预测钻孔布置示意图

根据重庆地区的经验，回采和掘进工作面预测以钻屑指标法和瓦斯涌出初速度法为主。钻屑指标法的钻孔深度8～10 m，预测不超标可进3～5 m，即留5 m预测超前距。打通二矿进行回采工作面预测时，采用"二指标-现象"法，即先测钻屑量，然后沿煤壁

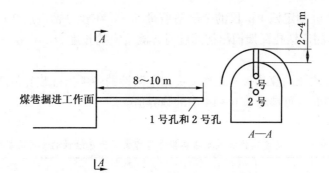

图6-8 倾斜、急倾斜煤层煤巷掘进工作面钻屑指标法预测钻孔布置示意图

测软分层厚度，钻孔时观察有无喷孔现象，有喷孔就视为有突出危险，必须采取防突措施。

如果实测得到的 S、K_1 或 Δh_2 的所有测定值均小于临界值，并且未发现其他异常情况，则该工作面预测为无突出危险工作面；否则，为突出危险工作面。

3）预测超前距

根据《防治煤与瓦斯突出规定》第六十条规定：煤巷掘进和采煤工作面应保留的最小预测超前距为2 m。

2. 复合指标法

复合指标法是将钻孔瓦斯涌出初速度和钻屑量结合起来预测煤层突出的危险性。

1）预测方法

复合指标法预测煤巷掘进工作面突出危险性时，在缓倾斜煤层应向工作面前方煤体至少打3个，在倾斜或急倾斜煤层至少打2个直径42 mm、孔深8~10 m的钻孔，测定钻孔瓦斯涌出初速度和钻屑量指标。

钻孔应尽量布置在软分层中，一个钻孔位于巷道工作面中部，并平行于掘进方向，其他钻孔开孔口靠近巷道两帮0.5 m处，终孔点应位于巷道两侧轮廓线外2~4 m处（图6-9）。

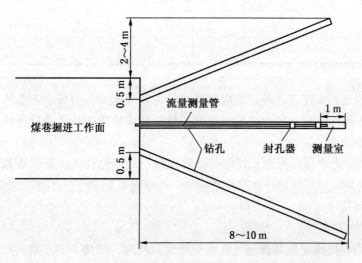

图6-9 煤巷掘进工作面复合指标法预测钻孔布置示意图

钻孔每钻进 1 m 测定该 1 m 段的全部钻屑量 S，并在暂停钻进后 2 min 内测定钻孔瓦斯涌出初速度 q。测定钻孔瓦斯涌出初速度时，测量室的长度为 1.0 m。

2）指标临界值

采用复合指标法预测煤巷掘进工作面突出危险性的各项指标临界值应根据实测资料确定；如无实测资料时，可参考表 6 – 14 中的临界值。

表6 – 14　复合指标法预测煤巷掘进工作面突出危险性的参考临界值

钻孔瓦斯涌出初速度 $q/$ ($L \cdot min^{-1}$)	钻 屑 量 S	
	kg/m	L/m
5	6	5.4

实测得到的指标 q、S 的所有测定值都小于临界值，并且未发现其他异常情况，则该工作面预测为无突出危险工作面；否则，为突出危险工作面。

3）预测超前距

如预测为无突出危险工作面，每预测循环应留有 2 m 预测超前距。

复合指标法的主要参数是钻孔瓦斯涌出初速度，钻孔瓦斯涌出初速度是钻孔自然涌出瓦斯多少的一个指标，间接地表明了瓦斯含量、瓦斯压力及解吸能力。它要求采用专门的封孔器封孔，封孔后测量室长度为 1.0 m；钻孔打完后，立即封闭钻孔，在 2 min 内，测得自然瓦斯涌出量（L/min）。测定数据按表 6 – 15 填写。

表6 – 15　钻孔瓦斯涌出初速度 q_m 法预测资料记录

测 定 日 期			工作面距主要巷道位置/m	观测钻孔编号	瓦斯涌出初速度 $q_m/(L \cdot min^{-1})$	预测结论	测定人员	防突专业机构负责人
年	月	日						

需要注意的是：煤气表在使用时应保持直立，如放倒时，表可能不会转动。测定之前应检查胶囊是否漏气，可从压力表的三通架、软管和胶囊依次检查排除故障。

3. R 值指标法

R 值指标法是指在煤层采掘工作面打钻时，测定每米钻孔最大钻屑煤量 S_{max} 和最大钻孔瓦斯涌出初速度 q_{max}，然后计算综合指标 R，再根据 R 值的大小判断工作面的突出然危险等级。

1）测定方法

采用 R 值指标法预测煤巷掘进工作面突出危险性时，应按下列步骤进行：

在近水平、缓倾斜煤层向工作面前方煤体至少施工 3 个，在倾斜或急倾斜煤层至少施工 2 个直径为 42 mm、深为 8 ~ 10 m 的钻孔，测定钻孔瓦斯涌出初速度和钻屑量指标。

钻孔应尽量布置在软分层中，一个钻孔位于掘进巷道断面中部，并平行于掘进方向，其他钻孔开口靠近巷道两帮 0.5 m 处，终孔点应位于巷道轮廓线外 2 ~ 4 m 处（图 6 - 10）。

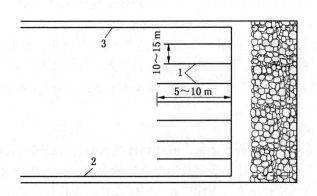

1—预测钻孔；2—煤层进风巷道；3—煤层回风巷道

图 6 - 10　采煤工作面突出危险性预测钻孔布置示意图

测定钻屑量时，钻孔每钻进 1 m，收集并测定该 1 m 段全部钻屑量 S，沿钻孔长度测定后，取其中的最大值，用 S_{max} 表示，单位为 L/m。测定 q 值时，每钻进 1 m 测定一次 q 值（第 1 m 不测），要求测量室的长度为 1 m，并在停止钻进 2 min 内测定钻孔瓦斯涌出初速度 q。沿钻孔长度测定后，选取其中的最大值 q_{max}，单位为 L/(min·m)。

2）指标计算

根据每个钻孔的最大钻屑量 S_{max} 和最大瓦斯涌出初速度 q_{max} 按（6 - 15）确定各孔的 R 值：

$$R = (S_{max} - 1.8)(q_{max} - 4) \tag{6 - 15}$$

式中　　R——每个钻孔的工作面突出危险综合指标（无单位）；

S_{max}——每个钻孔沿孔长的最大钻屑量，L/m；

q_{max}——每个钻孔沿孔长最大瓦斯涌出初速度，L/(m·min)；

4——一般情况下，每米钻孔瓦斯涌出初速度的突出危险临界值为 4 L/min；

1.8——钻头直径 42 mm 时，正常情况下的钻屑煤量，该值沿钻孔长度为常数。如在打钻过程中，每米钻孔钻屑煤量大于 1.8 L，意味着钻屑煤量增大，增大越多，突出危险性越大。质量指标与体积指标的换算关系是：1 kg/m = 0.9 L/m。

3）临界值

判断煤巷掘进工作面突出危险性的临界指标 R_m 应根据实测资料确定，如无实测资料时，取 R_m = 6。当任何一个钻孔中的 $R \geqslant R_m$ 时，该工作面预测为突出危险工作面；当 $R < R_m$，且未发现其他异常情况时，该工作面预测为无突出危险工作面；当 R 为负值时，应用单项（取公式中的正值项）指标预测。

4）预测超前距

采用 R 指标法时，当预测无突出危险时，每循环应留有 2 m 的预测超前距。

4. 瓦斯含量法

采用瓦斯含量法预测煤巷掘进工作面突出危险性时，应向工作面前方煤体至少打 2 个孔深 8~30 m 的钻孔，测定煤层可解吸瓦斯含量 W_j，并在工作面煤壁取软分层煤样测定煤的坚固性系数 f。钻孔的终孔点应位于巷道两侧轮廓线外 3~6 m 处。

钻孔每钻进 3 m 取样测定 1 次可解吸瓦斯含量指标。

采用瓦斯含量法预测煤巷掘进工作面突出危险性的各项指标临界值应根据现场测定资料确定。如无实测资料时，可参考表 6-12 的临界值确定工作面的突出危险性。实测得到的最大可解吸瓦斯含量等于或大于临界值时，该工作面即预测为突出危险工作面。

5. 煤层软分层厚度

煤与瓦斯突出本身是一个释放能量、破坏煤体的力学过程，煤与瓦斯突出总是首先发生在软煤分层中。软煤分层厚度与煤层总厚度之比称软煤比，亦称揉皱系数，该值越高，煤层越不稳定，突出可能性越大。南桐矿务鱼田堡煤矿认为软分层厚度超过 0.1 m 就有突出危险。

（三）采煤工作面突出危险性预测

沿工作面每隔 10~15 m 布置一个预测钻孔（图 6-10），深度 5~10 m。除此之外的各项操作均与掘进工作面突出危险性预测相同。原《防治煤与瓦斯突出细则》规定采煤工作面预测钻孔深度不小于 3.5 m，为了更好掌握工作面前方煤体的突出参数，以便更准确预测，《防治煤与瓦斯突出规定》将预测孔深度提高到最小 5 m。

预测方法可用复合指标法、R 值指标法、钻屑指标法或其他经试验证实有效的方法（钻屑温度、煤体温度、爆破后瓦斯涌出量等）。

判断采煤工作面突出危险性的各指标临界值宜进行专门的试验确定，如无实测资料，可参照煤巷掘进工作面突出危险性预测的临界值。当预测为无突出危险时，循环预测应留 2 m 预测超前距。

七、煤与瓦斯突出预测的其他方法

根据《防治煤与瓦斯突出规定》第七十条的规定：在主要采用敏感指标进行工作面预测的同时，可以根据实际条件测定一些辅助指标（如瓦斯含量、工作面瓦斯涌出量动态变化、声发射、电磁辐射、钻屑温度、煤体温度等），采用物探、钻探等手段探测前方地质构造，观察分析工作面揭露的地质构造、采掘作业及钻孔等发生的各种现象，实现工作面突出危险性的多元信息综合预测和判断。

在突出煤层的构造破坏带，包括断层、剧烈褶曲、火成岩侵入等，煤层赋存条件急剧变化的区域，采掘应力叠加的区域，应视为突出危险工作面并实施相关措施。在工作面出现喷孔、顶钻等动力现象，或出现明显突出预兆时应判定为突出危险工作面。

在地质构造带，由于煤层受到强烈的地质变化作用，使煤体结构遭到破坏，改变了煤层原有的储存与排放条件，同时由于煤结构变化，存在着较高的构造应力，加之强度降低，造成了发生突出的有利条件。所以，在这些地带不管预测指标如何，都应视为突出危险工作面并实施防突措施。而在采取了防突措施进行效果检验时，则应主要依据检验指标判断工作面的突出危险性。

1. 根据煤层温度变化预测突出的危险性

瓦斯解吸时吸热，导致煤层温度降低。温度降低越多，说明煤层瓦斯解吸能力越强，则突出危险性越大，所以可以用煤层温度变化预测突出危险性。南桐矿务局鱼田堡煤矿认为：钻屑温度低于煤壁温度的差值 $\Delta t \geqslant 4$ ℃时该工作面为瓦斯异常工作面。

2. 根据煤层中涌出的氦或氩浓度的变化预测突出

研究表明在地震之前不仅有氦的反常涌出现象，而且有氩的反常涌出。苏联学者考察了顿涅茨煤田中 2 个不突出煤层和 4 个突出煤层的氦含量后指出：自由释放的瓦斯中，氦含量高，瓦斯压力也相应的高。煤中涌出的氦可以作为预测突出的一个指标。

南桐鱼田堡煤矿 1990—1991 年在煤巷掘进时，由钻孔采取煤样在实验室测定 ΔH_e 和 ΔA_r，判别煤的突出危险性，取得了令人满意的效果。

3. 根据电磁辐射强度预测突出危险

煤岩层的破坏过程中会产生电磁辐射，电磁辐射强弱和脉冲数据取决于外加负载的大小和煤岩层的破坏特征。所以可以采用采掘工作面前方煤层受力破坏产生的电磁辐射强度和脉冲来预测突出危险。

电磁辐射（EME）是煤岩体受载变形破裂过程中向外辐射电磁能量的过程或物理现象，与煤岩体的受载状况及变形破裂过程密切相关。采用电磁辐射法预测煤与瓦斯突出的优点是：电磁辐射信息综合反映了煤与瓦斯突出等灾害动力现象的主要影响因素；可实现真正的非接触预测，无须打钻，对生产影响小，易于实现定向及区域性预测，不受含瓦斯煤体分布不均匀的影响；可实现动态连续监测及预报，能够反映含瓦斯煤体的动态变化过程；既能探测煤壁附近的突出危险性及突出危险带的方位，又能检验防突措施的效果。

目前岩石破裂电磁辐射效应的研究取得了很多有益的成果，研究表明：在煤岩层受力变形破坏过程中会产生电磁辐射，电磁辐射强度取决于所受力的大小和煤岩层的物理力学性质。煤炭科学研究总院重庆分院利用这一原理研制的煤与瓦斯突出危险探测仪，在四川芙蓉矿务局进行了实际应用，取得了较好的效果。

4. 周期来压法

采煤工作面的突出除了受煤层瓦斯含量、瓦斯压力和地应力控制外，还受采场支承压力影响，周期来压时支承压力表现最强烈，增加了采煤工作面的突出危险性，因而用矿压观测方法预报周期来压的时间、基本顶断裂的距离，从而预报采煤工作面瓦斯突出危险是有效的。该方法在韩城矿务局桑树坪矿得到应用，在南桐矿务局鱼田堡煤矿 3602W2 段工作面的防突中起到了重要作用，收到了良好效果。

5. V_{30} 特征值法

V_{30} 特征值法，是利用矿井安全监控系统监测到的瓦斯数据和掘进工作面的进尺情况计算 V_{30} 指标，以掌握掘进过程中的瓦斯动态，达到预测掘进工作面前方突出危险性的目的，其计算公式为

$$V_{30} = \frac{\Delta Q}{t} \qquad (6-16)$$

式中　V_{30}——预测指标，m^3/t；

　　　ΔQ——爆破后 30 min 内的瓦斯涌出量，m^3；

　　　t——工作面的爆破煤量，t。

V_{30} 指标是爆破后前 30 min 内的瓦斯涌出量与崩落煤量的比值，单位为 m^3/t。对不同煤质 V_{30} 值的统计分析表明，一旦 V_{30} 值达到可解吸瓦斯含量的 40%，就有瓦斯突出的嫌疑；达到可解吸瓦斯含量的 60%，就存在瓦斯突出危险。

V_{30} 指标主要由煤壁新增瓦斯涌出量、顶底板中未暴露煤层新增瓦斯涌出量、爆破落煤中游离瓦斯涌出量以及爆破落煤中解吸瓦斯涌出量 4 部分组成。

根据松藻矿务局打通二矿的考察，V_{30} 指标随着 K_1 指标的增大而增大，与 K_1 值成正相关，能比较准确地反映打通二矿的突出危险程度，可以作为煤巷掘进过程的突出预测指标。

第八节　预防煤与瓦斯突出的区域性措施

区域防突措施是指在突出煤层进行采掘前，对突出煤层较大范围采取的防突措施。防突措施实施以后可使较大范围煤层消除突出危险性。措施实施以后可使局部区域（如掘进工作面）消除突出危险性的措施称为局部防突措施。区域性防突措施主要有开采保护层和大面积预抽煤层瓦斯两种，开采保护层又分为上保护层和下保护层两种方式。区域防突措施，效果最好，安全性最高。

一、开采保护层

开采保护层是各国采用的主要的区域性措施。所谓保护层，是指在突出矿井的煤层群中，首先开采的非突出危险煤层，开采保护层后，对有突出危险的煤层产生保护作用，使之消除或减少突出危险性，达到防治煤与瓦斯突出的目的。后开采的煤层叫被保护层。位于被保护层上部的煤层叫上保护层，位于被保护层下部的煤层叫下保护层。开采保护层是最经济、最有效的防突措施之一。

（一）开采保护层防治煤与瓦斯突出的原理

保护层开采后，被保护层中对应区域内的煤体被充分卸压，煤体及围岩中积聚的弹性能被释放，减弱了发动突出的主要动力；煤体卸压后产生大量的裂隙，使煤层的透气性增加，释放了瓦斯压力，减弱了发动突出的主要动力；瓦斯大量释放，使煤层瓦斯含量降低，煤体强度增加，煤的坚固性系数提高，增大了突出的阻力。这些因素综合作用的结果，导致被保护层突出危险的消失。

由于以上原因，在突出矿井中开采煤层群时，应首先开采保护层。

（二）选择保护层必须遵守的规定

（1）在突出矿井开采煤层群时，如在有效保护垂距内存在厚度 0.5 m 及以上的无突出危险煤层，除因突出煤层距离太近而威胁保护层工作面安全或可能破坏突出煤层开采条件的情况外，首先开采保护层。有条件的矿井，也可以将软岩层作为保护层开采。

（2）当煤层群中有几个煤层都可作为保护层时，综合比较分析，择优开采保护效果最好的煤层。

（3）当矿井中所有煤层都有突出危险时，选择突出危险程度较小的煤层作保护层先行开采，但采掘前必须采取预抽煤层瓦斯区域防突措施并进行效果检验。

（4）优先选择上保护层。在选择开采下保护层时，不得破坏被保护层的开采条件。

（三）开采保护层时必须遵守的规定

（1）开采保护层时，同时抽采被保护层的瓦斯。当开采远距离保护层时，如果不同时抽采被保护层瓦斯，可能不足以消除突出危险；开采近距离保护层时，若不抽采，上下邻近层的瓦斯都会涌入开采层工作面，严重威胁生产安全；在开采保护层时，被保护层卸压后，大量瓦斯解吸，透气性增加，是抽放率最高的时候，所以，开采保护层时必须同时抽采被保护层瓦斯。

（2）开采近距离保护层时，采取措施防止被保护层初期卸压瓦斯突然涌入保护层采掘工作面或误穿突出煤层。回采工作面初次放顶期间，采空区底板暴露面积大，由于底板岩层膨胀卸压，被保护层瓦斯大量涌入采空区，会造成瓦斯超限。所以，应对被保护层采取设下向穿层钻孔抽放瓦斯、采空区埋管抽放、顶板高位钻孔抽放、加大风量等瓦斯综合治理措施。

（3）正在开采的保护层工作面超前于被保护层的掘进工作面，其超前距离不得小于保护层与被保护层层间垂距的3倍，并不得小于100 m（图6-11）。

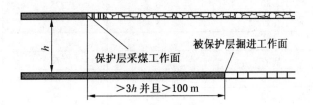

图6-11　保护层工作面超前被保护层工作面示意图

保护层工作面要推过一定距离后卸压作用才能传递到被保护层，所以被保护层应在保护层回采完后或者采过一定距离后才能开始掘进。

（4）开采保护层时，采空区内不得留有煤（岩）柱。特殊情况需留煤（岩）柱时，经煤矿企业技术负责人批准，并做好记录（表6-16），将煤（岩）柱的位置和尺寸准确地标在采掘工程平面图上。每个被保护层的瓦斯地质图应当标出煤（岩）柱的影响范围，在这个范围内进行采掘工作前，首先采取预抽煤层瓦斯区域防突措施。

当保护层留有不规则煤柱时，按照其最外缘的轮廓划出平直轮廓线，并根据保护层与被保护层之间的层间距变化，确定煤柱影响范围。在被保护层进行采掘工作时，还应当根据采掘瓦斯动态及时修改。

开采保护层时留煤柱，将会在被保护层一定范围引起应力集中，使地应力比原来更高，更有利于发生突出，所以，应严格控制煤柱的留设。对已经留设的煤柱必须在采掘平面图中标注清楚，并划出煤柱影响范围。

表6-16 保护层采空区中遗留煤柱记录

采区名称	保护层名称	保护层遗留煤柱			煤柱影响突出煤层煤量	煤柱测绘人	矿总工程师
		遗留日期	尺寸/m				
			沿走向	沿倾斜			

（四）保护范围的划定

首次开采保护层时，可参照以下办法确定沿倾斜的保护范围、沿走向的保护范围、保护层与被保护层之间的最大保护垂距、开采下保护层时不破坏上部被保护层的最小间距等参数。

1. 沿倾斜方向的保护范围

保护层工作面沿倾斜的保护范围应根据卸压角 δ 划定，如图6-12所示。在没有本矿井实测的卸压角时，可参考表6-17的数据。

表6-17 保护层沿倾斜的卸压角 （°）

煤层倾角 α	卸压角 δ			
	δ_1	δ_2	δ_3	δ_4
0	80	80	75	75
10	77	83	75	75
20	73	87	75	75
30	69	90	77	70
40	65	90	80	70
50	70	90	80	70
60	72	90	80	70
70	72	90	80	72
80	73	90	78	75
90	75	80	75	80

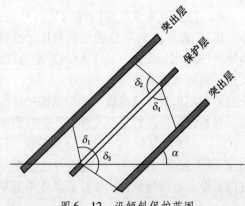

图6-12 沿倾斜保护范围

2. 沿走向方向的保护范围

若保护层采煤工作面停采时间超过3个月，且卸压比较充分，则该保护层采煤工作面对被保护层沿走向的保护范围对应于始采线、终采线及所留煤柱边缘位置的边界线可按卸压角 $\delta_5 = 56° \sim 60°$ 划定，如图6-13所示。

3. 最大保护垂距

保护层与被保护层之间的最大垂距可参照表6-18选取或用式（6-17）、式（6-

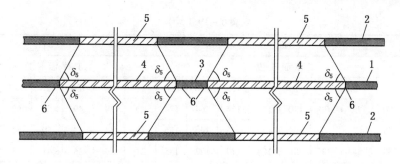

1—保护层；2—被保护层；3—煤柱；4—采空区；5—被保护范围；6—始采线、终采线；

图6-13　保护层工作面始采线、终采线和煤柱的影响范围

18）计算确定。

下保护层的最大保护垂距：

$$S_{下} = S'_{下}\,\beta_1\beta_2 \tag{6-17}$$

上保护层的最大保护垂距：

$$S_{上} = S'_{上}\,\beta_1\beta_2 \tag{6-18}$$

式中　$S'_{下}$、$S'_{上}$——下保护层和上保护层的理论最大保护垂距，m，它与工作面长度 L 和开采深度 H 有关，可参照表6-19取值，当 $L > 0.3H$ 时，取 $L = 0.3H$，但 L 不得大于250 m；

　　β_1——保护层开采的影响系数，当 $M \leqslant M_0$ 时，$\beta_1 = M/M_0$；当 $M > M_0$ 时，$\beta_1 = 1$；

　　M——保护层的开采厚度，m；

　　M_0——保护层的最小有效厚度，m，M_0 可参照图6-14确定；

　　β_2——层间硬岩（砂岩、石灰岩）含量系数，以 η 表示在层间岩石中所占的百分比，当 $\eta \geqslant 50\%$ 时，$\beta_2 = 1 - 0.4\eta/100$，当 $\eta < 50\%$ 时，$\beta_2 = 1$。

表6-18　保护层与被保护层之间的最大保护垂距　　　　　　　　　　m

煤 层 类 别	最 大 保 护 垂 距	
	上 保 护 层	下 保 护 层
急倾斜煤层	<60	<80
缓倾斜和倾斜煤层	<50	<100

表6-19　$S'_{上}$ 和 $S'_{下}$ 与开采深度 H 和工作面长度 L 之间的关系　　　m

开采深度 H	$S'_{下}$								$S'_{上}$						
	工 作 面 长 度 L								工 作 面 长 度 L						
	50	75	100	125	150	175	200	250	50	75	100	125	150	200	250
300	70	100	125	148	172	190	205	220	56	67	76	83	87	90	92
400	58	85	112	134	155	170	182	194	40	50	58	66	71	74	76

表 6-19（续）　　　　　　　　　　　　　　　　　　　　　　　　　　　　m

开采深度 H	$S'_{下}$								$S'_{上}$						
	工作面长度 L								工作面长度 L						
	50	75	100	125	150	175	200	250	50	75	100	125	150	200	250
500	50	75	100	120	142	154	164	174	29	39	49	56	62	66	68
600	45	67	90	109	126	138	146	155	24	34	43	50	55	59	61
800	33	54	73	90	103	117	127	135	21	29	36	41	45	49	50
1000	27	41	57	71	88	100	114	122	18	25	32	36	41	44	45
1200	24	37	50	63	80	92	104	113	16	23	30	32	37	40	41

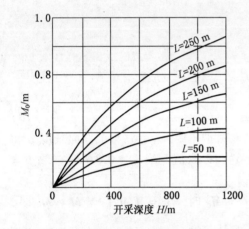

图 6-14　确定保护层最小有效
开采厚度 M_0 曲线图

4. 开采下保护层的最小层间距

开采下保护层时，上部被保护层不被破坏的最小距离可用式（6-19）或式（6-20）确定。

当 $\alpha < 60°$ 时　　$h_{\min} \geq KM\cos\alpha$ 　　（6-19）

$\alpha \geq 60°$ 时　　$h_{\min} \geq KM\sin(\alpha/2)$ 　　（6-20）

式中　$h_{\min}$——允许采用的最小层间距离，m；

M——保护层的开采厚度，m；

α——煤层倾角，（°）；

K——顶板管理系数。采用全部垮落法管理顶板时，$K=10$；充填法控制顶板时，K 取 6。

【例 6-1】 某矿共有 2 层煤，自上而下分别是 2 号煤、3 号煤，2 号煤平均厚度 4.65 m，有突出危险，3 号煤平均厚度 1.0 m，无突出危险，煤层倾角 23°，两层煤间距为 14 m。试确定保护层有效保护范围。

解　根据《防治煤与瓦斯突出规定》的有关规定，保护范围计算如下：

1. 层间保护范围

根据公式（6-19）知，当 $\alpha < 60°$ 时，$H = KM\cos\alpha = 10 \times 1.0 \times \cos23° = 9.1$ m。

由于 2 号煤层与 3 号煤层间距为 14 m，大于计算的 H 值，不会对被保护层的开采条件造成破坏。

根据《防治煤与瓦斯突出规定》，缓倾斜和倾斜煤层下保护层的最大保护垂距不大于 100 m。2 号煤与 3 号煤层间距为 14 m，小于 100 m，由此可见，可以通过开采 3 号煤作为下保护层来保护 2 号煤。

2. 倾向保护范围

保护层工作面沿倾斜方向的保护范围应根据卸压角 δ 划定。根据表 6-17 知，当煤层倾角为 20° 时，下部卸压角 $\delta_1 = 73°$，上部卸压角 $\delta_2 = 87°$，如图 6-15 所示。相对于保护层工作面，被保护层工作面机巷和风巷的内错距离分别为

$$L_1 = 14 \times \mathrm{ctan}73° = 4.3 \text{ m}$$

$$L_2 = 14 \times ctan87° = 0.73 \text{ m}$$

3. 走向方向的保护范围

本设计走向方向的保护范围是指被保护层工作面的开切眼和终采线向里内错的距离。

开切眼向里内错　　　　　　　$L_4 = 14 \times ctan60° = 8 \text{ m}$

终采线向里内错　　　　　　　$L_4 = 14 \times ctan60° = 8 \text{ m}$

按照矿山压力理论和地表沉陷理论，岩层移动角是开采边界向外呈扇形扩展，并直达地面，处于岩层移动边界与保护层边界之间的区域仍为卸压区域，但卸压程度低于中间的完全卸压区域，如图 6-16 所示。

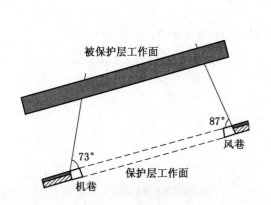

图 6-15　被保护层倾斜方向的保护范围

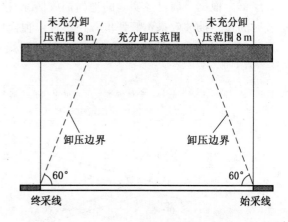

图 6-16　走向保护范围示意图

为了在走向上等长布置，对卸压边界至保护层工作面开切眼对应位置范围内的煤体进行密集钻孔抽放（钻孔间距 5 m）。由于该区域内的煤层已经得到一定程度的卸压，施工密集钻孔后，再进行强化抽采就能消除突出危险性，进而实现保护层和被保护层工作面走向方向的垂直布置，即保护层和被保护层工作面的等长布置。

（五）保护层开采效果

盘江金佳煤矿 1235 上保护层工作面开采后，下保护层瓦斯含量由 $15 \sim 20$ m³/t 降到 $6 \sim 7$ m³/t，瓦斯压力由 2 MPa 降到 0.5 MPa 左右，煤层透气系数由 $0.007 \sim 0.1$ m²/(MPa²·d) 提高到 $0.1 \sim 2$ m²/(MPa²·d)。

1123 工作面作为下保护层开采后，上部被保护层瓦斯含量由 $20 \sim 27$ m³/t 降到 $4 \sim 5$ m³/t，瓦斯压力由 2 MPa 降至 0.2 MPa，煤层透气系数由 $0.007 \sim 0.1$ m²/(MPa²·d) 提高到 $4 \sim 6$ m²/(MPa²·d)，平均提高 50 倍以上，单产单进水平提高 1 倍以上。

二、预抽煤层瓦斯

单一煤层或无保护层可采的突出危险煤层，都可采用预抽煤层瓦斯作为区域性防突措施。

由于大多数突出危险煤层透气性低，预抽时间也长，对于采掘接替紧张的矿井，预抽时间往往达不到要求。为了达到区域防突的目的，就必须多打钻孔，加大钻孔密度，才能缩短预抽时间，有效消除煤与瓦斯突出，防止采掘过程中的瓦斯超限。贵州安顺煤矿煤层厚度 1.5～1.6 m，本煤层顺层钻孔间距 1 m；盘江金佳煤矿煤层厚度 1.6 m，钻孔间距为 0.6 m；永煤集团车集煤矿煤层厚度 3 m，顺层钻孔间距为 0.7 m。

预抽效果的评价指标有 2 个：一是预抽煤层瓦斯后，煤层瓦斯压力要降到 0.74 MPa 以下；二是突出煤层的残余瓦斯含量应小于 8 m³/t，或是小于该煤层在该突出区域始突深度的煤层原始瓦斯含量。

（一）抽预抽方式

《防治煤与瓦斯突出规定》第四十五条推荐的预抽方式有 6 种。

（1）地面井预抽煤层瓦斯。适用于地形平缓，埋藏深度较小，透气性好的厚煤层或煤层群。根据目前已经实施的地面抽放情况看，地面钻孔预抽成本高，单孔抽放量小，抽放时间长，抽放效果不好评价，还不宜单独使用。

（2）井下穿层钻孔或顺层钻孔预抽区段煤层瓦斯，如图 6－17、图 6－18 所示。

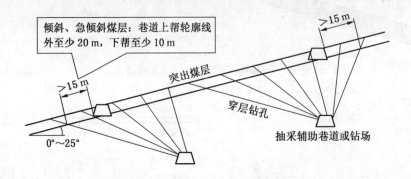

图 6－17　穿层钻孔预抽区段煤层瓦斯

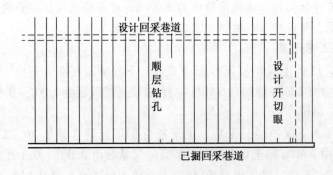

图 6－18　顺层钻孔预抽区段煤层瓦斯

（3）穿层钻孔预抽煤巷条带煤层瓦斯，如图 6－19 所示。

（4）顺层钻孔或穿层钻孔预抽回采区域煤层瓦斯，钻孔应控制整个回采块段，如图 6－20、图 6－21 所示。

（5）穿层钻孔预抽石门（含立、斜井等）揭煤区域煤层瓦斯，如图 6－22 所示。

（6）顺层钻孔预抽煤巷条带煤层瓦斯，如图 6－23 所示。

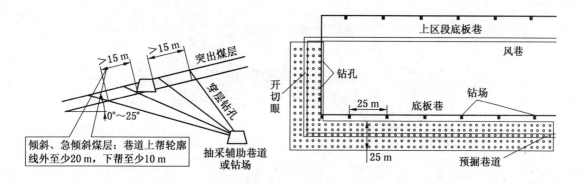

图 6 – 19　穿层钻孔预抽煤巷条带瓦斯

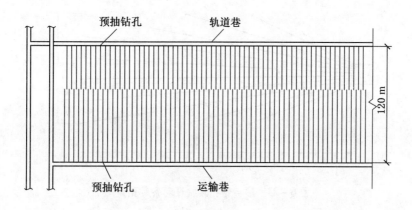

图 6 – 20　顺层钻孔预抽回采区域煤层瓦斯

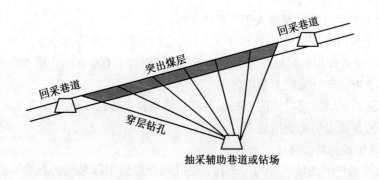

图 6 – 21　穿层钻孔预抽回采区域煤层瓦斯

　　顺层钻孔预抽煤巷条带瓦斯区域防突措施主要优点是不需要抽采岩巷，施工速度快，工程量小，容易施工密集钻孔，防突效果好。缺点是钻孔施工成孔难度大，钻孔的实际轨迹偏移大，而预抽区域的大小依赖于钻孔成孔长度，所以预抽区域的规模受到限制。

　　《煤矿安全规程》规定，有下列条件之一的突出煤层，不得将在本煤层施工顺层钻孔

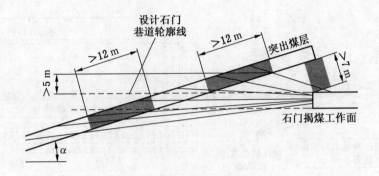

图6-22　穿层钻孔预抽石门揭煤区煤层瓦斯

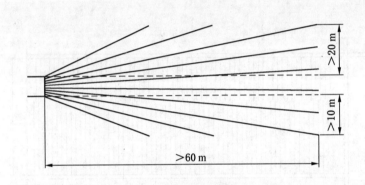

图6-23　顺层钻孔预抽煤巷条带瓦斯

预抽煤巷条带瓦斯作为区域防突措施：

（1）新建矿井的突出煤层。

（2）历史上发生过突出强度大于500 t/次的。

（3）开采范围内煤层坚固系数小于0.3的；或者煤层坚固系数为0.3~0.5，且埋深大于500 m的；或者煤层坚固系数为0.5~0.8，且埋深大于600 m的；或者埋深大于700 m的；或者煤巷条带位于开采应力集中区的。

预抽煤层瓦斯区域防突措施应当根据各矿地质条件，煤层、瓦斯赋存实际，采用多种抽放方式组合的预抽煤层瓦斯措施。

（二）预抽煤层瓦斯必须遵守的规定

（1）钻孔控制整个预抽区并均匀布孔，钻孔间距根据实际考察的有效抽放半径确定。

（2）钻孔必须封闭严密。穿层钻孔的封孔段长度不得小于5 m，沿层钻孔的封孔段长度不得小于8 m。最好选用封孔泵封孔，并根据煤（岩）层特点选用适宜的封孔材料，提高封孔质量，防止漏气，提高瓦斯抽放浓度，提高抽放泵运行效率。

钻孔封闭效果与孔口间距、封孔深度、封孔长度、封孔材料、封孔设备和操作方法有关。如果孔口间距太小，孔间煤（岩）被打碎，钻孔之间形成相互贯通的裂隙，很难封闭严密。煤（岩）层由于受动影响，形成松动圈，封孔深度应当超过松动圈一定封孔长度，才能保证密封不漏气。

（3）做好每个钻孔施工参数的记录及抽采参数的测定。

（4）钻孔孔口抽放负压不小于 13 kPa。预抽瓦斯浓度低于 30% 时，应当采取改进封孔的措施，以提高封孔质量。

（三）预抽煤层瓦斯钻孔控制范围的要求

采取各种方式的预抽煤层瓦斯区域防突措施时，应当符合下列要求：

1. 穿层钻孔或顺层钻孔预抽区段煤层瓦斯

应当控制区段内的整个开采块段、两侧回采巷道及其外侧一定范围内的煤层。要求钻孔控制回采巷道外侧的范围是：倾斜、急倾斜煤层巷道上帮轮廓线外至少 20 m，下帮至少 10 m；其他为巷道两侧轮廓线外至少各 15 m。在煤层中沿倾向方向掘进时，无论煤层倾角多大，钻孔都要控制到巷道两帮 15 m 以外。以上所述的钻孔控制范围均为沿层面的距离，如图 6–24 所示。

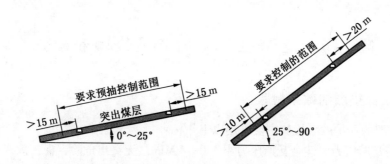

图 6–24　预抽区段煤层瓦斯钻孔控制范围

2. 穿层钻孔预抽煤巷条带煤层瓦斯

对于倾斜、急倾斜钻孔应当控制煤层巷道上帮轮廓线外至少 20 m，下帮至少 10 m；其他煤层，钻孔应当控制巷道两侧轮廓线外至少各 15 m。

3. 顺层钻孔或穿层钻孔预抽回采区域煤层瓦斯

钻孔应当控制整个开采块段的煤层。

4. 穿层钻孔预抽石门（含立、斜井等）揭煤区域煤层瓦斯

钻孔应当在揭煤工作面距煤层的最小法向距离 7 m 以前施工（在构造破坏带应适当加大距离）。钻孔的最小控制范围是：石门和立井、斜井揭煤处巷道轮廓线外 12 m（急倾斜煤层底部或下帮 6 m），同时还应当保证控制范围的外边缘到巷道轮廓线（包括预计前方揭煤段巷道的轮廓线）的最小距离不小于 5 m，且当钻孔不能一次穿透煤层全厚时，应当保持煤孔最小超前距 15 m。

5. 顺层钻孔预抽煤巷条带瓦斯

钻孔应控制的条带长度不小于 60 m（留预抽超前距不小于 20 m），控制巷道上下帮的距离是：倾斜、急倾斜煤层巷道上帮轮廓线外至少 20 m，下帮至少 10 m；其他煤层，钻孔应当控制巷道两侧轮廓线外至少各 15 m。

6. 厚煤层分层开采的钻孔控制范围

厚煤层分层开采时，预抽钻孔应控制开采的分层及其上部至少 20 m、下部至少 10 m

（均为法向距离，且仅限于煤层部分）。对于鹤壁、焦作矿区厚度 9 m 左右的煤层无论是分层开采或是放顶煤开采，都必须全层消突。

（四）对于预抽的一般要求

对于预抽煤层瓦斯的钻孔布置，主要有 4 个方面的要求：

（1）钻孔在整个预抽区域内无论立面、平面都要均匀布置。钻孔间距应当根据实际考察的煤层有效抽放半径确定。

（2）封孔必须严密，穿层钻孔封孔段长度不小于 5 m，顺层钻孔封孔段长度不小于 8 m。

（3）要做好每个钻孔施工参数的记录及抽采参数的测定，特别是施工过程中钻孔穿过煤、岩的长度，瓦斯异常情况的记录。这对于绘制钻孔竣工图，划分突出带非常重要。

（4）对钻孔封孔的质量标准要求，孔口抽采负压不小于 13 kPa，预抽瓦斯浓度不低于 30%。

第九节　区域性措施的效果检验和验证

一、开采保护层的效果检验

开采保护层的保护效果检验主要采用以下指标：

（1）残余瓦斯压力。残余瓦斯压力小于 0.74 MPa，无突出危险，保护效果有效。

（2）残余瓦斯含量。残余瓦斯含量小于 8 m^3/t，保护效果有效。

（3）顶底板位移量。被保护层的最大膨胀变形量大于 3‰。

（4）其他经试验证实有效的指标和方法，也可以结合煤层的透气性系数变化率等辅助指标。

当采用残余瓦斯压力、残余瓦斯含量检验时，应当根据实测的最大残余瓦斯压力或者最大残余瓦斯含量对保护效果进行判断。若检验结果仍为突出危险区，保护效果为无效。

《煤矿安全规程》规定：保护层的开采厚度不大于 0.5 m、上保护层与突出煤层间距大于 50 m 或者下保护层与突出煤层间距大于 80 m 时，必须对每个保护层工作面的保护效果进行检验。

二、预抽煤层瓦斯的效果检验

采用预抽煤层瓦斯区域防突措施时，效果检验的主要指标有：

（1）预抽区域的煤层残余瓦斯压力。

（2）预抽区域的煤层残余瓦斯含量。

（3）其他经试验证实有效的指标和方法。

采用残余瓦斯压力或者残余瓦斯含量指标对穿层钻孔、顺层钻孔预抽煤巷条带瓦斯、穿层钻孔预抽石门（含立、斜井等）揭煤区域的防突措施进行检验时，必须依据实际的直接测定值。其他方式的预抽煤层瓦斯区域防突措施可采用直接测定值或根据预抽前的瓦斯含量及抽、排瓦斯量等参数间接计算残余瓦斯含量值。

石门（含立、斜井等）揭煤的区域防突措施也可以采用钻屑瓦斯解吸指标进行措施效果检验。

若检验期间在煤层中进行钻孔等作业时发现了喷孔、顶钻及其他明显突出预兆时，发生明显突出预兆的位置周围半径100 m 内的预抽区域判定为措施无效，所在区域煤层仍属突出危险区。

当采用煤层残余瓦斯压力或残余瓦斯含量的直接测定值进行检验时，若任何一个检验测试点的指标测定值达到或超过了有突出危险的临界值而判定为预抽防突效果无效时，则此检验测试点周围半径100 m 内的预抽区域均判定为预抽防突效果无效，即为突出危险区，如图6-25 所示。

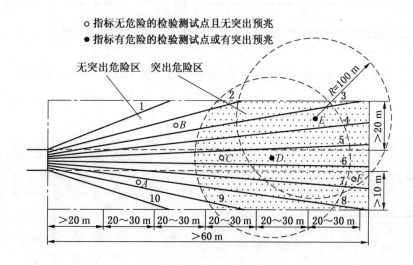

图6-25 用直接测定参数或明显突出预兆检验防突效果示意图

三、效果检验测试点的分布

采用直接测定煤层残余瓦斯压力或残余瓦斯含量等参数对预抽煤层瓦斯区域措施进行效果检验时，应当符合下列要求：

（1）穿层钻孔或顺层钻孔预抽区段煤层瓦斯时，若区段宽度（两侧回采巷道间距加回采巷道外侧控制范围）未超过120 m，以及对预抽回采区域煤层瓦斯区域防突措施进行检验时若回采工作面长度未超过120 m，则沿回采工作面推进方向每间隔30~50 m 至少布置1 个检验测试点；若回采工作面长度大于120 m 时，则在回采工作面推进方向每间隔30~50 m 至少沿工作面方向布置2 个检验测试点，如图6-26 所示。

（2）对穿层钻孔预抽煤巷条带瓦斯进行检验时，在煤巷条带每间隔30~50 m 至少布置1 个检验测试点，如图6-27 所示。

（3）穿层钻孔预抽石门（含立、斜井等）揭煤区域煤层瓦斯时，至少布置4 个检验测试点，分别位于要求预抽区域内的上部、中部和两侧，并且至少有1 个检验测试点位于要求预抽区域内距边缘不大于2 m 的范围，如图6-28 所示。

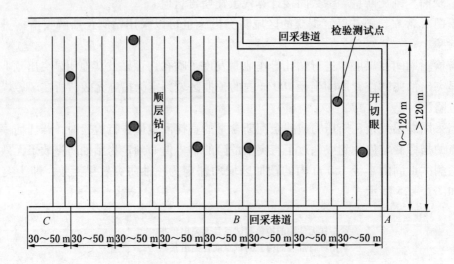

图 6-26　预抽区段煤层瓦斯及预抽回采区域煤层瓦斯检验点布置示意图

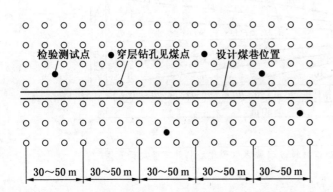

图 6-27　穿层钻孔预抽煤巷条带
瓦斯区域措施检验测试点布置

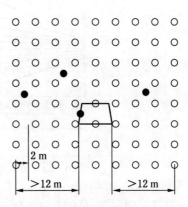

图 6-28　穿层钻孔预抽石门
揭煤措施检验测试点布置

（4）对顺层钻孔预抽煤巷条带瓦斯进行检验时，在煤巷条带每间隔 20～30 m 至少布置 1 个检验测试点，且每个检验区域不得少于 3 个检验测试点。

（5）各检验测试点应布置于所在部位钻孔密度较小、孔间距较大、预抽时间较短的位置，并尽可能远离测试点周围的各预抽钻孔或尽可能与周围预抽钻孔保持等距离，且避开采掘巷道的排放范围和工作面的预抽超前距。在地质构造复杂区域适当增加检验测试点。

四、区域验证

经区域措施效果检验后无突出危险的区域，要揭煤和采掘作业时，必须采用工作面预测的方法进行区域验证。经区域验证无突出危险时方可进行揭煤、掘进和回采。

《防治煤与瓦斯突出规定》第五十七条规定：在石门揭煤工作面对无突出危险区进行的区域验证，应当选用综合指标法、钻屑瓦斯解吸指标法进行。

在煤巷掘进工作面和回采工作面分别采用钻屑指标法、复合指标法、R 值法进行区域验证，并应当按照下列要求进行：

（1）在工作面进入该区域时，立即连续进行至少两次区域验证。

（2）工作面每推进 10～50 m（在地质构造复杂区域或采取了预抽煤层瓦斯区域防突措施以及其他必要情况时宜取小值）至少进行两次区域验证。

（3）在构造破坏带连续进行区域验证。

（4）在煤巷掘进工作面还应当至少打 1 个超前距不小于 10 m 的超前钻孔或者采取超前物探措施，探测地质构造和观察突出预兆。

第十节　防治煤与瓦斯突出的局部性措施

防治煤与瓦斯突出的局部性措施又称工作面防突措施，包括石门和立井、斜井揭煤工作面、煤巷掘进工作面、采煤工作面回采的防突措施。局部防突措施的作用是使工作面前方小范围煤体丧失突出危险性，可以归结为 4 个步骤：工作面突出危险性预测、防治突出的技术措施、防治突出措施的效果检验、安全防护措施，简称"四位一体"。局部防突措施是在已经采取了区域防突措施，并经措施效果检验和区域验证有效的前提下采取的一种补充措施。

为什么在区域措施验证有效的前提下还要采取局部综合防突措施呢？区域验证与工作面突出危险性预测虽然是使用相同的方法，但使用的时间和范围有区别。区域验证是在采取了区域防突措施，并经效果检验（实测煤层瓦斯压力、煤层瓦斯含量）证实整个区域已经消除突出危险后，再用工作面预测方法在小范围进行区域验证，如果经验证的区域无突出危险性，则此区域可以进行石门揭煤、煤巷掘进和工作面回采。但区域措施效果检验和区域验证时，是用少数点的数据来预测整个区域的突出危险性，不能保证在把所有的突出部位都取上点而造成有的突出危险点被遗漏，所以，在经区域验证为无突出危险的区域进行采掘作业时，还要在采掘过程中经常开展工作面突出危险性的预测，并根据预测结果采取相应措施。区域验证与工作面预测又有相同之处，都是用工作面预测方法，都是在煤体附近较小范围预测，区别是：区域验证只是在区域防突措施检验有效后进行一次，而工作面预测是在采掘过程中经常进行。

工作面突出危险性预测是预测工作面煤体的突出危险性，是在采掘工作面推进过程中进行，经预测后把工作面划分为突出危险工作面和无突出危险工作面，未进行工作面预测的采掘工作面视为突出危险工作面。

突出危险工作面必须采取工作面防突措施，并进行措施效果检验。经检验证实措施有效后，即判定为无突出危险工作面；当措施无效时，仍为突出危险工作面，必须采取补充防突措施，并再次进行措施效果检验，直到措施有效。

经采取防突措施后消除突出危险的工作面，还要在留足突出预测超前距或防突措施超前距的条件下，采取安全防护措施才能进行采掘作业。具体规定如下：①煤巷掘进和回采工作面应保留的最小预测超前距均为 2 m；②防突措施超前距，煤巷掘进工作面 5 m，回采工作面 3 m；在地质构造破坏严重地带应适当增加超前距，但煤巷掘进工作面不小于 7 m，回采工作面不小于 5 m（图 6－29）；③每次工作面防突措施施工完成后，应当绘制工作面防突措施竣工图。

本节重点阐述煤层巷道和采煤工作面局部性防突措施，石门揭煤的防突措施见第七章。

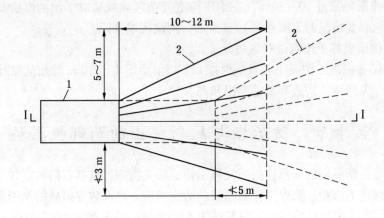

1—煤层巷道；2—措施孔

图 6－29　掘进工作面超前钻孔防突措施孔超前距示意图

一、煤巷掘进防治煤与瓦斯突出的措施

在突出煤层中进行采掘活动前，必须首先制定防突专项设计，经矿技术负责人批准后方可实施。防突专项设计至少包括下列内容：①煤层、瓦斯、地质构造及邻近区域巷道布置的基本情况；②建立安全可靠的独立通风系统及加强控制通风风流设施的措施；③工作面突出危险性预测及防突措施效果检验的方法、指标以及预测、效果检验钻孔布置等；④防突措施的选取及施工设计；⑤安全防护措施；⑥组织管理措施。

矿井各煤层采用的煤巷掘进工作面和采煤工作面各种局部防突措施的效果和参数等都要经实际考察确定。

根据《防治煤与瓦斯突出规定》，突出煤层中掘进巷道时，应优先选用抽放瓦斯、超前排放钻孔防突措施。如果采用松动爆破、水力冲孔、水力疏松或其他工作面防突措施时，必须经试验考察确认防突效果有效后方可使用。前探支架措施应当配合其他措施一起使用。

下山掘进时，不得选用水力冲孔、水力疏松措施。倾角 8°以上的上山掘进工作面不得选用松动爆破、水力冲孔、水力疏松措施。

在煤巷掘进工作面第一次执行上述措施或无措施超前距时，必须采用直径 60 mm 以下的超前排放钻孔或其他更安全的工作面防突措施（可采用工作面浅孔排放），在工作面前方形成所需的安全屏障后，方可进入正常防突措施施工，确保执行措施的安全。

1. 抽放瓦斯或超前排放钻孔

预抽瓦斯和排放钻孔在防治煤与瓦斯突出作用机理方面是相同的，都是力求降低突出煤层中的瓦斯含量与应力，使煤体收缩变形，增加煤层稳定性，减弱和防止突出。

在工作面前方煤体内，始终保持有足够数量的钻孔，既可释放地应力和瓦斯压力，又可排放瓦斯，在工作面前方形成一个卸压带，防止突出发生。

《防治煤与瓦斯突出规定》中对煤巷掘进工作面采用超前钻孔作为工作面防突措施时，有以下规定。

（1）钻孔的最小控制范围。巷道两侧轮廓线外钻孔的最小控制范围：近水平、缓倾斜煤层 5 m，倾斜、急倾斜煤层上帮 7 m、下帮 3 m。当煤层厚度大于巷道高度时，在垂直煤层方向上的巷道上部煤层控制范围不小于 7 m，巷道下部煤层控制范围不小于 3 m，如图 6 - 30 所示。

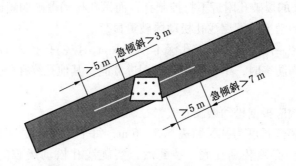

图 6 - 30 煤巷掘进超前钻孔控制范围示意图

（2）均匀布孔。钻孔在控制范围内应当均匀布置，在煤层的软分层中可适当增加钻孔数。预抽钻孔或超前排放钻孔的孔数、孔底间距等应当根据钻孔的有效抽放或排放半径确定。

（3）钻孔直径。钻孔直径应当根据煤层赋存条件、地质构造和瓦斯情况确定，一般为 75 ~ 120 mm，地质条件变化剧烈地带也可采用直径 42 ~ 75 mm 的钻孔。若钻孔直径超过 120 mm 时，必须采用专门的钻进设备和制定专门的施工安全措施。

（4）煤层赋存状态发生变化时，及时探明情况，再重新确定超前钻孔的参数。

（5）钻孔施工前，加强工作面支护，打好迎面支架，背好工作面煤壁。

超前钻孔或抽放瓦斯防治突出的效果，关键在于钻孔控制范围和有效影响半径的选用，对于具体的煤层，有效影响半径是抽放时间决定的，如果允许抽放的时间短，钻孔就应该密一些，否则可以适当加大，但不能超过抽放极限半径。

超前钻孔有效排放半径的测定可按下列步骤进行：

① 沿工作面软分层打 3 ~ 5 个相互平行，孔径为 42 mm 的测量钻孔，孔长 5 ~ 7 m，间距 0.3 ~ 0.5 m；② 对各测量孔进行封孔，保证测量室长度为 1 m；③ 钻孔密封后，立即测量瓦斯涌出量，并每隔 2 ~ 10 min 测定 1 次，每一测量孔测定次数不得少于 5 次；④ 在距最边缘测量孔钻孔中心 0.5 m 处，打一个平行于测量孔的超前钻孔，在打超前钻孔过程中，记录钻孔长度、时间和各测量孔中的瓦斯涌出量变化；⑤ 超前钻孔打完后，每隔 2 ~ 10 min 测定各测量孔的瓦斯涌出量；⑥ 打完超前钻孔后测定 2 h；⑦ 绘出各测量孔的瓦斯涌出量变化图。

如果连续3次测定测量孔的瓦斯涌出量都比打超前钻孔前增大10%，即表明该测量孔处于超前钻孔的有效排放半径之内。上述的测量孔距排放钻孔的最远距离，即为超前钻孔的有效排放半径。

2. 松动爆破

松动爆破是在掘进工作面前方应力集中区打几个一定深度的炮眼，通过爆破使周围煤体破碎、使应力集中带向煤体深部转移，达到卸压和排瓦斯的作用。该措施适用于煤质较硬、突出强度较小的煤层。

根据钻孔的长短，松动爆破可分为浅孔松动爆破和深孔松动爆破。两者的不同之处是：浅孔松动爆破的钻孔长度一般为8～10 m，深孔松动爆破的钻孔长度一般为20～25 m；浅孔松动爆破的爆破孔附近不打控制孔，而深孔松动爆破的爆破孔附近必须打控制孔；深孔松动爆破的消突范围比浅孔松动爆破更显著。

松动爆破的孔径一般为42 mm，孔深不小于8 m，控制孔径为125 mm 或者150 mm。用于巷道掘进工作面防突时，中心孔沿巷道掘进方向，其他孔终孔位置应位于巷道轮廓线外3 m 以上。

松动爆破的孔数应根据松动爆破有效半径确定。

松动爆破孔的装药长度为孔长减去5.5～6 m，每个药卷长度为1～1.5 m，每个药卷装入一个雷管。装药必须装到孔底。装药后，实施浅孔松动爆破的钻孔应装入不小于0.4 m 的水炮泥，水炮泥外侧还应充填长度不小于2 m 的封口炮泥。实施深孔松动爆破的爆破孔封孔长度不小于5 m。

在装药和充填炮泥时，应防止折断电雷管的脚线。进行深孔松动爆破时，有可能诱导突出，因此，必须执行撤人、停电、设警戒、远距离爆破、关闭反向风门等安全措施，并且爆破后30 min 才能进入工作面。执行深孔松动爆破后，必须进行措施效果检验，有效后方能施工。

3. 深孔控制卸压爆破

深孔控制卸压爆破是把爆破孔长度由8～10 m 增加到20～25 m，在爆破孔附近打不装药的控制孔，以增大排瓦斯的效果。

4. 卸压槽

沿巷道两帮预先切割出一定宽度的缝槽，保持一定的超前距，使巷道前方一段距离内的煤体与煤层母体脱离。在卸压槽的保护范围掘进，可以避免突出的发生。

5. 前探支架

对于有突出危险的厚煤层和急倾斜煤层，为了防止因工作面顶部煤体松软垮落而导致突出，在工作面巷道前方顶部事先打上一排超前支架，增加煤层的稳定性。方法是，先在巷道顶部打孔，孔径50～70 mm，仰角8°～10°，孔距200～250 mm，深度大于一架棚距，然后在孔内插入钢管，尾端与支架支牢，然后掘进。掘进时保持1～1.5 m 的超前距。

6. 水力疏松措施

水力疏松措施也叫煤层注水。其方法是：

（1）沿工作面间隔一定距离打浅孔，钻孔与工作面推进方向一致，然后利用封孔器封孔，向钻孔内注入高压水。

（2）注水参数。应根据煤层性质合理选择。如未实测确定，可参考如下参数：钻孔间距4.0 m，孔径42~50 mm，孔长6.0~10 m，封孔2~4 m，注水压力13~15 MPa，注水时以煤壁已出水或注水压力下降30%后方可停止注水。

水力疏松后的允许推进度，一般不宜超过封孔深度，其孔间距不超过注水有效半径的两倍；单孔注水时间不低于9 min。若提前漏水，则在邻近钻孔2.0 m左右处补打注水钻孔。

二、采煤工作面防突措施

采煤工作面可采用的工作面防突措施有超前排放钻孔、预抽瓦斯、松动爆破、注水湿润煤体或其他经试验证实有效的防突措施。

1. 超前排放钻孔和预抽瓦斯

采用超前排放钻孔和预抽瓦斯作为工作面防突措施时，钻孔直径一般为75~120 mm，钻孔在控制范围内应当均匀布置，在煤层的软分层中可适当增加钻孔数；超前排放钻孔和预抽钻孔的孔数、孔底间距等应当根据钻孔的有效排放或抽放半径确定。

2. 松动爆破

采煤工作面的松动爆破防突措施适用于煤质较硬、围岩稳定性较好的煤层。松动爆破孔间距根据实际情况确定，一般2~3 m，孔深不小于5 m，炮泥封孔长度不得小于1 m。应当适当控制装药量，以免孔口煤壁垮塌。

松动爆破时，应当按远距离爆破的要求执行。

3. 煤体注水

采煤工作面浅孔注水湿润煤体措施可用于煤质较硬的突出煤层。注水孔间距根据实际情况确定，孔深不小于4 m，向煤体注水压力不得低于8 MPa。当发现水由煤壁或相邻注水钻孔中流出时，即可停止注水。

第十一节　工作面防突措施的效果检验

对防治煤与瓦斯突出采取的措施进行效果检验，相当于对已经采取了防突措施的采掘工作面，在原来预测的基础上，再进一次突出危险性预测，经检验证实措施有效后，方可采取安全防护措施进行采掘作业。如果经检验证实措施无效，则还要采取防治突出的补充措施并经效果检验有效后，方可采取安全防护措施作业。

在实施钻孔法防突措施效果检验时，分布在工作面各部位的检验钻孔应当布置于所在部位防突措施钻孔密度相对较小、孔间距相对较大的位置，并远离周围的各防突措施钻孔或尽可能与周围各防突措施钻孔保持等距离。在地质构造复杂地带应根据情况适当增加检验钻孔。

工作面防突措施效果检验必须包括以下两部分内容：①检查所实施的工作面防突措施是否达到了设计要求和满足有关的规章、标准等，并了解、收集工作面及实施措施的相关情况、突出预兆等（包括喷孔、卡钻等），作为措施效果检验报告的内容之一，用于综合分析、判断；②各检验指标的测定情况及主要数据。

一、煤层巷道掘进防突措施效果检验

煤巷掘进工作面执行防突措施后，应当采用钻屑指标法、复合指标法、R值指标法进行措施效果检验。

检验孔应当不少于 3 个，深度应当小于或等于防突措施钻孔。

如果煤巷掘进工作面措施效果检验指标均小于指标临界值，且未发现其他异常情况，则措施有效；否则，判定为措施无效。

当检验结果措施有效时，若检验孔与防突措施钻孔向巷道掘进方向的投影长度（简称投影孔深）相等，则可在留足防突措施超前距（《防治煤与瓦斯突出规定》第六十条）并采取安全防护措施的条件下掘进。当检验孔的投影孔深小于防突措施钻孔时，则应当在留足所需的防突措施超前距并同时保留有至少 2 m 检验孔投影孔深超前距的条件下，采取安全防护措施后实施掘进作业。

按上述方法之一进行检验后。防治突出专门机构必须按表 6 - 20 填写防治突出效果检验单，并报审批。

表 6 - 20　防治突出效果检验单

煤层		地点		检验时间	年　月　日
采 用 的 防 突 技 术 措 施					
措施名称及方案设计			措施施工情况		
措 施 效 果 检 验					
检验方法			实测数据		
检验意见					
矿总工程师			瓦斯专业队队长		
通风科长			检验人		

二、采煤工作面防突措施的效果检验

对采煤工作面防突措施效果的检验应当参照采煤工作面突出危险性预测的方法和指标实施。但应当沿采煤工作面每隔 10 ~ 15 m 布置一个检验钻孔，深度应当小于或等于防突措施钻孔。

如果采煤工作面检验指标均小于指标临界值，且未发现其他异常情况，则措施有效；否则，判定为措施无效。

当检验结果措施有效时，若检验孔与防突措施钻孔深度相等，则可在留足防突措施超前距（见《防治煤与瓦斯突出规定》第六十条）并采取安全防护措施的条件下回采。当检验孔的深度小于防突措施钻孔时，则应当在留足所需的防突措施超前距并同时保留有 2 m 检验孔超前距的条件下，采取安全防护措施后实施回采作业。

无论是保护层开采的保护效果检验，还是预抽煤层瓦斯、石门揭煤、采掘工作面防治突出措施的效果检验，防治突出专业机构都必须按表 6 - 20 填写防治突出效果检验单，报审批。

第十二节　安　全　防　护

　　煤与瓦斯突出的机理至今仍处于假说阶段，虽然采取了一些行之有效的预测方法和防治突出的措施，但因形成突出的因素随机性很强，有时也难免出现一些偏差，必须有一套完整的安全防护措施，以保证工作人员的安全。安全防护措施可分为两部分：一是尽量减少工作人员在落煤时与工作面的接触时间，主要措施是远距离爆破；二是突出后工作人员应有一套完整的生命保证系统，主要有避难硐室、隔离式自救器、压风自救装置。所以，《防治煤与瓦斯突出规定》要求：有突出煤层的采区必须设置采区避难所，在突出煤层的石门揭煤和煤巷掘进工作面进风侧必须设置至少 2 道牢固可靠的反向风门，炮掘进工作面安装挡栏，井巷揭穿突出煤层和突出煤层的炮掘、炮采工作面必须采用远距离爆破，突出煤层的采掘工作面设置避难所或压风自救系统。突出矿井的入井人员必须携带隔离式自救器。

一、避难所及其规定

　　有突出煤层的采区必须设置采区避难所，突出煤层的采掘工作面应设置工作面避难所或压风自救系统。避难所的位置应当根据实际情况确定，如图 6－31 所示。

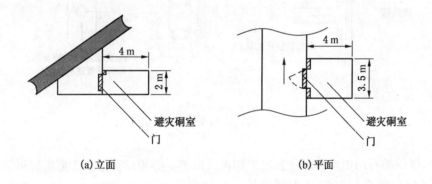

　　　　　(a)立面　　　　　　　　　　　　　(b)平面

图 6－31　井下避难所布置示意图

　　1. 采区避难所
　　（1）避难所设置向外开启的隔离门，隔离门设置标准按照反向风门标准安设。室内净高不得低于 2 m，深度满足扩散通风的要求，长度和宽度应根据可能同时避难的人数确定，但至少能满足 15 人避难，且每人使用面积不得少于 0.5 m²。避难所内支护保持良好，并设有与矿（井）调度室直通的电话。
　　（2）避难所内放置足量的饮用水、安设供给空气的设施，每人供风量不得少于0.3 m³/min。如果用压缩空气供风时，应设有减压装置和带有阀门控制的呼吸嘴。
　　（3）避难所内应根据设计的最多避难人数配备足够数量的隔离式自救器。
　　2. 工作面避难所
　　突出煤层的采掘工作面应设置工作面避难所或压风自救系统，可以根据具体情况设置其中之一或混合设置，但掘进距离超过 500 m 的巷道内必须设置工作面避难所。

工作面避难所应当设在采掘工作面附近和爆破工操纵爆破的地点。根据具体条件确定避难所的数量及其距采掘工作面的距离。工作面避难所应当能够满足工作面最多作业人数时的避难要求，其他要求与采区避难所相同。如果工作面避难所离突出危险点距离较近，一旦发生大的突出，有可能突出物将避难所埋住，因此，避难所内还应该安装通向回风侧排气管，排气管长度应该大于 50 m，管道直径不小于 100 mm。

二、反向风门及其规定

反向风门是防止突出的瓦斯逆流进入进风巷道而安设的风门，目的是控制突出时的瓦斯能沿回风道流入回风系统。如图 6 - 32 所示。

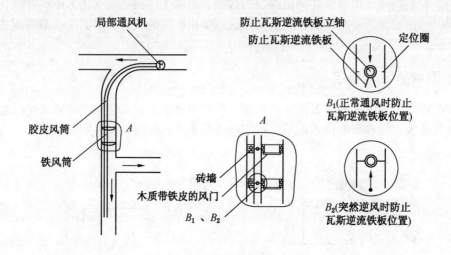

图 6 - 32　反向风门及防逆流装置

在突出煤层的石门揭煤和煤巷掘进工作面进风侧，必须设置至少 2 道牢固可靠的反向风门。门框和门可采用坚实的木质结构，门框厚度不小于 100 mm，风门厚度不小于 50 mm。风门之间的距离不得小于 4 m。风门应尽量施工在支护完好、围岩坚固、无积水、无拐弯的平巷内。

反向风门距工作面的距离和反向风门的组数，应当根据掘进工作面的通风系统和预计的突出强度确定，但反向风门距工作面回风巷不得小于 10 m，与工作面的最近距离一般不得小于 70 m，如小于 70 m 时应设置至少 3 道反向风门。

反向风门墙垛可用砖、料石或混凝土砌筑，嵌入巷道周边岩石的深度可根据岩石的性质确定，但不得小于 0.2 m；墙垛厚度不得小于 0.8 m。在煤巷构筑反向风门时，风门墙体四周必须掏槽，掏槽深度为见硬帮硬底后再进入实体煤不小于 0.5 m；通过反向风门墙垛的风筒、水沟、刮板输送机道等，必须设有逆向隔断装置。

人员进入工作面时必须把反向风门打开、顶牢，固定于开启状态，否则一旦发生突出，由于突出气流的作用，工作面的作业人员将无法打开反向风门，很难逃生。工作面爆破和无人时，反向风门必须关闭，以防突出的灾害气体进入进风流。

每道反向门都必须有牢固的底坎。不过车的风门，其底坎要求在反向风门关闭后能将其抵牢；过车门的底坎高度以不影响通车为限。

三、远距离爆破及其规定

井巷揭穿突出煤层和突出煤层的炮掘、炮采工作面都必须采取远距离爆破安全防护措施。

石门揭煤采用远距离爆破时，必须制定包括爆破地点，避灾路线及停电、撤人和警戒范围等的专门措施。

在矿井尚未构成全风压通风的建井初期，在石门揭穿有突出危险煤层的全部作业过程中，与此石门有关的其他工作面必须停止工作。在实施揭穿突出煤层的远距离爆破时，井下全部人员必须撤至地面，井下必须全部断电，立井口附近地面 20 m 范围内或斜井口前方 50 m、两侧 20 m 范围内严禁有任何火源。

煤巷掘进工作面采用远距离爆破时，爆破地点必须设在进风侧反向风门之外的全风压通风的新鲜风流中或避难所内，爆破地点距工作面的距离由矿技术负责人根据曾经发生的最大突出强度等具体情况确定，但不得小于 300 m；采煤工作面爆破地点到工作面的距离由矿技术负责人根据具体情况确定，但不得小于 100 m。

远距离爆破时，回风系统必须停电、撤人。爆破后进入工作面检查的时间由矿技术负责人根据情况确定，但不得少于 30 min。

采煤工作面补送巷道，启爆点设置按掘进工作面的规定执行。

岗哨位置必须在现场有明显标记。站岗人员必须携带隔离式自救器；启爆点人员在携带好自救器后，将自救袋压风开起，然后进入压风自救袋内方可进行启爆工作。

启爆点人数不得超过 3 人，多余人员必须撤到"作业规程"或"措施"所指定的其他安全地点。

防突头面爆破前，必须停掉工作面内（除局部通风机、监测）所有的动力电源，值班队干必须向矿调度室汇报，请求停掉回风系统的所有动力电源；并按作业规程或措施的规定撤人、设岗。站岗人员必须得到设岗人员的通知后方可撤岗，切不可擅离职守。

防突头面爆破前，必须由班长、瓦斯检查员向矿调度室汇报防突措施、工作面煤层、通风瓦斯、爆破参数、布岗、停电等情况，经调度室同意后方准爆破；爆破后亦必须向调度室汇报，请示同意并经 30 min 后方准进入工作面检查安全，当确认工作面无异常并再次请示调度室同意后，方可恢复正常工作。

四、压风自救系统

压风自救装置是一种固定在生产场所附近的固定自救装置，它的气源来自于压缩管路系统，主要保障现场工作人员遇到事故时供给空气，防止出现窒息事故。在煤与瓦斯突出过程中会涌出大量瓦斯，使人员窒息，建立压风自救系统，能使工人在充满瓦斯的巷道中能得到及时自救。

由于压缩空气具有较高的压力和流量，不能直接用于呼吸，必须经过减压、节流使其达到适宜人体呼吸的压力和流量值，并要解决消声和空气净化问题。所以，在压风自救系统上要安装调节式气流阀调节节流面积，以适应不同供风压力下的流量要求。压风自救装置的供风量应不小于 100 L/min。

压风自救系统应当达到下列要求：

（1）压风自救装置安装在掘进工作面巷道和回采工作面巷道内的压缩空气管道上，其系统安装如图 6-33 所示。

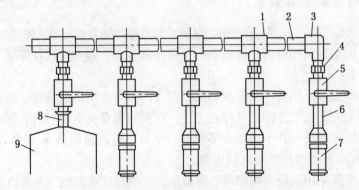

1—三通；2—气管；3—弯头；4—接头；5—球阀；6—气管；7—自救器；8—卡子；9—防护袋

图 6-33　压风自救系统安装图

（2）为有效发挥压风自救装置的作用，保障现场工作人员的安全，在以下每个地点都应至少设置一组压风自救装置：距采掘工作面 25~40 m 的巷道内、爆破地点、撤离人员与警戒人员所在的位置以及回风道有人作业处等。在长距离的掘进巷道中，应根据实际情况增加设置，但必须满足工作面最多作业人数时的避难要求，一般可每隔 50 m 设置一组压风自救装置。

（3）每组压风自救装置应可供 5~8 个人使用，平均每人的压缩空气供给量不得少于 0.1 m^3/min。装置通过支管、四通、球阀与压风管路相连（图 6-34）。

五、挡栏

为降低爆破诱发突出的强度，可根据情况在炮掘工作面安设挡栏。挡栏可以用金属、矸石或木垛等构成，如图 6-35、图 6-36 所示。金属挡栏一般是由槽钢排列成的方格框

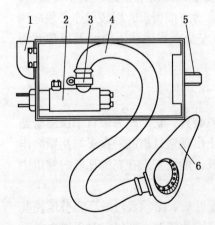

1—盒体；2—送风口；3—卡箍；
4—波纹软管；5—紧固螺母；6—半面罩

图 6-34　ZY-M 型压风自救装置结构

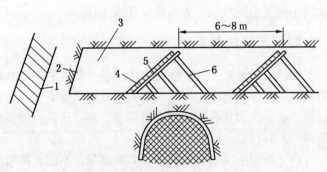

1—突出危险煤层；2—掘进工作面；3—石门；
4—框架；5—金属网；6—斜撑木支柱

图 6-35　金属挡栏示意图

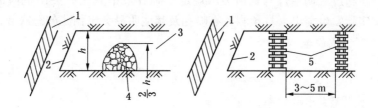

1—突出危险煤层；2—掘进工作面；3—石门；4—矸石堆；5—木垛

图 6-36　矸石堆和木垛挡栏示意图

架，框架中槽钢的间隔为 0.4 m，槽钢彼此用卡环固定，使用时在迎工作面的框架上再铺上金属网，然后用木支柱将框架撑成 45°的斜面。一组挡栏通常由两架组成，间距为 6 ~ 8 m。可根据预计的突出强度在设计中确定挡栏距工作面的距离。

第十三节　突出危险性预测临界指标确定

预测煤与瓦斯突出的指标有煤层瓦斯压力、煤层瓦斯含量，以及钻屑量为代表的瓦斯指标和应力指标两种。瓦斯指标分为两类，一类是钻孔瓦斯涌出初速度（q），另一类是瓦斯解吸量指标（K_1，Δh_2）。预测效果的好坏取决于应力的集中程度、位置和煤的瓦斯解吸特征和突出危险临界指标值的确定。

一、突出危险性敏感指标、临界值的确定方法

在突出煤层的采掘工作面进行预测时，能明显分出有突出危险和无突出危险的预测指标，称为突出危险敏感指标。即在无突出危险的工作面和有突出危险的工作面实测的指标无相同值，如果在无突出危险的工作面和有突出危险的工作面各实测值无明显区别，即属于不敏感指标。

敏感指标临界值是指实测指标达到某数值时有突出危险，没达到该指标时就没有突出危险，这个指标就是临界值。

确定敏感指标和临界值的方法是：按预测或防突效果检验的实测数据统计分析确定。一般根据以下几项指标综合分析确定预测指标的敏感性及临界值。

1. 预测突出危险率

$$\eta_1 = \frac{n_1}{N} \qquad\qquad (6-21)$$

式中　η_1——预测突出危险率，%；

n_1——预测中超过《防治煤与瓦斯突出规定》规定临界值的次数，次；

N——预测总次数，次。

2. 预测突出准确率

$$\eta_2 = \frac{n_2}{n_1} \qquad\qquad (6-22)$$

式中　η_2——预测突出准确率，%；

n_2——在超过《防治煤与瓦斯突出规定》临界值中真正有突出危险的次数，包括
实际发生突出、打预测孔有喷孔及其他明显突出预兆的总次数，次。

3. 预测无突出危险率

$$\eta_3 = \frac{n_3}{N} \qquad\qquad (6-23)$$

式中　η_3——预测无突出危险率，% ；

　　　n_3——预测中没有超过《防治煤与瓦斯突出规定》临界值的次数，次。

4. 预测不突出准确率

$$\eta_4 = \frac{n_4}{n_3} \qquad\qquad (6-24)$$

式中　η_4——预测不突出准确率，% ；

　　　n_4——预测无突出危险次数中确实不突出的次数，次。

二、确定敏感指标、临界值的程序

在进行日常预测时，常遇到以下几种情况：

（1）预测未超过《防治煤与瓦斯突出规定》的临界值不突出（未超限不突出），或
虽然超过《防治煤与瓦斯突出规定》的临界值，但采取防突措施后不突出（超限采取措
施后不突出），可以适当提高临界值，反复进行试验，直到发生突出、打预测孔喷孔或出
现明显突出预兆，也可以判断出临界值。

（2）未超过《防治煤与瓦斯突出规定》的临界值，发生了突出（未超限突出），则
应当降低指标临界值或选用其他指标。

（3）超过《防治煤与瓦斯突出规定》的临界值，未采取防突措施不突出（超限不突
出），则应当提高指标临界值。

（4）超过《防治煤与瓦斯突出规定》的临界值，未采用防突措施发生了突出（超限
突出），取最小的实测值为新的临界值。

（5）超过《防治煤与瓦斯突出规定》的临界值，采用防突措施后发生了突出（超限
采用措施后突出），则以效果检验的最小实测值作为临界值。若此值过低，应选用其他指
标检验。

三、Δh_2 临界指标确定的方法

1. 实验室中确定 Δh_2 临界指标

在实验室中对钻屑进行不同吸附压力下的瓦斯解吸指标 Δh_2 测定，根据测定数据得
出：

$$\Delta h_2 = Ap^B K^C \qquad\qquad (6-25)$$

式中　　　　p——吸附平衡压力，MPa；

　　　　　K——煤的突出危险性综合指标，$K = \Delta p/f$，无烟煤 $K = 20$，其他煤种 $K = 15$；

　　　　　Δp——煤的瓦斯放散初速度；

　　　　　f——煤的坚固性系数；

　　A、B、C——煤种的试验常数（实验室中取得）。

有了 A、B、C 的数值，根据煤层发生突出的最小瓦斯压力 p_{min} 就可以求出 Δh_2 的临界指标的参考值。如果没有 p_{min} 实测值，可用下式确定：

$$p_{min} = 0.5 + 0.085 V_g f \tag{6-26}$$

式中　V_g——煤的挥发分，% 。

2. 井下敏感指标和临界值的考察测定

在井下工作面预测初始阶段，可直接利用上述方法给出的单项钻屑解吸指标的参考临界值进行工作面预测预报和措施效果检验工作，并配合测定钻屑量 S 和钻孔瓦斯涌出初速度 q；直到测定次数达到 100 次以后（"七五"期间煤科总院重庆分院在北票通过 325 循环测定才确定出敏感指标和临界值），并且发生 2～3 次实际突出（或发生明显的动力现象）后，采用模糊数学方法，确定适宜具体突出煤层的单项或综合模糊指标和临界值。该方法在北票台吉矿、焦作演马庄矿被证实是可行的。

四、K_1 临界指标值确定方法

K_1 是一种瓦斯解吸特征指标，是由煤炭科学研究总院重庆分院经多年研究确定的。其原理是取煤样后，在 5 min 或者 10 min 内，测量 10 个点的每克煤的瓦斯解吸量，以及测定前的煤样暴露到大气中的时间，根据巴雷尔公式，计算出每克煤自暴露后第 1min 内的瓦斯解吸量。它是反映煤体瓦斯含量和瓦斯解吸特征的综合指标。确定其临界值可用瓦斯压力确定。

1. 用瓦斯压力因素确定 K_1

突出时煤层中的瓦斯压力必须达到某一定值，此值就是突出时的临界瓦斯压力。确定它的经验公式很多，常用的有以下几个。

（1）苏联的经验公式：

$$p_{min} = 3.9 f_\Pi^2 \tag{6-27}$$

（2）北票的经验公式：

$$p = 2.79 f_{min} + 0.39 \tag{6-28}$$

（3）煤炭科学研究总院重庆分院经验公式

$$p = 2.2 f_{min} \tag{6-29}$$

式中　p_{min}——煤层突出时所需的最小瓦斯压力，MPa；

　　　f_Π——煤层的平均坚固系数；

　　　f_{min}——煤层的最小坚固系数。

式（6-27）和式（6-28）适用于石门揭煤时使用，式（6-29）适用于煤巷掘进中确定煤层突出时使用（所需的最小瓦斯压力）。

当确定突出时最小瓦斯压力后，可以根据式（6-30）确定 K_1 临界值。

$$K_1 = A p_{min}^B \tag{6-30}$$

式中　　　p——瓦斯压力，MPa；

　　　A、B——系数，与煤的坚固系数有关，在实验室试验得出。

2. 用临界瓦斯压力确定 K_1

煤与瓦斯突出的基本特征是抛出煤高度破碎，突出煤中含有大量粉煤。突出时，很大

一部分能量消耗于煤的破碎。因此，可以通过实验室模拟突出过程中煤的破碎和抛出，研究煤与瓦斯突出的发生条件与瓦斯压力的关系，可以把煤破碎到一定程度的瓦斯压力作为突出临界瓦斯压力。

突出临界压力用 WTK1 型突出预测指标临界值实验装置进行。分为机械破碎和瓦斯内能瞬间释放破碎两部分。

每个煤样的机械破碎和瓦斯破碎实验至少要进行 6 次，然后通过回归分析得出机械破碎程度与机械功、瓦斯破碎与瓦斯压力的关系曲线，进而得出实验煤样的突出临界瓦斯压力。

突出的临界压力与煤层的坚固性系数 f、瓦斯放散初速度 Δp、煤的挥发分 V_{daf} 有关。表 6-21 是桑树坪煤矿 8 个煤样的实验结果。

突出临界压力用回归方程表示为

$$p_{min} = 0.028 f^{0.33} \Delta p^{-0.34} V_{daf}^{1.94} \tag{6-31}$$

表 6-21　桑树坪煤矿实验煤样突出临界压力 p_{min}

采 样 地 点	p_{min}	采 样 地 点	p_{min}
4310 运输顺槽	2.02	3311 采面距 G14 点 78 m	1.23
3311 采面距 G14 点 108 m	1.59	3311 采面距 G14 点 35 m	1.99
3311 采面距 G14 点 46 m	1.14	4310 中联巷距开口 33 m	1.43
4310 运输顺槽距 P8 点 70 m	1.55	3311 采面距 G14 点 11.2 m	2.38

对于坚固系数 f、放散初速度 Δp、挥发分 V_{daf} 的标准回归系数 t 分别为：1.503、0.837、1.321，剩余标准差为 0.196，相关系数为 0.812。由此可见坚固系数 f 是突出临界压力 p_{min} 最重要的影响因素，其次是挥发分 V_{daf} 和放散初速度 Δp。

当确定突出时最小瓦斯压力后，根据实验室确定的 K_1 与瓦斯压力 p 的关系，就可以确定出 K_1 的突出临界指标判断值。

K_1 与瓦斯压力符合式（6-32）的关系：

$$K_1 = A p_{min}^{B} \tag{6-32}$$

式中　　　p——瓦斯压力，MPa；

　　　　A、B——系数。

A、B 两系数与煤的坚固系数有关，由实验室得出。桑树坪矿煤样实验测定的 A、B 结果见表 6-22。

表 6-22　钻屑瓦斯解吸指标 K_1 与瓦斯压力的关系

采 样 地 点	$K_1 = AP^B$			备 注
	A	B	相关系数 R	
4310 Ⅰ 期运输顺槽	0.2811	0.7604	0.9909	
3311 采面距 G14 点 108 m	0.5899	0.5704	0.9868	Ⅱ 异常区
3311 采面距 G14 点 46 m	0.5602	0.6881	0.9960	Ⅱ 异常区
4310 运顺距 P8 点 70 m	0.3297	0.6221	0.9990	

表 6-22（续）

采样地点	$K_1 = AP^B$			备注
	A	B	相关系数 R	
3311 采面距 G14 点 78 m	0.5690	0.6468	0.9939	II 异常区
3311 采面距 G14 点 35 m	0.3434	0.7071	0.9902	正常区
4310 中联巷距开口 33 m	0.3234	0.6843	0.9954	
3311 采面距 G14 点 11.2 m	0.2374	0.7047	0.9880	正常区
4310 斜巷揭煤处	0.2748	0.7936	0.9988	

把解吸实验得出的 A、B 值和破碎实验得出的临界瓦斯压力值代入式（6-32）就可求出 K_1 指标的临界值。

将实验确定的 K_1 指标临界值与坚固系数 f、放散初速度 Δp、挥发分 V_{daf} 等参数进行多元回归分析可得 K_1 临界值与 f、Δp、V_{daf} 的关系式。

桑树坪矿实验得出的 K_1 临界值表达式为

$$K_1 = 1.17 \times 10^{-4} f^{0.21} \Delta p^{0.95} V_{daf}^{2.26} \qquad (6-33)$$

应当指出 A、B 值是去掉水分、灰分的影响，所以计算出的 K_1 值也是不含水分和灰分的 K_1。实际应用时应将计算出的 K_1 值 ×（1-灰分-水分）后，方可作为临界值指标使用。

大量实验室研究和现场试验数据分析认为，煤的灰分 A_{ad} 和瓦斯放散初速度 Δp 同时满足表 6-23 的条件时，K_1 指标的敏感性较强。

表 6-23　钻屑瓦斯解吸指标 K_1 预测突出的敏感条件

参数	范围							
A_{ad}	≤4	4~7	7~10	10~13	13~16	16~22	22~25	25~28
Δp	≥8	≥10	≥11	≥12	≥13	≥14	≥15	≥16

五、q 及 C_q 指标敏感性及临界值确定

根据非均质煤层瓦斯径向不稳定流理论，通过数值计算分析，钻孔瓦斯涌出初速度 q 及其衰减指标 C_q 可用下式表示：

$$q = 2.8348 f^{-0.1615} \sigma_0^{0.2015} \lambda_0^{0.6174} p^{1.4576} \qquad (6-34)$$

$$C = 1.3741 f^{0.1871} \sigma_0^{-0.1747} \qquad (6-35)$$

式中　　f——煤的坚固系数；

σ_0——地应力，MPa；

λ_0——煤层原始透气性系数，$m^2/(MPa^2 \cdot d)$。

由式（6-34）可知，影响 q 的主要因素依次是煤体中的原始瓦斯压力、煤层原始透气系数、煤层中的地应力以及煤的坚固系数，且瓦斯压力、透气系数和地应力越大，坚固性系数越小，q 指标越大。

影响 C_q 指标的主要因素为煤的坚固性系数和地应力，且地应力越大，坚固性系数越小，C_q 指标越小。

考虑到煤层的不均匀性、测量误差等影响，分析认为，符合某些条件的煤层，采用 q 和 C_q 指标预测突出的效果较好。这些条件是煤层的 λ_0 和 p 同时满足表 6–24 中列出的对应值。

表 6–24　λ_0 和 p 对应值

参　数	范　　围						
$\lambda_0 /$ $[m^2 \cdot (MPa^{-2} \cdot d^{-1})]$	≥0.001	0.001 ~ 0.005	0.005 ~ 0.01	0.01 ~ 0.05	0.05 ~ 0.10	0.10 ~ 0.50	0.50 ~ 1.0
p/MPa	≥9.0	≥5.0	≥3.7	≥1.9	≥1.4	≥0.7	≥0.5

单独使用 q 指标预测时，煤层原始透气系数的变化范围不应超过一个数量级，否则应分别确定临界值。

理论研究与现场试验数据分析认为可用下式近似确定 q 和 C_q 预测指标的临界值：

$$q_0 = 44.14 f^{0.5409} \lambda_0^{0.36250} \tag{6-36}$$

$$C_q = 0.44177 f^{-0.1834} \tag{6-37}$$

式中的 λ_0 和 f 值按表 4–25 和表 4–26 规则取值。

表 6–25　λ_0 和 f 取值规则　　　　　　　　　　$m^2/(MPa^2 \cdot d)$

λ_0 变化范围	≤0.01	0.01 ~ 0.10	0.10 ~ 1.0
λ_0 取值	0.01	0.05	0.5

表 6–26　f 取值规则

f 值变化范围	≤0.2	0.2 ~ 0.3	0.3 ~ 0.4	0.4 ~ 0.5
f 取值	0.15	0.2	0.3	0.4

六、S_{max} 指标敏感性及临界值确定

以突出模型为基础，利用圆形钻孔周边的力学平衡条件，根据有效应力原理，利用库仑屈服准则、依留申方程求得钻孔周边变形量，经数值分析得 S_{max} 指标的近似表达式：

$$S_{max} = S_1 + 0.792 \times 10^{-4} f^{-2.8724} \sigma_0^{2.1418} p^{0.1364} \tag{6-38}$$

根据发生突出力学条件和钻屑量的表达式求得 S_{max} 临界值 S_0 的近似计算式：

$$S_0 = S_1 + 5825 f^{4.4545} p - 4.149 \tag{6-39}$$

式中　S_1——钻孔直径 42 mm 时 1 m 钻孔体积内的煤粉质量，kg/m。

经分析认为，S_{max} 指标敏感条件见表 6–27。

表 6–27　钻屑量指标 S_{max} 敏感条件范围

参　数	范　　围						
f	≤0.15	0.15 ~ 0.21	0.21 ~ 0.28	0.28 ~ 0.34	0.34 ~ 4.0	0.40 ~ 0.46	0.46 ~ 0.52
p/MPa	≤1.0	≤1.5	≤2.0	≤2.5	≤3.0	≤3.5	≤4.0
σ_0/MPa	≥6.2	≥9.5	≥14.2	≥18.4	≥22.8	≥27.5	≥32.4

第十四节 预测突出危险性的常用仪器

目前，用于突出危险性预测的常用仪器有 MD-2 型煤钻屑瓦斯解吸仪、WTC 瓦斯突出参数仪和 ZWC-2 型钻孔瓦斯涌出初速度测定装置。

一、MD-2 煤钻屑瓦斯解吸仪

MD-2 型煤钻屑瓦斯解吸仪用于煤矿井下石门揭煤和采掘工作面突出危险性预测，测定煤钻屑瓦斯解吸指标 Δh_2、K_1 和瓦斯解吸衰减系数 C，确定工作面煤与瓦斯突出危险性。

（一）原理和构造

MD-2 型煤钻屑瓦斯解吸仪的原理是在不对煤样进行脱气和充瓦斯的条件下，利用煤钻屑中残存瓦斯压力（瓦斯含量），向一密闭的空间释放（解吸）瓦斯，用该空间体积和压力（以水柱计压差表示）变化来表征煤样解吸出的瓦斯量。

MD-2 型煤钻屑瓦斯解吸仪的主体为一整块有机玻璃加工而成，仪器构造如图 6-37 所示，由水柱计、解吸室、煤样瓶、三通旋塞、两通旋塞等组成。仪器外形尺寸为 270 mm×120 mm×34 mm，质量约为 0.8 kg。

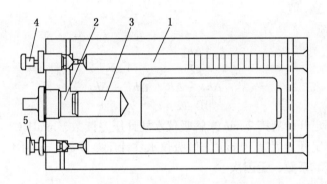

1—水柱计；2—解吸室；3—煤样瓶；4—三通旋塞；5—两通旋塞

图 6-37　MD-2 型瓦斯解吸仪构造

仪器配备有孔径 1 mm 和 3 mm 分样筛 1 套，秒表 1 块，煤样瓶 10 只。

（二）仪器主要技术性能

煤样粒度	1~3 mm
煤样质量	10 g
测定指标	Δh_2、K_1、C
水柱计测定最大压差	200 mmH$_2$O
仪器系统误差	≤ ±1.46%
仪器精密度	±1 mmH$_2$O

（三）测定方法和步骤

1. 测定前的准备

给水柱计注水，并将两侧液面调整至零刻度线；检查仪器的密封性能。一旦密封失败，需更换新的"O"型密封圈；准备好配套装备，如秒表、分样筛等。

2. 煤钻屑采样

在石门揭煤工作面打钻时，每打 1 m 煤孔采煤钻屑样 1 个。在钻孔进入到预定采样深度时，启动秒表开始计时，当钻屑排出孔口时，用筛子在孔口收集煤钻屑。经筛分后，取粒度 1~3 mm（1 mm 筛上品，3 mm 筛下品）煤样装入煤样瓶中。煤样应装至煤样瓶标志线位置（相当于煤样质量 10 g）。

采掘工作面打钻时，每 2 m 钻孔采煤钻屑样 1 个。采样方法和要求与石门揭煤工作面相同。

3. 测定操作步骤

（1）首先打开两通旋塞，然后将已采煤样的煤样瓶迅速放入解吸室中，拧紧解吸室上盖，打开三通旋塞，使解吸室与水柱计和大气均连通，煤样处于暴露状态。

（2）当煤样暴露时间为 3 min 时，迅速逆时针方向旋转三通旋塞，使解吸室与大气隔绝，仅与水柱计相通，开始进行解吸测定，并重新开始计时。

（3）每隔 1 min 记录下瓦斯解吸水柱计压差，连续测定 10 min。

（四）钻屑瓦斯解吸指标确定

1. 钻屑解吸指标 Δh_2

钻屑瓦斯解吸指标测定开始后第 2 min 末水柱计压差读数就是 Δh_2。把 mmH$_2$O 转化成 Pa 就得到实测 Δh_2 值。

2. 衰减系数 C

$$C = \frac{\dfrac{\Delta h_2}{2}}{\dfrac{\Delta h_{10} - \Delta h_2}{10 - 2}} = \frac{4\Delta h_2}{\Delta h_{10} - \Delta h_2} \tag{6-40}$$

式中　Δh_2——测定开始后第 2 min 末解吸仪水柱计压差读数，mmH$_2$O；

　　　Δh_{10}——测定开始后第 10 min 末解吸仪水柱计压差读数，mmH$_2$O；

　　　C——衰减系数，无因次。

3. 钻屑解吸指标 K_1

钻屑解吸指标 K_1 值为煤样自煤体脱落暴露，第 1 min 内每克煤样的累积瓦斯解吸量。按式（6-41）计算：

$$K_1 = \frac{Q + W_1}{\sqrt{T + 3}} \tag{6-41}$$

式中　　Q——煤样解吸开始后，T min 时解吸仪实测每克煤样的累积瓦斯解吸量，对 MD-2 型解吸仪 $Q = 0.0821\Delta h/10$，mL/g；

　　0.0821——解吸仪结构常数，mL/mmH$_2$O；

　　　　10——煤样质量，g；

　　　　T——解吸测定时间，min；

　　　W_1——解吸测定开始前，煤样暴露时间内损失瓦斯量，mL/g；

　　　　3——煤样暴露时间，min。

测定后，首先将水柱计读数换算为解吸量 Q，然后根据 10 min 解吸测定 10 组数据，用作图法或最小二乘法求出 K_1 和 W_1。

（五）测定注意事项

（1）该仪器配备 10 支煤样瓶，煤样瓶刻线位置所标志的煤样质量为 10 g。为精确计算 Δh 值，可在每一个煤样解吸测定后，用胶塞或纸团将煤样瓶口塞紧，带到地面称重煤样质量（煤样处于自然干燥状态），然后按式（6-42）对测定值进行修正。

$$\Delta h = \frac{10 \Delta h'}{G} \qquad (6-42)$$

式中　$\Delta h'$——井下解吸仪实测水柱计压差计数，mmH_2O；

　　　Δh——修正后解吸仪水柱计压差计数，mmH_2O；

　　　G——称重煤样质量，g。

（2）煤样暴露时间为煤钻屑自煤体脱落时起，到开始进行解吸测定的时间。可由式（6-43）计算：

$$t_0 = t_1 + t_2 \qquad (6-43)$$

式中　t_0——煤样暴露时间，min；

　　　t_1——煤钻屑自煤体脱落至钻孔孔口所需要的时间（可由式 $t_1 = 0.1 L$ 预计），min；

　　　L——取样时钻孔深度，m；

　　　t_2——从孔口取煤钻屑到开始进行解吸测定的时间，min。

二、WTC 瓦斯突出参数仪

WTC 瓦斯突出参数仪是一种便携式矿用本质安全型智能测量仪器（图 6-38）。能测量钻屑瓦斯解吸指标 K_1、综合指标 K_f，工作面爆破后 30 min 内吨煤瓦斯涌出量指标 V_{30} 及瓦斯涌出特征指标 K_c 等突出预测指标，并能测量工作面风流中 8 h 内的瓦斯浓度。测定的所有数据都可存储、显示、打印等。仪器采用背光液晶大屏幕显示、中文菜单式提示操作。具有实时时钟、电量显示和掉电后数据永久保存功能以及功能强、质量轻、操作简便、可靠性高等特点。

图 6-38　WTC 瓦斯突出参数仪

三、钻孔瓦斯涌出初速度测定装置

常用的钻孔瓦斯涌出初速度测定装置有 ZWC – 2 型和 WY – Ⅰ 型瓦斯涌出初速度测定仪。此处仅介绍 ZWC – 2 型装置。

1. 用途

ZWC – 2 型钻孔瓦斯涌出初速度测定装置主要用于测定煤层巷道或回采工作面钻孔瓦斯涌出初速度指标，从而预测突出危险性，也可用于测定钻孔自然瓦斯涌出量。

2. 原理与构造

ZWC – 2 型钻孔瓦斯涌出初速度测定装置构造如图 6 – 39 所示，实物外形如图 6 – 40 所示。测定装置由封孔器、测量管、测量室管、充气胶管、打气筒、低压三通、流量计等组成。测量管每节 1.5 m，测量室管长 1 m，一般用 6 节，胶管和测量管之间的密封由卡箍完成。

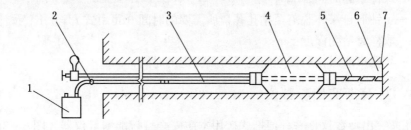

1—流量计；2—压力表；3—导气管；4—封孔器；5—测量室空管；6—测量室；7—钻孔壁

图 6 – 39   ZWC – 2 型钻孔瓦斯涌出初速度测定装置构造

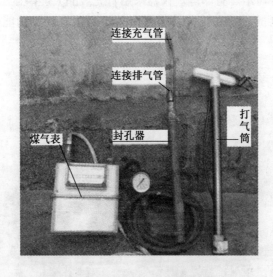

图 6 – 40   ZWC – 2 型测定装置外形图

测定装置的基本原理为：通过给封孔器的胶囊充气，胶囊膨胀后压紧靠煤壁，达到封孔目的。封闭在测量室的钻孔瓦斯通过测量管流到流量计计量，封孔深度在 10 m 内可自由调节。

3. 测定装置主要技术性能

最大封孔深度	10 m
封闭钻孔直径	42~50 mm
可封闭压力	0.06 MPa
胶囊额定充气压力	0.2 MPa
封孔器外形尺寸	ϕ38 mm×410 mm
测定装置重量	5 kg

4. 测定方法与步骤

（1）测定前的准备工作。测定装置使用前，在地面应对测试系统的气密性进行检验，同时应对每个充气胶囊进行检验。检验时将封孔器放在内径为 50~53 mm、长 350 mm 的工程塑料管或钢管内，用打气筒给封孔器加压，当表压为 0.25 MPa 时将封孔器完全浸没在水中保持 5~10 min，不漏气为合格。严禁使用不合格的胶囊，以免造成测试误差。

（2）封孔前，首先将充气胶管、低压三通和压力表连接。

（3）根据封孔深度，预先连接好需要的测量管。

（4）测定方法。当钻孔打到预定深度后，迅速拔出钻杆，立即将已准备好的测试系统送入钻孔内预定位置，然后用打气筒通过三通给胶囊充气。胶囊充气后膨胀，压紧孔壁以封闭钻孔。用手轻拔测量管，拔不动时即封孔完毕。

（5）胶囊充气压力为 0.20~0.25 MPa，由三通上压力表控制。

（6）封孔完毕时，将流量计与测量管连接，测定钻孔瓦斯涌出初速度。测定完毕后，打开三通，使胶囊放气，充气压力降为 0 时拔出测试系统。

5. 注意事项

（1）安装封孔器胶囊时，应将卡箍骑在胶囊收缩段上，然后拧紧卡箍。

（2）测量系统送入和拔出钻孔时应将测量管和充气软管一同轻拉轻插。

（3）胶囊充气压力不应超过 0.25 MPa，以延长胶囊使用寿命。在密封性检查时，操作人员不得靠胶囊太近，以免胶囊破裂造成人员伤害。

（4）测量地点附近工具箱内应备有老虎钳、气门芯、封孔器胶囊，以便随时替用的修理。

（5）流量计不用时，应用盖子盖好流量计的进气口和出气口，以阻止煤尘和水蒸气进入流量计，延长流量计使用寿命和减少测量误差。

（6）观察煤气表流量时，操作人员不得靠近煤气表的出气口，以免造成人员伤害。

第十五节 煤与瓦斯突出事故的抢险救灾

煤与瓦斯突出事故发生后，会喷出大量的瓦斯和煤岩。突出的瓦斯由突出点瞬间形成冲击气浪，向回风和进风巷道蔓延扩展。突出的煤岩会堵塞巷道，瞬间涌出大量的瓦斯形成通风气浪，可破坏通风系统，改变风流方向，使井巷中充满高浓度的瓦斯，通风中的含氧量急剧下降。在通风不正常的情况下，可使灾区和受影响区内人员因缺氧而窒息。突出的瓦斯在蔓延的过程中可能产生瓦斯爆炸，冲出井口，如井口有火源，则能引起燃烧事故。

突出的大量煤岩，还可能会使在突出点附近的人员，被突出的煤岩流卷走、掩埋。因此，煤与瓦斯突出对矿井安全生产威胁很大。一旦发现有突出预兆或突出危险，现场人员应迅速戴好自救器，现场跟班区队长、班组长或瓦斯检查员和安检员必须立即组织人员按避灾路线撤离灾区，并向矿调度室报告。调度室接到煤与瓦斯突出报告后，要立即撤出灾区人员和停止井下供电→同时通知矿长、总工程师等有关人员→立即向集团公司调度室汇报→召请救护队→启动现场应急救援指挥部→派遣侦查小分队进行灾情侦察、人员救治→进行灾情评估→制定救援方案→救护队现场抢险救灾直至灾情消除、恢复生产。

现场人员在发生煤与瓦斯突出时，要立即开展自救、互救，通常有以下3点。

1. 发现突出预兆后现场人员的避灾措施

（1）矿工在采煤工作面发现有突出预兆时，要以最快的速度通知人员迅速向进风侧撤离。撤离中快速打开隔离式自救器并佩用好，迎着新鲜风流继续外撤。如果距离新鲜风流太远时，应首先到避难所，或利用压风自救系统进行自救。

（2）在掘进工作面发现有突出预兆时，必须向外迅速撤至防突反向风门之外，之后把防突风门关好，然后继续外撤。如自救器发生故障或自救器不能保障安全到达新鲜风流时，应在撤出途中到避难所或利用压风自救系统进行自救，等待救护队援救。

2. 发生突出事故后现场人员的避灾措施

在有煤与瓦斯突出危险的矿井，矿工要时刻随身带好自己的隔离式自救器，一旦发生煤与瓦斯突出事故，立即打开外壳佩戴好，迅速外撤。

矿工在撤退途中，如果退路被堵或自救器有效时间不够，可到矿井专门设置的井下避难所或压风自救装置处暂避，也可寻找有压缩空气管路的巷道、硐室躲避。这时要设法把管子的螺丝接头卸开，形成正压通风，延长避难时间，并设法与外界保持联系。

3. 发生事故后现场安全负责人的应急救灾

矿井发生煤与瓦斯突出等各类重大灾害事故时的初期阶段，波及的范围和危害一般较小，既是扑救和控制事故的有利时期，也是决定矿井和人员安全的关键时刻。多数情况下，事故发生初期，矿山专业救护人员难以及时到达现场抢救，灾区人员如何及时、正确地开展自救、互救，对保护人身安全和控制灾情损失具有重要作用。抢险救灾实践证明，事故现场负责人（矿领导、跟班干部、班组长、业务人员、安检员、瓦检员、有经验的老工人等）若能发挥高度的责任心，利用自己的避灾救援知识，勇于承担事故现场救灾职责，正确组织遇险人员救灾和避灾，对减少灾害损失，会起到不可估量的作用。

需要特别提醒的是，发生煤与瓦斯突出后，不得停风和反风，以防风流紊乱扩大灾情。

第七章　石门揭煤技术管理

第一节　井巷揭煤的有关规定

井巷揭开突出煤层处是受采动影响较小的原始煤体，周围没有巷道排放瓦斯，岩柱的透气性一般较小，该处煤体中的瓦斯基本没有得到排放，瓦斯含量大，压力高，且该区域煤层及围岩中的应力基本未能解除。在岩石巷道自煤层底板或顶板爆破揭开和穿过煤层过程中，由于岩柱的突然破碎，煤体应力状态和瓦斯赋存状态突然改变，打破了煤体原始应力平衡状态，储存在煤岩体中的弹性潜能和瓦斯内能在炸药爆破作用下，快速向巷道空间抛出大量煤岩，并伴有大量瓦斯涌出，极易造成较大强度的煤与瓦斯突出。石门未揭开煤层前，巷道前方煤体因岩柱的隔离和阻挡，处于集中应力和高瓦斯状态，当揭开煤层时，集中应力释放和瓦斯高速解吸，就会产生突出，因此，在井巷揭穿突出煤层的全过程都必须认真防范，严格管理。

一、石门揭煤作业的范围

根据《防治煤与瓦斯突出规定》第六十二条规定：石门和立井、斜井工作面从距突出煤层底（顶）板的最小法向距离 5 m 开始到穿过煤层进入顶（底）板 2 m（最小法向距离）的过程均属于揭煤作业。

二、石门揭煤的作业程序

揭煤作业分揭煤前、揭穿煤层和揭煤后作业。揭煤前作业主要是指要编制揭煤的专项防突设计，并报煤矿企业技术负责人批准。揭煤后作业是指在岩石巷道与煤层连接处加强支护，并采取下一步煤巷掘进相关措施进入煤层。

揭穿突出煤层的作业程序可以归结为以下步骤：施工前探钻孔，探明工作面与煤层的相对位置，并进行突出危险性区域预测；采取区域防突技术措施；区域防突措施的效果检验，工作面突出危险性预测；工作面防突技术措施；揭煤前的最后预测；远距离爆破揭开煤层；进入煤层直到煤层顶（底）板 2 m。如图 7-1 所示。

1. 开拓前预测

新建矿井在可行性研究阶段，应当对矿井内采掘工程可能揭露的所有平均厚度在0.3 m 以上的煤层进行突出危险性评估，并在开拓前进行突出危险性预测，若有突出危险，在采区开拓过程中的所有揭煤作业必须采取区域综合防突措施，若没有突出危险，则揭煤作业应当采取局部综合防突措施。

2. 探明揭煤工作面和煤层的相对位置，准确控制煤层层位

在揭煤工作面掘进至距煤层最小法向距离 10 m 之前，应当至少打 3 个穿透煤层全厚

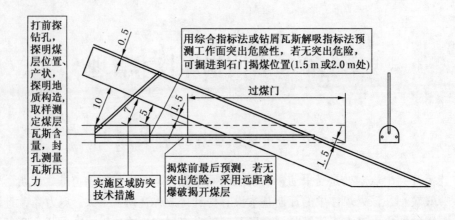

图7-1 石门揭煤程序

且进入顶（底）板不小于0.5 m的控制煤层层位的钻孔，在煤层倾向上部布置1个钻孔，走向布置2个钻孔，3个控制煤层层位钻孔都应为前探取芯钻孔，并详细记录岩芯资料。如图7-2所示。

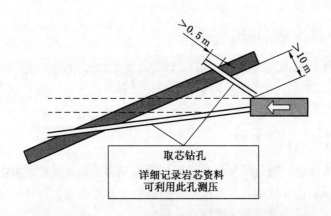

图7-2 10 m前控制突出煤层的探煤钻孔布置

根据前探钻孔获得的岩芯资料，绘制揭煤地点煤层平、剖面图，掌握煤层厚度、倾角、地质构造、井巷与煤层的相对位置。若发现断层、褶皱或煤岩层产状异常，必须增加控制钻孔。

当需要测定瓦斯压力时，前探钻孔可用作测定钻孔；若两者不能共用时，则测定钻孔应布置在该区域各钻孔见煤点间距最大的位置。

在地质构造复杂、岩石破碎的区域，揭煤工作面掘进至距煤层最小法向距离20 m之前必须布置一定数量的前探钻孔，以保证能确切掌握煤层厚度、倾角变化、地质构造和瓦斯情况。

3. 区域突出危险性预测

利用已施工的控制层位钻孔进行煤层原始瓦斯压力和含量测定，测压钻孔数目不少于 3 个，其中 2 个钻孔沿着水平面布置，另一个钻孔布置在煤层倾斜上方，距离石门揭煤轮廓外不小于 6 m，终孔间距应大于 10 m。钻孔布置在无地质构造、岩层比较完整的地段，避免测压时漏气造成测压不准确；近距离煤层群的层间距小于 5 m 或层间岩石破碎时，应当测定各煤层的综合瓦斯压力。

还应利用前探钻孔所取样品作煤的工业分析，并做吸附试验，测定 a、b 值。取样后，封孔测定煤层瓦斯压力。为保证压力测定准确，对不用于测压的前探钻孔要用水泥砂浆封堵。

根据前探钻孔测定的瓦斯压力和瓦斯含量，判定煤层突出危险性，若煤层瓦斯压力大于 0.74 MPa，或煤层瓦斯含量大于 8 m^3/t，则揭煤区域有突出危险，必须采取区域性的防突技术措施。

4. 区域防突措施

经区域突出危险性预测有突出危险时，在距煤层法线距离 7 m 之前，布置穿层钻孔抽放石门揭煤区域的瓦斯。

抽放钻孔控制范围是：揭煤处巷道轮廓线外 12 m（急倾斜煤层底部或下帮 6 m），同时还应保证控制范围外缘到巷道轮廓线的最小距离不小于 5 m，且当钻孔不能一次穿透煤层全厚时，应当保持煤孔最小超前距 15 m（图 7 - 3），两帮控制范围应为 12 m。钻孔在整个控制范围内均匀布置，煤层孔底间距 2～3 m。钻孔间距可以根据允许抽放时间和煤层透气性的大小调整。

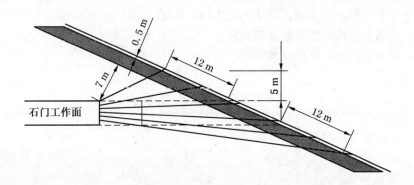

图 7 - 3　穿层钻孔预抽石门揭煤区煤层瓦斯

5. 防突措施效果检验

根据取样测定的煤层瓦斯含量计算钻孔控制范围内的瓦斯储量，并根据统计的抽出瓦斯量计算控制范围内的残余瓦斯含量，当计算的残余瓦斯含量小于 8 m^3/t 时，可以在抽放孔之间布置检验钻孔测定煤层残余瓦斯压力或残余瓦斯含量。检验孔应穿过煤层并进入顶底板的深度等于或大于 0.5 m，为保证测压效果，测压钻孔距抽放孔之间的距离等于或大于 1 m。如措施无效，则继续实施区域防突措施。如果措施有效，还应当利用抽采钻孔向煤体打入金属骨架，或补打金属骨架孔，植入骨架，并注入水泥砂浆等材料加固煤体，彻底消除揭煤区域突出危险性。

6. 工作面突出危险性预测

在区域防突措施有效后，石门可继续掘进至距煤层法距 5 m 处停掘，然后进行工作面突出危险性预测。根据《防治煤与瓦斯突出规定》第七十一条规定，石门揭煤工作面突出危险性预测应当选用综合指标法、钻屑瓦斯解吸指标法进行。

1）采用综合指标法预测石门揭煤突出危险

采用综合指标法预测石门揭煤工作面突出危险性时，应当由工作面向煤层至少打 3 个钻孔测定煤层瓦斯压力 p。

测压钻孔在每米煤孔采一个煤样测定煤的坚固系数 f，把每个煤孔中坚固系数最小的煤样混合后测定煤的瓦斯放散初速度 Δp，把此值及最小坚固性系数 f 值作为软分层煤的瓦斯放散初速度和坚固系数，计算综合指标 D、K，采用综合指标法进行区域验证。综合指标 D、K 按式（7-1）和式（7-2）计算。

当测定的综合指标 D、K 都小于临界值，或者指标 K 小于临界值且式（7-1）中两括号内的计算值都为负值时，若钻孔施工过程未发现异常情况，该工作面判定为无突出危险工作面。当计算出的 D、K 值达到临界值时，揭煤工作面要采取局部综合防突措施。D、K 参考临界值见表 7-1。

$$D = \left(\frac{0.0075H}{f} - 3 \right) \times (p - 0.74) \qquad (7-1)$$

$$K = \frac{\Delta p}{f} \qquad (7-2)$$

式中　　H——煤层埋藏深度，m；

　　　　p——各个测压孔实测瓦斯压力最大值，MPa；

　　　Δp——软分层煤的瓦斯放散初速度；

　　　　f——软分层煤的坚固性系数。

表 7-1　D、K 参考临界值

综合指标 D	综合指标 K	
	无　烟　煤	其　他　煤　种
0.25	20	15

2）采用钻屑瓦斯解吸法预测石门揭煤工作面突出危险

采用钻屑瓦斯解吸指标法预测石门揭煤工作面突出危险性时，由工作面向煤层的适当位置至少打 3 个钻孔，在钻孔钻进到煤层时每钻进 1 m 采集一次孔口排出的粒径 1~3 mm 的煤钻屑，测定其瓦斯解吸指标 K_1 或 Δh_2 值。测定时，应考虑不同钻进工艺条件下的排渣速度。

各煤层石门揭煤工作面钻屑瓦斯解吸指标的临界值应根据试验考察确定，在确定前可暂按表 7-2 中所列的指标临界值预测突出危险性。

如果所有实测的指标值均小于临界值，并且未发现其他异常情况，则该工作面为无突出危险工作面；否则，为突出危险工作面。

表7-2 钻屑瓦斯解吸指标法预测石门揭煤工作面突出危险性的参考临界值

煤 样	Δh_2 指标临界值/Pa	K_1 指标临界值/$[mL \cdot (g \cdot min^{1/2})^{-1}]$
干煤样	200	0.5
湿煤样	160	0.4

7. 揭煤防突措施

如果经工作面预测，石门揭煤工作面有突出危险，则在石门距离煤层法向距离 5 m 前，在控制断面内再一次均匀布置钻孔抽放煤层瓦斯。并在石门揭煤的抽放管路上安装瓦斯流量在线计量装置，准确统计抽出瓦斯量。为了效果检验的需要，本次布置抽放钻孔的过程中，至少应布置 5 个取样点再次取样测定煤层残余瓦斯含量，取样点分别位于石门两帮、中间和顶板、底板。用 5 个取样点的平均瓦斯含量计算抽放钻孔控制范围内的瓦斯储量。

8. 防突技术措施的效果检验（最后验证险）

经过采取上述揭煤防突技术措施后，根据计算的瓦斯储量和统计的瓦斯抽出量计算吨煤残余瓦斯量，当计算的残余瓦斯含量小于 8 m³/t 时，再用钻屑瓦斯解吸指标法进行效果检验，检验孔数不少于 5 个，分别位于石门的上部、中部、下部和两侧。如检验无突出危险，必须采用物探或钻探手段边掘边探，保证工作面到煤层的最小法向距离不小于远距离爆破揭开突出煤层前要求的最小距离。

9. 远距离爆破揭开煤层

石门掘进到距离煤层法向距离 1.5～2 m（急倾斜煤层最小法向距离 2 m，其他煤层 1.5 m）处，采用钻屑瓦斯解吸指标法进行最后验证，如果所有实测指标均小于临界值，并且未发现其他异常情况，则采取安全防护措施进行远距离爆破一次全断面揭开煤层。若未能一次揭穿至煤层底（顶）板，则仍然按照远距离爆破的要求执行，直至完成揭煤作业全过程。

10. 进入煤层

揭开煤层后，应在岩石巷道与煤层连接处进行加强支护，逐步进入煤层内。在煤层中掘进时，还需要利用钻屑指标法对前方煤体进行突出危险性预测，若全部预测指标都不超限，则采取安全防护措施远距离爆破掘完煤层巷道，直到进入煤层顶底板 2 m 以上。

为保证人员安全，在揭开煤层后进行清渣、支护、打眼等作业时，都应尽可能避免或减轻对工作面煤体的扰动，不得随意挖煤壁、柱窝等。过煤门过程中必须加强支护，所有金属支架必须做到顶帮连锁，帮顶刹实，不允许空顶，防止因冒顶、片帮等诱发突出。

第二节 石门揭煤的专门设计

根据《防治煤与瓦斯突出规定》第六十二条规定，揭煤作业前应编制揭煤的专项设计，报煤矿企业技术负责人批准。专项防突设计包括以下 7 个方面的内容。

（1）石门和立井、斜井揭煤区域煤层、瓦斯、地质构造及巷道布置的基本情况。

（2）建立安全可靠的独立通风系统及控制风流稳定的措施。在建井初期，矿井还没有构成全风压通风前，在石门揭穿突出煤层的全部作业过程中，与此石门有关的其他工作面都必须停止工作。对于生产矿井，为能顺利地将发生突出的煤、瓦斯引入回风系统，避免波击其他区域，石门揭煤工作面的回风流必须直接引入采区回风巷道，并且控制风流的通风设施必须牢固可靠，如图7-4所示。

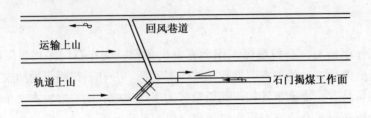

图7-4　石门揭煤独立通风系统

（3）控制突出煤层层位、岩柱厚度的措施，测定煤层瓦斯压力的钻孔等工程布置、实施方案。石门工作面从掘进至距突出煤层的最小法向距离5 m开始，必须采用物探或钻探手段边探边掘，保证工作面到煤层的最小法向距离不小于远距离爆破揭开突出煤层前要求的最小距离（急倾斜煤层2 m，其他煤层1.5 m）。要求立井揭煤工作面与煤层间的最小法向距离是：急倾斜煤层1.5 m，其他煤层2 m。如果岩石松软、破碎，还应适当增加法向距离。

（4）揭煤工作面突出危险性预测及防突措施效果检验的方法、指标，预测及检验钻孔布置等。

（5）工作面防突措施。

（6）安全防护措施及组织管理措施。必须制定远距离爆破程序，做到撤人、停电、爆破、反向风门关闭、防逆流装置关闭责任到人，执行到位，矿调度对每次远距离爆破都要详细记录在册，防止出现差错。

（7）加强过煤层段巷道的支护及其他措施。

第三节　石门揭煤防治突出的措施

石门揭煤工作面的防突措施包括预抽瓦斯、排放钻孔、水力冲孔、金属骨架、煤体固化或其他经试验证明有效的措施。在实施防治突出措施时，都必须进行实地考察，得出符合本矿井实际的有关参数。

一、预抽瓦斯

石门揭煤前，用综合指标法、钻屑瓦斯解吸指标法预测有突出危险时，可以采用预抽煤层瓦斯的防突措施，主要目标是大幅度降低煤层瓦斯压力和瓦斯含量，分布于煤层中的预抽钻孔也有缓解煤层地应力的作用。

具体作法是在石门工作面施工钻孔，然后封密钻孔，抽放瓦斯。实质上是加速瓦斯排放，缩短排放时间，减少钻孔工作量。

1. 钻孔孔径

一般为 75～120 mm。

2. 钻孔控制范围

根据《防治煤与瓦斯突出规定》第四十九条规定，穿层钻孔预抽石门揭煤区域防突措施应当在揭煤工作面距煤层的最小法向距离 7 m 以前实施。钻孔控制范围是：揭煤处巷道轮廓线外 12 m（急倾斜煤层底部或下帮 6 m），同时还应当保证控制范围的外缘到巷道轮廓线（包括预计前方揭煤段巷道的轮廓线）的最小距离不小于 5 m，且当钻孔不能一次穿透煤层全厚时，应当保持煤孔最小超前距 15 m，如图 7-5 所示。

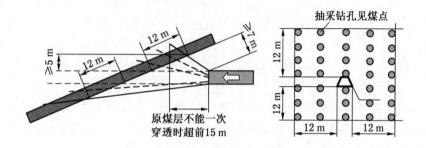

图 7-5 7 m 前预抽煤层瓦斯钻孔布置

经过区域性的预抽达标后，可以正常掘进到距煤层最小法向距离 5 m 处，停止掘进后再进行突出危险性测定，若测定有突出危险，再次进行钻孔预抽煤层瓦斯，若无突出危险，可继续掘进到揭煤前的位置（急倾斜煤层距煤层法向距离 2 m，其他煤层 1.5 m），停止掘进再次测定突出危险性，若有突出危险，还要布置钻孔抽采煤层瓦斯，根据《防治煤与瓦斯突出规定》第八十二条规定，钻孔要控制到石门的两侧和上部轮廓线外至少 5 m，下部至少 3 m，如图 7-6 所示。但在实际执行中部分矿井将抽采钻孔孔底布置在石门巷道周界外 6～12 m 的煤层内。

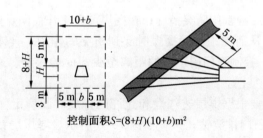

控制面积 $S=(8+H)(10+b)$ m²

图 7-6 石门揭煤预抽或排放钻孔控制范围示意图

立井揭煤工作面钻孔控制范围是：近水平、缓倾斜、倾斜煤层为井筒四周轮廓线外至少 5 m；急倾斜煤层沿走向两侧及沿倾斜上部轮廓线外至少 5 m，下部轮廓线外至少 3 m。如图 7-7 所示。钻孔的孔底间距应根据实际考察情况确定。

揭煤工作面施工的钻孔应当尽可能穿透煤层全厚。当不能一次打穿煤层全厚时，可分

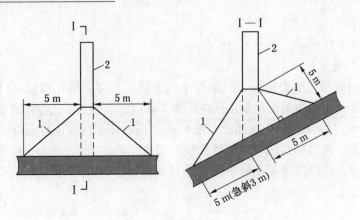

1—预抽或排放孔；2—立井

图7-7 立井井筒揭煤预抽或排放钻孔控制范围示意图

段施工，但第一次实施的钻孔穿煤长度不得小于15 m，且进入煤层掘进时，必须至少留有5 m的超前距离（掘进到煤层顶或底板时不在此限）。

预抽瓦斯和排放钻孔在揭穿煤层之前应当保持抽采状态。

3. 钻孔间距

钻孔孔底间距应根据实际测定的有效抽放半径确定，也可以根据煤层透气性和允许抽放时间确定，一般为2~3 m，要求均匀布孔。

4. 要求达到的效果及评价指标

在抽放钻孔控制范围内煤层瓦斯压力降到0.74 MPa以下，煤层瓦斯含量降到8 m³/t以下或瓦斯含量低于始突标高的煤层瓦斯含量，并且检验钻孔施工过程中无吸钻、顶钻、喷孔等动力现象时，认为预抽措施有效。也可参照《防治煤与瓦斯突出规定》第七十三条的方法采用钻屑瓦斯解吸指标进行措施效果检验。

二、排放钻孔

排放钻孔是揭煤的一种常用防突措施，在揭煤前由工作面向煤体打钻孔，排放煤体瓦斯并使煤体产生卸压，从而在工作面揭煤时起到防突的作用。具体做法是：在石门范围内，布置5~6排钻孔，控制石门周边外的距离至少5 m的煤层，通过钻孔的作用，消除突出危险。

在煤层内钻孔间距要根据煤层透气性和允许的排放时间确定，一般开孔间距0.5 m，孔底间距不大于2 m，石门排放钻孔布置如图7-8所示。厚煤层钻孔一次穿煤长度不小于15 m，煤层中掘进其超前距不小于5 m。

排放钻孔揭煤必须有足够的瓦斯排放时间，对于透气性较差的煤层应配合水力冲孔、水力扩孔措施，从钻孔中冲出部分煤炭，加速瓦斯排放。

三、水力冲孔

水力冲孔又称钻冲法，是利用突出煤层的自喷现象，采用压力水冲孔，以激发喷孔，在人为控制的条件下释放突出能量，消除一定范围内的煤层突出危险。具体做法是：在石

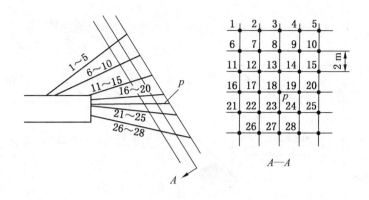

图7-8　石门揭煤排放钻孔布置示意图

门工作面掘至突出煤层一定距离时，在有岩柱（穿层冲孔岩柱一般不小于5 m）隔离的条件下，向突出煤层打钻孔，在穿过岩柱见煤后，使用高压水射流，在突出危险煤层中冲出若干个大直径的孔洞，冲孔过程中排出了大量的瓦斯和煤炭，在煤体内形成一定的卸压排放瓦斯区域，从而消除了石门揭煤时发生的突出危险。

1. 水力冲孔揭煤防突原理

借助岩柱作为安全屏障，向具有煤与瓦斯突出危险的原始煤体打穿透钻孔，然后采用具有一定压力的水射流冲出煤体，并利用密封管道，将突出的煤、水、瓦斯引向回风系统中的分离沉淀池。

水力冲孔消除突出的原理反映在以下3个方面：随着冲孔工作的延续、大量的煤炭被冲出，为煤体膨胀变形提供了充分的空间，周围煤体在地应力作用下发生膨胀变形，向孔道挤动，原始煤体的紧张状态得到松弛，突出的潜能得到释放，从而在孔道周围一定范围内，本来具有突出危险的煤体失去了突出的能力；不但冲孔期间排放大量瓦斯，而且由于煤体膨胀变形，增加了煤层透气性，扩大了排放瓦斯影响范围，提高了抽排效率，有效地降低煤层瓦斯含量；湿润煤体，使煤体减少脆性，增加了煤体塑性，降低煤体弹性能；另外，湿润煤体后，可降低煤体中残存瓦斯的解吸速度，减小瓦斯膨胀能。

2. 水力冲孔的适用条件

具有自喷（喷煤、喷瓦斯）能力，即打钻进入软层时就能喷孔；煤层较软或有软分层，煤的坚固系数 f 值一般小于0.5的煤层和特大型煤与瓦斯突出危险的倾斜煤层效果较好。大倾角、急倾斜强突出煤层，不宜选用水力冲孔防突技术措施。

3. 水力冲孔防突措施的要求

水力冲孔的水压视煤层的软硬程度而定，一般应大于3 MPa；冲孔石门工作面距煤层岩柱厚度（真厚）不小于5 m，钻孔应布置到石门周界外3~5 m的煤层内，布置成上、中、下3排，每排呈左、中、右共9个孔。根据煤层突出危险性可适当增加冲孔数，钻孔布置方式如图7-9所示。

冲孔顺序为先冲对角孔后冲边上孔，最后冲中间孔。供水压力视煤层软硬程度而定，一般为3.0~4.0 MPa；冲水量为30~35 m³/h。

石门全断面冲出的总煤量不小于煤层厚度20倍的煤量，如冲出的煤量较少，应在该

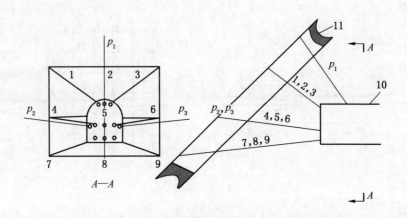

1~9—水冲孔；p_1、p_2、p_3—瓦斯压力；10—巷道；11—突出危险煤层

图 7-9　水力冲孔钻孔布置图

孔周围补孔。

4. 水力冲孔注意事项

（1）冲孔速度不宜急进。开始冲孔距煤层要有一定距离，钻杆采用反复串动前进；冲孔，特别是撤接钻杆时，严禁人员正对钻杆站立，防止钻杆冲出伤人。

（2）冲孔发生卡钻时，要立即停止向孔内供高压水，该孔停止冲孔，等其他孔冲完后，再研究处理卡钻措施，进行有效处理。

（3）冲完的钻孔不能撤除套管和拉固钢绳，不能人为将钻孔堵塞，但套管口必须用堵板挡好，并留一定间隙。既要给孔内瓦斯留有通道，又要防止在冲另外的孔时，引起该孔内突出伤人。

（4）冲孔时要注意已冲孔的瓦斯涌出和孔内声响，发现异常要立即停止工作、撤人，等情况弄清后方可恢复工作。

（5）冲完孔后，要立即插入抽放管封孔抽放瓦斯，以提高冲孔措施的有效性。

（6）计算冲、排瓦斯时，瓦斯数据从监测系统得到。由于瓦斯涌出量变化大，因此计算瓦斯时应按时间分段计算，分段时间越短，准确度越高。

（7）在倾角大，特别是直立突出煤层，不宜选用水力冲孔措施。

5. 水力冲孔的工艺流程

水力冲孔的工艺流程可以概括如下：装备选型→水力冲孔系统安装→泵压调定→设计冲孔布孔方式→钻孔施工→水力冲孔→煤量、瓦斯量计量→冲孔效果评价。

（1）冲孔主要设备材料。冲孔系统由乳化液泵、乳化液箱、压力表、钻机等组成，如图 7-10 所示。乳化液泵选用额定压力为 31.5 MPa，最大流量为 200 L/min 的 BRW200/31.5 型柱塞泵，与其相连的 FRX1000 型辅助乳化液箱容量为 1000 L，质量为 700 kg，为便于操作和控制，乳化液箱安装有压力表、水表及卸压阀门等附件。

钻机可用 ZDY1900S 以上型号，与乳化液泵相连的连接管采用内径 25 mm，耐压 43 MPa 的钢丝缠绕胶管，通过变径接头再与其内径 16 mm、耐压 55 MPa 的钢丝缠绕胶管连接，将胶管的另一头与直径为 63.5 mm 的钻杆尾端连接，连接处采用快速接头和 U 形

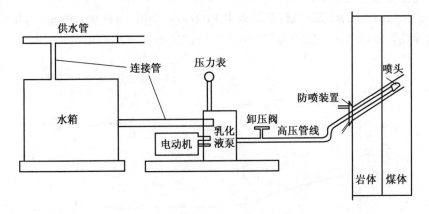

图7-10 水力冲孔设备安装示意图

卡加固。

（2）水力冲孔的工艺流程。先在水力冲孔四周围岩稳定处打4根锚杆，再用钻机打 $\phi108$ mm的岩孔，钻到2 m后换成 $\phi90$ mm穿透到煤体喷孔点，然后退出岩芯管，将外端有法兰盘的 $\phi108$ mm套管安装入孔内，并用 $\phi9.3$ mm钢绳将套管固定到锚杆上，连接三通、排煤胶管、射流泵、排煤管至沉淀池，最后连接射流泵和钻机的高压水管。上述工作完成后，再启动钻机，开启钻机注高压水，使水的射流以钻杆冲洗煤体，诱导突出。喷出的煤、水、瓦斯通过钻杆与岩孔之间间隙流入三通、排煤胶管、射流泵、输煤管，最后流入沉淀池。随着钻杆的钻进，反复冲洗，直到钻杆推进到设计深度（钻头遇顶、底板岩石），并且孔内无动力显现，冲出清水，方可结束冲孔，拆除钻具。

6. 水力冲孔的现场效果

（1）冲出的煤量和瓦斯。河南理工大学在潘二矿、谢桥矿等5个矿水力冲孔试验表明，每米钻孔能冲出0.5～1 t煤量，甚至达到2.85 t/m，吨煤瓦斯涌出量达到原煤瓦斯含量数倍，甚至数十倍，经理论计算，相当于形成了直径0.36～1.35 m的孔洞，但采掘时，一般看不到孔洞存在。

（2）提高抽采浓度和抽采量。冲孔后的抽采浓度和抽采瓦斯纯量分别为没有采取冲孔措施的2.7倍和2.84倍。冲孔后的瓦斯浓度和抽采瓦斯纯量的衰减系数明显减小，分别为没有采取冲孔措施的1/4和1/3，如图7-11所示。

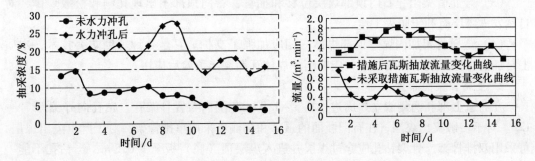

图7-11 水力冲孔效果图示

（3）增透效果。距水力冲孔 7.5 m 处的煤层透气性系数为 0.66 m²/（MPa·d），而距水力冲孔 2.5 m 和 5.5 m 处的煤层透气性系数高达 3.079 m²/（MPa·d）和 1.99 m²/（MPa·d），是未受水力冲孔影响透气性系数的 4.7 倍和 1.7 倍，如图 7-12 所示。

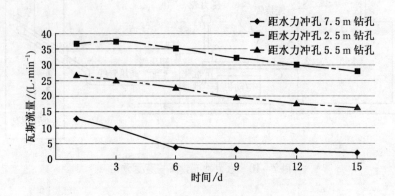

图 7-12　水力冲孔后百米煤孔瓦斯流量衰减曲线图

四、金属骨架

在揭开具有软煤和软围岩的薄及中厚突出煤层时，可采用金属骨架。金属骨架措施一般在石门上部和两侧或立井周边外 0.5~1.0 m 范围内布置骨架孔。骨架钻孔应穿过煤层并进入煤层顶（底）板至少 0.5 m，当钻孔不能一次施工至煤层顶板时，则进入煤层的深度不应小于 15 m。钻孔间距一般不大于 0.3 m，对于松软煤层要架两排金属骨架，钻孔间距应小于 0.2 m。骨架材料可选用 8 kg/m 的钢轨、型钢或直径不小于 50 mm 钢管，其伸出孔外端用金属框架支撑或砌入碹内。插入骨架材料后，应向孔内灌注水泥砂浆等不燃性固化材料。

揭开煤层后，严禁拆除金属骨架。

1. 金属骨架的作用

（1）通过安装金属骨架的钻孔排放煤体中的部分瓦斯，使一定范围内的煤体卸压，降低了石门周边瓦斯压力。

（2）石门上部形成的金属框架，增加了前方煤体的稳定性，在揭煤过程中它能抵抗上方煤体重量，阻止煤体位移，防止抽冒诱发煤与瓦斯突出。

（3）金属骨架阻止石门顶部煤层位移和抽冒，石门顶部不出现孔洞和松散煤体，对自然发火煤层有利于防火工作。

（4）金属骨架加固煤门顶部煤体，相应加强了支护。它是一种辅助防突技术，本质上是加固煤体抵抗突出的技术，应在消除煤体瓦斯突出危险后应用。

2. 金属骨架的布置

在巷道上部和两侧或立井周边外 0.5~1.0 m 范围内布置骨架孔。钻孔向外偏斜 7°~12°。对于一般突出煤层，在石门断面的顶部和两侧可采用单排骨架，对于严重突出煤层，可采用双排骨架。骨架钻孔应穿过煤层并进入煤层顶（底）板至少 0.5 m，当钻孔不能一次施工至煤层顶板时，则进入煤层的深度不应小于 15 m。钻孔间距一般不大于 0.3 m，对于松软煤层要架两排金属骨架，钻孔间距应小于0.2 m。骨架材料可选用8 kg/m的钢轨、型钢或直径不小于50 mm钢管，其伸出孔外端用金属框架支撑或砌入碹内。插入骨架材料后，应向孔内灌注水泥砂浆等不燃性固化材料。

3. 金属骨架的操作步骤

（1）在石门距工作面3 m范围内，将石门顶和两帮各超挖0.6～1.2 m。

（2）在石门拱基线以上部位打直径为75～90 mm的骨架钻孔，钻孔穿过煤层顶（底）板至少0.5 m，钻孔间距0.2～0.3 m。

（3）安装金属骨架。

（4）打完一个孔，立即插入钢管骨架，安装完全部骨架后，用抬梁托起骨架，并与托梁（金属支架或钢筋拱形桁架）固定。

（5）用锚索吊起并固定托梁。

（6）喷射混混凝土封闭金属骨架，使其与混凝土共同支护巷道。

揭穿煤层后，金属骨架严禁撤除。金属骨架布置如图7-13所示。

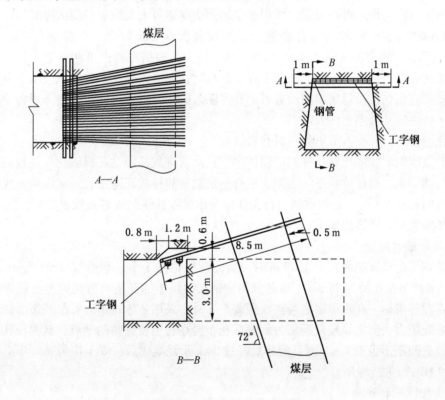

图7-13　金属骨架钻孔布置图

五、煤体固化

石门揭煤常用的超前钻孔卸压、预抽瓦斯、水力冲孔、金属骨架等防突措施虽对突出起到了一定的防治作用，但它们没有从根本上考虑在突出中起决定作用的煤体强度和瓦斯释放条件，而只是着眼于煤岩弹性能和瓦斯潜能的释放，这些防突措施一般都使煤体受到不同程度的破坏，降低了煤体的自身承载能力和对突出的抵御作用，对松软煤层或地质构造破碎带影响更为严重。而这些区域正是突出的多发区。

石门揭开有瓦斯突出危险的煤层时，突出能量集中，突出强度大，瓦斯涌出量高。在煤岩交界面附近两侧，岩石、煤体的力学性质相差悬殊，产生变形的突变（应力不连续）。当煤层揭开之前，瓦斯未经排放，保持着原始高压状态或受到掘进集中应力的影响，煤体处于超原始高压状态。这样，在煤体受到掘进施工（如爆破瞬间）的影响，煤体内应力状态突然变化，应力梯度可能达到很高的数值，在煤岩交界面应力突变值会更高，而且，新暴露煤体的受力状态由三向受力变为二向受力状态，如果此时煤体松软、强度低，不能有效抵抗这个高应力的冲击和高压瓦斯膨胀力的作用，就有可能发生煤与瓦斯突出。

煤体固化措施适用于松软煤层，通过向煤层中压入固化剂，使其渗入到煤层中的裂隙和孔隙，可人为地改善煤岩体的物理力学性质，有效增加煤体强度。通过注浆可充填封闭煤层内的裂隙和孔隙，减少瓦斯解吸速度和解吸量、降低煤体的吸附能力，使外部煤体阻滞内部煤体突出的作用得以加强。采用注浆加固防突还可大大缩短石门揭煤时间。

向煤体注入固化材料的钻孔应施工至煤层顶板 0.5 m 以上，一般钻孔间距不大于 0.5 m，钻孔位于巷道轮廓线外 0.5~2.0 m 的范围内，根据需要也可在巷道轮廓线外布置多排环状钻孔。当钻孔不能一次施工至煤层顶板时，则进入煤层的深度不应小于 10 m。

各钻孔应当在孔口封堵牢固后方可向孔内注入固化材料。可以根据注入压力升高的情况或注入量决定是否停止注入。

固化操作时，所有人员不得正对孔口。

在巷道四周环状固化钻孔外侧的煤体中，预抽或排放瓦斯钻孔自固化作业到完成揭煤前应保持抽采或自然排放状态；否则，应打一定数量的排放瓦斯钻孔。从固化完成到揭煤结束的时间超过 5 d 时，必须重新进行工作面突出危险性预测或措施效果检验。

煤体固化的具体做法如下：

1. 瓦斯压力测量

当巷道掘进至煤层底板法距 10 m 时，实施前探钻孔 3 个，穿透煤层全厚进入顶板不少于 0.5 m。钻孔直径为 75 mm，取芯并测定钻孔内煤体的瓦斯放散初速度、煤体的平均坚固性系数等指标。在距煤层底板法线距离 5 m 时，采用 $\phi 75$ mm 钻头在工作面钻 2 个测压孔，安装压力表测定煤层瓦斯压力。测压孔布置在岩层较完整的地点，且测压孔与前探钻孔见煤点间距不少于 5 m。封孔完毕后经过 24 h 水泥凝固后，安上压力表（压力表量程为 0~10 MPa）进行测压。

2. 突出危险性预测

煤层突出危险性预测采用 D、K 综合指标法进行预测。在打测压孔的过程中，每米煤孔取一个煤样，测定煤的坚固性系数，将 2 个测压孔所得的坚固性系数最小值加以平均作为煤层软分层的平均坚固性系数，最后将坚固性系数最小的 2 个煤样混合后，测定煤的瓦斯放散初速度指标 Δp。按 $D = 0.25$、$K = 15$ 作为临界值判断突出危险性。

3. 注浆加固施工

当预测有突出危险时，应当进行煤体加固。巷道掘进至距煤层底板法线 4 m 时，施工注浆钻孔，压注波雷因浆液或水泥砂浆对有突出危险的煤层进行加固。

4. 注浆钻孔布置

当巷道掘进至煤层法距 4 m 时，在迎头打注浆孔，浆液扩散半径设计为 1.5 m，控制到巷道上方不少于 8 m，下方不少于 5 m，巷道两帮不少于 4 m。

5. 注浆材料及设备选择

选择波雷因作为注浆材料。波雷因产品由 A、B 两种液体组成，施工时按 1∶1 的比例充分混合，其凝固时间在几秒至数分钟内可人为调节，膨胀系数为 2~5 倍，最大抗压强度为 50 MPa，注浆施工时浆液可产生二次渗透压力，并能渗透至煤岩层深部微细裂隙内，可对煤体或破碎围岩进行有效加固。注浆设备选择 QB-12 型高压气动双液注浆泵，该泵以压缩空气作动力，气控自动换向，注浆压力可调，最大注浆压力可达 30 MPa。

6. 注浆后突出危险预测

完成注浆后，还要打钻孔预测煤与瓦斯突出的危险性，只有预测无突出危险时，方可在采取安全防护措施的前提下揭煤。

7. 适用条件

煤体加固措施适用于松软煤层，主要作用是增加周围煤体的强度，改变煤的力学性质，使其不易发生突出。但该项措施无法有效卸除煤层或采掘工作面前方煤体的应力，也无法排除煤层或采掘工作面前方煤体中的瓦斯，所以，该措施只能在一定程度上抑制突出的发生，其预防突出的作用是有限的，必须在采取了其他防突措施并检验有效后方可在揭开煤层前实施。

六、水力冲孔 + 瓦斯抽采

单一的防突措施往往效果较差，如果在穿层钻孔的基础上，先水力冲孔，然后封孔抽采瓦斯，可以缩短抽采时间，提高抽采效果。

河南能源化工集团自 2012 年以来在岩石底板抽采巷普遍推广穿层钻孔 + 水力冲孔 + 带压封孔技术，均取得较好效果。

古汉山煤矿 2012 年 3 月在 1602 底板抽采巷施工 356 个钻孔，到 2013 年 2 月共计 11 个月的抽采，主管路抽采浓度 27%，负压 38 kPa，纯流量 2.6 m³/min，百米煤孔流量 0.07 m³/min。2012 年 3 月在 1603 底板抽采巷施工的 1375 个穿层钻孔，经过 11 个月抽采，主管浓度仍达 41%，负压 28 kPa，巷道瓦斯流量 13.38 m³/min，百米煤孔流量 0.08 m³/min。

九里山煤矿在 15071 底板抽采巷采用 BRW200-31.5 型乳化液泵作为冲孔设备，敷设内径 32 mm 的高压无缝钢管，使用 3 个直径 3 mm 的喷嘴，冲孔压力 8~10 MPa，每孔冲孔时间 90~120 min，平均每孔冲出煤量 1.8t，扩孔直径达到 200 mm。冲孔后，采用带压封孔，钻孔平均抽采浓度达到 86% 以上，与未冲孔的钻孔相比平均提高 2.4 倍，抽采影响半径达到 2.5 m 以上，百米煤层钻孔平均流量达到 0.04 m³/min，与未冲孔的钻孔相比提高 4 倍以上。

第八章　采掘工作面抽采达标评价

为进一步推进煤矿瓦斯先抽后采、综合治理，强化和规范煤矿瓦斯抽采，实现煤矿瓦斯抽采达标，《煤矿瓦斯抽采达标暂行规定》对煤矿瓦斯抽采提出了强制性的要求：高瓦斯与突出煤层危险区必须先抽采瓦斯，只有当抽采效果达到标准要求后方可安排采掘作业。抽采达标评价包括瓦斯抽采基础条件评价和抽采效果评价两个方面，在基础条件满足要求的基础上，再对抽采效果是否达标进行评价。采掘工作面进行采掘作业前，必须编制瓦斯抽采达标评价报告，并由矿井技术负责人和主要负责人批准。本章就采煤工作面、掘进工作面抽采达标评价的方法和内容分别进行阐述，并附评价实例，便于现场工程技术人员和管理人员参考。

第一节　抽采达标评判

预抽煤层瓦斯效果评判应当包括下列主要内容和步骤：

1. 抽采钻孔有效控制范围界定

预抽煤层瓦斯的抽采钻孔施工完毕后，应当对预抽钻孔的有效控制范围进行界定，界定方法如下：

（1）对顺层钻孔，钻孔有效控制范围按钻孔长度方向的控制边缘线、最边缘 2 个钻孔及钻孔开孔位置连线确定。钻孔长度方向的控制边缘线为钻孔有效孔深点连线，相邻有效钻孔中较短孔的终孔点作为相邻钻孔有效孔深点。

（2）对穿层钻孔，钻孔有效控制范围取相邻有效边缘孔的见煤点之间的连线所圈定的范围。

2. 抽采钻孔布孔均匀程度评价

预抽煤层瓦斯的抽采钻孔施工完毕后，应及时组织钻孔验收，详细记录钻孔平面位置、立面位置，钻孔倾角、方位，钻孔深度，钻孔开工日期、竣工日期。根据验收资料结合钻孔施工过程中出现的瓦斯异常记录绘制钻孔竣工图。应当对预抽钻孔在有效控制范围内均匀程度进行评价，抽采钻孔在整个预抽区域的走向、倾向及煤层厚度方向上不存在空白带。预抽钻孔间距不得大于设计间距。

3. 抽采瓦斯效果评判指标测定

1）划分评价单元

将钻孔间距基本相同和预抽时间基本一致（预抽时间差异系数小于30%）的区域划为一个评价单元。

预抽时间差异系数为预抽时间最长的钻孔抽采天数减去预抽时间最短的钻孔抽采天数的差值与预抽时间最长的钻孔抽采天数之比。预抽时间差异系数按式（8-1）计算：

$$\eta = \frac{T_{\max} - T_{\min}}{T_{\max}} \times 100\% \tag{8-1}$$

式中　　η——预抽时间差异系数，%；

　　　　$T_{\max}$——预抽时间最长的钻孔抽采天数，d；

　　　　$T_{\min}$——预抽时间最短的钻孔抽采天数，d。

对同一评价单元预抽瓦斯效果评价时，首先应根据抽采计量等参数按式（8-2）、式（8-3）计算抽采后的残余瓦斯含量或残余瓦斯压力，按式（8-4）计算可解吸瓦斯量，当其满足规定要求后，再进行现场实测预抽瓦斯效果指标。

2）根据瓦斯抽采量计算残余瓦斯含量

$$W_{\mathrm{CY}} = \frac{W_0 G - Q}{G} \tag{8-2}$$

式中　　W_{CY}——煤的残余瓦斯含量，m^3/t；

　　　　W_0——煤的原始瓦斯含量，m^3/t；

　　　　Q——评价单元钻孔抽排瓦斯总量，m^3；

　　　　G——评价单元参与计算煤炭储量，t。

评价单元参与计算的煤炭储量 G 按式（8-3）计算：

$$G = (L - H_1 - H_2 + 2R)(l - h_1 - h_2 + R)m\gamma$$

式中　　　　L——评价单元煤层走向长度，m；

　　　　　　l——评价单元抽采钻孔控制范围内煤层平均倾向长度，m；

　　　　H_1、H_2——评价单元走向方向两端巷道瓦斯预排等值宽度，m，如果无巷道则为0；

　　　　h_1、h_2——评价单元倾向方向两侧巷道瓦斯预排等值宽度，m，如果无巷道则为0；

　　　　　　R——抽采钻孔的有效影响半径，m；

　　　　　　m——评价单元平均煤层厚度，m；

　　　　　　γ——评价单元煤的密度，t/m^3。

H_1、H_2、h_1、h_2 应根据矿井实测资料确定，如果无实测数据，可参照表8-1中的数据或计算式确定。

表8-1　巷道预排瓦斯等值宽度

巷道煤壁暴露时间 t/d	不同煤种巷道预排瓦斯等值宽度/m		
	无烟煤	瘦煤及焦煤	肥煤、气煤及长焰煤
25	6.5	9.0	11.5
50	7.4	10.5	13.0
100	9.0	12.4	16.0
160	10.5	14.2	18.0
200	11.0	15.4	19.7
250	12.0	16.9	21.5
≥300	13.0	18.0	23.0

预排瓦斯等值宽度亦可采用下式进行计算：

低变质煤：$0.808 \times t^{0.55}$

高变质煤：$(13.85 \times 0.0183t)/(1 + 0.0183t)$

3）计算残余瓦斯压力

抽采后煤的残余相对瓦斯压力（表压）按（8-3）计算：

$$W_{CY} = \frac{ab(p_{CY}+0.1)}{1+b(p_{CY}+0.1)} \times \frac{100-A_d-M_{ad}}{100} \times \frac{1}{1+0.31M_{ad}} + \frac{\pi(p_{CY}+0.1)}{\gamma p_a} \quad (8-3)$$

式中　　W_{CY}——残余瓦斯含量，m^3/t；

a、b——吸附常数；

p_{CY}——煤层残余相对瓦斯压力（表压），MPa；

p_a——标准大气压力，0.101325 MPa；

A_d——煤的灰分，%；

M_{ad}——煤的水分，%；

π——煤的孔隙率，m^3/m^3；

γ——煤的视密度（假密度），t/m^3。

4）计算可解吸瓦斯量

可解吸瓦斯量按式（8-4）计算：

$$W_j = W_{CY} - W_{CC} \quad (8-4)$$

式中　　W_j——煤的可解吸瓦斯量，m^3/t；

W_{CY}——抽采瓦斯后煤层的残余瓦斯含量，m^3/t；

W_{CC}——煤在标准大气压力下的残存瓦斯含量，按式（8-5）计算。

$$W_{CC} = \frac{0.1ab}{1+0.1b} \times \frac{100-A_d-M_{ad}}{100} \times \frac{1}{1+0.31M_{ad}} + \frac{\pi}{\gamma} \quad (8-5)$$

以上式（8-3）~式（8-5）中用到的吸附常数、工业分析指标、孔隙率和视密度必须是在评价范围内的实测值，不能套用评价范围以外的测定值，否则会有计算误差，导致评价不可靠。

5）计算抽采率

采煤工作面瓦斯抽采率按式（8-6）计算：

$$\eta_m = \frac{Q_{mc}}{Q_{mc}+Q_{mf}} \quad (8-6)$$

式中　　η_m——工作面瓦斯抽采率，%；

Q_{mc}——回采期间，当月工作面月平均瓦斯抽采量，m^3/min；

Q_{mf}——当月工作面风排瓦斯量，m^3/min。

Q_{mc}的测定和计算方法：在工作面范围内包括地面钻井、井下抽采（含移动抽采）各瓦斯抽采干管上安装瓦斯抽采检测、监测装置，每周至少测定3次，按月取各测定值的平均值之和为当月工作面平均瓦斯抽采量（标准状态下纯瓦斯量）。

Q_{mf}的测定和计算方法：工作面所有回风流排出瓦斯量减去所有进风流带入的瓦斯量，按天取平均值为当天回采工作面风排瓦斯量（标准状态下纯瓦斯量），取当月中最大一天的风排瓦斯量为当月回采工作面风排瓦斯量（标准状态下纯瓦斯量）。

6）现场测定残余瓦斯含量

按《煤层瓦斯含量井下直接测定方法》（GB/T 23250—2009，以下简称《含量测定方法》）现场测定煤层的残余瓦斯含量，按《煤矿井下煤层瓦斯压力的直接测定方法》（AQ

1047—2007，以下简称《压力测定方法》）现场测定煤层的残余瓦斯压力，依据现场测定的煤层残余瓦斯含量，按式（8-4）计算现场测定的煤层可解吸瓦斯量。

突出煤层现场测定点应当符合下列要求：

（1）用穿层钻孔或顺层钻孔预抽区段或回采区域煤层瓦斯时，沿采煤工作面推进方向每间隔 30~50 m 至少布置 1 组测定点。当预抽区段宽度（两侧回采巷道间距加回采巷道外侧控制范围）或预抽回采区域采煤工作面长度未超过 120 m 时，每组测点沿工作面方向至少布置 1 个测定点，否则至少布置 2 个测点。

（2）用穿层钻孔预抽煤巷条带煤层瓦斯时，在煤巷条带每间隔 30~50 m 至少布置 1 个测定点。

（3）用穿层钻孔预抽石门（含立、斜井等）揭煤区域煤层瓦斯时，至少布置 4 个测定点，分别位于要求预抽区域内的上部、中部和两侧，并且至少有 1 个测定点位于要求预抽区域内距边缘不大于 2 m 的范围。

（4）用顺层钻孔预抽煤巷条带煤层瓦斯时，在煤巷条带每间隔 20~30 m 至少布置 1 个测定点，且每个评判区域不得少于 3 个测定点。

（5）各测定点应布置在原始瓦斯含量较高、钻孔间距较大、预抽时间较短的位置，并尽可能远离预抽钻孔或与周围预抽钻孔保持等距离，且避开采掘巷道的排放范围和工作面的预抽超前距。在地质构造复杂区域适当增加测定点。测定点实际位置和实际测定参数应标注在瓦斯抽采钻孔竣工图上。

4. 抽采效果达标评判

预抽瓦斯效果应当满足以下标准：

（1）对瓦斯涌出量主要来自于开采层的采煤工作面，评价范围内煤的可解吸瓦斯量满足表 8-2 规定的，判定采煤工作面评价范围瓦斯抽采效果达标。

表 8-2　采煤工作面回采前煤的可解吸瓦斯量应达到的指标

工作面日产量/t	可解吸瓦斯量 W_j/(m³·t⁻¹)	工作面日产量/t	可解吸瓦斯量 W_j/(m³·t⁻¹)
≤1000	≤8	6001~8000	≤5
1001~2500	≤7	8001~10000	≤4.5
2501~4000	≤6	>10000	≤4
4001~6000	≤5.5		

（2）对于突出煤层，当评价范围内所有测点测定的煤层残余瓦斯压力或残余瓦斯含量都小于预期的防突效果达标瓦斯压力或瓦斯含量且施工测定钻孔时没有喷孔、顶钻或其他动力现象时，则评判为突出煤层评价范围预抽瓦斯防突效果达标；否则，判定以超标点为圆心、半径 100 m 范围未达标。预期的防突效果达标瓦斯压力或瓦斯含量按煤层始突深度处的瓦斯压力或瓦斯含量取值；没有考察出煤层始突深度处的煤层瓦斯压力或含量时，分别按照 0.74 MPa、8 m³/t 取值。

（3）对于瓦斯涌出量主要来自于突出煤层的采煤工作面，只有当瓦斯预抽防突效果和煤的可解吸瓦斯量指标都满足达标要求时，方可判定该工作面瓦斯预抽效果达标。

（4）对瓦斯涌出量主要来自于邻近层或围岩的采煤工作面，计算的瓦斯抽采率满足表8-3规定时，其瓦斯抽采效果判定为达标。

表8-3　采煤工作面瓦斯抽采率应达到的指标

工作面绝对瓦斯涌出量 $Q/(\mathrm{m^3 \cdot min^{-1}})$	工作面瓦斯抽采率/%	工作面绝对瓦斯涌出量 $Q/(\mathrm{m^3 \cdot min^{-1}})$	工作面瓦斯抽采率/%
$5 \leqslant Q < 10$	$\geqslant 20$	$40 \leqslant Q < 70$	$\geqslant 50$
$10 \leqslant Q < 20$	$\geqslant 30$	$70 \leqslant Q < 100$	$\geqslant 60$
$20 \leqslant Q < 40$	$\geqslant 40$	$100 \leqslant Q$	$\geqslant 70$

（5）采掘工作面同时满足风速不超过4 m/s、回风流中瓦斯浓度低于1%时，判定采掘工作面瓦斯抽采效果达标。

（6）矿井瓦斯抽采率满足表8-4规定时，判定矿井瓦斯抽采率达标。

表8-4　矿井瓦斯抽采率应达到的指标

矿井绝对瓦斯涌出量 $Q/(\mathrm{m^3 \cdot min^{-1}})$	矿井瓦斯抽采率/%	矿井绝对瓦斯涌出量 $Q/(\mathrm{m^3 \cdot min^{-1}})$	矿井瓦斯抽采率/%
$Q < 20$	$\geqslant 25$	$160 \leqslant Q < 300$	$\geqslant 50$
$20 \leqslant Q < 40$	$\geqslant 35$	$300 \leqslant Q < 500$	$\geqslant 55$
$40 \leqslant Q < 80$	$\geqslant 40$	$500 \leqslant Q$	$\geqslant 60$
$80 \leqslant Q < 160$	$\geqslant 45$		

矿井瓦斯抽采率按式（8-7）计算：

$$\eta_k = \frac{Q_{kc}}{Q_{kc} + Q_{kf}} \tag{8-7}$$

式中　η_k——矿井瓦斯抽采率，%；

　　　Q_{kc}——当月矿井平均瓦斯抽采量，$\mathrm{m^3/min}$；Q_{kc}的测定、计算方法：在井田范围内地面钻井抽采、井下抽采（含移动抽采）各瓦斯抽采站的抽采主管上安装瓦斯抽采检测、监测装置，每天测定不少于12次，按月取各测定值的平均值之和为当月矿井平均瓦斯抽采量（标准状态力下纯瓦斯量）；

　　　Q_{kf}——当月矿井风排瓦斯量，$\mathrm{m^3/min}$。

Q_{kf}的测定、计算方法：按天取各回风井回风瓦斯平均值之和为当天矿井风排瓦斯量，取当月中最大一天的风排瓦斯量为当月矿井风排瓦斯量。

第二节　突出煤层掘进工作面抽采达标评价

为了煤层巷道掘进过程中发生煤与瓦斯突出，根据《防治煤与瓦斯突出规定》《煤矿瓦斯抽采达标暂行规定》规定，突出煤层掘进工作面在进行掘进作业前，必须编制抽采达标评价报告。

一、评价工作面必须具备以下基础资料

（1）被评价工作面原始瓦斯含量或压力。效果检验孔取样实测的残余瓦斯含量、工业分析指标（A_{ad}、M_{ad}）、吸附常数（a、b）、孔隙率、煤的视密度。测试指标要有测试单位签字、盖章的报告单。

（2）掘进工作面抽采设计（包括抽采钻孔布置图、钻孔参数表、施工要求、钻孔工程量）。

（3）钻孔施工记录、钻孔工程验收单。

（4）钻孔工程量统计台账，瓦斯抽采量统计台账，风排瓦斯量统计表、抽采率、残余瓦斯含量计算资料。

（5）钻孔竣工图（打钻期间遇到的地质构造、顶钻、夹钻、喷孔范围、实测残余瓦斯含量、瓦斯喷孔点等内容在图上要标注清楚），抽采效果检验点布置平、剖面图。

二、掘进面原煤瓦斯参数测定

在巷道施工前应测定煤层原始瓦斯参数。当采用底（顶）板巷道穿层钻孔预抽煤层瓦斯时，沿巷道掘进方向每隔 50 m 至少布置一个测点取样测定煤层原始瓦斯含量并封孔测量煤层原始瓦斯压力；当采用顺层钻孔预抽煤巷条带煤层瓦斯区域防突措施时，每进行一次抽采循环至少应布置一个测试点测定一次煤层瓦斯含量，并作吸附试验和工业分析，测定吸附常数 a、b 值和原煤灰分、水分、孔隙率、视密度，作为预抽范围瓦斯储量计算的依据以及可解吸瓦斯量计算依据。石门揭煤的原始瓦斯压力测定应在石门工作面距煤层法向距离 10 m 前进行，瓦斯压力测试点不少于 2 个，分别位于石门两帮钻孔控制范围内的钻场中。当石门工作面距煤层法向距离为 5 m 时，应布置不少于 4 个瓦斯含量测试点，分别位于石门前方、两帮和上部，测定煤层原始瓦斯含量，取 4 个点的平均值作为石门揭煤区域瓦斯储量计算依据。

三、残余瓦斯含量测定

掘进工作面抽采效果评价的主要指标为残余瓦斯压力或残余瓦斯含量。对于穿层钻孔、顺层钻孔预抽煤巷条带瓦斯的区域防突措施进行效果检验时，必须依据实际测定的残余瓦斯压力或残余瓦斯含量值。检验前首先分析、检查预抽区域内钻孔布置是否均匀，是否存在钻孔空白带和抽采空白带。存在钻孔空白带和抽采空白带的要采取补孔和补抽措施。

根据钻孔控制范围的煤层平均厚度计算煤炭储量，根据实测的原煤瓦斯含量平均值计算瓦斯储量，然后根据实际抽放量和风排瓦斯量计算残余瓦斯含量。当计算的残余瓦斯含量小于突出危险临界值后，方可进行残余瓦斯含量测定。

四、测试点的位置选择

测试点的位置根据掘进工作面地质构造、煤层厚度分布状况，在抽采钻孔竣工图上确定。各测定点应布置在原始瓦斯含量较高、钻孔间距较大、预抽时间较短的位置，并尽可能远离预抽钻孔或与周围预抽钻孔保持等距离，且避开工作面的预抽超前距，超过工作面

前方 20 m。在地质构造复杂区域适当增加测定点。测定点实际位置和实际测定参数应标注在瓦斯抽采钻孔竣工图上。

用穿层钻孔预抽煤巷条带煤层瓦斯时，沿煤巷条带每间隔 30～50 m 至少布置 1 个测定点；用穿层钻孔预抽石门（含立、斜井等）揭煤区域煤层瓦斯时，至少布置 4 个测定点，分别位于要求预抽区域内的上部、中部和两侧，并且至少有 1 个测定点位于要求预抽区域内距边缘不大于 2 m 的范围；用顺层钻孔预抽煤巷条带煤层瓦斯时，在煤巷条带每间隔 20～30 m 至少布置 1 个测定点，且每个评判区域不得少于 3 个测定点，若检验范围煤层稳定，则检验测试点沿巷道轴线方向布置；若检验范围内存在地质构造，则在构造附近必须布置测试点；当巷道两帮煤层厚度差别较大时，两帮都要布置测试点。

五、测试点布置和审批

防突科根据上述原则在钻孔竣工图上绘制检验测试点布置平面图、剖面图，注明测试点编号，孔深和钻孔参数（倾角、钻孔深度），规定取样深度和取样数量，说明测试内容。检验钻孔布置设计编制完成后，由矿总工程师审批，瓦斯实验室根据设计规定的钻孔位置和取样深度取样，测试煤层残余瓦斯含量和其他参数，记录检验孔施工过程中的瓦斯、地质异常现象，若有喷孔、顶钻、夹钻，必须说明具体位置。取样测试结果要出示测试分析报告和实测残余瓦斯含量报告单。

六、抽采效果评价

评价前，首先确定抽采钻孔有效控制范围，并对钻孔布置均匀程度进行评价。对于对顺层钻孔，钻孔有效控制范围按钻孔长度方向的控制边缘线、最边缘 2 个钻孔及钻孔开孔位置连线确定。钻孔长度方向的控制边缘线为钻孔有效孔深点连线，相邻有效钻孔中较短孔的终孔点作为相邻钻孔有效孔深点；对穿层钻孔，钻孔有效控制范围取相邻有效边缘孔的见煤点之间的连线所圈定的范围。

当所有实测残余瓦斯含量小于临界值时，方可对掘进工作面抽采效果进行评价。评价时，应结合打钻喷孔、卡钻、间接计算和实测残余瓦斯含量结果等资料，对掘进工作面瓦斯抽采效果进行全面分析、评价，对掘进工作面的构造带、瓦斯异常带等区域要进行重点分析评价。评价指标为：

（1）煤层残余瓦斯含量小于 8 m³/t 并且残余瓦斯压力小于 0.74 MPa。

（2）在施工测试钻孔时没有喷孔、顶钻或其他突出预兆。

七、掘进工作面抽采效果评价报告编制内容

掘进工作面抽采效果坚持分段评价，每执行一次抽采循环进行一次抽采效果评价。

（一）掘进工作面概况

（1）掘进工作面周邻情况、工作面掘进始掘位置（通尺 ×× ～ ×× m），评价范围（×× ～ ×× m）。

（2）煤层厚度、倾角、视密度、软分层厚度。

（3）评价范围内顶、底板岩石性质、厚度、地质构造。

（4）瓦斯压力，瓦斯含量，瓦斯吸附常数，煤的工业分析指标，钻孔瓦斯衰减系数，

钻孔有效抽放半径。

（5）评价范围煤炭储量、瓦斯储量，应抽瓦斯量。

（二）抽采设计和实施状况

（1）抽采方式，抽采钻孔设计图、参数表。

（2）根据钻孔施工记录、验孔记录（钻孔深度、倾角、方位角），绘制钻孔竣工图，图中绘出瓦斯异常区、构造异常区。钻孔期间的喷钻、卡钻等异常情况也描绘在图中。

（3）根据验孔情况，计算评价范围内实际施工的钻孔工程量，并计算吨煤钻孔工程量，与《煤矿瓦斯抽放技术规范》对比。

（4）掘进面评价范围瓦斯抽出量、风排瓦斯量、抽采率，计算残余瓦斯含量。

（三）掘进工作面抽采达标效果评价

1. 采钻孔控制范围界定

根据钻孔竣工图，划定钻孔有效控制范围，并根据抽采钻孔施工前测定的煤层瓦斯含量计算钻孔有效控制范围内的煤层储量、瓦斯储量。

2. 采钻孔布孔均匀程度评价

根据钻孔竣工图，评价钻孔有效控制范围内钻孔布孔是否均匀，对于厚度超过 3.5 m 的煤层不仅在平面上要布孔均匀，而且在立面上也要布孔均匀。如果从钻孔布孔图上发现钻孔不均匀，应在钻孔间距相对较大的区域补钻，并观察钻孔施工过程中有无瓦斯异常，若补钻全过程未出现喷孔、顶钻、夹钻现象，并且计算的瓦斯残余含量已经降到始突深度的瓦斯含量以下，则可设计效果检验点，进行抽采达标效果检验。

3. 采瓦斯效果评价指标测定

当计算的残余瓦斯含量小于始突深度的瓦斯含量后，在钻孔竣工图上，按照《防治煤与瓦斯突出规定》布置检测点，作出检验点布置的平面和剖面图，列出钻孔参数表，取样测定煤层残余瓦斯含量，出具检验测试报告单。

4. 采效果达标评判

根据掘进工作面瓦斯地质条件，取样钻孔施工期间的喷孔、顶钻现象，计算和实测残余瓦斯含量等情况，对突出煤层掘进工作面进行抽采达标效果评价，做出结论性意见，并填写突出掘进工作面抽采效果评价表。

当实测残余瓦斯含量都小于始突深度的瓦斯含量，并且检验钻孔施工过程中没有发生喷孔、顶钻、夹钻现象，实际取样点符合设计要求时，判断该掘进工作面抽采效果达标，可以在采取工作面综合防突技术措施的前提下掘进；否则，继续执行区域性的防突技术措施，继续抽采煤层瓦斯，直到达标。

八、煤层巷道抽采达标评判实例

【例 8 - 1】2705 煤层巷道掘进抽采效果评价

1. 工作面概况

1）巷道概况

2705 上巷位于 27 采区下山以南，西为 2703 工作面采空区，东为 2705 工作面。巷道水平标高 -550 m，巷道净宽 4.2 m，巷道净高见顶见底不低于 2.5 m，采用锚网索支护，设计全长 1315.167 m，目前累计进尺 1197 m，还有 118.167 m 将与 2705 开切眼贯通。

2）工作面相对位置及邻近采区开采情况

表 8-5　井上、下对照关系

水平、采区	-550 水平、27 采区	工程名称	2705 上巷
地面标高	+32.50 m	井下标高	-576 ~ -592 m
地面的相对位置、建筑物及其他	位于狄楼以西、呼庄以北，地表主要为农田		
工作面掘进对地面建筑物的影响	无		
井下相对位置对掘进巷道的影响	本工作面位于 27 采区下山以南，西为越过 2703 工作面采空区实体煤，东为 2705 工作面，南为火成岩边界		
邻近采掘情况对掘进巷道的影响	本工作面西部为 2703 工作面采空区，掘进施工过程中巷道带顶压力将较大。另外，受 2703 老空区积水影响，需提前进行探放水		

3）本区段煤（岩）层赋存特征

表 8-6　顶底板岩性表

顶底板名称		岩石类别	厚度/m	岩性特征描述
顶板	基本顶	细、粉砂岩及砂质泥岩	25.18	浅灰-灰色，块状，分选较好，泥质胶结
	直接顶	砂质泥岩	4.82	深灰色，团块状，含植物化石，局部夹粉、细砂岩层
底板	直接底	砂质泥岩	1.28	黑色，块状，含大量植物化石，性脆、易碎
	基本底	细砂岩及砂质泥岩	15.07	灰白色，条带状，微波—斜层理，局部裂隙发育，充填方解石脉

4）通风系统

2705 上巷通风方式采用压入式通风，最大供风距离 1657 m。工作面选用 FBD/No5.6（2×15 kW）型风机配 φ600 mm 阻燃风筒向工作面供风。一趟风机安装在 27 轨道巷道顶板完好位置。目前工作面风量为 257 m³/min。

新风流：地面→副井→南大巷→27 轨道下山→风筒→工作面。

乏风流：工作面→2705 上巷→2705 上巷回风巷→27 回风下山→南翼总回风巷→南风井→地面。

通风系统示意图（略）。

5）掘进位置

2705 上巷目前掘进至 G20 点前 23.1 m。

6）工作面瓦斯赋存情况

本循环区域突出危险性预测通过取样测定最大瓦斯含量为 7.1491 m³/t，以此最大瓦斯含量作为本区域煤层原始瓦斯含量。

取样点位置示意图如图 8-1 所示。

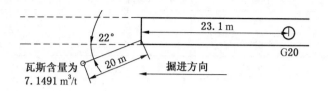

图 8-1 取样点位置示意图

2. 区域防突措施

1) 区域防突措施

2705 上巷第二循环区域突出危险性预测取样测得的最大瓦斯含量达到 7.1491 m³/t，虽然最大瓦斯含量低于突出临界值 8 m³/t，但打钻过程中瓦斯浓度较大，为保证掘进期间施工安全，实施了第二循环区域防突措施。区域防突措施采用顺层钻孔预抽条带煤层瓦斯的方法，在迎头墙上开孔，沿煤层共施工 14 个钻孔，预抽掘进方向前方 60 m、巷道两侧轮廓线外 15 m 范围的煤层瓦斯。区域防突钻孔布置设计如图 8-2 所示，钻孔设计参数见表 8-7。

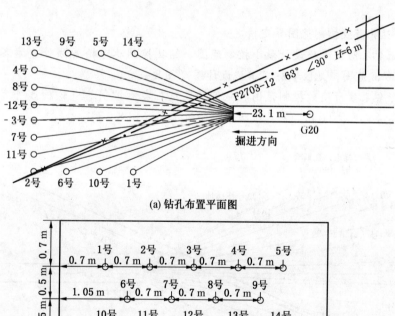

(a) 钻孔布置平面图

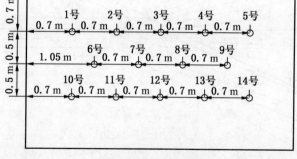

(b) 钻孔开口位置图

图 8-2 区域防突钻孔布置图

表8-7　2705上巷第二循环区域防突措施孔设计参数表

孔　号	孔长/m	倾角/(°)	与巷道中心线夹角/(°)
1	34	4	28
2	62	4	15
3	60	4	2
4	61	4	−11
5	43	4	−21
6	53	4	18
7	60	4	7
8	60	4	−7
9	52	4	−18
10	43	5	21
11	61	5	11
12	60	5	−2
13	62	5	−15
14	34	5	−28

2) 抽采钻孔有效控制范围界定情况

(1) 抽采钻孔防突专项设计最小控制范围。钻孔控制巷道轮廓线外左右各15 m，控制迎头前方60 m范围，见区域防突措施设计图（图8-2）。

(2) 抽采钻孔实际有效控制范围。施工抽采钻孔实际控制巷道轮廓线外左18 m、右17.9 m，沿煤层斜长度60 m，见区域防突措施竣工图（图8-3）。

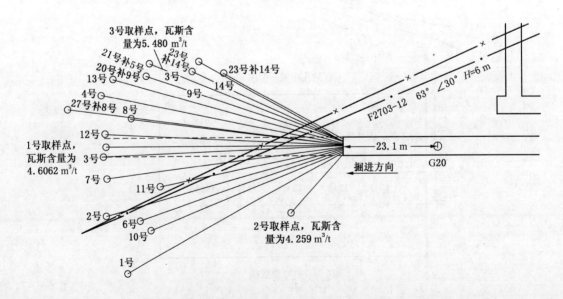

图8-3　钻孔竣工图

3）抽采钻孔布孔均匀程度评价情况

（1）施工开孔位置均匀，符合设计要求。根据抽采钻孔实钻资料，抽采孔有4个穿煤层较少。

（2）其中4个设计钻孔因穿煤较少，重新补打以消除抽采盲区。

4）抽放后煤的残余瓦斯含量

（1）钻孔施工期间风排瓦斯量。

2705上巷区域防突措施钻孔于2012年3月22日早班开始施工，于2012年3月28日夜班施工结束，掘进期间绝对瓦斯涌出量平均0.41 m³/min，钻孔施工期间风排瓦斯量为

$$Q_p = 平均绝对瓦斯涌出量 \times 掘进时间$$
$$= 0.41 \times (6 \times 24 \times 60) = 3542.4 \text{ m}^3$$

（2）钻孔瓦斯抽采量。

经统计，6天抽采期间，共抽出瓦斯量 $Q_c = 4807.152 \text{ m}^3$。

（3）瓦斯抽出率计算。

煤的储量：$\qquad G = 5796.4 \text{ t}$

瓦斯储量：$\qquad Q = 5796.4 \times 7.1491 = 41439 \text{ m}^3$

瓦斯抽出率：$\qquad \eta = \dfrac{Q_C + Q_P}{Q} = \dfrac{4807.152 + 3542.4}{41439} = 20.1\%$

（4）瓦斯抽放后煤的残余瓦斯含量计算。

$$W_{CY} = \frac{Q - Q_C - Q_P}{G} = \frac{41439 - 4807.152 - 3542.4}{5796.4} = 5.7086 \text{ m}^3/\text{t}$$

式中　W_{CY}——煤的残余瓦斯含量，m³/t；

$\quad Q$——煤的原始瓦斯储量，m³；

$\quad Q_C$——评价单元钻孔抽采瓦斯总量，m³；

$\quad Q_P$——评价单元风排瓦斯量，m³；

$\quad G$——评价单元参与计算煤炭储量，t。

3. 区域防突效果评价

在实施区域防突措施并经足够时间卸压抽放后，在巷道掘进方向上每20～30 m布置1个测量点，共3个测量点；通过钻孔取出煤样，校检孔设计参数见表8-8；取样测定参数见表8-9。

表8-8　区域校检钻孔设计参数

编　号	孔深/m	巷道中心线夹角/(°)
1	60	0
2	20	+48
3	40	-22

备注：左偏为"＋"，右偏为"－"。

表8-9 校检钻孔施工参数及实测瓦斯含量

编 号	孔深/m	巷道中心线夹角/(°)	倾角/(°)	瓦斯含量/(m³·t⁻¹)
1	60	−1	3.5	4.2529
2	20	+48	1.5	1.6062
3	40	−22	1.5	5.1482

备注：左偏为"＋"，右偏为"－"。

2705上巷区域措施校检孔布置示意图如图8-4所示。

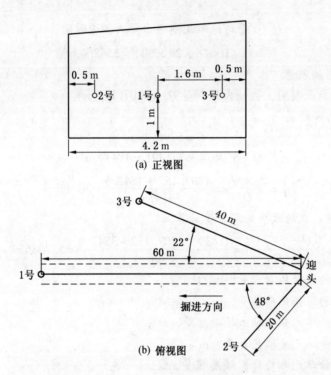

(a) 正视图

(b) 俯视图

图8-4 效果检验孔布置图

4. 评价结论

由于在3个测点取得的煤样瓦斯含量以及经计算抽放后煤层残作瓦斯含量均不超规定，且钻孔施工过程中没有出现喷孔、顶钻和其他明显突出预兆，证明迎头前方60m范围内没有突出危险。因此允许在采取局部综合防突措施的前提下，保持20m的超前距，向前掘进40m。

第三节 回采工作面防突效果评价

对于多煤层开采的突出矿井，区域防突技术措施要优先开采保护层，对于无保护层可采的单一突出煤层必须采用预先抽放煤层瓦斯的区域防突技术措施，并经区域防突效果检验有效后，方可在采取局部防突措施的前提下进行回采。对于采用预抽煤层瓦斯区域防突措施的单一突出煤层，为了确保回采工作面抽采达标，防止煤与瓦斯突出事故发生，消除回采期间瓦斯超限，根据《防治煤与瓦斯突出规定》，在采取了区域防突技术措施后，必须对区域防突效果进行检验，也就是要对抽采效果是否达标进行评价。

回采工作面防突效果评价应按以下要求进行。

一、做好评价的基础工作

（1）测定原始瓦斯含量。每个回采工作面沿推进方向每隔100 m 必须利用邻近岩巷或煤层巷道掘进期间测定一个原始瓦斯含量。原始瓦斯含量的测定要避开构造带、掘进巷道的卸压带、抽放钻孔的影响范围。

（2）绘制工作面瓦斯地质图。每个回采工作面都要根据掘进期间揭露和探测的煤层厚度、软分层厚度、地质构造、打钻喷孔情况、实测的残余瓦斯含量，绘制工作面瓦斯地质图。

（3）绘制钻孔竣工图。施工单位必须严格按照抽放钻孔设计图施工，钻孔布置均匀，成排成行。每个钻孔施工小组必须指定专人携带钻孔施工记录手册，详细记录每个钻孔位置、孔深、倾角和方位角、孔径、钻孔见矸、顶钻、夹钻、喷出瓦斯的位置。钻孔施工完后要及时将施工记录交到通防部门。由通防部门据此建立施工台账，并按比例和钻孔参数绘制钻孔竣工图。在钻孔竣工图中，要绘出瓦斯异常带、地质异常带，为抽放效果评价提供依据。工作面抽采钻孔施工结束后，钻孔施工竣工图必须完成。

（4）加强瓦斯抽放计量管理。回采工作面进风巷、回风巷必须安装瓦斯抽放量在线监测装置，并与抽放计量系统联网，对瓦斯抽放量实时监控。当对回采工作面进行分段抽放效果评价时，在所评价段必须有瓦斯抽放量在线计量装置，准确统计评价段瓦斯抽放量。

在线计量装置要同时监控抽放负压、瓦斯浓度、温度、抽出的混合流量，并能在井下流量计安装现场和地面监控系统同时显示。

二、抽放效果评价方法和程序

（1）工作面采用直接测定和间接计算残余瓦斯含量相结合的方法进行区域防突措施效果检验。

（2）采用间接计算残余瓦斯含量时，要根据工作面的地质构造、钻孔布置、钻孔抽放时间合理划分评价单元，每个单元沿推进方向不小于100 m。当有地质构造时，要以地质构造为评价单元的边界。根据不同评价单元的原始瓦斯含量和瓦斯抽出量逐块计算煤炭储量、瓦斯储量、残余瓦斯量（风排瓦斯量不计算）。

（3）编制检验测试点布置图。当计算的残余瓦斯量小于突出危险临界值后，由防突科根据钻孔竣工图按照《防治煤与瓦斯突出规定》第五十五条的要求编制检验试点布置设计图。

各检验点应布置在钻孔密度小、孔间距较大、预抽时间较短的位置，并尽可能远离检验点周围的各预抽钻孔或尽可能与周围预抽钻孔保持等距离，且应避开采掘巷道的排放范围（取样钻孔垂直巷道布置，孔深20 m 以上）和工作面的预抽超前距。在地质构造复杂区域适当增加检验测试点。

若回采工作面长度不超过120 m，则沿推进方向间隔30~50 m至少布置1个检验测试点；若回采工作面长度大于120 m，则在回采工作面推进方向每隔30~50 m沿工作面方向至少2个检验测试点。

每个检验测试点的钻孔施工参数必须计算准确，并编制钻孔参数表。

（4）检验测试点布置设计的审批。防突科完成检验测试点布置设计后，由矿总工程师组织防突部门、地质测量部门、生产技术部门、安全监察部门的专业技术人员对设计进行会审，经各会审专业人员签字认可后，再由矿总工程师签字批准。然后由防突科根据批准的检验测试点布置图编写区域检验委托书，委托瓦斯研究所取样测定煤层残余瓦斯含量。

（5）瓦斯研究所接到区域效果检验委托书后，应委托书的要求取样测定煤层残余瓦斯含量或残余瓦斯压力。测量残余瓦斯含量时，必须在取样现场解吸30 min后，方可把煤样带到实验室继续解吸。残余瓦斯含量测试报告单必须列出现场瓦斯解吸量和总解吸量，以指导通风和防突工作。

（6）评价指标。预抽煤层瓦斯的采煤工作面，必须满足抽采达标的要求。这里抽采达标有两重意思，一是预抽防突效果达标；二是防治瓦斯超限的抽采达标。对于回采工作面防突效果评价主要考虑防突效果达标。抽采达标需同时满足以下5个指标：

一是，钻孔指标。钻孔有效控制范围应当满足《防治煤与瓦斯突出规定》的要求，抽放钻孔控制整个预抽区域并均匀布孔，沿工作面走向、倾向和煤层厚度方向没有抽放空白带。

二是，煤层可解吸瓦斯量。采煤工作面评价范围内煤的可解吸瓦斯量根据工作面日产量确定，必须满足表8-2规定的评价范围瓦斯抽采效果才能达标。

三是，残余瓦斯压力和残余瓦斯含量。对于突出煤层，当评价范围内所有测点的残余瓦斯压力或残余瓦斯含量都小于始突深度处的瓦斯压力或瓦斯含量，且施工测定钻孔时没有喷孔、顶钻或其他动力现象时，则突出煤层评价范围内预抽瓦斯防突效果达标；否则，以超标点为圆心、半径100 m范围未达标。如果没有考察出始突深度的煤层瓦斯压力或含量时，临界瓦斯压力按照0.74 MPa、临界瓦斯含量按照8 m³/t取值。

四是，瓦斯抽采率。对瓦斯涌出量主要来自邻近层或围岩的采煤工作面，计算的瓦斯抽采率满足表8-3规定时，其瓦斯抽采效果为达标。

五是，采煤工作面生产过程中，风速不超过4 m/s，回风流中瓦斯浓度低于1%。

以上5个指标必须同时满足，才算抽采达标。除了以上5个指标外，同时要对评价单元划分的合理性、测点布置的代表性、瓦斯指标测定的规范性进行分析，论证评价结果的可靠性。

（7）防突效果评价报告的编写。矿井瓦斯管理部门，根据瓦斯研究部门提供的残余瓦斯含量测试报告、钻孔竣工资料、钻孔施工记录，编制回采工作面抽放效果评价报告，经矿总工程师批准后执行。

三、防突效果评价报告的内容

（一）工作面概况

（1）工作面基本情况。包括工作面地面位置、井下位置、走向长度、切眼宽度、地面标高、埋深。还应附回采工作面巷道布置图（1∶2000），图中标注煤层底板等高线、断层、煤层结构及厚度小柱状。

（2）煤层赋存及顶、底板岩性。煤层两极厚度、平均厚度、软分层厚度、倾角、煤层结构、地质储量。煤层伪顶、直接顶、基本顶岩石性质、厚度。底板岩石性质及厚度。附回采工作面综合柱状图（1：200）。

（3）地质构造。包括断裂、褶曲分布情况及参数。构造表示在工作面巷道布置图中。

（4）瓦斯基础参数。包括原始瓦斯含量、压力，钻孔瓦斯流量衰减系数，百米钻孔瓦斯流量，吸附常数 a、b 值，瓦斯储量。

（5）通风系统。标明进、回风路线，通风设施，风量。附通风系统示意图。

（二）掘进期间的区域瓦斯治理措施

（1）煤层运输、回风巷、开切眼采用的区域瓦斯治理措施，局部防突技术措施，措施实施期间钻孔揭露的瓦斯异常带、地质异常带。具有明显突出征兆的范围。

（2）煤层运输、回风巷、开切眼掘进过程中施工的钻孔工程量、抽出的瓦斯量、风排瓦斯量。

（三）工作面瓦斯抽采情况

（1）工作面采用的区域瓦斯治理措施。钻孔布置方案，钻进深度、密度，有无钻孔空白带，钻孔施工竣工图，回采工作面抽采钻孔工程总量，吨煤钻孔工程量。

（2）瓦斯抽采情况。钻孔施工时间，开抽时间，累计抽采时间，分段及整个工作面抽出瓦斯量。

（3）风排瓦斯量。工作面圈成后到安装完成期间风排瓦斯数量。

附工作面抽采钻孔竣工图（1：500）。

（四）工作面消突效果检验

（1）检验点分布图，图中标出测点位置、编号及各检验点实测残余瓦斯含量（附各检测点残余瓦斯含量表）。

（2）计算抽采率和残余瓦斯含量。

（五）评价结论

经过对×××工作面预抽钻孔布置的审查和瓦斯参数考察，结论如下：

（1）钻孔布置均匀、合理，没有抽放空白带。

（2）评价区域瓦斯抽出量为× × m^3/t，计算的残余瓦斯含量为× m^3/t，实测的瓦斯含量为× m^3/t，均小于 8 m^3/t，计算的抽放率为×%。

（3）评价区域效果检验点布置合理，取样和化验符合要求，工作面范围内共取×个煤样，通过测定残余瓦斯含量为×～× m^3/t，最大含量为× m^3/t，小于 8 m^3/t，计算的残余瓦斯含量为× m^3/t，也小于《防治煤与瓦斯突出规定》中 8 m^3/t 的规定。瓦斯抽放率达到了《煤矿瓦斯抽采基本指标》的规定。

综上所述，××采煤工作面采取区域防突技术措施后，已经消除突出危险。

（六）建议

1. 采取工作面突出危险性预测

由于煤层的物理力学性质不均匀，再由于煤与瓦斯突出机理的复杂性，虽然采煤工作面在大的范围内已经消除突出危险性，但由于钻孔布置的不均匀性，煤层瓦斯含量的不均匀性，煤层透气性系数不均匀，抽放效果不均匀，在工作面局部部位仍然可能存在突出点，因此，在采煤工作面开采过程中，仍然应按《防治煤与瓦斯突出规定》采取突出危险性预测，若预测指标超限，立即采取工作面防突措施。

2. 加强工作面地质预测、预报

煤与瓦斯突出大多发生在地质构造带，特别是软分层厚度增加，倾角突然变化，煤层厚度急剧变化，断层、褶曲的出现，都可能导致突出发生，因此，要加强对工作面地质预测、预报，为及时采取防治煤与瓦斯突出的技术措施提供依据。

3. 开采过程中要加强预测的特殊情况。

（1）断层、褶曲、煤厚急剧变化等构造带。

（2）瓦斯涌出异常、温度异常及地应力异常。

（3）推进到预抽钻孔密度未达到设计要求的地方和预抽空白带。

（4）软分层突然增厚或遇见地质破碎带。

【例 8 - 2】 2115_1 回采工作面抽采效果评价

1. 工作面概况

1）工作面基本情况

2115_1 工作面在地面位于后营村西、小营村东、造纸厂南，为丘陵地形，大部分为农田耕地，地势南高北低，工作面上部大部分为村民居住区，工作面回采对地面有一定影响。

工作面在井下位于二水平南翼 211 采区，走向长度 503 m，倾向长度 144 m。工作面上部为 2113 采空区，北部为 2116 工作面采空区，下部为未开采区域，南部为六、八矿界隔离煤柱。北部有 211 采区南六轨道下山、211 采区皮带下山、211 采区专用回风巷。工作面范围内地面标高为：+132.22 ～ +144.13 m，煤层底板标高为 -340.4 ～ -429.9 m，埋深为 470.6 ~ 573.7 m。

工作面巷道布置见图（略）。

2）煤层赋存及顶、底板岩性

2115_1 工作面开采二$_1$煤，煤层倾角 27°，厚度 6.89 ~ 7.5 m，平均煤厚为 7 m，局部含有夹矸，厚度 0.3 m。

工作面煤炭地质储量为 68.88×10^4 t。

煤层伪顶为厚度 0.2 ~ 1 m、平均 0.5 m 的炭质泥岩，直接顶为深灰色砂质泥岩，厚度为 11.85 ~ 25.8 m，平均厚度 12.3 m；基本顶为细粒砂岩，以石英、长石为主。

直接底为黑色泥岩，厚度 2.3 ~ 3.2 m，基本底为细粒砂岩。

工作面柱状图见图（略）。

3）地质构造

2115_1 工作面地质条件简单，根据上、下顺槽及开切眼掘进时所揭露的地质资料分析，掘进时未揭露断层及其他地质构造。但开切眼紧邻张庄向斜，在回采期间可能揭露小落差断层。

4）瓦斯赋存情况

2115_1 工作面实测原始瓦斯含量为 16.87 m³/t，工作面瓦斯储量为 1162.01×10^4 m³。

2115_1 工作面煤尘具有爆炸危险性，爆炸指数为 22.28% ~ 28.66%；煤层自燃倾向性为三类（不易自燃），自然发火期为 92～157 d。

2. 区域防突措施采取情况

2115₁ 工作面自 2006 年 10 月至 2010 年 9 月在上、下顺槽及开切眼施工了 1315 个顺层抽放钻孔，钻孔工程量 93141.98 m。根据抽放钻孔的施工记录，绘制了 2115₁ 工作面的顺层抽放钻孔实钻图，2115₁ 工作面实现了上、下顺槽抽放钻孔的搭接，消除了空白带，具体情况如下：

1）2115₁ 上顺槽抽放钻孔施工情况

2115₁ 上顺槽自 2006 年 10 月至 2010 年 9 月施工了 454 个抽放钻孔，钻孔工程量 29718.8 m，平均孔深 65.46 m。

2）2115₁ 开切眼抽放钻孔施工情况

2115₁ 开切眼自 2008 年 7—10 月施工了 117 个抽放钻孔，钻孔工程量 7176.78 m，平均孔深 61.34 m。

3）2115₁ 下顺槽抽放钻孔施工情况

2115₁ 下顺槽自 2007 年 10 月至目前施工了 744 个抽放钻孔，钻孔工程量 56246.4 m，平均孔深 75.6 m。

2115₁ 下顺槽于 2010 年 6 月份贯通后，由抽放队在下顺槽用 200 型钻机补打了钻孔，孔深在百米以上，消除了工作面空白带。

3. 工作面瓦斯抽放情况

1）抽放量

根据抽放月报统计，截至 2010 年 9 月份工作面已累计抽出瓦斯量 429×10^4 m³，抽出率为 36.92%。

2）工作面风排瓦斯量

2115₁ 工作面自 2006 年 8 月开始掘进上、下顺槽，到 2010 年 6 月下顺槽贯通后工作面全部圈定，截至 2010 年 9 月份，根据通风月报统计的风量、瓦斯浓度，计算了工作面风排瓦斯量。工作面掘进及安装期间共风排瓦斯 339.024×10^4 m³。

3）残余瓦斯量

残余瓦斯量 = {工作面瓦斯含量 -（抽放量 + 风排量）}/工作面煤炭储量

4）瓦斯抽排率

工作面评价范围内为瓦斯储量 1162.01×10^4 m³，瓦斯抽放量 429×10^4 m³，风排瓦斯量 339.024×10^4 m³，则 2115₁ 工作面瓦斯抽排率为 66.09%。

根据抽排率计算工作面残余瓦斯含量为

$$16.87 \times (1 - 66.09\%) = 5.72 \text{ m}^3/\text{t}$$

4. 消突效果检验

由河南省煤层气开发利用有限公司瓦斯实验室有关人员在 2115₁ 工作面按《防止煤与瓦斯突出规定》要求进行了残余瓦斯含量测定工作：沿工作面走向在下顺槽测定 2115₁ 工作面残余瓦斯含量，共布置 10 个测点（测定 20 个残余瓦斯含量）。经过水力压裂、顺层钻孔预抽后，2115₁ 工作面残余瓦斯含量为 5.82～7.83 m³/t，具体见表 8-10、表 8-11。检验点布置如图 8-5 所示。

表 8-10　2115_1 工作面残余瓦斯含量结果　　　　　　　　　　　　　　m^3/t

样品编号	残余瓦斯含量	采样地点	样品编号	残余瓦斯含量	采样地点
20101001	11.66	2115 下顺槽 1 号孔，距切眼 45 m 处，孔深 70 m	20101011	7.61	2115 下顺槽 6 号孔，距切眼 255 m 处，孔深 30 m
20101002	7.65	2115 下顺槽 1 号孔，距切眼 45 m 处，孔深 110 m	20111012	6.23	2115 下顺槽 6 号孔，距切眼 255 m 处，孔深 80 m
20101003	6.79	2115 下顺槽 2 号孔，距切眼 55 m 处，孔深 30 m	20101013	6.13	2115 下顺槽 7 号孔，距切眼 305 m 处，孔深 50 m
20101004	7.63	2115 下顺槽 2 号孔，距切眼 55 m 处，孔深 80 m	20101014	6.81	2115 下顺槽 7 号孔，距切眼 305 m 处，孔深 100 m
20101005	7.87	2115 下顺槽 3 号孔，距切眼 105 m 处，孔深 50 m	20101015	5.82	2115 下顺槽 8 号孔，距切眼 355 m 处，孔深 30 m
20101006	10.64	2115 下顺槽 3 号孔，距切眼 105 m 处，孔深 100 m	20101016	5.97	2115 下顺槽 8 号孔，距切眼 355 m 处，孔深 80 m
20101007	7.58	2115 下顺槽 4 号孔，距切眼 155 m 处，孔深 30 m	20101017	6.83	2115 下顺槽 9 号孔，距切眼 405 m 处，孔深 50 m
20101008	7.63	2115 下顺槽 4 号孔，距切眼 155 m 处，孔深 80 m	20101018	7.38	2115 下顺槽 9 号孔，距切眼 405 m 处，孔深 100 m
20101009	7.64	2115 下顺槽 5 号孔，距切眼 205 m 处，孔深 50 m	20101019	6.54	2115 下顺槽 10 号孔，距切眼 455 m 处，孔深 30 m
20101010	7.31	2115 下顺槽 5 号孔，距切眼 205 m 处，孔深 100 m	20101020	7.04	2115 下顺槽 10 号孔，距切眼 455 m 处，孔深 80 m

表 8-11　2115_1 工作面残余瓦斯含量补测结果表

试验编号	瓦斯含量/$(m^3 \cdot t^{-1})$	自然组分/%		煤重/g	采样地点
		N_2	CH_4		
20101101	6.74	6.54	84.75	376.4	2115 工作面上顺槽补测 1 号孔（距切眼 260 m 处孔深 30 m）
20101102	6.89	19.87	80.13	348.1	2115 工作面下顺槽补测 2 号孔（距切眼 142 m 处孔深 30 m）
20101103	7.02	13.08	86.92	432.8	2115 工作面下顺槽补测 2 号孔（距切眼 142 m 处孔深 80 m）
20101104	7.07	13.53	86.47	413.5	2115 工作面下顺槽补测 3 号孔（距切眼 93 m 处孔深 50 m）
20101105	7.75	4.35	95.65	429.7	2115 工作面下顺槽补测 3 号孔（距切眼 93 m 处孔深 100 m）

表 8-11（续）

试验编号	瓦斯含量/$(m^3 \cdot t^{-1})$	自然组分/%		煤重/g	采样地点
		N_2	CH_4		
20101106	7.54	11.66	88.34	423.6	2115 工作面上顺槽补测 4 号孔（距切眼 100 m 处孔深 50 m）
20101107	7.83	9.48	90.52	389.2	2115 工作面上顺槽补测 4 号孔（距切眼 100 m 处孔深 80 m）
20101108	7.12	8.37	88.38	421.6	2115 工作面上顺槽补测 5 号孔（距开切眼 55 m 处孔深 30 m）

5. 结论

井下现场直接测定了 2115_1 工作面的残余瓦斯含量，统计、计算了 2115_1 工作面上、下顺槽及开切眼掘进期间的风排瓦斯量，2115_1 工作面钻孔预抽瓦斯量，计算了 2115_1 回采工作面抽排率。结果表明：2115_1 工作面的煤层残余瓦斯含量降低到 $5.82 \sim 7.83\ m^3/t$，2115_1 工作面的瓦斯抽排率为 66.09%；满足《煤矿安全规程》《煤矿瓦斯抽采基本指标》和《防治煤与瓦斯突出规定》的要求。

在采取了水力压裂的本煤层强化瓦斯预抽措施和长时间的瓦斯排放后，2115_1 工作面已经消除了煤与瓦斯突出的危险性。

6. 工作面回采期间应采取的措施

（1）严格执行区域防突措施。根据《防治煤与瓦斯突出规定》第五条和第五十七条规定，2115_1 工作面回采前和回采过程中必须连续进行区域验证；每次区域验证必须保留 2 m 的验证超前距。

（2）区域验证超标后，要严格执行"四位一体"局部综合防突措施。2115_1 工作面回采期间，若区域验证超标则采取松动爆破（孔径 42 mm、孔深 9 m、孔间距 3 m、超前距 5 m），超前排放钻孔（孔径 80 mm、孔深 9 m、孔间距 6 m、超前距 5 m）和效果检验，安全防护的局部综合防突措施。

（3）加强对地质构造的预测预报，在构造破坏带采取加密防突措施孔的加强措施；及时收集采面的瓦斯、防突参数数据，根据瓦斯、防突参数的变化情况及时采取有效的瓦斯防治措施。

【例 8-3】鹤煤六矿 2122_1 工作面区域消突评价

1. 工作面概况

1）工作面井下位置

2122 回采工作面位于北翼二水平 12 采区上部第二个工作面，西部为 2810 采空区，南部为 2121 采空区，北部为 76-21 背斜和 F40-1 断层（未采掘段），东部为未开采的新区。煤层底板标高为 $-289.51 \sim -345.65\ m$。

2）工作面巷道布置

2122 工作面走向长度平均为 490 m，倾斜长度平均为 95 m。补上顺槽长度为 250 m，下顺槽外段走向长度 245 m，里段沿煤层伪斜布置走向长度 155 m。

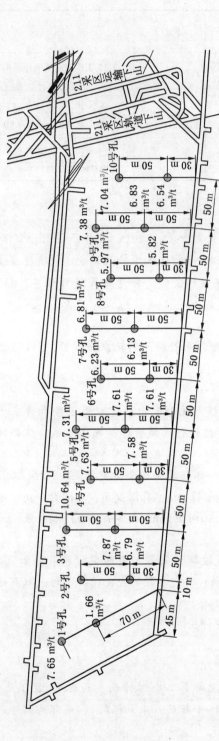

备注:
1. 瓦斯含量测试1号钻孔平行于切眼, 距离切眼45 m, 2号钻孔距离1号钻孔10 m, 以后每间隔50 m布置一个瓦斯测试钻孔, 钻孔倾角按煤层倾角计。
2. 圆圈表示瓦斯含量取样位置, 各钻孔编号如图所示, 钻孔施工满足测试要求, 本次测试按照《防治煤与瓦斯突出规定》设计, 共计布置10个钻孔, 20个取样点。

图 8-5 工作面检验点布置图

3）工作面煤层及产状

2122 工作面可采煤层为二叠系山西组二$_1$煤层，煤层厚度为 6.73 ~ 11.23 m，平均为 8.4 m。由于工作面位于 76 - 21 背斜东南翼，产状变化较大，煤层走向 10° ~ 20°，倾角 30° ~ 45°，煤层结构简单，属稳定的单一结构厚煤层。

4）工作面瓦斯地质

（1）瓦斯概况。

工业总储量为 52.18 × 10^4 t，可采储量为 48.53 × 10^4 t；其中一分层工业储量为 14.42 × 10^4 t，可采储量为 13.41 × 10^4 t。根据 2122 工作面相邻工作面 2810 和 2814 下顺槽瓦斯含量测试结果（表 8 - 12），预计 2122 工作面最大瓦斯含量为 18 m^3/t，工作面瓦斯储量为 938.2 × 10^4 m^3，在工作面上、下顺槽掘进期间钻孔施工时喷孔、夹钻、煤炮等动力现象严重，工作面具有煤与瓦斯突出危险性。

表 8 - 12　2122 工作面附近测定的煤层原始瓦斯含量

序号	位　置	煤层底板/m		自然组分/%			瓦斯含量/ (m^3·t^{-1})	所属采区
		埋深	标高	CH$_4$	O$_2$	N$_2$		
1	2810 下顺槽	508	-280	90.94	2.88	6.18	11.00	212
2	2814 下顺槽	550	-320	93.66	1.71	4.63	17.98	212

（2）地质概况。

2122 工作面地质构造较为复杂，工作面位于 76 - 21 背斜东南翼、44 - 3 向斜西北翼，工作面二$_1$煤层厚度及倾角大，产状变化较大。工作面地质构造主要表现为高角度正断层，总的构造形态为走向 NNE、倾向 SE、倾角 50° ~ 70°，$H = 1 ~ 6$ m，构造线多呈雁行排列，断层发育区域集中，大都集中在补上顺槽北头 120 m 的范围段内，工作面从南至北依次排列 7 条正断层，揭露断层位置及其产状见表 8 - 13。

表 8 - 13　2122 工作面断层揭露统计

序号	编　号	位　　置	倾向/(°)	倾角/(°)	落差/m	备　注
1	2122F1	切眼东部 10 m 处	101	52	1	影响不大
2	2122F2	517 测点下 2 m 处	40	60	2.5	影响较大
3	2122F3	416 测点北 27 m 处	30	53	5.5	影响严重
4	2122F4	414 测点北 5 m 处	23	69	2.5	影响较大
5	2122F5	412 测点北 12 m 处	19	60	2.8	影响较大
6	2122F6	606 测点北 15 m 处	33	55	1.1	影响不大
7	2122F7	408 测点北 5 m 处	70	72	1.5	影响不大

另外，76 - 21 背斜轴走向 N30°E，为一紧凑式褶皱的褶曲构造，由于受其影响，工作面开切眼煤层倾角较大，局部达到 40°，对回采造成一定限制和影响。

5）煤层顶板特性

伪顶：不发育，一般表现为 0.1~0.4 m 的炭质泥岩，平均厚度 0.3 m，质地松软，随采随落，对回采影响不大。

直接顶：深灰色砂质泥岩，含石英及白云母星，具方解石脉和擦痕，局部有黄铁矿结核，植物化石，厚度 5.17~9.93 m，平均厚度 6.89 m，局部相变为深灰色中粒砂岩。

基本顶：中粒灰褐色砂岩，厚度 7.6~11.0 m，平均厚度 10.68 m，具平行层理，层位稳定，为本区主要标志层之一，俗称"十砂"（S10）。

2. 区域防突措施

由于所采煤层为单一煤层，没有保护层可开采，故区域防突措施采用预抽瓦斯措施，即在工作面上下顺槽及开切眼采取布置大量密集顺层抽放钻孔预抽工作面范围瓦斯的区域防突措施。

1) 抽放钻孔施工情况

2122_1 工作面上顺槽于 2004 年开始施工本煤层顺层钻孔，并于 2005 年 2 月开始带抽，下顺槽于 2006 年 2 月施工本煤层顺层钻孔并于 2006 年 3 月带抽。

截至 2010 年 8 月份，工作面上下顺槽施工钻孔工程量 49916.7 m，吨煤钻孔工程量为 0.0957 m/t，其中上顺槽钻孔 448 个，钻孔工程量 23127.1 m，下顺槽钻孔 495 个，钻孔工程量 26789.6 m，钻孔间距 1~1.5 m（钻孔实际施工图略）。

2) 瓦斯抽放情况

2122 工作面本煤层钻孔截至 2010 年 9 月份，累计瓦斯抽放量为 193.738×10^4 m^3，每年抽放及汇总情况见表 8-14。

表 8-14 2122 工作面瓦斯抽放情况

年 份	抽放区域	钻孔个数	带抽总长度/m	预抽量/10^4 m^3
2005	2122 上顺槽	147	7317	5.46
	2122 下顺槽	0	0	
2006	2122 上顺槽	147	7317	14.016
	2122 下顺槽	31	1422.5	
2007	2122 上顺槽	147	7317	13.142
	2122 下顺槽	62	2845	
2008	2122 上顺槽	172	8719	31.83
	2122 下顺槽	324	16568.3	
2009	2122 上顺槽	172	8719	67.12
	2122 下顺槽	390	21988	
2010	2122 上顺槽	448	23058.5	62.17
	2122 下顺槽	495	17900.4	
合计		943	49916.7	193.738

3) 风排瓦斯量

2122 工作面上顺槽于 2004 年 10 月进入掘进，到 2010 年 3 月份工作面贯通，除去中间因巷道封闭停风没有风排瓦斯量外，截至 2010 年 9 月份，累计风排瓦斯量为 172.56 × 10^4 m^3，风排瓦斯量见表 8 – 15。

表 8–15 2122 工作面风排瓦斯量

地点名称	时间	风量/ ($m^3 \cdot min^{-1}$)	瓦斯浓度/ %	绝对量/ ($m^3 \cdot min^{-1}$)	月风排瓦斯量/ 10^4 m^3
2122 下顺槽	2004 – 11	157	0.3	0.471	1.02
2122 上顺槽	2004 – 12	153	0.2	0.306	1.23
2122 上顺槽	2006 – 03	176	0.28	0.493	1.98
2122 下顺槽	2006 – 05	169	0.36	0.608	1.36
2122 开切眼	2006 – 06	184	0.44	0.810	1.75
2122 下顺槽	2006 – 06	183	0.26	0.476	1.03
2122 开切眼	2006 – 07	138	0.3	0.414	0.92
2122 回风巷	2006 – 07	170	0.34	0.578	1.29
2122 开切眼	2006 – 08	140	0.3	0.420	0.94
2122 回风巷	2006 – 08	171	0.36	0.616	1.37
2122 开切眼	2007 – 04	353	0.44	1.553	3.35
2122 下顺槽	2007 – 04	374	0.3	1.122	2.42
2122 下顺槽	2007 – 05	406	0.3	1.218	2.72
2122 下顺槽	2007 – 06	489	0.3	1.467	3.17
2122 上顺槽	2007 – 12	284	0.26	0.738	2.97
2122 上顺槽	2008 – 01	325	0.24	0.780	3.13
2122 上顺槽	2008 – 02	405	0.2	0.810	2.94
2122 下顺槽	2008 – 03	364	0.22	0.801	1.79
2122 南下顺槽	2008 – 04	310	0.32	0.992	2.14
2122 南下顺槽	2008 – 05	324	0.42	1.361	3.04
2122 改造上顺槽	2008 – 06	342	0.26	0.889	3.46
2122 南下顺槽	2008 – 06	396	0.32	1.267	2.74
2122 南下顺槽	2008 – 07	312	0.22	0.686	1.53
2122 北下顺槽	2008 – 07	402	0.36	1.447	3.23
2122 南下顺槽	2008 – 08	390	0.5	1.950	4.35
2122 北下顺槽	2008 – 08	382	0.3	1.146	2.56
2122 南下顺槽	2008 – 09	299	0.46	1.375	2.97
2122 北下顺槽	2008 – 09	266	0.38	1.011	2.18
2122 南下顺槽	2008 – 10	365	0.32	1.168	2.61
2122 北下顺槽	2008 – 10	662	0.3	1.986	4.43
2122 南下顺槽	2008 – 11	375	0.2	0.750	1.62
2122 北下顺槽	2008 – 11	648	0.24	1.555	3.36

表 8 – 15（续）

地 点 名 称	时 间	风量/ (m³·min⁻¹)	瓦斯浓度/ %	绝对量/ (m³·min⁻¹)	月风排瓦斯量/ 10⁴ m³
2122 南下顺槽	2008 – 12	299	0.38	1.136	2.54
2122 北下顺槽	2008 – 12	266	0.32	0.851	1.90
2122 南下顺槽	2009 – 01	390	0.28	1.092	2.44
2122 上顺槽	2009 – 01	635	0.24	1.524	6.12
2122 南下顺槽	2009 – 02	384	0.26	0.998	2.16
2122 上顺槽	2009 – 09	667	0.26	1.734	6.74
2122 上顺槽	2009 – 10	228	0.22	0.502	2.02
2122 北下顺槽	2009 – 11	665	0.32	2.128	4.60
2122 南下顺槽	2009 – 11	560	0.26	1.456	3.14
2122 北下顺槽	2009 – 12	552	0.24	1.325	2.96
2122 南下顺槽	2009 – 12	595	0.2	1.190	2.66
2122 北下顺槽	2010 – 01	648	0.32	2.074	4.63
2122 南下顺槽	2010 – 01	370	0.24	0.888	1.98
2122 北下顺槽	2010 – 02	600	0.38	2.280	4.92
2122 南下顺槽	2010 – 02	360	0.3	1.080	2.33
2122 北下顺槽	2010 – 03 上旬	638	0.34	2.169	1.56
2122 南下顺槽	2010 – 03 上旬	348	0.28	0.974	0.70
2122 工作面上顺槽	2010 – 03 中旬	743	0.24	1.783	1.28
2122 工作面上顺槽	2010 – 03 下旬	760	0.3	2.280	1.64
2122 工作面上顺槽	2010 – 04	730	0.24	1.752	3.78
2122 工作面上顺槽	2010 – 05	918	0.5	4.590	10.24
2122 工作面上顺槽	2010 – 06	980	0.32	3.136	6.77
2122 工作面上顺槽	2010 – 07	1030	0.28	2.884	6.44
2122 工作面上顺槽	2010 – 08	980	0.32	3.14	7.01
2122 工作面上顺槽	2010 – 09	988	0.30	2.96	6.39
合计					172.55

注：1. 风排瓦斯量截至 2010 年 9 月。

2. 由于 2122 上顺槽上帮为采空区，工作面风排瓦斯量按整体排放量的 90% 计算；开切眼及下顺槽、补上顺槽的风排瓦斯量按整体排放量的 50% 计算。

4）掘进煤量所含瓦斯量

掘进煤量 = 巷道断面 × 巷道长度 × 煤的视密度(1.38)

上顺槽、补上顺槽及开切眼煤量所含瓦斯量 = 6.36 × (490 + 95 + 250) × 1.38 × 18 ÷ 10000
= 13.19 × 10⁴ m³

下顺槽煤量所含瓦斯量 = 8.35 × 400 × 1.38 × 18 ÷ 10000 = 8.30 × 10⁴ m³

5）工作面整体抽排瓦斯量及抽排率

自工作面开始掘进到 2010 年 9 月份工作面回采，共抽放瓦斯量 $193.738 \times 10^4 \, m^3$，风排瓦斯量为 $172.55 \times 10^4 \, m^3$。

2122 工作面截至 2010 年 9 月份整体抽排率为

$$(193.738 + 172.55 - 13.19 - 8.3) \div 938.2 \times 100\% = 36.76\%$$

3. 区域效果检验

2122 工作面抽放钻孔施工后，由河南理工大学按《防治煤与瓦斯突出规定》要求进行了残余瓦斯含量测定工作，共布置 24 个钻孔，实际测定钻孔 21 个，残余瓦斯含量结果为 $4.01 \sim 7.9 \, m^3/t$，见表 8 - 16。根据实际测定的瓦斯含量值，反演计算得出残余瓦斯压力为 $0.27 \sim 0.6 \, MPa$。

4. 消突效果评价

（1）2122 工作面通过施工大量本煤层钻孔，并进行长时间抽放后，煤层残存瓦斯含量低于 $8.0 \, m^3/t$，残存瓦斯压力低于 $0.74 \, MPa$，符合《煤矿瓦斯抽采基本指标》和《防治煤与瓦斯突出规定》要求。

表 8 - 16　2122 工作面残余瓦斯含量及残余瓦斯压力

序号	测 试 地 点	残余瓦斯含量/$(m^3 \cdot t^{-1})$	残余瓦斯压力/MPa
1	2122 下顺槽开切眼 120 m，孔深 12 m	5.37	0.38
2	2122 下顺槽开切眼 120 m，孔深 28 m	4.09	0.28
3	2122 下顺槽开切眼 80 m，孔深 30 m	7.90	0.56
4	2122 下顺槽开切眼 30 m，孔深 18 m	4.06	0.27
5	2122 下顺槽端头，孔深 51 m	5.09	0.33
6	2122 补上顺槽端头 47 m，孔深 58 m	5.93	0.47
7	2122 下顺槽端头 50 m，孔深 61 m	—	—
8	2122 补上顺槽端头 98 m，孔深 59 m	6.53	0.54
9	2122 下顺槽端头 80 m，孔深 65 m	6.62	0.45
10	2122 补上顺槽端头 128 m，孔深 56 m	4.01	0.29
11	2122 下顺槽端头 110 m，孔深 58 m	6.53	0.42
12	2122 补上顺槽端头 159 m，孔深 56 m	—	—
13	2122 下顺槽端头 141 m，孔深 52 m	6.01	0.44
14	2122 补上顺槽端头 188 m，孔深 61 m	6.59	0.47
15	2122 下顺槽端头 171 m，孔深 55 m	7.62	0.60
16	2122 补上顺槽端头 218 m，孔深 60 m	6.03	0.37
17	2122 下顺槽端头 200 m，孔深 58 m	6.01	0.40
18	2122 补上顺槽端头 248 m，孔深 62 m	6.23	0.47
19	2122 下顺槽端头 231 m，孔深 55 m	6.92	0.55
20	2122 补上顺槽端头 278 m，孔深 60 m	7.13	0.58
21	2122 下顺槽端头 261 m，孔深 53 m	—	—
22	2122 补上顺槽端头 309 m，孔深 51 m	6.23	0.42
23	2122 下顺槽端头 291 m，孔深 52 m	5.13	0.37
24	2122 补上顺槽端头 340 m，孔深 61 m	6.56	0.53

（2）2122 工作面整体瓦斯抽排率为 36.76%，符合《煤矿安全规程》和《煤矿瓦斯抽采基本指标》中规定要求。

（3）由以上评价可以表明：2122 工作面在采取了本煤层瓦斯预抽措施和经过长期的排放后，整个回采工作面的煤体已经消除了煤与瓦斯突出的危险性。

5. 今后采取的措施

（1）2122 工作面回采期间严格执行局部"四位一体"综合防突措施，每次回采要采取松动爆破局部防突措施，并进行效果检验，若某点效果检验指标参数超标，若 q 值在 5 m 范围内达到或超过 6 L/min 或 5 m 范围以外达到或超过 9 L/min 时必须立即撤人，由瓦斯检查员在超标点上、下各 15 m 处打上栅栏，揭示警标，严禁入内。经 24 h 释放后，无明显煤炮、片帮、冒顶等直观征兆再进行效检。

若效检超标且钻孔瓦斯涌出初速度 q 值在 5 m 范围内小于 6 L/min 或 5 m 范围以外小于 9 L/min 时，可在该超标效检孔上、下各 10 m 范围内重新补打松动爆破孔。

（2）当工作面出现断层等地质构造时，要立即停止作业，由矿总工程师带领通风、防突、地质、生产专业技术人员到现场考察后制定补充措施，并严格执行。

（3）若区域验证超标，则采取松动爆破局部防突措施。

（4）严格执行远距离爆破，回风流停电、撤人，防突风门、压风自救等安全防护措施。

（5）现场作业人员要提高突出的敏感性，密切观察突出预兆，发现异常情况要立即停止工作，切断电源，撤出人员，并向调度室、安检科、通防科、生产科、通风区及有关领导汇报。

第九章　工作面防突技术措施编制

防治煤与瓦斯突出的技术措施包括区域防突技术措施和工作面防突技术措施。在突出煤层中进行采掘作业前，必须首先采用区域性的防突技术措施，并经效果检验有效后方可进行采掘活动。突出煤层中的所有采掘活动都必须编制防突技术措施，做到一工程一措施，不能替代或混用。

第一节　工作面防突技术措施的编制

采掘工作面防突技术措施包括以下几个方面的内容。

一、工作面概况及瓦斯地质

（1）工作面概况。包括工作面位置、开采范围、本煤层和邻近层开采情况、压茬关系，井上下对应标高和相应垂深，工作面工程布置、工程安排情况，并附巷道布置平面图。

（2）地质情况。包括煤层厚度、产状（走向、倾向、倾角），软分层厚度及层位，煤层节理、裂隙发育程度、煤层稳定性、煤的视密度、煤层破坏类型，煤层瓦斯压力和瓦斯含量，突出参数测试情况，煤层顶、底板岩性组成及厚度，地质构造描述。附工作面综合柱状图。

（3）瓦斯地质分析。根据瓦斯地质分析情况，结合措施中的工程布置平面图，划分工作面不同地段的防突管理办法，做到图文对照，定性明确有据。附采掘工作面瓦斯地质说明书。

二、突出危险性预测

1. 预测指标和临界值的选定

根据《防治煤与瓦斯突出规定》结合本矿区煤层实际，选定两个以上的预测指标和临界值，并简单论述预测指标和临界值选定依据。

2. 预测预报方法

采掘工作面突出危险性预测按《防治煤与瓦斯突出规定》有关规定执行。简要描述预测具体方法、要求，包括预测仪的选用，预测孔的布置及有关参数，预测间隔距离，判定方法等，并附预测钻孔布置图，同时详细叙述操作步骤及要求。

1）预测仪器

预测 q 指标的仪器采用煤气表，预测 S 指标的仪器采用弹簧秤，用钻屑瓦斯解吸指标法预测时用 MD-2 或 WTC 突出预测仪，并确保达到完好要求，测量精度符合规定标准。

2) 预测孔参数及其布置方法

根据《防治煤与瓦斯突出规定》第七十五条~第七十七条规定，在掘进工作面布置 3 个预测孔，其中一个沿巷道中线方向布置，另两个靠巷道上、下帮布置，距帮 0.7 m，钻孔控制到煤层两帮 2~4 m，预测钻孔深 8~10 m，钻头直径 42 mm，并应尽量布置在软层中，留 2 m 预测超前距。

3) 工作面突出危险性判定方法

（1）当任何一个预测孔中的钻孔瓦斯涌出初速度 $q \geqslant 5$ L/min 或 $S \geqslant 6$ kg/m 时，或钻屑瓦斯解吸指标 $k_1 \geqslant 0.5(\Delta h_2 \geqslant 200$ Pa$)$，该工作面预测为突出危险工作面，必须采取防突措施；突出危险工作面只有在连续两次预测所有预测孔的 q、S 或 Δh_2 或 k_1 值均小于其临界值时，工作面方可视为无突出危险工作面，无突出危险工作面可直接采取安全防护措施进行掘进作业。

（2）工作面遇以下 5 种情况均视为突出危险工作面，必须直接上防突措施：①在突出煤层的构造破坏带，包括断层、褶曲等；②煤层赋存条件急剧变化的区域；③应力叠加的区域；④工作面预测过程中出现喷孔、顶钻等动力现象时；⑤工作面出现明显的突出预兆时。

3. 预测操作步骤及要求

1) 预测操作步骤

根据所选用的预测方法，对照《防治煤与瓦斯突出规定》第七十五条~第七十七条的操作步骤执行。

2) 预测操作要求

（1）防突测试工必须经过培训合格后方可持证上岗作业。

（2）测试工具必须达到完好，打钻使用煤电钻及钻杆，测试工具都必须完好。

（3）测试前施工队跟班干部负责组织人员加固好迎头 5 m 内的支护，防止片帮、冒顶危及测试人员安全。

（4）测试工作结束后，测试工必须立即按要求在现场如实填写防突措施牌板、移动测试标志牌、测试报告单。测试报告单必须由瓦检员、施工队跟班干部和测试工现场共同签字，升井后由测试工报总工程师及防突科长签字。

（5）瓦检员按措施规定监督测试工作执行过程。

三、防突技术措施

1. 措施选定

防突技术措施的选定要根据工作面的具体条件，经过分析对比选择有效而又方便的防突技术措施。

2. 措施技术参数的确定

选定防突技术措施后，简要叙述措施孔排放半径的来源及措施采用的具体数据，继而确定钻孔的布置方式、孔数、孔径、孔深、孔的倾角等，并附有钻孔布孔图且有关参数标注齐全。

3. 措施的具体实施要求

措施的实施要有具体要求，要点明确，制定准确和保证技术措施得以实施的组织管理措施及相应注意事项，包括打钻安全措施及打钻顺序。

四、措施的效果检验

防突技术措施的效果检验方法，按《防治煤与瓦斯突出规定》的有关要求执行，应叙述具体要求，包括钻孔布置、孔数、孔深、检验间隔长度、临界值、判定方法及打钻要求等，并附有检验钻孔布置图且参数标注齐全（可与措施孔布置图合用）。

五、安全防护措施

采掘工作面安全防护措施的内容包括远距离爆破、避难硐室、急救袋、自救器、反向风门、风筒逆止阀和避灾路线等内容。每项内容都要按《防治煤与瓦斯突出规定》的要求认真编写，叙述具体的要求和管理制度，并附有通风系统图。要求图中巷道名称、防护设施位置、风流方向、避灾路线等用符号标注清楚，并有相应图例。

常规安全措施应予以叙述，应包括瓦斯管理、机电防爆、局部通风、爆破管理等。

六、执行防突措施的岗位责任制

各级人员应负的责任应明确规定，具体包括施工队长、跟班队长、班组长、测试工及其他施工人员等。

第二节　煤层巷道掘进防突措施

现以鑫隆公司煤层巷道掘进为例，说明煤层巷道掘进的防突技术措施编制。

【例9-1】龙山煤矿11101工作面开切眼掘进防突技术措施

一、工作面概况

1. 巷道位置

11101工作面开切眼南侧为采区的3条上山；下部为11121工作面（未采）和-220大巷保护煤柱；上部为11081采煤工作面（采空区）；北部为F_{303}断层煤柱。

2. 巷道布置

11101开切眼开口位置在11101上顺槽70号导线点向前30 m处，垂直上顺槽沿顶板施工至11101下顺槽，总工程量为120 m。

3. 煤层赋存特征及顶、底板岩性

本工作面二$_1$煤层赋存稳定，局部受断层牵引厚度变化较大，平均4.25 m。

直接顶为炭质泥岩，厚度2.5 m，黑色夹煤线，富含植物化石。基本顶为中粒砂岩，厚度25 m，白色，坚硬，性脆，矽质和泥质胶结，局部有黄铁矿颗粒。直接底为泥岩，厚度12 m，含炭质和少量砂质，致密块状。基本底为细粒砂岩，厚度4.8 m，深灰色，主要由石英、长石组成，含少量白云母片。

4. 地质构造

本工作面产状变化较大，断裂构造发育。在相邻的11081下顺槽及开切眼掘进过程中共揭露断层7条。由于该开切眼紧邻F_{303}断层保护煤柱，会出现伴生小断层。

5. 瓦斯地质

11101 开切眼地面标高 +172 ~ +202 m，巷道标高 -192 ~ -200 m，埋深 355 ~ 400 m，在相邻的 11081 工作面下顺槽距三岔口 245 m 右侧钻场实测该工作面瓦斯含量为 17 m³/t，百米钻孔初始瓦斯涌出量为 0.1281 m³/min，钻孔瓦斯流量衰减系数为 0.0191 d⁻¹。

工作面煤尘爆炸指数为 4.62% ~6.63%，无煤尘爆炸危险。煤层不易自燃。工作面产状变化较大，断裂构造发育，在相邻的 11081 下顺槽及开切眼掘进过程中共发生煤与瓦斯突出 3 次。构造带附近瓦斯含量高，透气性低，因此，在构造带附近应加强瓦斯地质管理，掌握瓦斯赋存规律，采取针对性措施，防止突出事故发生。

二、区域综合防突措施

（一）区域突出危险性预测

相邻的 11081 下顺槽及开切眼掘进过程中发生煤与瓦斯突出 3 次，11081 工作面下顺槽距三岔口 245 m 右侧钻场实测该工作面瓦斯含量为 17 m³/t。因此，该工作面按突出危险工作面管理。

（二）区域防突措施

本矿为单一煤层，无保护层可采。根据矿井多年的防突实践，采取顺层钻孔预抽煤巷条带瓦斯区域防突措施，可以有效防突。

在开切眼两帮布置钻场，深度为 5 m。沿巷道走向呈扇形在钻场内布置两排抽放钻孔，钻孔数量为 18 个，钻孔直径 75 mm，边孔深 27 ~53 m，其他孔深 60 ~62 m，钻孔倾角根据每次设计确定，钻孔控制巷帮不小于 15 m，每循环留 20 m 超前距。

封孔深度 8 m。抽放负压不得小于 13 kPa。

钻孔施工过程中要有施工记录，充分反映钻孔过程中的瓦斯异常情况和钻孔见煤岩段的深度。

防突队根据钻孔施工记录绘制钻孔竣工图。

钻孔控制范围达不到巷道轮廓线 15 m 以外时必须补充钻孔。

（三）区域防突措施效果检验

1. 检验方法

实测煤层残余瓦斯含量。

2. 检验要求

（1）执行顺层钻孔预抽煤巷条带瓦斯措施后，经统计瓦斯抽放量计算，在预抽范围内残存瓦斯已降到 8 m³ 以下时，在措施控制范围内每间隔 15 m 布置 1 个检验测试点，测定煤层残余瓦斯含量。

（2）根据钻孔竣工图，检验钻孔布置在抽放钻孔间距较大，预抽时间短的位置。控制巷帮 10 ~15 m 范围内，沿巷道走向控制不少于 15 m。

（3）检验钻孔布置在抽放钻孔中间部位，与周围抽放钻孔尽量保持等距离。

（4）在构造带附近布置 2 个检验钻孔。

当检验测试钻孔测定残余瓦斯含量小于 8 m³/t 时，该检验测试钻孔控制范围内预抽效果有效，该区段为无突出危险工作面。

当检验点测定的残余瓦斯含量大于或等于 8 m³/t 或检验期间出现喷孔、顶钻及其他明显突出预兆时，则在该检验孔周围补打抽放钻孔，继续抽放一定时间后重新检验，直到预抽效果有效。

（四）区域验证

区域消突经区域效果检验无突出危险后进行区域验证。

1. 验证方法

采用钻屑指标法结合 R 值指标法进行区域验证。验证指标临界值参照《防治煤与瓦斯突出规定》执行。

在工作面打 3 个直径为 42 mm、深为 8 m 的钻孔，断面有软分层时钻孔必须布置在软分层中，一个钻孔位于巷道工作面中部，并平行于掘进方向，其他钻孔的终点应位于巷道轮廓线外 2～4 m 处。

钻孔每打 1 m 测定一次钻屑量和钻孔瓦斯涌出初速度，每隔 2 m 测定一次钻屑解吸指标 Δh_2。

测定钻孔瓦斯涌出初速度时，测量室的长度为 1.0 m。根据每个钻孔的最大钻屑量 S_{max} 和最大瓦斯涌出初速度 q_{max} 按式（9-1）计算各孔的 R 值：

$$R = (S_{max} - 1.8)(q_{max} - 4) \qquad (9-1)$$

式中 S_{max}——每个钻孔沿孔长最大钻屑量，L/m；

  q_{max}——每个钻孔沿孔长最大瓦斯涌出初速度，L/m。

当 R 为负值时，采用公式中的正值项即 S_{max} 作为判断工作面突出危险的指标。

以上指标的测定，可同时使用同一钻孔，根据每个钻孔的最大钻屑量、最大钻屑解吸指标及 R 值判断工作面突出危险性，如任一钻孔有任一项指标超标，既视为有突出危险。

当验证工作面无突出危险时，可不采取防突措施，在执行安全防护措施的前提下进行施工。

当验证有突出危险时，必须采取局部综合防突措施。

2. 验证要求

（1）验证工作面无突出危险时，可不采取防突措施，留 2 m 验证超前距，在执行安全防护措施的前提下进行施工。

（2）只要有一次区域验证为有突出危险或钻孔施工期间发现了突出预兆，则该区域以后的采掘作业必须执行局部综合防突措施。

三、局部综合防突措施

经区域验证有突出危险或掘进过程中出现以下情况时，必须执行局部综合防突措施：

（1）煤层的构造破坏带，包括断层、剧烈褶曲、火成岩侵入等。

（2）煤层赋存条件急剧变化地带。

（3）采掘应力叠加区域。

（4）打钻出现喷孔、顶钻等动力现象。

（5）工作面出现明显的突出预兆。

（一）工作面突出危险性预测

经区域验证有突出危险或出现上述异常现象时，工作面视为有突出危险，直接采用防突技术措施。

工作面突出危险性预测采用钻屑指标法结合 R 值指标法。具体方法同前述的区域验证。

预测后，防突人员现场填写"预测牌板"，当班施工人员方准按"预测牌板"规定的距离施工，防突人员升井后立即填写"预测报告单"及"掘进通知单"，下一班施工之前报矿总工程师批准，并经其他有关部门签批后。掘进队方准按"预测牌板"和"掘进通知单"规定的距离施工，不得超掘。

（二）工作面防突措施

经工作面预测有突出危险后采取超前密集排放钻孔防突措施。超前密集排放孔钻孔设计要求：

（1）超前钻孔直径 89 mm。特殊情况下可采用直径 75 mm 钻孔，但必须增加钻孔数量，具体数量以每次设计为准。

（2）超前钻上下两排共 22 个孔，孔深为 15 m。根据现场情况每次设计确定孔数、孔深。

（3）每循环留 9 m 的超前距。

（4）钻孔控制到巷道断面轮廓线外 5 m。

（三）防突措施效果检验

执行防突措施后进行措施效果检验。效果检验方法为：钻屑指标法结合 R 值指标法。检验指标临界值参照表 9-1 执行。

效果检验方法：同前述区域验证。

表 9-1 区域验证临界值

$\Delta h_2/Pa$	$S_{max}/(kg \cdot m^{-1})$	R 值	危 险 性
≥200	≥6	≥6	有突出危险
<200	<6	<6	无突出危险

（四）安全防护

安全防护措施有：采区避难所、远距离放炮、压风自救系统、隔离式自救器。

1. 采区避难所

在 11 采区轨道上山坡底设置采区避难所。避难所采用半圆拱 U 型钢锚网喷支护或梯形工字钢支护，每人使用面积不得少于 $0.5\ m^2$，有效使用面积不小于 $7.5\ m^2$，可供 15 人避难使用，并设有与调度室直通的电话。避难所内安设 3 组 15 个带呼吸嘴的压风自救装置和 15 个隔离式自救器，压缩空气供给量每人不得少于 $0.3\ m^3/min$。避难所内安设静压水管并设置阀门。

2. 远距离爆破

（1）通风区负责人在通向 11 采区总回风、11 采区专用回风巷和 21 采区总回风巷的所有入口处设置栅栏并上锁，挂上禁止入内牌，该巷施工期间任何人不得进入。

（2）开切眼掘进时，爆破地点设在 11101 开切眼回风车场反向风门外，距离工作面距离大于 300 m。爆破时，人员全部撤至 11 采区轨道或 11101 联络巷反向风门外。掘进工作面及回风流中的电气设备必须停电，并作好撤人、停电、站岗工作。

撤人范围：11101 开切眼及回风流所有人员。

停电范围：11101 开切眼及回风流所有电气设备。

站岗地点：11101 上车场反向风门外；11101 联络巷反向风门外。

爆破前，瓦斯检查员、爆破工、班组长必须填写爆破管理牌板，严格认真执行"防突掘进工作面爆破管理的规定"。爆破至少 30 min 后，当瓦斯浓度降到规定值以下后方可进入工作面检查。经检查一切正常后方可进行正常工作。如因炮拉不响或其他情况需进入检查时，要把爆破母线从爆破器上摘下，并扭结成短路。

3. 压风自救系统

(1) 在距掘进工作面 25～40 m 的巷道内，集中安装 3 组压风自救。

(2) 在爆破地点集中安装 1 组压风自救系统，其他站岗地点安装 3 组压风自救。

(3) 每部绞车、刮板输送机机头处各安装 1 组压风自救。

(4) 每组压风自救系统可供 5 人使用，压缩空气供给量每人不得少于 0.1 m³/min。

(5) 压风自救系统的日常维护、检修和看护由三掘队负责。

(6) 施工人员进入作业地点前，必须首先检查压风自救系统情况及风量是否达到要求，发现问题及时汇报，若压风管路无风或自救系统损坏，在恢复压风装置前严禁作业。

4. 隔离式自救器

进入该区的所有人员必须随身携带隔离式自救器，以便发生事故时能够自救或互救。

5. 挡栏措施

为降低突出强度，工作面安装两道方格框架防突挡栏，挡栏材料为不小于 80 mm 的槽钢，框架中槽钢间距不大于 0.4 m，迎风侧铺设金属网，用木支柱支撑为 45°斜面。第一道距窝头 10～20 m，两道间距 6～8 m。

四、通风系统及通风设施控制措施

(1) 11101 开切眼通风系统中不存在锐角通风和回风巷逆向交叉现象，系统稳定可靠。

(2) 为防止突出时风流逆转，以下地点的反向风门应处于常闭状态：①11 采区泄水巷反向风门外；②火工品发放硐室回风道反向风门；③11 采区变电所回风道反向风门；④机车库回风道反向风门。

(3) 风门设置连锁装置，连锁绳采用直径不小于 5 mm 钢丝绳，两端用绳卡连接牢固，保证两道风门不能同时打开。

(4) 安装风门开关传感器和声光报警器，并在监控终端显示，当两道风门同时敞开时发出声光报警。

(5) 通风区应经常对风门、墙体及逆止阀装置进行检查，确保风门开关灵活，对存在的问题要及时处理。

(6) 在工作面回风巷设置风速传感器，发现风流异常立即停止工作，查找原因进行处理，风量小于规程规定严禁施工。

(7) 局部通风机保证连续正常供风，实现双风机、双电源，自动倒台，安装风机开停传感器，时时监测风机运转。坚持每天局部通风机倒台试验，保证供风可靠。施工队要加强风机设备的维护检修，通风区加强分风器等设备的检查，保证风机连续运转。

（8）距窝头20 m范围内的风筒上安装风筒传感器，监测风机运转及风筒完好情况。停止供风时立即切断巷道内电源。

（9）建立测风制度。根据工作面实际需要随时测风，每次测风结果写在测风地点记录牌上。发现风量异常立即汇报处理。

（10）保证回风巷道畅通，回风巷严禁堆放杂物，并不能设置调节风流的装置。

（11）总回风巷和11采区专用回风巷每月至少检查1次，发现问题及时处理，保证巷道通风断面。

五、安全管理

（一）施工管理

（1）该区的所有作业人员在进入该区作业前必须经过防突知识培训，熟悉突出预兆和预防突出的基本知识，认真学习本措施，并经通防部考试合格后方可进入该巷道工作，该项工作由安全监察部把关。

突出预兆：分为有声预兆和无声预兆。

有声预兆：地压活动剧烈，顶板来压，不断发生掉碴和片帮，支架断裂，煤层发生震动，煤炮声由远到近、由小到大，响声频繁等。

无声预兆：软分层变厚，瓦斯涌出量异常，瓦斯浓度忽大忽小，煤层层理紊乱，光泽暗淡，有构造带出现，打钻时严重顶钻、夹钻、喷孔等。

（2）施工队必须按照通风防突部下达的"准掘通知单"的规定施工，并接受有关职能部室的监督检查。施工现场由瓦斯检查员和安全检查员按现场"准掘标志"牌监督管理，严禁超掘。

（3）施工队要保证施工质量，支护牢固，帮顶要背严、背牢，发现片帮冒顶要及时处理，严格按照"煤矿安全生产标准化"的规定干标准活。在该工作面更换、维修或支护时，必须采取措施防止煤体垮落引起突出。

（4）在施工过程中发现突出预兆时，防突人员、队长及班组长，安全检查员，瓦斯检查员有权停止作业，立即组织人员按避灾路线撤出，并向调度汇报。

（5）施工排放钻孔和抽放钻孔时，执行"钻孔施工安全技术措施"和"瓦斯抽放安全技术措施"。

（6）进入该区工作的施工队队长、班组长、机电工、管理人员必须佩带便携式瓦斯报警仪，随时注意瓦斯变化情况。

（7）施工队必须保证该工作面压风管路及三通接头，压风管路距窝头距离不得大于10 m，在日常管理中要保证压风自救装置的灵敏可靠。

（二）通风管理

（1）通风区要保证该工作面掘进时有足够的风量，严禁无风、微风、瓦斯超限作业。风筒口距掘进窝头的距离不得大于5 m。

（2）通风区负责修筑安装通风设施，保证该处反向风门灵活可靠，满足使用要求。

（3）通风区必须配备专职瓦斯检查员和爆破工负责该工作面的瓦斯检查工作，坚持"一炮三检""三人连锁"爆破制，瓦斯巡回检查和请示汇报制度，现场交接班，随时掌握瓦斯变化及突出预兆，发现异常立即撤人并向调度汇报，只有在保证安全的前提下方准施工。

（4）通风区瓦斯检查员负责监督该工作面钻孔施工情况，监督每个钻孔进尺及施工情况，打钻过程中严密监视瓦斯变化情况，并在"钻孔原始记录"表上核准签字。打钻过程中发现异常有权责令停止工作，并将所有人员撤至安全地点，然后汇报调度室进行处理。

（5）爆破时，炮眼封泥用水炮泥，水炮泥外剩余部分炮眼应用黏土炮泥封实。

（6）如因停电或其他原因，造成该掘进巷道停风时，要立即撤出人员。制定瓦斯排放措施，只有当瓦斯浓度降到规定值以下时方可人员进入或工作。

（7）瓦斯监测系统。该系统由通风区负责安装、日常维护和检修。

① 窝头甲烷传感器安设在靠近工作面小于 5 m 位置，其瓦斯报警浓度为大于 0.8% CH_4，断电浓度为大于 0.9% CH_4，复电浓度为小于 0.8% CH_4，断电范围为掘进巷道及回风流内全部电气设备；② 回风流甲烷传感器安设在靠近回风巷口 10~15 m 位置，其报警浓度为大于 0.8% CH_4，断电浓度为大于 0.9% CH_4，复电浓度为小于 0.8% CH_4，断电范围为掘进巷道及回风流内全部电气设备；③ 11101 开切眼中部甲烷传感器，其报警浓度为大于 0.8% CH_4，断电浓度为大于 0.9% CH_4，复电浓度为小于 0.8% CH_4，断电范围为掘进巷道及回风流内全部电气设备；④ 甲烷传感器安设位置均距帮不小于 200 mm，离顶板不大于 300 mm 的地方。

（8）隔爆设施。由通风区负责在 11101 开切眼按规定安装隔爆水袋，并对隔爆水袋进行日常维护。水量大于 1240 L。

（三）机电管理

（1）机电部门负责该区所有电气设备的安装检查、维修，要求装置完好，防爆。严禁使用性能失爆的电气设备，发现一处失爆要对施工队及有关人员严厉处罚。

（2）井下电器要做到：

三无。无"鸡爪子"、无"羊尾巴"、无明线接头。

四有。有过流和漏电保护，有螺丝和弹簧垫，有密封圈和挡板，有接地装置。

两齐。电缆悬挂整齐，设备清洁摆放整齐。

三全。保护装置全，绝缘用具全，图纸资料全。

三坚持。坚持使用检漏继电器，坚持使用煤电钻综合保护，坚持使用风电、瓦斯电闭锁，局部通风机"三专两闭锁"。

（3）工作面掘进时使用双风机双电源自动倒台，保证正常供风。

（4）电气设备由施工单位负责维护、管理，由机电运输部负责监督、检查。

（5）由调度室负责在爆破地点和距窝头 25~40 m 巷道范围内各安装一部直通调度的电话，保证灵敏可靠，以便随时汇报现场出现的情况。

六、突出管理

1. 避灾

在该掘进工作面施工过程中，由于地质因素变化及其他原因发生突出时，现场人员及突出后可能波及的人员要迅速打开自救器佩戴好按避灾路线撤离危险现场，进入安全地带，不能够及时撤离现场的人员要迅速打开压风管路阀门，钻入自救袋中。

避灾路线：11101 开切眼施工现场→11101 联络巷→11101 皮带巷→11 采区流煤坡→11 采区运输上山→－220 大巷→副井底→地面。

2. 突出现场记录

（1）突出发生后，由通风防突部人员对现场进行观测，了解突出前后煤质变化和施工情况，认真记录并填写突出卡片。

（2）由矿总工程师召集有关人员进行事故分析，找出突出发生的原因，整理成文字材料，以便总结经验，改进防突技术和管理措施。

3. 清理突出煤

（1）突出发生后，待瓦斯浓度降到规定值后，要对突出煤进行清理。清理前，必须编制防止煤尘飞扬、杜绝火源、帮顶垮塌及过突出孔洞可能再次发生事故的专项安全技术措施。

（2）施工队必须按措施由外向里清理干净，对毁坏的支架必须先维护后清理，清理期间，瓦斯检查员必须在现场，时刻掌握瓦斯情况。

（3）对突出孔洞，应充填或支护，尽量不放出孔洞内松散煤体，以免造成空洞垮塌，引起再次突出。

七、其他措施

（1）在施工过程中如遇特殊地质情况无法按本措施的规定执行时，应立即停止施工，由矿总工程师带领通风、防突、地质部门现场调查，制定补充措施，经有关部门会审后执行。

（2）打钻过程中由通防部人员跟班，进行现场技术指导，并认真填写跟班记录表。保证按照设计要求施工，并详细记录打钻过程中的钻孔深度、见岩、喷孔、卡钻、煤质及瓦斯涌出情况，以便分析前方地质构造及煤层变化情况。

（3）本措施施工队人员要认真学习，经考试合格后方可进入该区工作，工作期间严格按本措施执行。

（4）未尽事宜均按《煤矿安全规程》和《防治煤与瓦斯突出规定》的有关规定执行。

第三节　石门揭煤防突措施实例

一、概况

1. 地质概况

（1）地面相对位置及邻近采区开采情况见表 9－2。

（2）煤（岩）层赋存特征。该巷位于 K_9 煤层与 K_{15} 煤层之间，煤层平均煤厚2.6 m，结构简单。煤层以块状为主，粉末状次之，硬度系数为 0.46。煤层瓦斯含量较高，瓦斯透气性较好，属煤与瓦斯突出矿井，为自然发火煤层。

M_9 煤上距 M_4 煤层 18～25 m，厚度变化4.23～0.43 m（钻孔 ZK130 控制厚度），平均约3.08 m，厚度变化较大，局部尖灭（钻孔 ZK1002 控制厚度），在矿区范围内全区可采，无夹矸，结构单一，为较稳定煤层。

表9-2 石 门 相 对 位 置

水 平	1160 m	工程名称	副斜井
地面标高	+1295 ~ +1325 m	井下标高	+1165.4 m
地面的相对位置	对应地面为山地		
井下相对位置对掘进巷道的影响	该巷道北部为一采区，正在进行采掘布置，南部为二采区，均未采掘 由于北部正在进行采掘作业，故在施工中可能会对该巷产生影响		
邻近采掘情况对掘进巷道的影响	相邻采区北为正在进行采掘布置的一采区、南部为未开拓的二采区，施工中主要受静压力影响		

顶板：灰黑色炭质泥岩，见大量植物化石碎片（厚0.62 m），直接顶板为深灰色泥岩，稳定性差，易风化破碎。

底板：灰黑色炭质泥岩，见大量植物化石碎片（厚0.59 m），直接顶板为深灰色泥岩，稳定性差，易风化破碎。

（3）地质构造。地质褶皱构造较为简单，层位相对稳定，有局部褶曲，小断层，断距2~3 m。

（4）水文地质。该区域水文地质条件较为简单，大气降水为主的岩熔裂隙充水矿床。掘进时，应先探后掘。预计正常涌水量20 m³/h，最大涌水量60 m³/h。

（5）钻孔施工探煤情况。根据《防治煤与瓦斯突出规定》第六十一条规定，在揭煤工作面掘进至煤层最小法向距离10 m之前，应该至少打2个穿透煤层全厚且进入顶（低）不小于0.5 m的前探取芯钻孔，并详细记录岩芯资料。

副井底轨道大巷工作面，对前方煤层施工2个探孔取样，1号孔沿+8°施工，钻孔施工26.6 m见煤，穿煤6.4 m；2号钻孔沿+2°施工，钻孔施工32.4 m见煤，穿煤8.6 m。根据上述资料，得到前期揭煤预想剖面图（图9-1），煤层厚度3.1 m，煤层倾角18°。

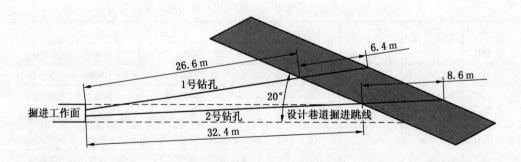

图9-1 副井轨道大巷探煤剖面图

（6）煤层瓦斯情况。根据《贵州黔西石桥煤业有限公司4、9号煤层瓦斯参数测试及分析》研究报告（2009年11月），9号煤层瓦斯含量9.741 m³/t，相对瓦斯压力1.10 MPa，绝对瓦斯压力 1.20 MPa，煤体坚固性系数为 0.460，瓦斯放散初速度为 26.665 mmHg，属Ⅲ类破坏类型。

2. 通风概况

（1）矿井通风系统。矿井采用中央并列抽出式通风方式，主井、副井进风，风井回风。风井安装 2 台 FBCDZ No18/2×110 型矿用防爆对旋通风机，电机额定功率为 2×110 kW。其中一台工作，一台备用，采用双回路供电。矿井总进风量 3442.2 m³/min，总回风量 3454.3 m³/min。

矿井采区内实行分区独立通风系统，采掘工作面都有各自独立的进回风巷道，不存在无风、微风、循环风、不合理的串联风和瓦斯超限、风速超标等超通风能力生产现象。

（2）副井底轨道大巷工作面通风系统。副井底轨道大巷工作面通风采用压入式通风方式，在副井轨道大巷两道反向防突风门外安装两台 2×22 矿用防爆对旋通风机，其中一台工作，一台备用，采用双回路供电，执行"三专两闭锁"，风机自动倒台。

二、区域防突措施

1. 穿层钻孔抽放

1）钻孔布置

副井底轨道大巷迎头石门揭煤主要采取预抽煤层瓦斯作为区域防突措施，掘进巷道前方煤层处钻孔控制两帮 15 m 范围，控制上部 8 m，下部 3 m。需控制前方掘进煤层 411.72 m²，控制范围内瓦斯储量 12031.69 m³。采用人工 8 m 封孔方式。共布置钻孔 48 个，排列 250 mm×450 mm，预抽钻孔直径 65 mm，钻孔穿透煤层。

预抽钻孔于 2010 年 2 月 8 日开始在副井轨道水平大巷迎头施工，并连接抽放。

钻孔布置图略。

2）钻孔施工情况

所有预抽钻孔于 2010 年 2 月 20 日施工结束，详见施工钻孔情况表 9-3。

表 9-3 副井底轨道大巷迎头揭煤预抽钻孔施工情况表

时 间	孔号	坡度/(°)	孔深/m	施 工 详 细 情 况
2 月 10 日	1	31	12	5.6 m 见煤，穿煤 6.4 m，无动力现象，有少量水溢出
	2	20	16	12.4 m 见煤，穿煤 5.6 m，无动力现象，有少量水溢出
	3	12	16	8.8 m 见煤，穿煤 7.2 m，无动力现象，有少量水溢出
	4	2	28.6	18.4 m 见煤，穿煤 8.8 m，无动力现象，有少量水溢出
2 月 11 日	5	17	17.6	10.4 m 见煤，穿煤 5.6 m，无动力现象，有少量水溢出
	6	4	27.2	18.4 m 见煤，穿煤 7.2 m，无动力现象，有少量水溢出
	7	20	24	16 m 见煤，穿煤 7.2 m，无动力现象，有少量水溢出
	8	25	16	8 m 见煤，穿煤 5.6 m，无动力现象，有少量水溢出
	9	31	17.6	7.2 m 见煤，穿煤 8.8 m，无动力现象，有少量水溢出
	10	20	17.6	10.4 m 见煤，穿煤 5.6 m，无动力现象，有少量水溢出

表9-3（续）

时　间	孔号	坡度/(°)	孔深/m	施 工 详 细 情 况
2月12日	11	31	14.4	6.4 m见煤，穿煤4.8 m，无动力现象，有少量水溢出
	12	20	19.2	12 m见煤，穿煤5.6 m，无动力现象，有少量水溢出
	13	25	14.4	9.6 m见煤，穿煤5.6 m无动力现象，有少量水溢出
	14	31	14.4	8 m见煤，穿煤5.6 m，无动力现象，有少量水溢出
	15	15	16	7.2 m见煤，穿煤7.2 m，无动力现象，有少量水溢出
	16	20	16	8 m见煤，穿煤6.4 m，无动力现象，有少量水溢出
2月13日	17	10	17.6	8 m见煤，穿煤6.4 m，无动力现象，有少量水溢出
	18	6	20	14.4 m见煤，穿煤5.6 m，无动力现象，有少量水溢出
	19	6	22.4	16 m见煤，穿煤6.4 m，无动力现象，有少量水溢出
2月14日	20	6	22.4	16 m见煤，穿煤5.6 m，无动力现象，有少量水溢出
	21	6	25.6	18.4 m见煤，穿煤6.4 m，无动力现象，有少量水溢出
	22	15	19.2	10.4 m见煤，穿煤8 m，无动力现象，有少量水溢出
	23	10	19.2	104 m见煤，穿煤8 m
2月15日	24	10	16	10.4 m见煤，穿煤5.6 m，无动力现象，有少量水溢出
	25	30	14.4	7.2 m见煤，穿煤6.4 m
	26	25	16	8.8 m见煤，穿煤7.2 m无动力现象，有少量水溢出
	27	15	19.2	12 m见煤，穿煤7.2 m，无动力现象，有少量水溢出
2月16日	28	30	12.8	6.4 m见煤，穿煤6.4 m，无动力现象，有少量水溢出
	29	10	19.2	10.4 m见煤，穿煤8.8 m，无动力现象，有少量水溢出
	30	10	17.6	10.4 m见煤，穿煤7.2 m，无动力现象，有少量水溢出
2月17日	31	10	17.6	10.4 m见煤，穿煤7.2 m
	32	15	24	13.6 m见煤，穿煤9.6 m，无动力现象，有少量水溢出
	33	15	24	14.4 m见煤，穿煤9.6 m，无动力现象，有少量水溢出
2月18日	34	20	17.6	10.4 m见煤，穿煤7.2 m
	35	20	17.6	10.4 m见煤，穿煤7.2 m，无动力现象，有少量水溢出
	36	20	19.2	10.4 m见煤，穿煤8.8 m，无动力现象，有少量水溢出
2月19日	37	20	19.2	10.4 m见煤，穿煤8.8 m，无动力现象，有少量水溢出
	38	25	19.2	8.8 m见煤，穿煤8 m，无动力现象，有少量水溢出
	39	25	19.2	8.8 m见煤，穿煤8.8 m
2月20日	40	20	25.6	13.6 m见煤，穿煤6.4 m
	41	20	25.6	14.4 m见煤，穿煤10.4 m

　　根据表9-3所述钻孔施工情况，提取1、6、8、11、18、21、25、26、38计算，得出平均煤厚2.98 m，煤层倾角20°，掘进前方7.42 m巷道轮廓与煤层接触（图9-2）。

　　2. 抽采效果

　　根据预抽钻孔竣工情况，副井底轨道大巷迎头预抽钻孔控制了9号煤层面积576 m²，控

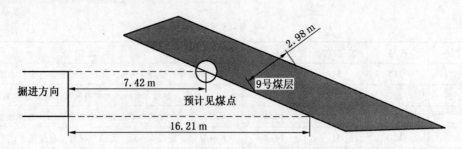

图 9-2 副井底轨道大巷迎头煤层剖面

制范围内瓦斯储量 21552 m^3。抽采负压 14 kPa，抽采浓度 43%，抽采纯流量 0.38 m^3/min，累计抽出瓦斯量 14745.4 m^3，揭煤前平均抽采率为 68.4%，见表 9-4。

表 9-4 副井底轨道大巷迎头石门揭煤抽采评估

测定时间	负压/kPa	浓度/%	流量/($m^3 \cdot min^{-1}$)	累计抽放量/m^3	瓦斯储量/m^3	预抽率/%
2 月 11 日	14	22	0.22	2487.8	21552	11.54
2 月 14 日	15	30	0.30	4833.2	21552	22.45
2 月 17 日	14	33	0.38	6425.3	21552	29.8
2 月 20 日	14	42	0.40	7253.6	21552	33.65
2 月 23 日	14	42	0.40	9876.4	21552	45.82
2 月 27 日	16	43	0.55	11034.1	21552	51.11
3 月 4 日	15	42	0.54	14745.4	21552	68.4

三、局部防突措施

采用"边掘边探、浅掘浅进"的渐进式揭煤技术措施，据突出煤层 5.0 m、3.0 m、1.5 m 岩柱时施工预测钻孔，预测或检验不超标后，在允许掘进范围内施工。

1. 突出危险性预测预报

1）预测预报方法

采用钻屑指标法进行预测预报，即用弹簧秤测定钻屑量指标，使用 MD-2 瓦斯解吸仪或用 WTC 瓦斯参数仪测定钻屑瓦斯解吸指标 Δh_2 或 K_1 值。根据黔西石桥煤业有限公司实际情况，Δh_2 或 K_1 值为主要预测指标，钻屑量为辅助指标，利用这两项指标来预报该掘进工作面的突出危险性。

2）临界值的确定

因黔西石桥煤业有限公司煤与瓦斯突出危险性预测指标的临界值无实测数据，故依据《防治煤与瓦斯突出规定》的临界值：$\Delta h_2$200 Pa（干煤样）或 160（湿煤样）；K_1 值的临界值定为 0.5 mL/g·$min^{1/2}$；S_{max} 值的临界值定为 6 kg/m（孔径 42 mm）。

3）预测孔布置及钻孔参数

根据突出煤层最小法向距离 5.0 m、3.0 m、1.5 m 岩柱时施工预测钻孔，4 个检测孔，孔径 42 mm，孔深穿透全煤层。

4）预测方法

根据《防治煤与瓦斯突出规定》第七十三条规定，在钻孔钻进到煤层时，每钻进 1 m 采集一次孔口排除的粒径 1～3 mm 的煤钻屑，测定其瓦斯解吸指标 K_1 或 Δh_2。

5）突出危险性判断方法

当 4 个预测孔所测指标参数均小于临界值时，则认定该工作面为无突出危险性工作面；反之，测得的任一孔的任一预测指标达到或超过临界值时，则认定该工作面为突出危险性工作面，必须采取防突措施。

2. 防治突出安全技术措施

采用抽放瓦斯、排放钻孔作为防突措施。排放孔孔径可采用 42 mm 或 65 mm，沿巷道中心线方向投影孔深穿透全煤层。钻孔 4 排布置，每排 7～9 个，控制到巷道轮廓线以外 5 m 以上。预测孔及排放孔参数见表 9-5。

表 9-5 预测（效检）孔及排放孔参数

序号	孔径/mm	孔深/m	与巷道中线夹角	备注
1	42(65)		21°41′	排放孔
2	42(65)		14°51′	排放孔
3	42(65)		7°33′	排放孔
4	42(65)		0°	排放孔
5	42(65)		7°33′	排放孔
6	42(65)		14°51′	排放孔
7	42(65)		21°41′	排放孔
8	42(65)		21°41′	排放孔
9	42(65)		14°51′	排放孔
10	42(65)		7°33′	排放孔
11	42(65)		0°	排放孔
12	42(65)		7°33′	排放孔
13	42(65)		14°51′	排放孔
14	42(65)		21°41′	排放孔
15	42(65)		27°55′	排放孔
16	42(65)	穿透全煤层	21°41′	排放孔
17	42(65)		14°51′	排放孔
18	42(65)		7°33′	排放孔
19	42(65)		0°	排放孔
20	42(65)		7°33′	排放孔
21	42(65)		14°51′	排放孔
22	42(65)		21°41′	排放孔
23	42(65)		27°55′	排放孔
24	42(65)		27°55′	排放孔
25	42(65)		21°41′	排放孔
26	42(65)		14°51′	排放孔
27	42(65)		7°33′	排放孔
28	42(65)		0°	排放孔
29	42(65)		7°33′	排放孔
30	42(65)		14°51′	排放孔
31	42(65)		21°41′	排放孔
32	42(65)		27°55′	排放孔

3. 措施效果检验

钻孔效果检验必须布置在措施之间，效果检验指标参数均应小于临界值，允许进尺 3 m，留 2 m 的检验超前距和 5 m 的措施超前距；若任意一个效果检验指标参数大于等于临界值，必须补打排放钻孔，或者利用排放钻孔进行浅孔抽放或浅孔注水的防突措施。然后再进行效果检验，直到指标参数不超为止。

四、揭煤安全技术措施

在执行防突措施后，经效果检验各种指标都在临界值以下，工作面无突出危险性，且保护岩柱在 1.5~2 m，范围内时方可执行下列措施。

1. 刷斜面安全技术措施

揭煤前，当掘进至见煤点前 2 m 处，开始刷斜面掘进，斜面角度 -18°，刷斜面掘进采用放小炮刷斜面，刷斜面时，每循环掘进 1.0 m，向顶部煤层施工 1 轮地质探孔，保持岩柱距离 1.5 m 以上。刷完斜面掘进后，采用一次爆破揭穿煤层方式（图 9-3）。

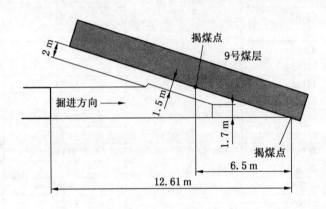

图 9-3　石门揭煤刷斜面

2. 揭煤安全技术措施

揭煤采用远距离爆破揭穿煤层的方式，在刷斜面至揭煤点时，执行局部防突措施，进行预测，经效果检验无突出危险性时，方可远距离爆破揭穿煤层。爆破采用全断面一次性起爆，远距离爆破，爆破位置为副井井口。

3. 过煤门安全技术措施

揭穿煤层后，逐渐刷大断面至巷道设计轮廓线，加强煤岩结合部支护，防止冒顶、漏顶、片帮发生。执行工作面局部防突措施，进行预测，补打措施孔。在预测指标不超限情况下，方可继续掘进。

4. 揭煤通风、机电管理措施

揭煤过程中，保证局部通风机正常运转。主、副井井下除风机外所有电气设备停电。

五、组织措施

1. 成立石门揭煤防突领导小组

　　组　　长：×××

　　副组长：×××

　　成　　员：×××　　×××　　×××

2. 领导小组职责

（1）组长。负责召开揭煤工作会议和强调安全注意事项，全面负责揭煤的指挥工作。

（2）副组长。负责协助组织指挥工作，监督揭煤措施执行情况及揭煤工作中的安全工作。

（3）调度室主任。在组长的领导下负责揭煤工作的统一协调工作。

（4）安检部部长。负责指挥揭煤现场的安全监督，并传达揭煤工作会议的安全措施及注意事项。

（5）机电部部长。协助组长搞好停送电指挥工作并随时做好应急准备。

（6）通风队队长。负责揭煤地点通风防突设施、设备检查，揭煤地点各种气体含量检查。

（7）开拓队队长。直接负责揭煤地点的现场指挥工作，并将揭煤工作会议内容传达给所有参加揭煤工作的队员，且要强调重点安全注意事项。

（8）其他各区队队长。负责在揭煤工作开始时，通知各区队人员撤离井下，并在地面统计各区队人员撤离情况，向调度室汇报。

六、安全防护措施

（1）揭煤过程中，井下所有人员撤至地面，采用远距离爆破的揭穿煤层方式，爆破地点为副井井口。

（2）警戒设置。主、副井口，风井口设置警戒，各警戒点应拉好警戒绳、挂好警戒牌。主、副井口设置警戒人员2人、风井口设置警戒人员3人，警戒设置好后电话汇报调度室。

（3）开拓队在接到调度室电话后，方可开始揭煤工作。

（4）揭煤工作结束后，由指定一名安检员，一名瓦检员对揭煤地点的瓦斯情况，其他有害气体情况，通风情况，巷道内支护情况等进行检查，并向调度室汇报情况。

（5）设置防突反向风门。在煤巷掘进工作面进风侧必须设置至少2道牢固可靠的反向风门，风门之间的距离不得小于4 m。反向风门的设置要求按《防治煤与瓦斯突出规定》执行。

爆破时人员躲避到防突反向风门以外新鲜风流中或避难硐室内，副井底轨道大巷工作面回风系统内不准有人，与K9运输石门相通的所有通道口必须设置警戒。警戒做到人、绳、牌三保险。

爆破时必须关闭反向风门，爆破后正常工作时必须敞开反向风门。

（6）班组长是爆破第一责任人，应亲自布置专人警戒，清点人数，收到警戒回头牌，做到一切无误后方可进行爆破作业。执行完爆破作业30 min后，经班组长、瓦检员、爆破工检查，消除通风、瓦斯、顶板、支护等隐患后，人员方可进入副井底轨道大巷迎头进行作业。

（7）设置压风自救装置。自巷道口向里，每隔50 m设置一组压风自救装置，每组不少于 5 个压风嘴。距工作面最近一组压风自救装置随工作面的推进及时前移与迎头的距离控制在 25 ~ 40 m，压风自救装置要安装在地点宽敞，支护良好且没有杂物的人行道侧，数量必须满足最多出勤人数需要，且有 20% 的富余量。爆破、警戒地点必须安装压风自救，压风自救装置数量满足避炮人员数量要求。

（8）进入该掘进工作面的所有人员必须佩戴隔离式自救器。

（9）防突培训。所有作业人员在进入该地区作业前必须经过防突知识培训，熟悉突出预兆和预防突出的基本知识，并经考试合格和学习本措施后方可进入该巷道工作，该项工作由安检科把关。当井下现场发生灾情或有明显的突出预兆时，立即停电撤人，人员来不及撤离时，可到避难硐室内或就近打开压风自救装置躲避。

（10）避灾路线。一旦工作面发生灾情，人员要立即撤离，撤离路线：副井底轨道大巷工作面→副井底轨道大巷→副井井筒→地面。

（11）煤与瓦斯突出应急。当揭煤过程中发生煤与瓦斯突出，应立即执行《2010 年煤与瓦斯突出事故专项应急预案》。

参 考 文 献

［1］于不凡. 煤矿瓦斯灾害防治及利用技术手册［M］. 北京：煤炭工业出版社，2005.

［2］俞启香. 矿井瓦斯防治［M］. 徐州：中国矿业大学出版社，1992.

［3］国家安全生产监督管理总局，国家煤矿安全监察局.《防止煤与瓦斯突出》读本［M］. 北京：煤炭工业出版社，2009.

［4］袁亮. 煤矿安全规程解读［M］. 北京：煤炭工业出版社，2016.

［5］重庆市煤炭学会. 重庆地区煤与瓦斯突出防治技术［M］. 北京：煤炭工业出版社，2005.

［6］国家安全生产监督管理总局. AQ 1026—2006 煤矿瓦斯抽采基本指标［S］. 北京：煤炭工业出版社，2007.

［7］国家安全生产监督管理总局. AQ 1027—2006 煤矿瓦斯抽放规范［S］. 北京：煤炭工业出版社，2007.

［8］国家安全生产监督管理总局. AQ 1024—2006 煤与瓦斯突出矿井鉴定规范［S］. 北京：煤炭工业出版社，2007.

［9］国家安全生产监督管理总局. MT/T 955—2005 石门揭穿煤与瓦斯突出煤层程序技术条件［S］. 北京：煤炭工业出版社，2006.

［10］国家安全生产监督管理总局. AQ 1025—2006 矿井瓦斯等级鉴定规范［S］. 北京：煤炭工业出版社，2007.

［11］国家安全生产监督管理总局. AQ 1028—2006 矿井瓦斯涌出量预测方法［S］. 北京：煤炭工业出版社，2007.

［12］何国益. 采矿工程设计规范化［M］. 徐州：中国矿业大学出版社，2013.

图书在版编目（CIP）数据

矿井瓦斯治理实用技术/何国益编著 . --3 版 . --北京：煤炭
工业出版社，2017

ISBN 978 - 7 - 5020 - 6090 - 9

Ⅰ . ①矿… Ⅱ . ①何… Ⅲ . ①煤矿—瓦斯治理 Ⅳ . ①TD712

中国版本图书馆 CIP 数据核字（2017）第 220245 号

矿井瓦斯治理实用技术 第 3 版

编 著 何国益
责任编辑 李振祥 张 成 籍 磊
责任校对 李新荣
封面设计 于春颖

出版发行 煤炭工业出版社（北京市朝阳区芍药居 35 号 100029）
电 话 010 - 84657898（总编室）
010 - 64018321（发行部） 010 - 84657880（读者服务部）
电子信箱 cciph612@126. com
网 址 www. cciph. com. cn
印 刷 北京玥实印刷有限公司
经 销 全国新华书店

开 本 787mm×1092mm $\frac{1}{16}$ 印张 $25\frac{3}{4}$ 字数 626 千字
版 次 2017 年 11 月第 3 版 2017 年 11 月第 1 次印刷
社内编号 8970 定价 65.00 元